全国机械行业职业教育优质规划教材（高职高专）

经全国机械职业教育教学指导委员会审定

江苏省"十四五"职业教育首批在线精品课程配套教材

高等职业教育智能制造领域人才培养系列教材

工程制图与CAD

第2版

U0738051

主　编　李小琴　赵海峰

副主编　郭　丽　黄丽娟

参　编　宋　燕　朱铝芬　贺道坤　杨晓峰（企业）

机械工业出版社

CHINA MACHINE PRESS

本书为江苏省"十四五"职业教育首批在线精品课程的配套教材。本书采用项目任务引领模式，读者可在完成任务的过程中形成分析问题、解决问题、评估任务的工程思维。本书主要内容包括：认识和绘制平面图形；认识投影，形成空间想象力；简单形体的识读和绘制；典型零件的识读和绘制；标准件及常用件的识读和绘制；设备装配图的识读和绘制。

本书采用双色印刷，并植入了丰富的二维码链接资源，有利于读者自行阅读和学习。本书配有江苏省"十四五"职业教育首批在线精品课程网站（https://www.icourse163.org/course/NJCIT-1003530001），包括教学课件、微视频、习题集、习题集答案、部分习题的微练习视频以及混合式教学设计课件等教学资源。

本书可作为高等职业院校及成人高等院校工程制图课程的教材，也可作为电大等其他类型学校以及工程技术人员的参考用书。

图书在版编目（CIP）数据

工程制图与 CAD/李小琴，赵海峰主编. —2 版. —北京：机械工业出版社，2024.8（2024.9重印）
高等职业教育智能制造领域人才培养系列教材
ISBN 978-7-111-75944-7

Ⅰ.①工… Ⅱ.①李… ②赵… Ⅲ.①工程制图-AutoCAD 软件-高等职业教育-教材 Ⅳ.①TB237

中国国家版本馆 CIP 数据核字（2024）第 107785 号

机械工业出版社（北京市百万庄大街 22 号　邮政编码 100037）
策划编辑：薛　礼　　　　　　责任编辑：薛　礼　戴　琳
责任校对：曹若菲　薄萌钰　　封面设计：鞠　杨
责任印制：刘　媛
涿州市京南印刷厂印刷
2024 年 9 月第 2 版第 2 次印刷
184mm×260mm · 18 印张 · 441 千字
标准书号：ISBN 978-7-111-75944-7
定价：59.80 元

电话服务　　　　　　　　　　　网络服务
客服电话：010-88361066　　　机 工 官 网：www.cmpbook.com
　　　　　010-88379833　　　机 工 官 博：weibo.com/cmp1952
　　　　　010-68326294　　　金 书 网：www.golden-book.com
封底无防伪标均为盗版　　　机工教育服务网：www.cmpedu.com

第2版前言 PREFACE

本书秉持党的二十大报告提出的"推进新型工业化""推动制造业高端化、智能化、绿色化发展"以及"全面贯彻党的教育方针，落实立德树人根本任务"等核心思想，落实职业教育发展与改革中提出的"职业教育要加强对实践能力和综合素质的培养，要加强与产业的对接，要不断提高教育质量和水平"等要求，对第1版进行了修订。与本书配套的《工程制图与CAD习题集》（第2版）同时出版。

本书具有以下特点：

1）受众目标精确化，服务智能制造领域人才培养。以智能制造相关专业职业能力培养为目标，选取工业机器人、智能机电设备或零部件为任务载体，以更好地适应工业机器人技术、机电一体化技术、智能控制技术、电气自动化技术等相关专业在设备层的培养需求，为后续单元层和车间层次的信息化、智能化打好专业基础。

2）融入素质教育元素，并在任务载体与实施中有机渗透，落实立德树人根本任务。根据智能制造相关专业的岗位需求，结合教材内容特点，确立"专业自信""职业规范""科学思维"为素养提升目标，以榫卯、鲁班锁等体现中华传统智慧的结构，智能制造中的气缸、机器人、自动化设备等作为任务载体，引导读者欣赏传承中华文化、感受科技发展。在任务实施过程中培养遵守标准、形成规范、精益求精等职业素养；将多角度看事物、具体问题具体分析、正确处理局部与整体关系等科学思维融入任务实施过程。

3）校企共同参编，以任务驱动，开发活页式任务工作单。在编排形式上，以任务实施为主线，按照"明确任务—分析任务—实施任务—评价任务—任务知识链接"五个环节组织内容，引导读者主动探索相关知识与技能，体现知识为应用服务的理念。

4）丰富和优化数字化资源，提升混合式教学效果。本书配有江苏省"十四五"职业教育首批在线精品课程（https://www.icourse163.org/course/NJCIT-1003530001），配备微课二维码、微练习视频二维码、项目教学课件、混合式教学设计方案库等数字化资源，助力混合式教学与学习。

本书编写情况如下：南京信息职业技术学院李小琴编写项目4，赵海峰编写项目1，郭丽编写项目3，宋燕编写项目6，朱铝芬编写项目2，黄丽娟、贺道坤编写项目5；杨晓峰（企业）为本书提供了智能制造相关领域的任务载体。本书由李小琴、赵海峰主编并统稿。

由于编者水平有限，疏漏之处在所难免，恳请读者批评指正，并将意见和建议反馈至电子邮箱：lixq@ njcit. cn。

编　者

第1版前言 PREFACE

近年来，德国工业4.0、美国工业互联网、中国制造2025等重大战略不断推动新一轮通信技术与先进制造技术深度融合发展，促进以智能制造为代表的新一轮产业变革。数字化、网络化、智能化日益成为未来制造业发展的主要趋势。高职教育作为职业教育的一个重要组成部分，人才培养必须紧跟"中国制造2025"战略，适应新形势下技术发展对人才的要求。

本书是在该背景下，面向高等职业院校机电类专业，依据高等职业院校智能制造需求以及学生特点而编写的。与本书配套的《工程制图与CAD习题集》同时出版。本书具有以下特点：

1) 贯彻高等职业教育适应社会科技发展的需要，以智能制造为契机，针对高等职业教育培养应用型人才、重视实践能力和职业技能训练的特点，突出理论"实用为主、必需和够用为度"的教学原则，强调"应用、技能培养"为教学重点，将表达方法部分的理论与零件结合，弱化表达方法本身，突出表达方法为零件服务，并且允许部分表达方法反复应用来促使学生熟练掌握，达到"知道是什么，知道怎么用"的效果。

2) 根据走访企业调研的数据，徒手绘图是在现场经常用到的一种绘图能力，因此本书增加了徒手绘图的任务，从徒手绘制简单图线到徒手绘制三视图和轴测图，对学生进行较为系统的训练。为适应社会发展和企业的需求，本书增加了计算机辅助绘图内容，并且按照项目化从简单的图形到装配图，涵盖了学生在工作岗位中需要用到的计算机绘图知识。

3) 本书配备教学微课视频和教学课件，教学微课视频也可以用于翻转课堂教学。本书配套的习题集配有参考答案和部分习题的讲解微视频。

4) 本书采用双色印刷，突出学习重难点，文字叙述力求简明扼要，通俗易懂。将基础理论融入例题中，匹配高等职业院校学生的学习特点，便于学生自学或预习。

本书适合高等职业院校机电类各专业60~150学时使用，教师可以根据教学时数和条件进行选用，也可供成人高等院校、电大等其他类型学校以及工程技术人员使用或参考。

参与本书编写的有：南京信息职业技术学院李小琴（绪论、项目 3~6、10、11、附录）赵海峰（项目 1、2）、黄丽娟（项目 7~9），黑龙江职业技术学院杨书婕（项目 12）。配套的微课视频和微练习视频由李小琴、黄丽娟、郭丽设计制作。南京信息职业技术学院舒平生任主审。

由于编者水平有限，书中难免存在疏漏和错误之处，恳请读者批评指正，并将意见和建议反馈至 E-mail：lixq@njcit.cn。

编　者

二维码索引

（续）

（续）

（续）

（续）

（续）

（续）

（续）

名称	二维码	页码	名称	二维码	页码
螺柱连接图画法		205	认识齿轮		230
螺钉连接图画法		207	齿轮参数		231
认识键和键槽		211	单个圆柱齿轮画法		233
键槽画法和尺寸查表		212	齿轮啮合图画法		233
普通平键连接图画法		214	装配图作用和内容		241
销钉连接图画法		215	装配图尺寸标注类型		242
认识滚动轴承		218	零件编号和明细栏		243
滚动轴承的代号		219	装配图规定画法		244
滚动轴承的画法		220	装配图特殊画法		245
认识弹簧		227	装配图工艺结构		248

（续）

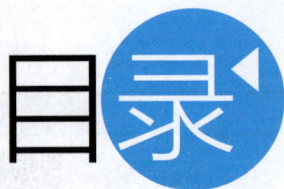

CONTENTS 目录

项目 1
CHAPTER 1
认识和绘制平面图形

【项目概述】

本项目是机械制图的基础，在遵循现行国家标准的前提下，以掌握工具使用、图线绘制、基本图形绘制和 AutoCAD 软件基本操作为知识技能目标，选择具有民族传统和专业特色的任务载体，让读者欣赏图形之美，了解工业软件技术，树立遵守规范意识和精益求精的工匠精神。

本项目有 4 个任务，涵盖的知识技能点如图 1.0 所示。

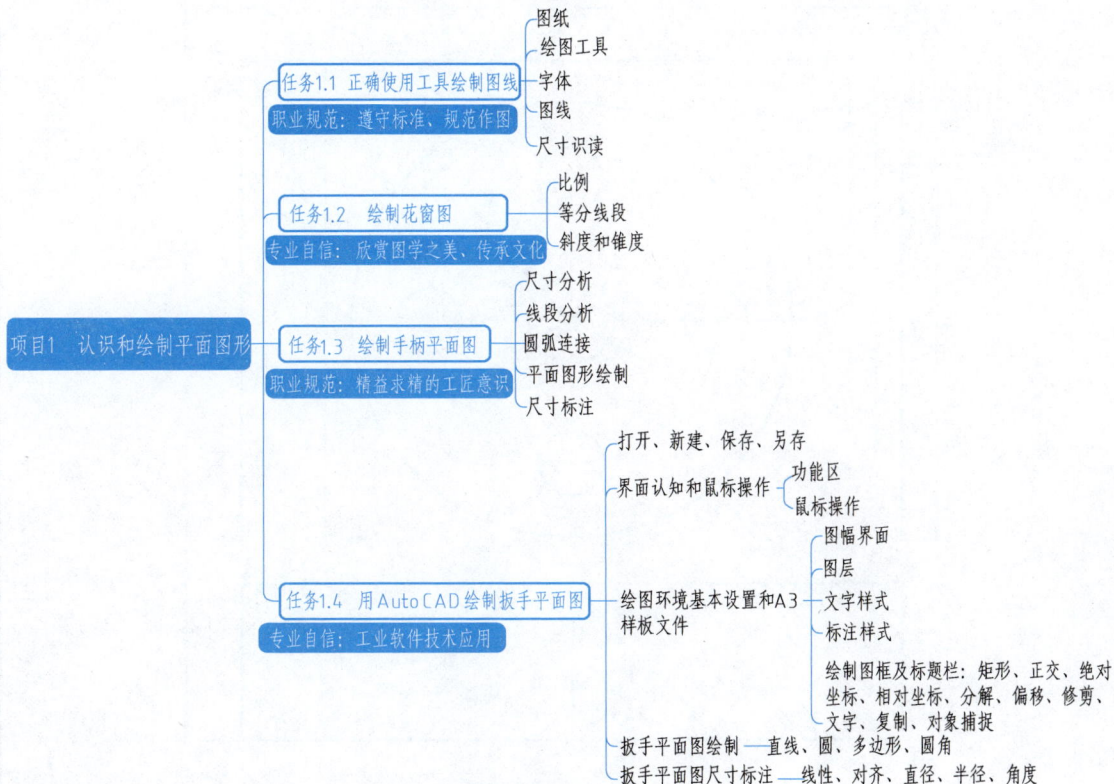

项目1 认识和绘制平面图形

- 任务1.1 正确使用工具绘制图线
  职业规范：遵守标准、规范作图
  - 图纸
  - 绘图工具
  - 字体
  - 图线
  - 尺寸识读

- 任务1.2 绘制花窗图
  专业自信：欣赏图学之美、传承文化
  - 比例
  - 等分线段
  - 斜度和锥度

- 任务1.3 绘制手柄平面图
  职业规范：精益求精的工匠意识
  - 尺寸分析
  - 线段分析
  - 圆弧连接
  - 平面图形绘制
  - 尺寸标注

- 任务1.4 用AutoCAD绘制扳手平面图
  专业自信：工业软件技术应用
  - 打开、新建、保存、另存
  - 界面认知和鼠标操作
    - 功能区
    - 鼠标操作
  - 绘图环境基本设置和A3样板文件
    - 图幅界面
    - 图层
    - 文字样式
    - 标注样式
  - 绘制图框及标题栏：矩形、正交、绝对坐标、相对坐标、分解、偏移、修剪、文字、复制、对象捕捉
  - 扳手平面图绘制——直线、圆、多边形、圆角
  - 扳手平面图尺寸标注——线性、对齐、直径、半径、角度

图 1.0　项目 1 的任务和知识技能点

任务 1.1　正确使用工具绘制图线

【1.1　任务工作单】

项目1　认识和绘制平面图形		任务1.1　正确使用工具绘制图线	
姓名：_____	班级：_____	学号：_____	日期：_____
1.1.1　明确任务			

任务描述：

　　图线是构成图形的要素之一，机械图样中的图形是用各种不同粗细和型式的图线画成的，不同的图线在图样中表示不同的含义。请观察图 1.1.1 中的线型，并按尺寸绘制。

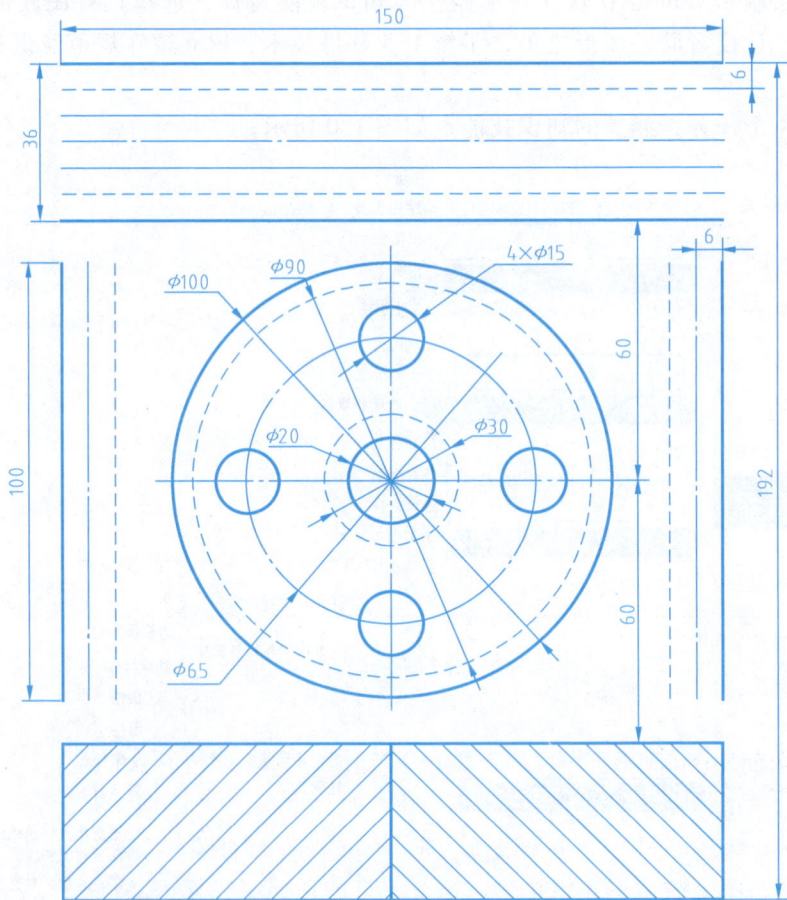

图 1.1.1　图线练习

任务目标：

（1）建立遵循国家标准绘制图线的职业规范意识，有把图线绘制正确、规范、美观的意愿。

（2）能够分辨和说出不同线型的名称、用途和画法要点。

（3）能够准确选用图纸并正确填写标题栏。

（4）能看懂图中的尺寸，并且根据尺寸完成图形绘制。

1.1.2　分析任务

（1）讨论：图中有几种不同的线型？这些线型绘制有哪些规范要求？

（2）讨论：图形具有哪些特点？如何在 A4 图纸上布局？

（3）讨论："$\phi 65$"是什么尺寸，表示什么意思？"$4\times\phi 15$"是什么意思？

（4）讨论：图 1.1.1 中各图线绘制的先后顺序是怎样的？

1.1.3　实施任务（完成后在右侧打"√"）

（1）图形布置在 A4 图纸绘图区中间。

（2）用 2H/H 铅笔完成所有图线底稿的绘制。

（3）用 2B/B 铅笔（圆规）对粗实线（直线、圆）进行加粗。

（4）用 HB 铅笔完成图中尺寸的标注。

（5）用 HB 铅笔完成标题栏的填写

1.1.4　评价任务

序号	评价指标	分值	自评	互评	师评	总评
1	图形布局不偏，图样整洁度好	20				
2	四种线型绘制正确	20				
3	图线绘制规范（加粗、间隔等）	20				
4	尺寸标注齐全、正确（14 个）	20				
5	尺寸标注规范、清楚（箭头、书写）	10				
6	标题栏填写正确、规范	10				

1.1.5　任务知识链接

一、图纸

1. 图纸幅面和图框格式（GB/T 14689—2008）

图纸幅面是指绘制图样的图纸大小，基本幅面共有五种，即 A0、A1、A2、A3 和 A4，具体的尺寸大小见表 1.1.1。无论图样是否装订，均应在图幅内画出图框，图框线用粗实线绘制。需要装订的图样，装订边留 a，其他三边留 c，格式如图 1.1.2 所示。不需要装订的图样其四边框距图纸边界距离为 e，其格式如图 1.1.3 所示。

图纸格式和标题栏填写

表 1.1.1 基本幅面尺寸 （单位：mm）

幅面代号	A0	A1	A2	A3	A4
$B \times L$	841×1189	594×841	420×594	297×420	210×297
a	25				
c	10			5	
e	20		10		

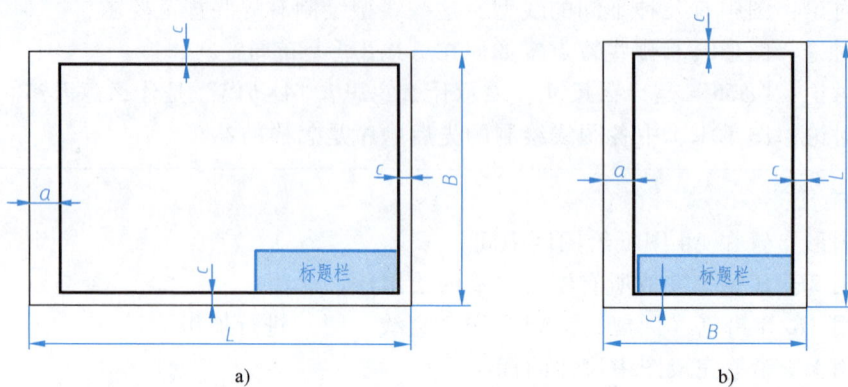

a)　　　　　　　　　　b)

图 1.1.2 需要装订图样的图框格式

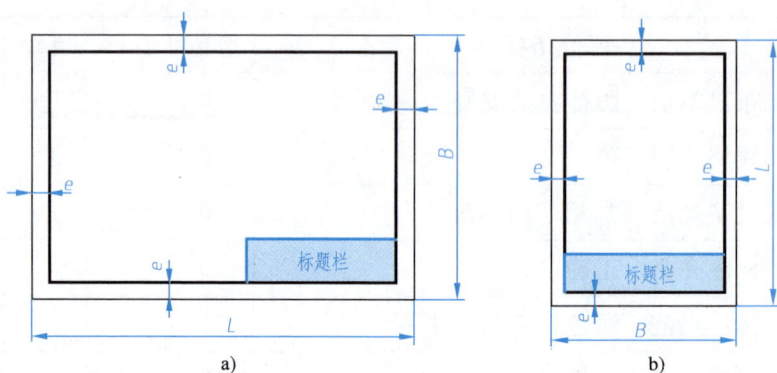

a)　　　　　　　　　　b)

图 1.1.3 不需要装订图样的图框格式

2. 标题栏（GB/T 10609.1—2008）

标题栏一般表示所画图样的名称、材料、比例及制图人单位等信息。国家标准规定的标题栏的线型、格式和尺寸如图 1.1.4 所示。

二、绘图工具

1. 图板、丁字尺和三角板

（1）图板 图板是用来铺贴图纸的。铺贴图纸时，以左侧边作为丁字

图板丁字尺

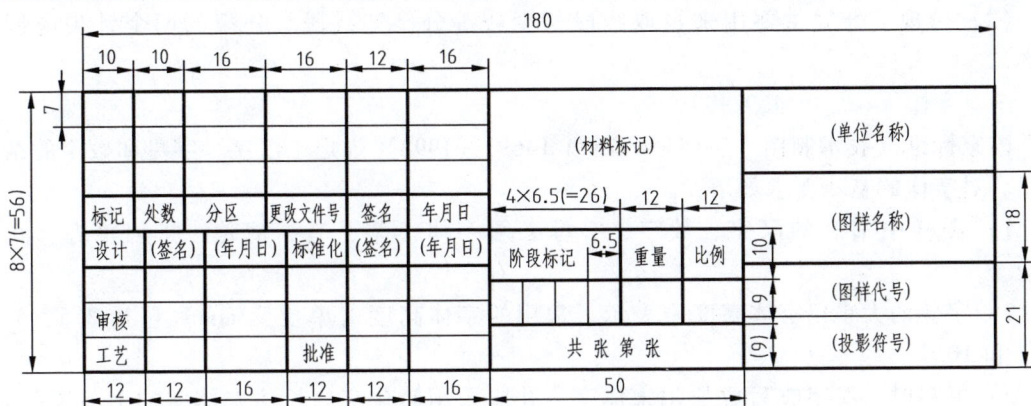

图 1.1.4　国家标准规定的标题栏的线型、格式和尺寸

尺的导边，用胶带纸将图纸固定在图板上。

（2）丁字尺　丁字尺用来画水平线。使用时，其头部紧靠图板左边，如图 1.1.5a 所示。

（3）三角板　三角板一般用来配合丁字尺画垂直线或 15°倍角的斜线。利用两块三角板配合可画出任意角度的平行线或垂直线，如图 1.1.5b、c 所示。

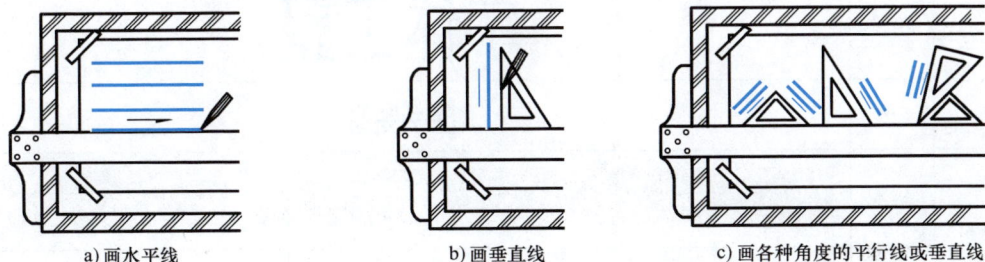

a) 画水平线　　　　　b) 画垂直线　　　　　c) 画各种角度的平行线或垂直线

图 1.1.5　丁字尺和三角板的使用方法

2. 绘图铅笔

绘图用铅笔的铅芯分别用 B 和 H 表示其软硬程度。绘图时根据不同的使用要求，应准备以下几种不同硬度铅芯的铅笔：B 或 2B——画粗实线用，HB——画箭头和写字用，H 或 2H——画各种细线和画底稿用。在绘图过程中，一般先用 2H 铅芯的铅笔绘制底稿，擦去辅助线和多余的线之后，用 2B 铅芯的铅笔对粗实线进行加粗，然后用 HB 铅芯的铅笔进行尺寸标注和标题栏的填写。其中，用于画粗实线的铅芯磨成矩形，其余的磨成圆锥形，如图 1.1.6 所示。

绘图工具盒

3. 圆规和分规

（1）圆规　圆规是用来画圆和圆弧的。在使用圆规时，需要用到两种铅芯，一种相当于 2H，另一种是 2B。绘制底稿时用 2H 的铅芯，加粗圆和圆弧时用 2B 的铅芯。

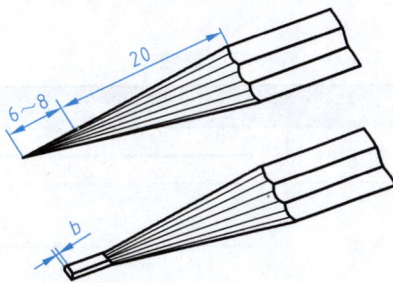

图 1.1.6　铅芯的形状图

（2）分规 分规主要用来量取线段长度或等分已知线段。分规的两个针尖应调整平齐。

三、字体（GB/T 14691—1993）

国家标准《技术制图 字体》（GB/T 14691—1993）规定了汉字、字母和数字的结构型式。对字体的基本要求如下：

1）图样中书写的汉字、数字、字母必须字体工整、笔画清楚、排列整齐、间隔均匀。

2）字体的大小以字体高度来表示，常用的字体高度（单位为 mm）包括 2.5、3.5、5、7 和 10。

3）书写时，汉字应写成长仿宋体字，并应采用简化字。长仿宋体字的书写要领是：横平竖直、注意起落、结构均匀、填满方格。汉字的高度一般不应小于 3.5mm，见表 1.1.2。

4）字母和数字可写成斜体和直体，见表 1.1.2。斜体字字头向右倾斜，与水平基准线成 75°。在同一图样上，只允许选用一种字体。

表 1.1.2 字体书写示例

字体		示例
长仿宋体汉字	10 号	字体工整
	5 号	横平竖直
字母和数字	斜体	*ABCDEFGHIJKLMNOP* *Y φ X ψ Ω* *0123456789*
	直体	abcdefghijklmn Y φ X ψ Ω 0123456789

四、图线（GB/T 4457.4—2002）

机械图样中的图形是用不同粗细和型式的图线画成的，不同的图线在图样中表示不同的含义和画法，应按表 1.1.3 中的规定来绘图。一般情况下，粗线、细线的宽度比例为 2：1。

图线种类和作用

表 1.1.3 各种不同图线

图线名称	图线型式	图线宽度	主要用途
粗实线	——————	d	可见轮廓线,可见棱边线
细实线	——————	约 $d/2$	尺寸线、尺寸界线、剖面线、辅助线、重合断面的轮廓线、引出线、螺纹的牙底线及齿轮的齿根线

（续）

图线名称	图线型式	图线宽度	主要用途
细点画线	≈20　≈3	约 $d/2$	轴线、对称中心线、齿轮的分度圆及分度线
细虚线	2~6　≈1	约 $d/2$	不可见的轮廓线、不可见的棱边线
波浪线	～～～	约 $d/2$	断裂处的边界线、视图和剖视图的分界线
双折线	～／～／～	约 $d/2$	断裂处的边界线
细双点画线	≈20　≈5	约 $d/2$	相邻辅助零件的轮廓线、中断线、可动零件极限位置的轮廓线、轨迹线、假想投影轮廓线
粗点画线	≈15　≈3	d	限定范围表示线

绘制图样时，应注意如下事项：

1）同一图样中，同类图线的宽度应基本一致。虚线、点画线及双点画线的线段长短间隔应各自大致相等。

2）两条平行线之间的距离应不小于粗实线的两倍宽度，其最小距离不得小于 0.7mm。

3）虚线及点画线与其他图线相交时，都应以线段相交，不应在空隙或短画处相交；当虚线是粗实线的延长线时，粗实线应画到分界点，而虚线应留有空隙；当虚线圆弧和虚线直线相切时，虚线圆弧的线段应画到切点，而虚线直线需留有空隙，如图 1.1.7 所示。

4）绘制圆的对称中心线（细点画线）时，圆心应为线段的交点。点画线和双点画线的首末两端应是线段而不是短画，同时其两端应超出图形的轮廓线 3~5mm。在较小的图形上绘制点画线或双点画线有困难时，可用细实线代替，如图 1.1.7 所示。

图线的画法

圆心应是线段相交　中心线应超过轮廓线
细点画线的两端应是线段　中心线超过轮廓线太长
应线段相交　不应留空隙
应留空隙
不应留空隙

a) 正确　　b) 错误

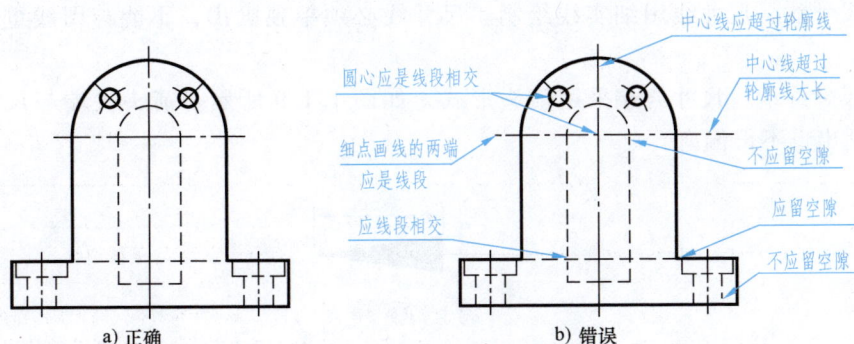

图 1.1.7　图线画法注意事项

五、尺寸标注的基本知识

1. 基本规则

1）图样上所注尺寸数值为零件真实大小，与图形大小及绘图准确度无关。

2）图样中的尺寸一般以毫米（mm）为单位，无须标注单位符号或名称；如果采用其他单位，则必须加以注明。

3）图样中所注尺寸是该图样所示零件最后完工时的尺寸。

4）零件的每一个尺寸只标注一次，并应标注在反映该结构最清晰的图形上。

2. 尺寸标注的内容

一个完整的尺寸由尺寸界线、尺寸线、尺寸终端和尺寸数字四个要素组成（图1.1.8）。

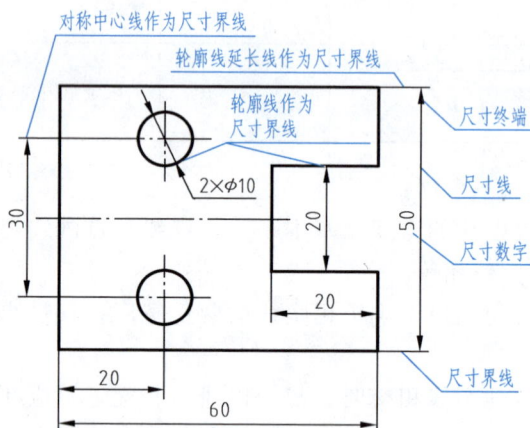

图 1.1.8　尺寸要素

（1）尺寸界线　尺寸界线用细实线绘制，由轮廓线、轴线或对称中心线处引出，也可利用轮廓线、轴线或对称中心线本身作为尺寸界线。尺寸界线一般应与尺寸线垂直，并超出尺寸终端2mm左右。

（2）尺寸线　尺寸线用细实线绘制。尺寸线必须单独画出，不能与图线重合或在其延长线上。

（3）尺寸终端　尺寸终端采用箭头形式，如图1.1.9所示。箭头尖端与尺寸界线接触，不得超出也不得偏离。

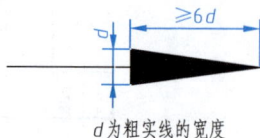

d 为粗实线的宽度

图 1.1.9　尺寸终端

（4）尺寸数字 线性尺寸的数字一般应注写在尺寸线的上方，也允许注写在尺寸线的中断处。同一图样中尺寸数字应大小一致。尺寸数字不能被任何图线所通过，否则必须把图线断开。当书写位置不够时，尺寸数字可引出标注。常见的标注尺寸的符号或缩写词见表1.1.4。

表1.1.4 标注尺寸的符号或缩写词

序号	含义	符号或缩写词	序号	含义	符号或缩写词
1	直径	ϕ	9	深度	↧
2	半径	R	10	沉孔或锪平	⊔
3	球直径	$S\phi$	11	埋头孔	∨
4	球半径	SR	12	弧长	⌒
5	厚度	t	13	斜度	∠
6	均布	EQS	14	锥度	◁
7	45°倒角	C	15	展开长	⟳→
8	正方形	□	16	型材截面形状	按 GB/T 4656—2008

任务1.2 绘制花窗图

【1.2 任务工作单】

项目1 认识和绘制平面图形		任务1.2 绘制花窗图	
姓名：＿＿＿＿	班级：＿＿＿＿	学号：＿＿＿＿	日期：＿＿＿＿

1.2.1 明确任务

任务描述：

古韵古香的花窗（图1.2.1）是中式建筑中独特的风景，呈现出传统文化之美。由几何形体或自然形体组成的花窗图案，在空间上起到了阻隔而不间断的作用，营造了"亦窗亦景"的意境，展现了古人的匠心智慧。

图1.2.1 中式花窗

在由几何形体构成的花窗中，正多边形是常见的图案。请绘制图1.2.2所示的图案。

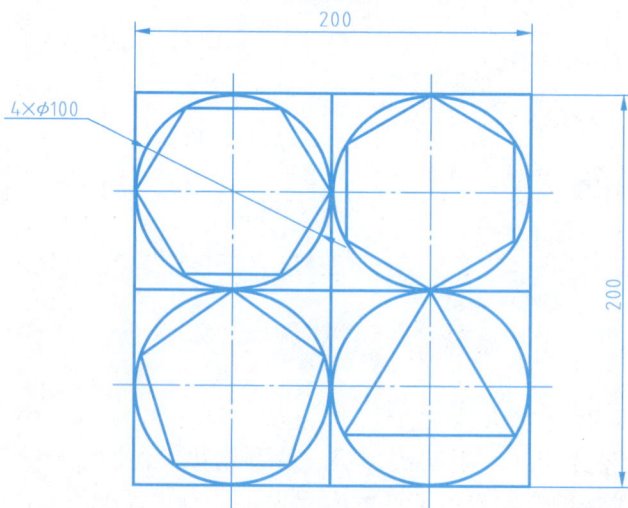

图1.2.2 花窗图

任务目标：

（1）了解几何图案在花窗甚至中国古代建筑、家具中的历史和作用，欣赏图学之美，传承中华文化。

（2）能够说出图形的构成（几何形状、线型等）。

（3）能够利用尺规绘制正多边形。

（4）了解斜度和锥度的含义、区别，能识读符号。

1.2.2　分析任务

（1）讨论：图1.2.2中有哪几种几何图案？

（2）讨论：图1.2.2中两个正六边形有何区别？在绘制时如何处理？

（3）讨论：在A4图纸上按200×200的尺寸是否画得下？如果画不下，如何解决？

（4）讨论：说一说绘制正六边形、正五边形和正三角形的基本方法。

1.2.3　实施任务（完成后在右侧打"√"）

（1）选择合适的比例，将图形布置在A4图纸绘图区中间。

（2）完成正方形和圆的绘制。

（3）完成四个正多边形的绘制。

（4）对粗实线进行加粗。

（5）完成尺寸标注和标题栏的填写。

1.2.4　评价任务

序号	评价指标	分值	自评	互评	师评	总评
1	比例选择合适，图形布局不偏，图纸整洁	10				
2	四个正方形和圆绘制正确	10				
3	四个正多边形绘制正确	40				
4	粗实线、点画线绘制正确、规范	20				
5	尺寸标注齐全、正确、规范	10				
6	标题栏填写正确、规范	10				

1.2.5　任务知识链接

一、比例（GB/T 14690—1993）

比例是图形与实物真实大小之比，有原值、放大和缩小三种（表1.2.1）。绘图时应优先选用第一系列比例值，尽可能按零件的实际大小画出（1∶1），以便直接从图样上看出零件的实际大小。对于较大的零件，可采用缩小比例；而对于较小的零件，宜采用放大比例。

比例种类
和选用

表 1.2.1 图样比例

种类	比例(第一系列)	比例(第二系列)
原值比例	$1:1$	
放大比例	$2:1;5:1;10^n:1;2\times10^n:1;5\times10^n:1$	$2.5:1;4:1;2.5\times10^n:1;4\times10^n:1$
缩小比例	$1:2;1:5;1:10^n;1:2\times10^n;1:5\times10^n$	$1:1.5;1:2.5;1:3;1:4;1:6;1:1.5\times10^n;$ $1:2.5\times10^n;1:3\times10^n;1:4\times10^n;1:6\times10^n$

　　无论采用何种比例，尺寸标注时都必须按照零件的真实大小标注，如图 1.2.3 所示。零件图中，同一零件的所有视图都应采用相同比例，并在标题栏中标注。当同一零件的某个视图采用了不同于标题栏中所注的比例时，必须在相应视图上另行标注。

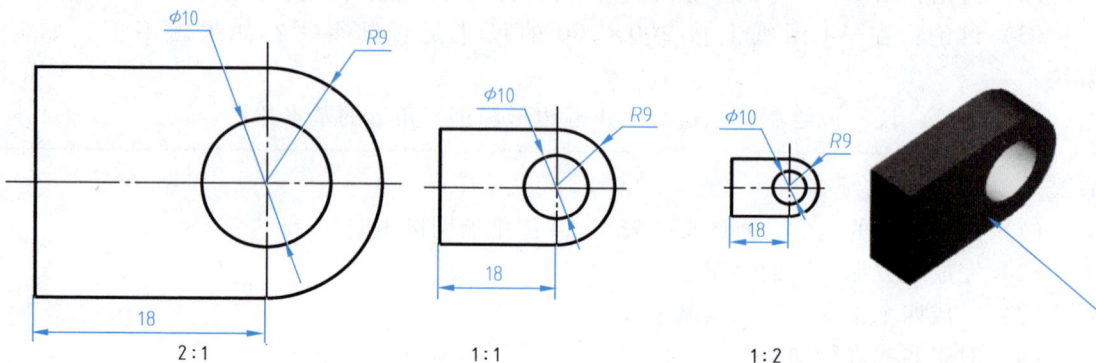

图 1.2.3　按不同比例绘制的图形

二、等分线段

1. 等分直线

图 1.2.4 所示为线段 AB 的七等分步骤，具体如下：

1）过端点 A 或者 B（任意）作另一与 AB 不平行的直线 AC（图 1.2.4b）。

2）用分规以任意相等距离取直线 AC 上 1、2、3、4、5、6、7 七个等分点（图 1.2.4c）。

3）连接 $7B$（图 1.2.4d）。

4）分别过 1、2、3、4、5、6 作 $7B$ 的平行线，与 AB 交点为 $1'$、$2'$、$3'$、$4'$、$5'$、$6'$，即为直线 AB 的等分点（图 1.2.4e）。

采用这种方法可以将直线进行任意等分。

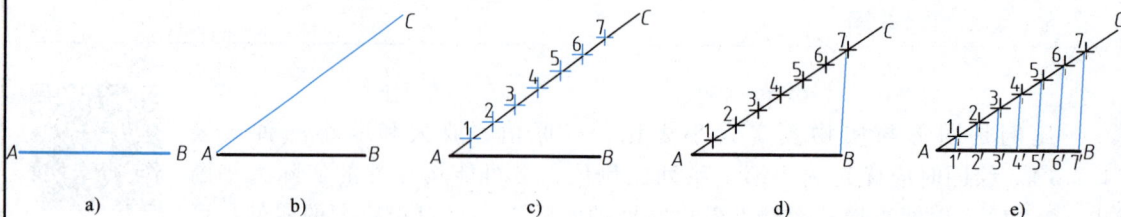

等分线段

图 1.2.4　七等分直线

2. 等分圆周及作正多边形

（1）三等分和六等分　圆周三等分和六等分的画法如图 1.2.5 所示。

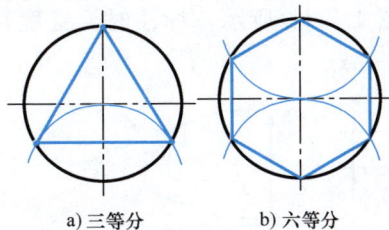

a)三等分　　　b)六等分

图 1.2.5　圆周三等分和六等分的画法

（2）五等分　图 1.2.6 所示为通过五等分圆绘制正五边形的画法。

正五边形

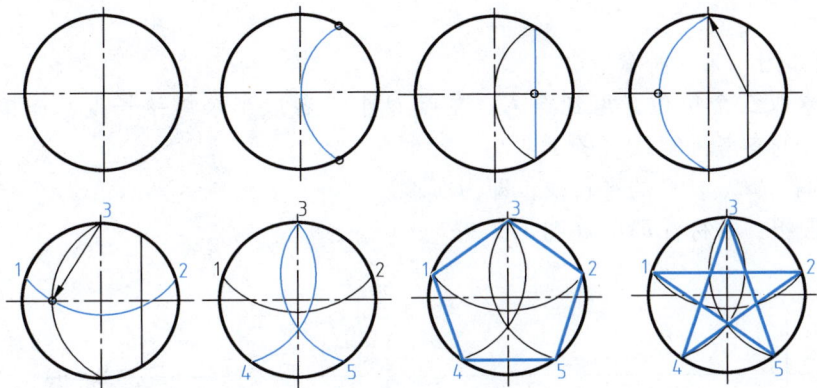

图 1.2.6　正五边形的画法

三、斜度和锥度

1. 斜度

斜度是指一直线或平面相对另一直线或平面的倾斜程度。其大小用两直线（或平面）间夹角的正切值来表示，通常写成 $1:n$ 的形式，如图 1.2.7a 所示。

斜度和锥度

若要作线段 CB 的斜度为 $1:3$（图 1.2.7b），其作图方法如下：

1）作一水平线段 AB，将其三等分。

2）从点 A 垂直向上取一等分点 C。

3）连接 BC 线段，加粗，即为 $1:3$ 的斜度。

注意：斜度有方向之分，标注时斜度符号（图 1.2.7c）应与线段的倾斜方向相同。

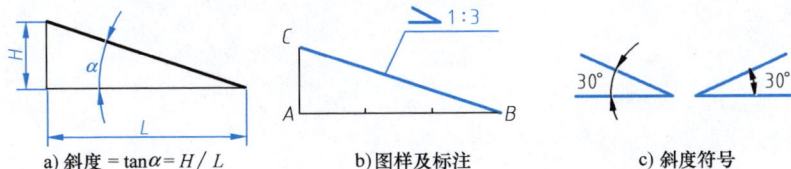

a)斜度 = $\tan\alpha = H/L$　　　b)图样及标注　　　c)斜度符号

图 1.2.7　斜度

2. 锥度

锥度是指两个垂直圆锥轴线的圆锥底圆直径差与两底圆间的轴向距离之比,一般锥度也常用 $1:n$ 的形式表示,如图 1.2.8a 所示。标注时,锥度符号(图 1.2.8b)的方向同斜度一样,应与物体锥度方向一致。

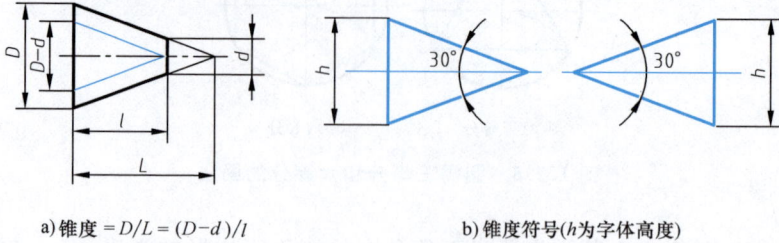

a) 锥度 $= D/L = (D-d)/l$

b) 锥度符号(h 为字体高度)

图 1.2.8 锥度

锥度的画法及标注如图 1.2.9 所示。

1) 在水平线上任意取 5 个单位,得到点 C,在点 O 上下各取半个单位长度,连接 BC、$B'C$ 线,即为 $1:5$ 的参考锥度线(图 1.2.9b)。

2) 过点 A、A' 分别作 BC、$B'C$ 的平行线,即为所求。

3) 将两条平行线加粗,并标注即可(图 1.2.9c)。

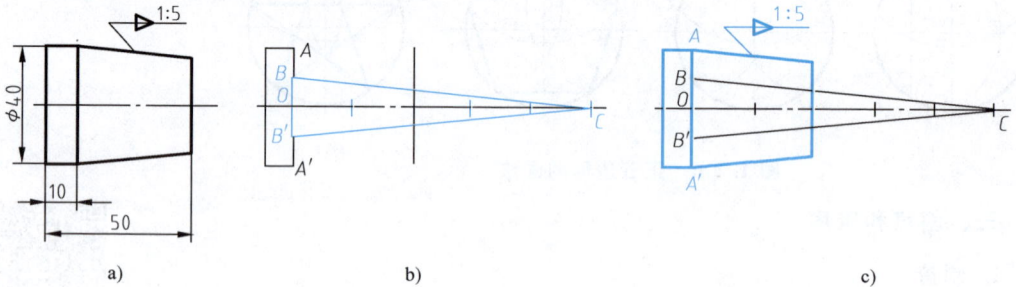

a)   b)   c)

图 1.2.9 锥度的画法及标注

任务 1.3　绘制手柄平面图

【1.3　任务工作单】

项目1　认识和绘制平面图形		任务1.3　绘制手柄平面图	
姓名：_____	班级：_____	学号：_____	日期：_____

1.3.1　明确任务

任务描述：

　　手柄是一种方便操作机器的配件，可改变机器中连接构件的位置，从而使机器进行相应操作，常用的有直手柄、转动手柄等（图1.3.1），其几何结构中常有光滑的曲面。

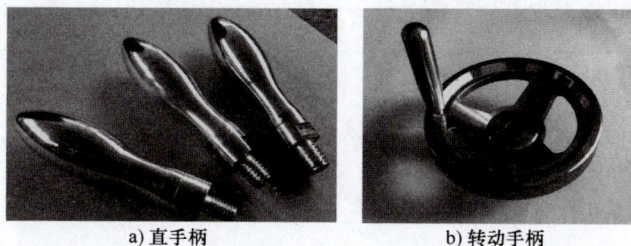

a) 直手柄　　　　　　　　b) 转动手柄

图 1.3.1　手柄

　　平面图形是指由若干线段（包含直线、圆弧、曲线等）按照一定关系连接而成的封闭几何图形，主要包含图线和尺寸。请在 A3 图纸上绘制图 1.3.2 所示的手柄平面图。

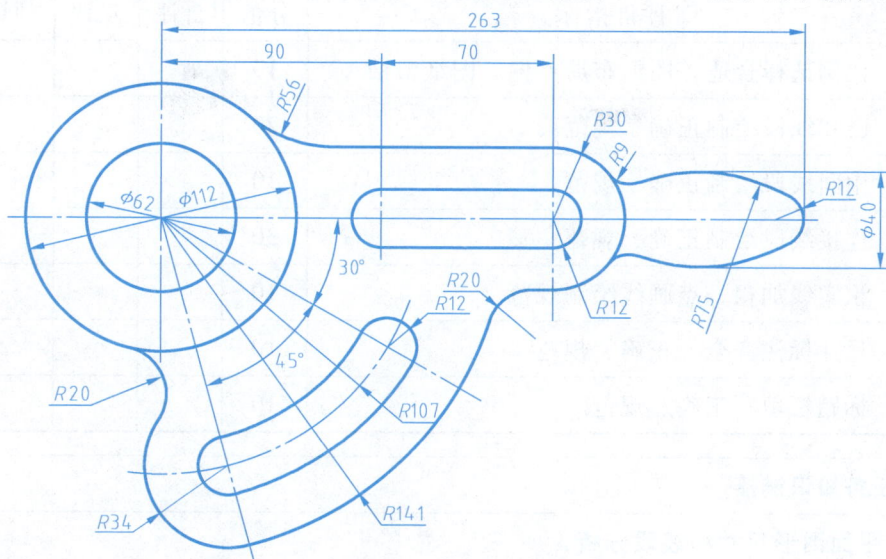

图 1.3.2　手柄平面图

任务目标:

(1) 认识手柄,了解曲线在这类产品中的应用,从圆弧连接中认识到"失之毫厘谬以千里"的道理,树立精益求精的工匠意识和职业规范意识。

(2) 能够在图中判断出定形尺寸和定位尺寸,以及已知线段、中间线段、连接线段;能够讨论出尺寸基准。

(3) 能够说出平面图形绘制的基本过程。

(4) 能够绘制出中间线段和连接线段,能够规范标注各类尺寸。

1.3.2 分析任务

(1) 讨论:图1.3.2所示手柄平面图水平和垂直两个方向的尺寸基准分别是什么?

(2) 讨论:图1.3.2中哪些尺寸是定形尺寸,哪些是定位尺寸?

(3) 讨论:绘制图1.3.2所示的图形时,确定好基准线后,可以画出哪些线段?

(4) 讨论:在图1.3.2中,$R75$圆弧如何绘制?$R56$圆弧、$R9$圆弧、$R20$圆弧如何绘制?

(5) 讨论:角度30°和45°标注时应该如何书写?

1.3.3 实施任务 (完成后在右侧打"√")

(1) 选择合适比例,将图形布置在A3图纸绘图区中间。

(2) 完成所有已知线段的绘制。

(3) 完成中间线段和连接线段的绘制。

(4) 粗实线加粗。

(5) 完成尺寸标注和标题栏的填写。

1.3.4 评价任务

序号	评价指标	分值	自评	互评	师评	总评
1	比例选择合适,图形布局不偏,图纸整洁	10				
2	已知线段绘制正确、规范	20				
3	中间线段绘制正确、规范	10				
4	连接线段绘制正确、规范	30				
5	粗实线加粗,点画线绘制规范	10				
6	尺寸标注齐全、正确、规范	10				
7	标题栏填写正确、规范	10				

1.3.5 任务知识链接

一、平面图形尺寸和线段分析

绘制平面图形时,有的线段可直接画出,而有的线段缺少尺寸不能直接画出,因此在绘制平面图形前首先要对图形进行分析。平面图形的分析过程应包含尺寸分析和线段分析。

1. 尺寸分析

1）定形尺寸：确定平面图形中几何元素大小的尺寸。常见的定形尺寸有线段长度、圆弧半径和直径等。

2）定位尺寸：确定几何元素位置的尺寸，如圆心在图样中的位置尺寸、直线与中心线的距离尺寸等。对于平面图形来说，定位尺寸有水平和垂直两个方向。

尺寸分析

有时，图样中某些尺寸既是定形尺寸，又是定位尺寸。

尺寸基准可确定图样在图纸上的位置，通常以图形的对称线、中心线或某一轮廓线作为尺寸基准线。平面图形的尺寸基准有水平和垂直两个方向，水平方向的基准线是竖直线，垂直方向的基准线是水平线。

2. 线段分析

1）已知线段：知道定形尺寸和两个方向的定位尺寸的线段。作出基准线之后可以根据已知尺寸直接绘出。

2）中间线段：只给出定形尺寸和一个方向的定位尺寸的线段。

线段分析

3）连接线段：只给出定形尺寸的线段。

二、圆弧连接

在平面图形中，中间线段和连接线段往往是一段已知半径的圆弧，圆心位置只知道一个方向的定位尺寸或者未知，需要根据它与相邻线段的关系来确定。如图1.3.3所示，用一已知半径的圆弧将两个已知线段（圆弧或直线）光滑连接起来，称为圆弧连接。

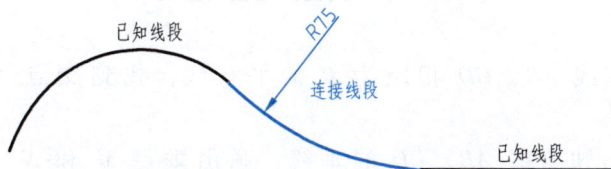

圆弧连接方法

已知线段　　连接线段　R75　　已知线段

图1.3.3　圆弧连接图

常见的圆弧连接有三种情况：与已知直线相切、与已知圆弧外切、与已知圆弧内切。通常按照"找圆心——找切点——画圆弧、检查加深"三步来作圆弧连接。

作圆弧连接时，最重要的是找圆心。圆心的轨迹分布规律如图1.3.4所示。

1）与已知直线相切，圆心在与已知直线距离为 R 的平行线上（图1.3.4a）。

2）与已知圆弧外切，圆心在半径为两圆弧半径之和的已知圆弧同心圆上（图1.3.4b）。

3）与已知圆弧内切，圆心在半径为两圆弧半径之差的已知圆弧同心圆上（图1.3.4c）。

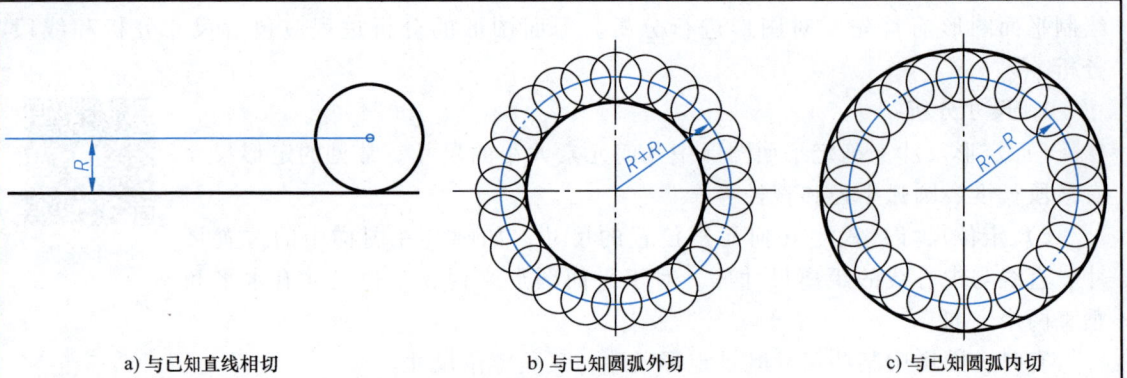

a) 与已知直线相切　　　　b) 与已知圆弧外切　　　　c) 与已知圆弧内切

图 1.3.4　圆弧连接圆心的轨迹分布规律

【例 1】　如图 1.3.5a 所示，用给定半径 R 的圆弧连接直线 AB、CD。

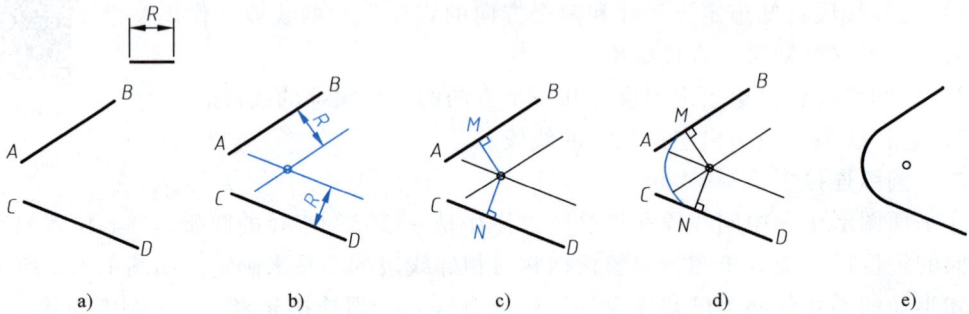

a)　　　　　b)　　　　　c)　　　　　d)　　　　　e)

图 1.3.5　用圆弧连接两直线

1）分别作与直线 AB、CD 相距为 R 的平行线，找到交点（图 1.3.5b）。

2）过交点作已知直线 AB、CD 的垂线，画出垂足 M 和 N（图 1.3.5c）。

3）将垂足 M、N 用半径为 R 的圆弧连接（图 1.3.5d）。

4）擦除多余线条，加粗完成（图 1.3.5e）。

【例 2】　如图 1.3.6a 所示，用给定半径为 R 的圆弧连接已知直线和圆弧 O_1。

1）作与已知直线相距为 R 的平行线；以已知圆弧圆心 O_1 为圆心，作半径为 R_1+R 的圆弧；找到所作平行线和圆弧的交点（图 1.3.6b）。

2）过交点作已知直线的垂线，标注垂足 M；连接交点和 O_1，交已知圆弧于 N 点（图 1.3.6c）。

3）在 M、N 两点之间画半径为 R 的连接圆弧（图 1.3.6d）。

4）擦除多余线段，加粗完成（图 1.3.6e）。

【例 3】　如图 1.3.7a 所示，用给定半径为 R 的圆弧外接已知圆弧 O_1 与 O_2。

案例：圆弧
连接两直线

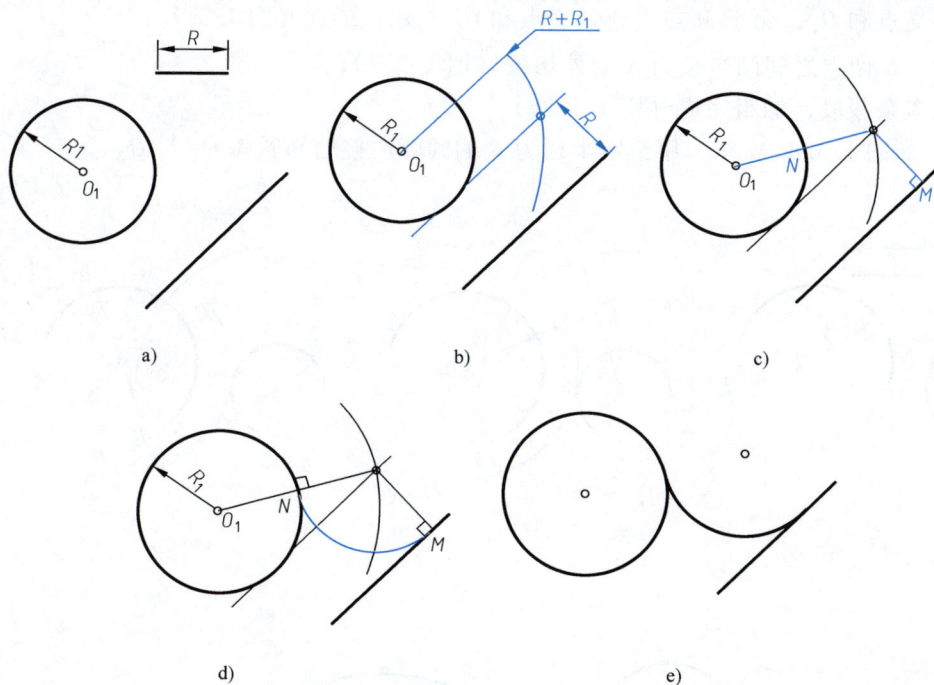

图 1.3.6　用圆弧连接一直线和一圆弧

案例：圆弧连接直线与圆弧

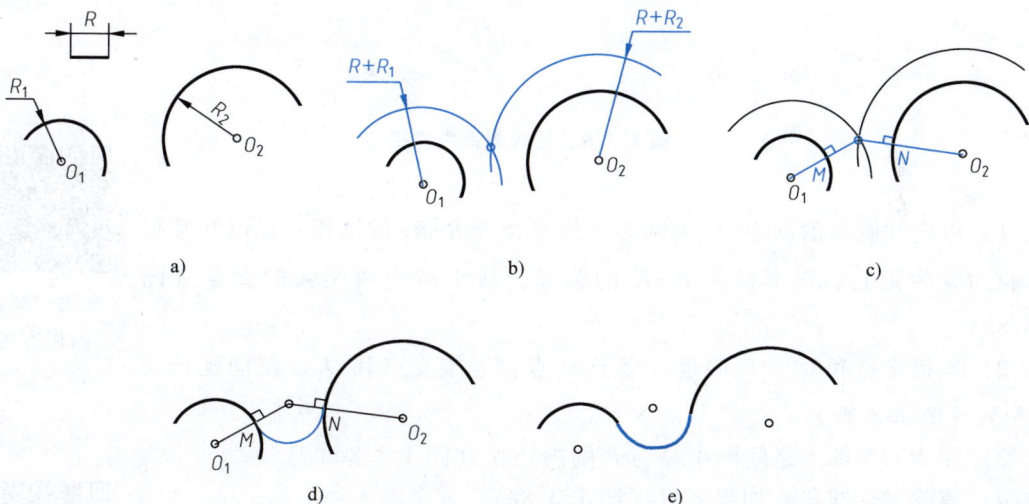

图 1.3.7　与两圆弧外切相连

案例：圆弧外切连接

1）以已知圆弧的圆心 O_1 为圆心，作半径为 R_1+R 的圆弧；以已知圆弧的圆心 O_2 为圆心，作半径为 R_2+R 的圆弧。找出所作两圆弧的交点（图 1.3.7b）。

2）连接交点和 O_1，交于 M 点；连接交点和 O_2，交于 N 点（图 1.3.7c）。

3）在 M、N 两点之间画半径为 R 的外切弧（图 1.3.7d）。

4）擦除多余线段，加粗完成（图 1.3.7e）。

【例 4】 如图 1.3.8a 所示，用给定半径为 R 的圆弧内接已知圆弧 O_1 与 O_2。

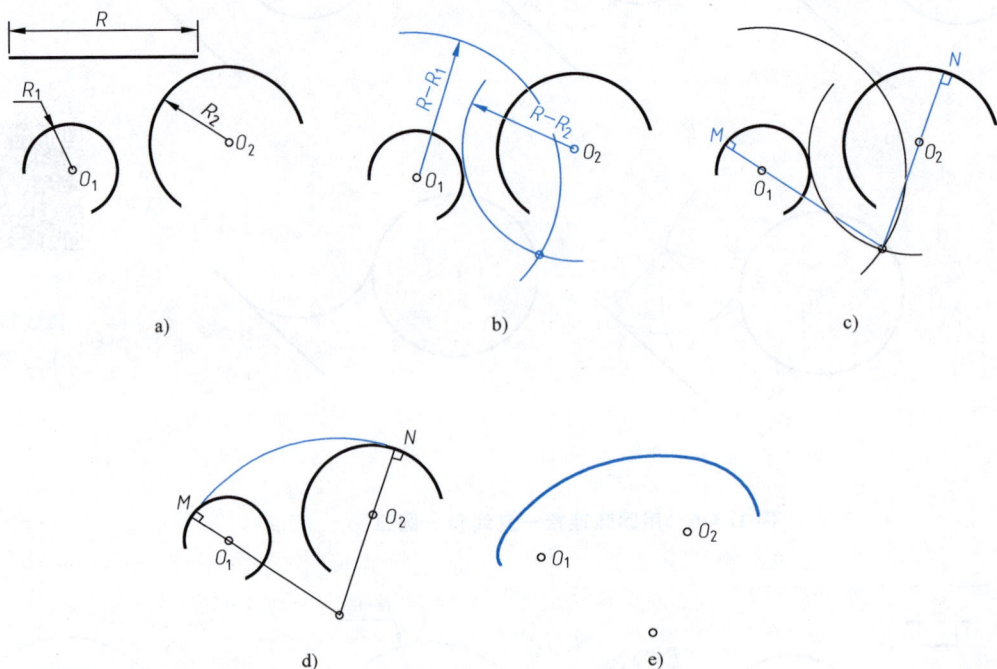

图 1.3.8 与两圆弧内切相连

1）以已知圆弧的圆心 O_1 为圆心，作半径为 $R-R_1$ 的圆弧；以已知圆弧的圆心 O_2 为圆心，作半径为 $R-R_2$ 的圆弧。找出所作两圆弧的交点（图 1.3.8b）。

2）连接交点和 O_1，反向延长交于 M 点；连接交点和 O_2，反向延长交于 N 点（图 1.3.8c）。

3）在 M、N 两点之间画半径为 R 的内切弧（图 1.3.8d）。

4）擦除多余线段，加粗完成（图 1.3.8e）。

案例：圆弧内切连接

三、绘图方法和步骤

绘制平面图形时，需要根据图形依次分析出图形的基准、已知线段、中间线段和连接线段。现以图 1.3.9 所示的手柄为例，介绍绘制平面图形的方法和步骤。

1）画出图形在水平和垂直两个方向上的基准线（图 1.3.9a）。

2）画已知线段（15、$\phi20$、$\phi5$、$R15$、$R10$）（图 1.3.9b）。

案例：平面图形的绘制

图中各部分标注如下：

a) 作基准线

b) 作已知线段

c) 作中间线段

d) 作连接线段

e) 加粗粗实线，处理点画线

f) 标注尺寸

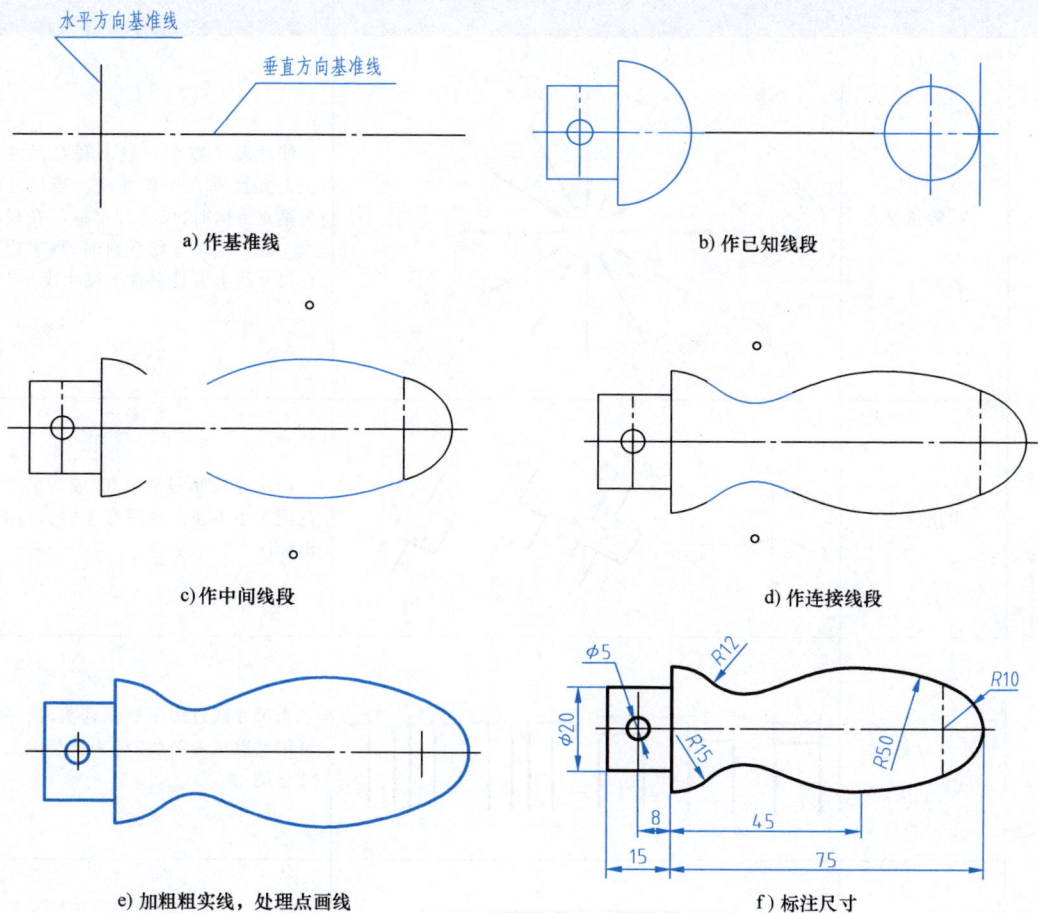

图 1.3.9 平面图形的绘制

3）画中间线段（$R50$）；此时 $R50$ 与 $R10$ 圆弧内切连接，因此以 $R10$ 圆心为圆心，R（$50-10$）为半径作圆弧，与 45 位置垂直线相交，交点即为 $R50$ 圆心（图 1.3.9c）。

4）画连接线段（$R12$）；$R12$ 与 $R15$ 和 $R50$ 圆弧均外切连接，所以分别以 $R15$、$R50$ 圆心为圆心，R（$15+12$）、R（$50+12$）为半径作圆弧并且相交，交点为连接线段 $R12$ 的圆心（图 1.3.9d）。

5）检查，擦去多余图线，加粗（图 1.3.9e）。

6）尺寸标注，填写标题栏（图 1.3.9f）。

四、尺寸标注方法与案例

平面图形的标注要做到正确、完整、清晰、合理。尺寸标注示例及说明见表 1.3.1。

尺寸标注案例

表 1.3.1　尺寸标注示例及说明

种类		示例	说明
线性尺寸标注	一般情况		线性尺寸数字一般书写在尺寸线正上方且垂直于尺寸线。当尺寸线为垂直方向时,尺寸数字标注在尺寸线左侧。当尺寸线倾斜时,数字应写在尺寸线上方且垂直于尺寸线
	引出标注		若尺寸线倾斜角≤30°或者尺寸线范围太小不便于书写数字时,可用引出标注
	小尺寸标注		当尺寸线过短不够画箭头时,一般可用黑点或者斜线"/"来代替箭头尺寸终端
	多个线性尺寸		应尽量避免尺寸要素交叉。串联线性尺寸,箭头应对齐,尺寸线位于同一条直线上。对于并联尺寸,小尺寸在内,大尺寸在外,平行线间的距离尽量均匀
角度尺寸标注			

角度数字一律水平注写,数字后面需要加"°"。表示角度的尺寸界线可以不画,用轮廓线代替。尺寸线一般画带箭头的圆弧,尺寸数字标注于弧线外侧,当夹角太小时,需引出标注,角度尺寸数字也可以注写在尺寸线断开处

（续）

种类	示例	说明
圆及圆弧尺寸标注 单个圆和圆弧		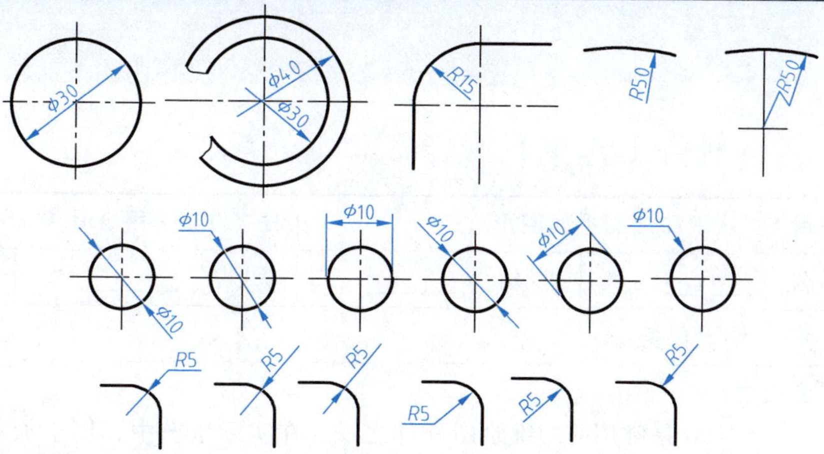 ①整圆和大于半圆的标注直径"ϕ"，半圆和小于半圆的标注半径"R" ②直径可以轮廓线作为尺寸界线，小圆可引出标注，半径不需要另外标注尺寸界线 ③直径和半径的尺寸线不可以和其他图线重合，直径的尺寸线要超过圆心，半径的尺寸线不超过圆心，大圆弧的半径可以不指出圆心 ④标注直径时，尺寸线若完整，则标双箭头，若不完整，可以只标一个箭头 ⑤数字不能被图线穿过，若空间太小，用引出标注
同心圆和圆弧	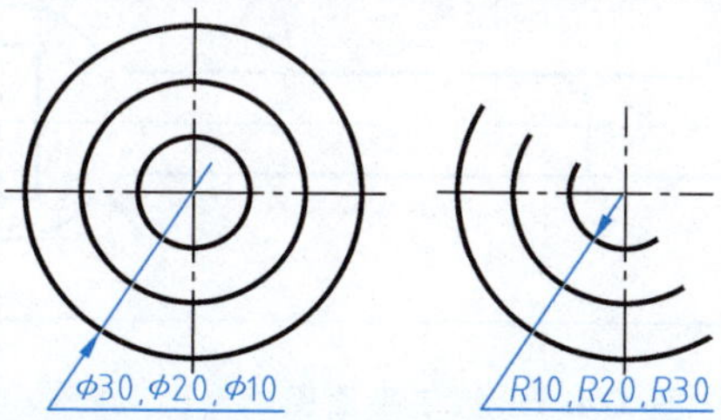	用一条过圆心（直径）或到圆心（半径）且引出的水平尺寸线来表示，箭头可只画一个，指在最外面或最里面的圆上。当箭头由内向外时，数字按照从小到大的顺序书写，数字之间用"，"隔开
圆球尺寸标注	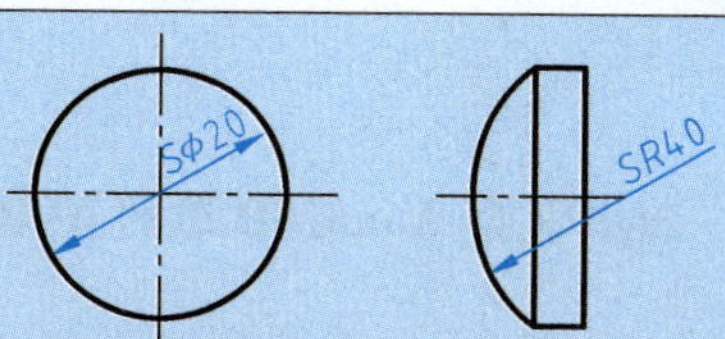	圆球尺寸标注数字前面要加"$S\phi$"或者"SR"，整球或大于半球用"$S\phi$"，半球或小于半球用"SR"。尺寸界线、尺寸线、箭头的规则与圆弧一致
相同结构的标注	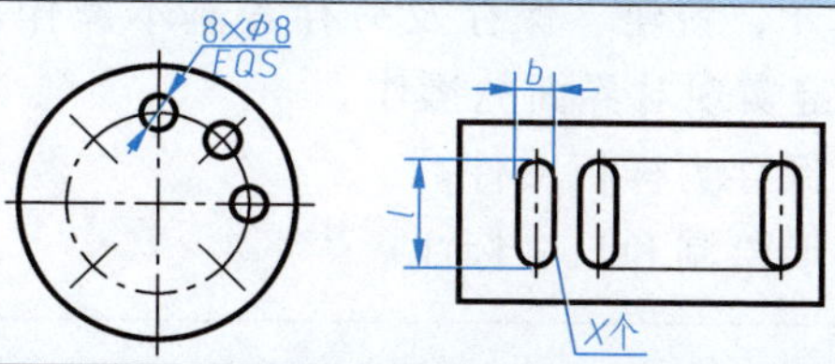	相同的结构只需要标注一个尺寸，并注明有多少个即可
对称结构的标注	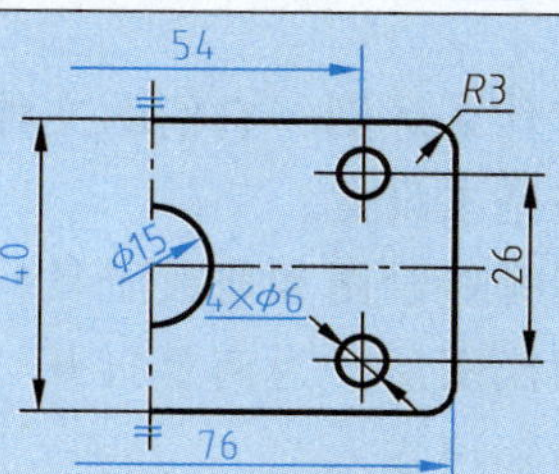	对称零件可只画一半，但尺寸标注必须完整。图中对称线两侧要加对称符号"="，尺寸线超过对称线，数字应是真实大小

任务 1.4 用 AutoCAD 绘制扳手平面图

【1.4 任务工作单】

项目 1 认识和绘制平面图形	任务 1.4 用 AutoCAD 绘制扳手平面图

姓名：	班级：	学号：	日期：

1.4.1 明确任务

任务描述：

　　AutoCAD 是常用的二维绘图软件之一，在实际生产中，用于加工的图样大部分都需要利用 CAD 软件进行绘制和标注，因此掌握该软件的使用方法也是智能制造相关专业人员的必备技能之一。

　　请利用 AutoCAD 软件绘制图 1.4.1 所示的扳手平面图。

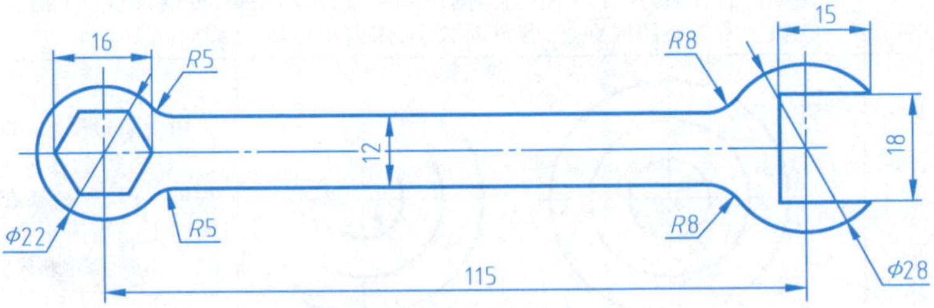

图 1.4.1 扳手平面图

任务目标：

　　（1）了解图学行业的技术发展，初步学会 AutoCAD 软件的基本操作方法，建立掌握软件应用的信心。

　　（2）能够正确执行安装、打开、新建、保存及另存等基本操作；认识软件界面各功能区，并能使用鼠标左、中、右键实现对界面的操作。

　　（3）会设置基本绘图环境且保存为样板文件。

　　（4）能够完成简单的平面图形绘制和尺寸标注。

1.4.2 分析任务

　　（1）讨论：样板文件和图形文件有什么区别？它们的文件名后缀分别是什么？

　　（2）讨论：样板文件通常需要哪些基本设置？

　　（3）讨论：在绘制图形时，常用到哪些绘图和修改工具？

　　（4）讨论：绘制图形时，为何要切换图层？为何要打开"线宽"显示？

　　（5）讨论：标注尺寸时，直径符号如何输入？

1.4.3　实施任务（完成后在右侧打"√"）

（1）完成 A3 样板文件的设置。
（2）完成扳手平面图形的绘制。
（3）完成扳手平面图尺寸标注。
（4）完成标题栏填写，将文件另存为"扳手"图形文件。

1.4.4　评价任务

序号	评价指标	分值	自评	互评	师评	总评
1	A3 样板文件图层、图框和标题栏设置正确、规范	30				
2	扳手平面图形图线绘制正确、规范	30				
3	扳手平面图尺寸标注齐全、正确、规范	20				
4	标题栏填写正确、规范	10				
5	A3 样板文件和"扳手"图形文件保存正确	10				

1.4.5　任务知识链接

一、打开、新建、保存、另存 AutoCAD 文件

1. 打开、新建文件

安装好 AutoCAD 软件后，双击相应图标即可打开软件，本任务以 AutoCAD 2022 为例。在软件打开界面的左侧（图 1.4.2a）可以选择"打开"，打开已有的 AutoCAD 文件；也可选择"新建"，创建一个新的 AutoCAD 文件；还可利用界面左上角的 "新建"图标和"打开"图标。若在界面左上角单击"新建"图标时，会出现如图 1.4.2b 所示的对话框，在"打开"下拉列表中选择"无样板打开-公制"，就可以打开一个全新的 CAD 文件，默认文件名为"Drawing1"。

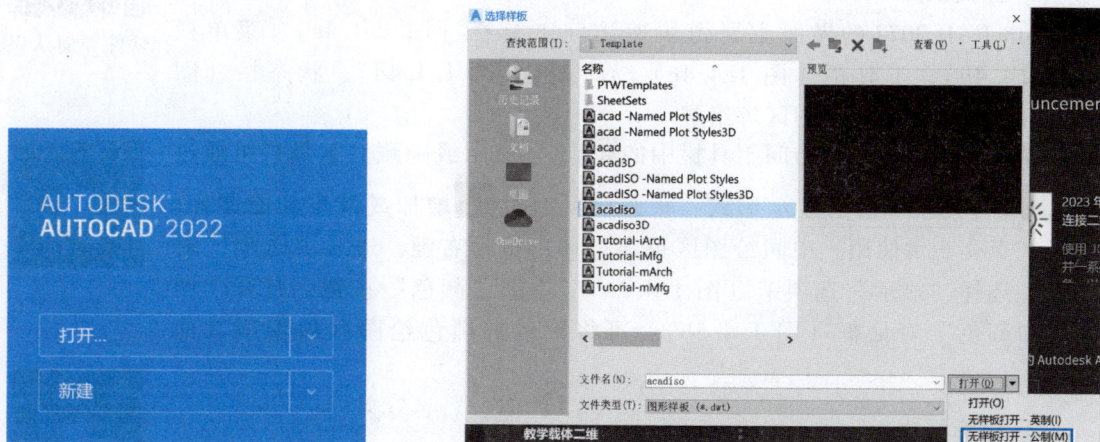

a）"打开"和"新建"选项　　　　b）单击界面左上角"新建"图标后选择

图 1.4.2　打开、新建文件

2. 保存、另存文件

单击界面左上角 ▲▼ 图标，可进行保存或另存（图 1.4.3a）。也可直接单击快速访问工具栏中的 ▲▼ 📄📂💾💾 "保存"图标和"另存"图标。保存 CAD 文件时，可更改保存目录和文件名，样板文件需要在"文件类型"下拉列表中选择（*.dwt）格式，图形文件选择（*.dwg）格式（图 1.4.3b）。如果要将高版本的 CAD 文件在低版本软件中打开，则需要选择低版本的（*.dwg）。

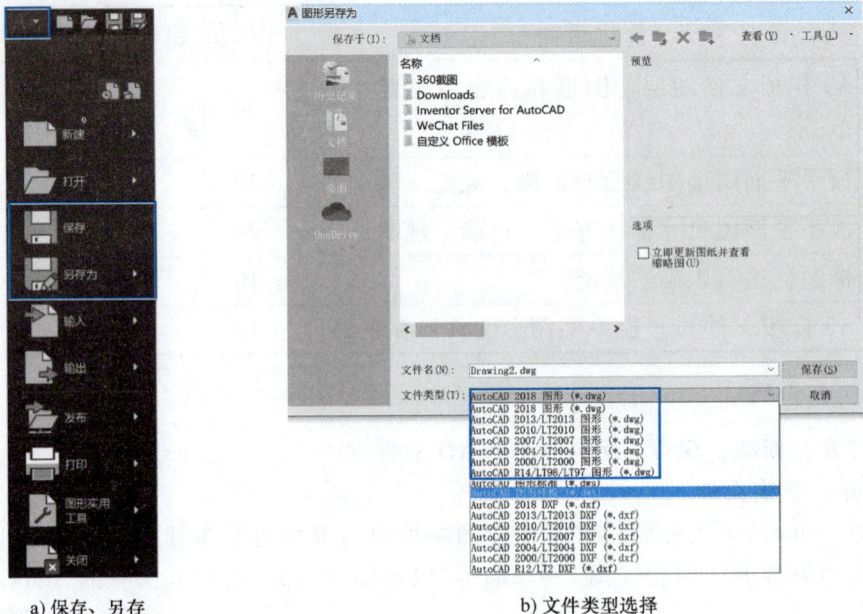

a) 保存、另存　　　　　　　　　　　　b) 文件类型选择

图 1.4.3 保存、另存文件

二、AutoCAD 界面认知与鼠标操作

1. 界面认知

AutoCAD 2022 的界面主要由快速访问工具栏（图 1.4.4a）、菜单栏（图 1.4.4b）、工具栏（图 1.4.4c）、命令栏（图 1.4.4d）、状态栏（图 1.4.4e）及中间空白绘图区等组成。

菜单栏可通过快速访问工具栏中的 ▼ 选择显示或隐藏。工具栏可通过 ◀▲▶▼ 循环切换不同的显示形式。状态栏可通过 ☰ 增加或减少功能图标，图标被点亮表示使用。中间绘图区可通过单击鼠标右键，进入"选项"对话框，选择"显示"选项卡（图 1.4.5a），单击"颜色"按钮，打开"图形窗口颜色"对话框（图 1.4.5b），可将默认的黑色绘图区设置成其他颜色。

软件界面认识

设置图纸显示

2. 鼠标操作

操作 AutoCAD 过程中，鼠标左、中、右键均需要使用。其中，左键大多用于选择工具等；在不同位置单击右键，会出现不同选项，可根据需要

鼠标操作

a) 快速访问工具栏

b) 菜单栏

c) 工具栏

d) 命令栏

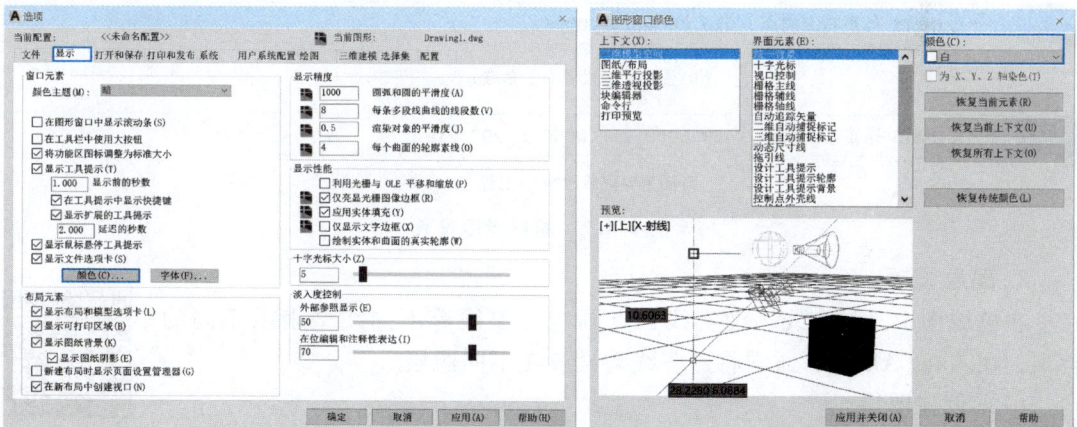

e) 状态栏

图 1.4.4　AutoCAD 软件界面

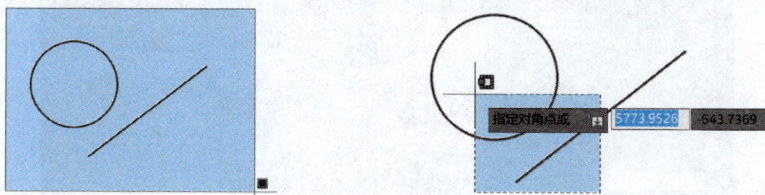

a)"选项"对话框　　　　　　　　　　　　　　　　b) 颜色设置

图 1.4.5　改变默认绘图区颜色

进行选择；鼠标中键向前滚动是放大绘图区，向后滚动是缩小绘图区；按住鼠标中键可移动整个绘图区和图形。按住鼠标左键从左上向右下拖动可框选多个对象，此方式需要将被选对象全部框选进来（图 1.4.6a）；按住鼠标左键从右下往左上拖动也可框选多个对象，

a) 左上向右下框选　　　　　　　　　　　　　　　　b) 右下向左上框选

图 1.4.6　框选对象

此时只需框选到被选对象一部分即可（图1.4.6b）。按<Esc>键退出当前选择或命令，选中对象后单击"删除"按钮█或者按键盘上的<Del>键均可删除选中对象。

三、创建A3样板文件

样板文件类同于空白图纸。每次绘图时都需要用到不同线型、统一的图框和标题栏，并且要进行标注和书写，因此，通常将每次绘图都需要的内容进行统一设置，并保存为样板文件，在绘制图形时只需打开样板文件，直接进行绘图并另存为相应的图形文件即可。

绘图环境设置主要包含设置绘图界限、图层、文字样式和标注样式等。

1. 设置绘图界限

在命令栏中输入LIMITS，或者在菜单栏中选择"格式→图形界限"。命令栏提示如图1.4.7a所示。按<Enter>键后，命令栏如图1.4.7b所示，输入要设置的图纸尺寸，如A4图纸尺寸为297mm×210mm，输入如图1.4.7c所示。要注意，输入必须在英文状态下才有效。

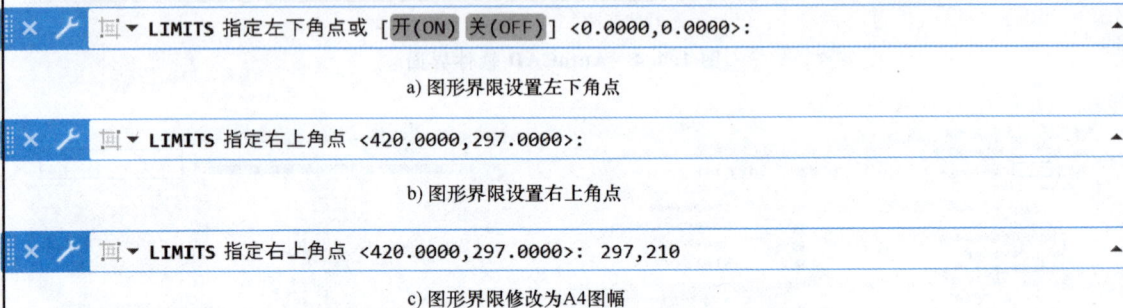

× 🔧 🗏 ▼ **LIMITS** 指定左下角点或 [开(ON) 关(OFF)] <0.0000,0.0000>: ▲

a) 图形界限设置左下角点

× 🔧 🗏 ▼ **LIMITS** 指定右上角点 <420.0000,297.0000>: ▲

b) 图形界限设置右上角点

× 🔧 🗏 ▼ **LIMITS** 指定右上角点 <420.0000,297.0000>: 297,210 ▲

c) 图形界限修改为A4图幅

图1.4.7 图形界限设置

2. 图层设置

在机械图中，粗实线、细实线、点画线、虚线等不同线型表示不同的含义，在AutoCAD中，通常将这些线型设置在不同图层。

（1）创建图层

1）单击"图层"工具栏中的"图层特性"按钮█，打开"图层特性管理器"对话框，如图1.4.8所示。

图层设置

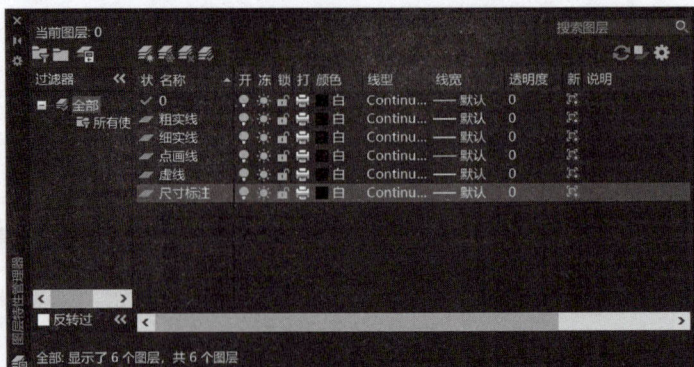

图1.4.8 创建图层

2) 单击"新建图层"按钮，出现名称为"图层1"的图层，在"名称"栏中输入"粗实线"等名称，即可设定新图层的名称。使用相同方法可以创建点画线、虚线、尺寸标注、细实线等图层（图1.4.8）。最后单击"关闭"按钮，退出"图层特性管理器"对话框。

（2）设置图层颜色　为区别不同图层，可为每个图层设置不同的颜色。在绘制图形时，可以通过设置图层的颜色来区分不同种类的图形对象。在打印图形时，可以对某种颜色指定一种线宽，则此颜色所有的图形对象都会以同一线宽进行打印，用颜色代表线宽可以减少数据存储量、提高显示效率。

1) 在"图层特性管理器"对话框中单击列表中需要改变颜色的图层上"颜色"栏的图标 ■ 白，弹出"选择颜色"对话框，如图1.4.9所示。

2) 选择适合的颜色后单击"确定"按钮，返回"图层特性管理器"对话框，在图层列表中会显示新设置的颜色。使用相同方法可以设置其他图层的颜色。

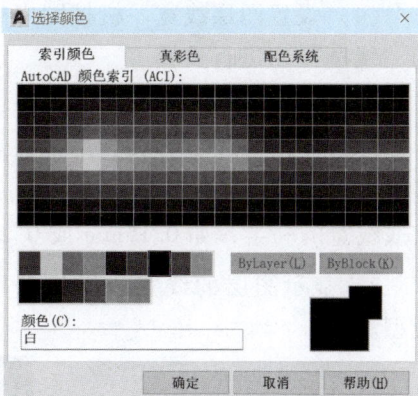

图1.4.9　图层颜色设置

（3）设置图层线型　新建的图层默认线型为"Continuous"（实线），若想使用虚线和点画线，则需要重新设置线型。

1) 在"图层特性管理器"对话框列表中的"点画线"图层上单击"Continuous"，弹出图1.4.10a所示对话框。

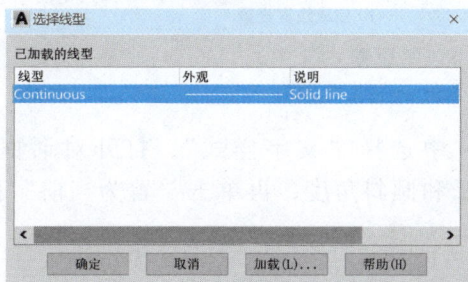

a) 选择线型

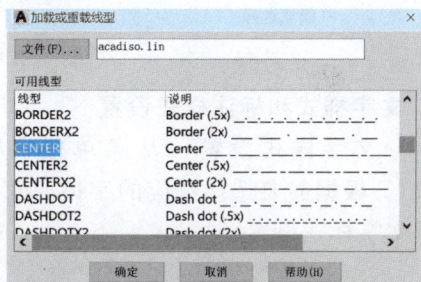

b) 加载线型

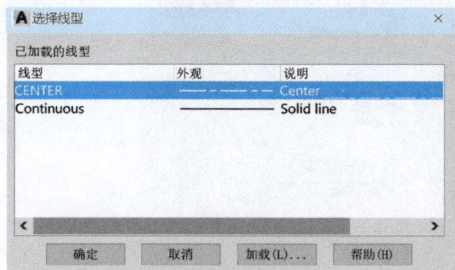

c) 新加载的线型

d) 完成线型设置

图1.4.10　图层线型设置

2）单击"加载"按钮，弹出"加载或重载线型"对话框，拖动滚动条，找到"CENTER"线型（图1.4.10b），选中后单击"确定"按钮，返回"选择线型"对话框。选中"CENTER"线型（图1.4.10c），单击"确定"按钮，返回"图层特性管理器"对话框，可以看到"点画线"图层线型已改为"CENTER"（图1.4.10d）。用同样的方法可以将"虚线"图层线型设置为"DASHED"。

（4）设置图层线宽 机械图中的图线有粗细之分，可在"图层特性管理器"对话框的"线宽"中进行设置。

1）单击"粗实线"图层的"线宽"图标 ——默认，弹出"线宽"对话框（图1.4.11a），在"线宽"列表中选择需要的线宽，单击"确定"按钮后返回"图层特性管理器"对话框。粗实线可取0.30mm或0.50mm；其他线型可采用默认线宽或者设置为粗实线线宽的一半，如0.15mm或0.25mm（图1.4.11b）。

2）显示图层的线宽。将状态栏中"线宽"按钮 激活，可实时显示所绘图形的线型。

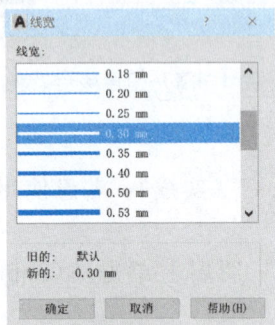

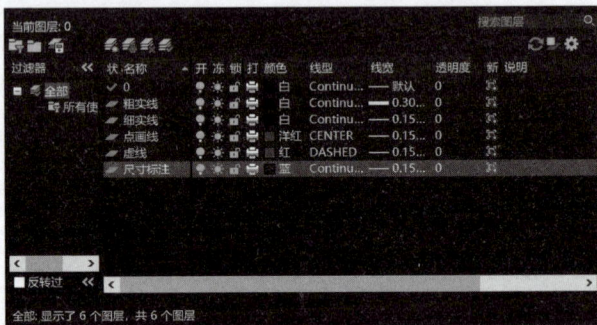

a) 线宽选择　　　　　　　　　　　　　　b) 完成线宽设置

图 1.4.11　图层线宽设置

3. 文字样式和标注样式设置

（1）文字样式设置 从菜单栏"格式"中选择"文字样式"，打开对话框（图1.4.12），根据需要选择对应的字体、宽度因子和倾斜角度，再单击"置为当前"按钮，即完成文字样式设置。

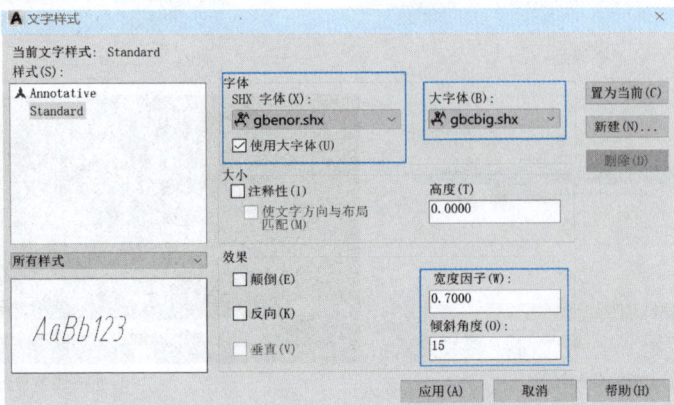

图 1.4.12　文字样式设置

（2）标注样式设置　从菜单栏"格式"中选择"标注样式"，打开对话框（图 1.4.13a），单击"修改"按钮进入修改界面（图 1.4.13b）。通常需要对"符号和箭头"（图 1.4.13c）、"文字"（图 1.4.13d）、"调整"（图 1.4.13e）选项卡进行设置，完成设置后回到"标注样式管理器"对话框，单击"置为当前"按钮（图 1.4.13f）。

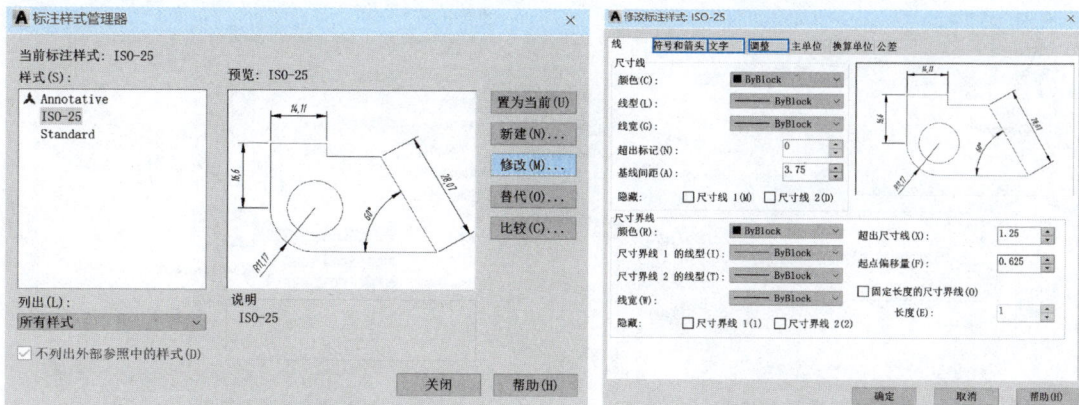

a)"标注样式管理器"对话框

b)"修改标注样式"对话框

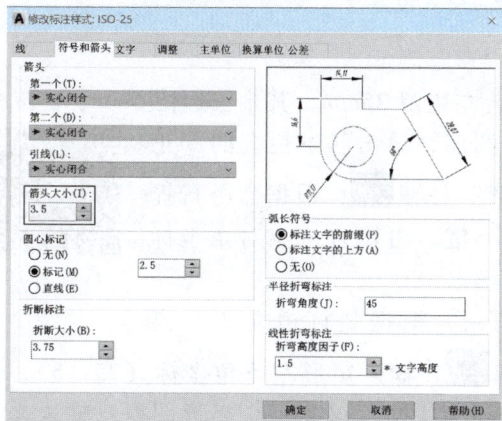

c) 符号和箭头设置

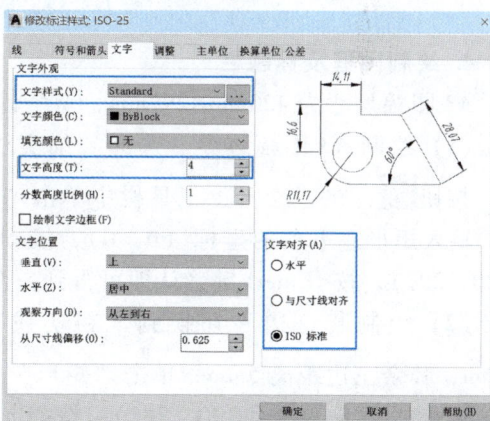

d) 文字设置

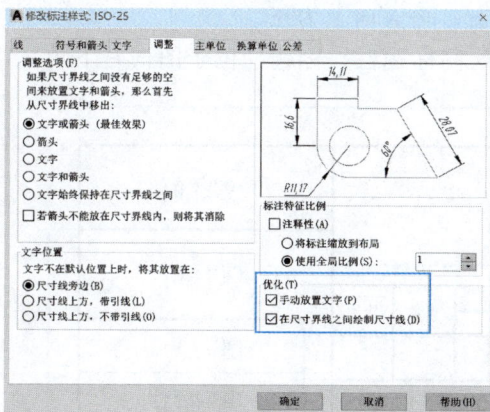

e) 调整设置

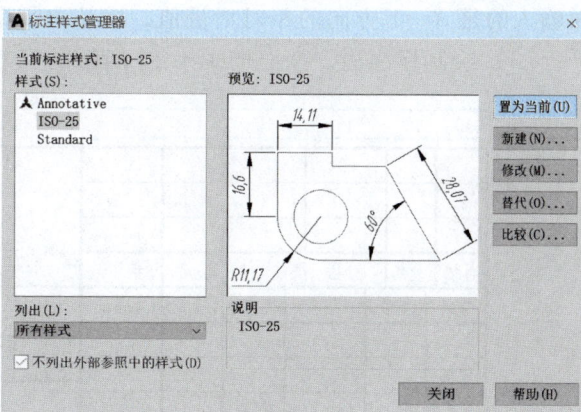

f) 置为当前

图 1.4.13　标注样式设置

该样式可标注大部分尺寸，但是对于角度标注，由于其文字必须水平书写，所以通常在继承刚才 ISO-25 样式的基础上，再新建一个"角度"标注样式（图 1.4.14a），修改"文字"选项卡，将文字对齐方式设置为"水平"（图 1.4.14b）。标注角度时需要将"角度"标注样式置为当前。

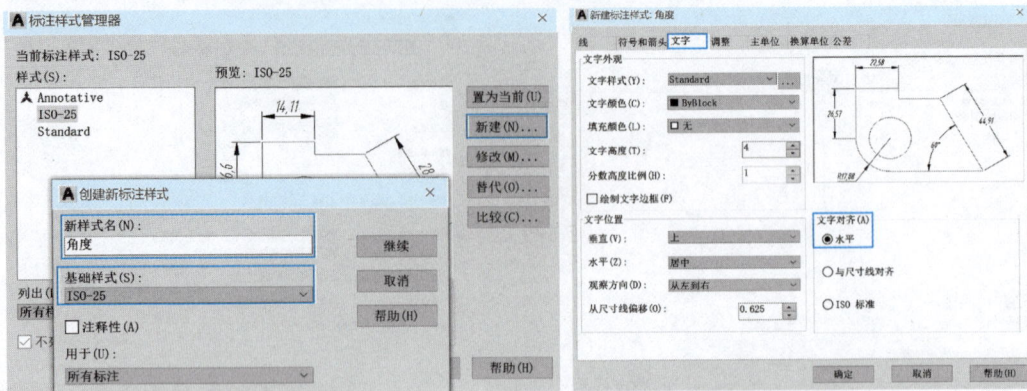

a) 新建"角度"标注样式   b) 修改文字对齐方式

图 1.4.14　角度标注样式设置

4. 绘制图框及标题栏

A3 图幅尺寸为 420mm×297mm，留装订边，左边留 25mm，其余三边留 5mm。

（1）绘制 A3 图幅边界　选择"细实线"图层，单击状态栏上的"正交"按钮，在"绘图"工具栏中单击"矩形"按钮，根据命令行提示，输入矩形左下角的坐标（0，0），按<Enter>键，再输入该点对角坐标（420，297），按<Enter>键确认即可得到一个矩形。

绘制图框

（2）绘制装订边　切换到"粗实线"图层，根据装订边左边距离 25mm，其余三边距离 5mm，单击"矩形"按钮，输入矩形左下角坐标（25，5），按<Enter>键，再输入（@390，287），按<Enter>键确认即可得到一个矩形图框。输入坐标时，第一个直接输入为 X 绝对坐标，第二个为 Y 绝对坐标；输入数据前加"@"，表示后面输入的是 X、Y 方向的相对增量值，默认水平向右、垂直向上为正。

（3）绘制标题栏　按照图 1.4.15 所示的尺寸绘制标题栏，标题栏位于图框右下角。

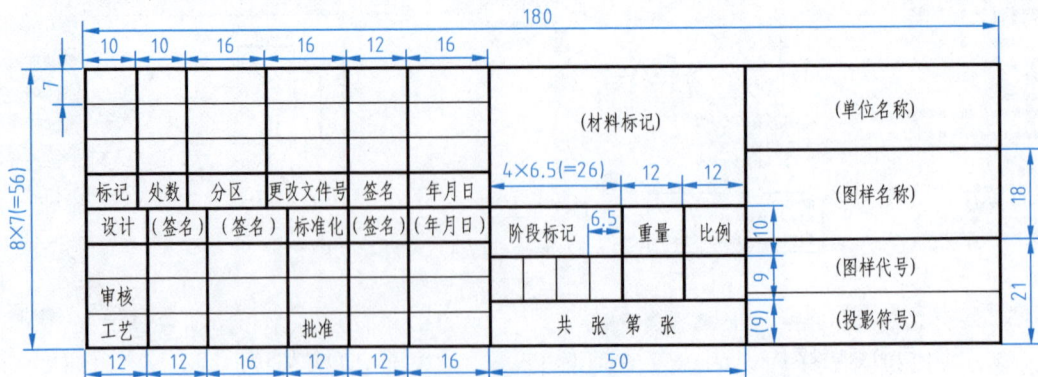

图 1.4.15　标题栏

　　1）单击状态栏中的"对象捕捉"按钮 ⬚▾，并在"对象捕捉设置"中单击"全部选择"，确定后，在绘图工具栏中单击"矩形"按钮 ▭，捕捉到粗实线图框的右下角，输入（@-180，56），按<Enter>键确认得到标题栏外框（图1.4.16a）。

　　2）在"修改"工具栏中单击"分解"按钮 ▱，根据命令栏提示，选择标题栏矩形后按<Enter>键确认，将矩形分解为四条单独的直线。在"修改"工具栏中单击"偏移"按钮 ⫦，根据命令栏提示输入行高"7"，按<Enter>键，选择标题栏最上面的水平线，移动光标到该线下方单击，即复制出一条距离为7mm的水平线。选择刚复制的水平线，在其下方单击，复制出其余水平线。在 AutoCAD 中，可按<Enter>键确认重复上一步操作。从标题栏最左侧的竖线开始，复制所有竖线（图1.4.16b）。

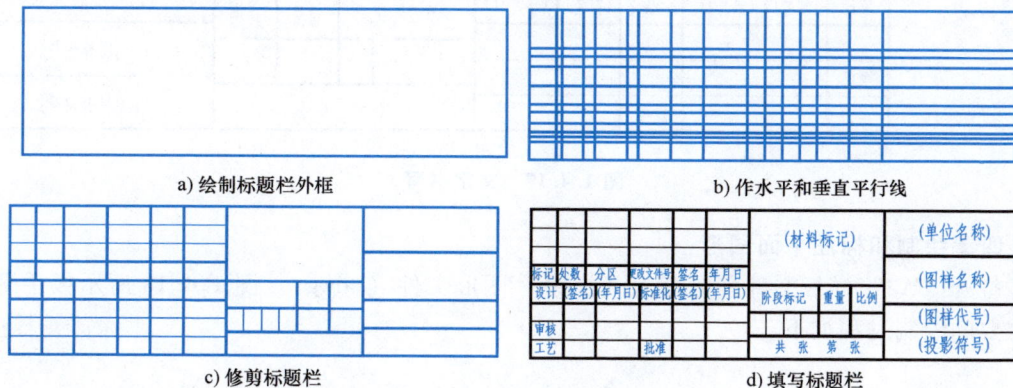

a) 绘制标题栏外框

b) 作水平和垂直平行线

c) 修剪标题栏

d) 填写标题栏

图1.4.16　图框和标题栏的绘制过程

　　3）在"修改"工具栏中单击"修剪"按钮 ✄▾，按照尺寸，根据命令行提示，单击需要修剪掉的图线部分即可（AutoCAD 2022 对此功能做了简化）。将其中应为细实线的线选中，并更改到"细实线"图层（图1.4.16c）。单击"修改"工具栏中的"延伸"按钮 →延伸 可将线延长，其操作与"修剪"操作类似。

　　（4）标题栏文字书写

　　1）切换至"细实线"图层，单击"多行文字"按钮 🅐，根据提示在标题栏中对应位置绘制文本框，选择合适的文字样式，根据框格大小调整文字大小，在"对正"下拉列表中选择"正中"，并选择"居中"，在对应区域输入文字内容（图1.4.17），在空白处单击即可。

　　2）对于文本区域大小一致的文字书写，可单击"复制"按钮 ⬚。根据提示，选择刚写好的文字后按<Enter>键，选择文本框左上角为基点，再单击下方框格对应点，即可完成文字复制。双击文本可修改文字内容。若文本区域大小不一致，则重复步骤1）即可。完成文字填写后的标题栏如图1.4.16d所示。

　　5. 保存为样板文件

　　单击快速访问工具栏中的"保存"图标，在"文件类型"下拉列表中选择"Auto-CAD 图形样板（＊.dwt）"，设置好保存路径和文件名"A3"，单击"保存"按钮即可。

图 1.4.17　文字书写

四、绘制和标注平面图形

打开"A3"样板文件，另存为"扳手"图形文件（.dwg）。图 1.4.18 所示扳手平面图主要的绘制过程如下。

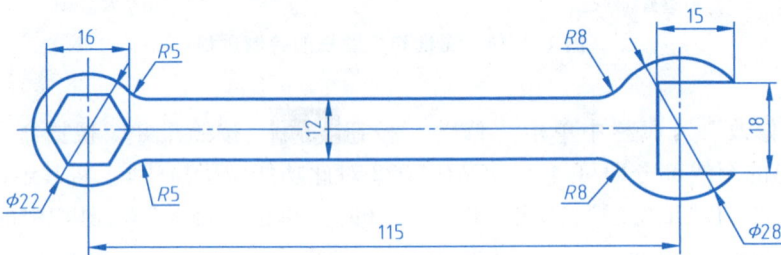

图 1.4.18　扳手平面图

1. 绘制基准线

以水平点画线和左边竖直点画线为基准线，在"点画线"图层利用"直线"工具绘制。

2. 绘制已知线段

1）切换至"粗实线"图层，单击"圆"按钮，根据圆心和半径绘制出 φ22 的圆。"圆"工具提供了多种绘圆方式，可根据所给条件通过下拉列表进行选择。

2）在"矩形"下拉列表中选择"多边形"，根据提示，输入"6"（六边形），选择水平点画线与左边竖直点画线的交点为中心，在弹出的选项中选择"内接于圆"，输入"8"（半径），即可得到正六边形。

3）利用"偏移"命令作出距离为 12 的上下水平线、距离 115 右边圆心位置，利用"圆""偏移"和"直线"等命令绘制出右边的图形。

3. 绘制连接线段

该图中没有中间线段，$R5$ 和 $R8$ 均为连接线段。在 AutoCAD 中，可用"圆角"命令快速绘制。根据提示，先输入"R"，设置圆角半径为"5"，再输入"t"，设置修剪模式，设为"N"（不修剪），根据提示分别选择 $\phi22$ 圆和直线，即可绘出 $R5$ 的圆弧。用同样方式完成其余三处连接圆弧。再利用"修剪"命令处理多余图线。

4. 标注尺寸

AutoCAD 提供了线性、对齐、半径、直径和角度等常见标注方式（图 1.4.19）。其中"线性"尺寸标注只能标注水平或垂直方向的尺寸，若要标注倾斜方向的尺寸，需要用"对齐"标注方式。标注尺寸时需要切换至"尺寸标注"图层。

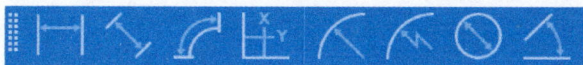

图 1.4.19 尺寸标注方式

（1）线性尺寸标注 选择"线性"尺寸标注按钮，根据提示选择标注的起始点后，跟随光标会出现尺寸值，若数值正确，则移动鼠标到合适位置单击即可。若数值需要修改，则在单击前输入"t"，进入修改数值状态，在命令栏中输入正确数值后按<Enter>键，再移动鼠标到合适位置单击即可。图 1.4.18 中的尺寸 16、115、12、15、18 均可用这种方式完成标注。

（2）直径标注 选择"直径"标注按钮，根据提示选择圆或圆弧，跟随光标出现尺寸值，跟线性尺寸标注一样，单击确定或修改数值后确定。修改数值时，输入"%%c"代表直径"ϕ"。

（3）半径标注 选择"半径"标注按钮，根据提示选择圆弧，跟随光标出现尺寸值，跟线性尺寸标注一样，单击确定或修改数值后确定。修改数值时，输入"R"代表半径。

（4）角度标注 标注角度之前，需要在标注样式中选择"角度"样式，并置为当前样式，然后选择"角度"标注按钮，根据提示选择角度两个范围图线，跟随光标出现尺寸值，跟线性尺寸标注一样，单击确定或修改数值后确定。修改数值时，输入角度数值后还需要输入单位符号"°"。

5. 填写标题栏，保存文件

利用"多行文字"命令或"复制"命令完成标题栏的填写，并保存为"扳手.dwg"文件。

项目2

CHAPTER 2

认识投影，形成空间想象力 ◀

【项目概述】

本项目开始建立二维图形与三维立体图形的转换关系，是培养读者空间想象能力的项目。选择构成形体最基础的点、线、面几何要素为载体，以熟练掌握点、线、面的三面投影为基本技能目标，在完成任务的练习和实践中培养、提高空间想象力。

本项目有 3 个任务，相关知识技能点如图 2.0 所示。

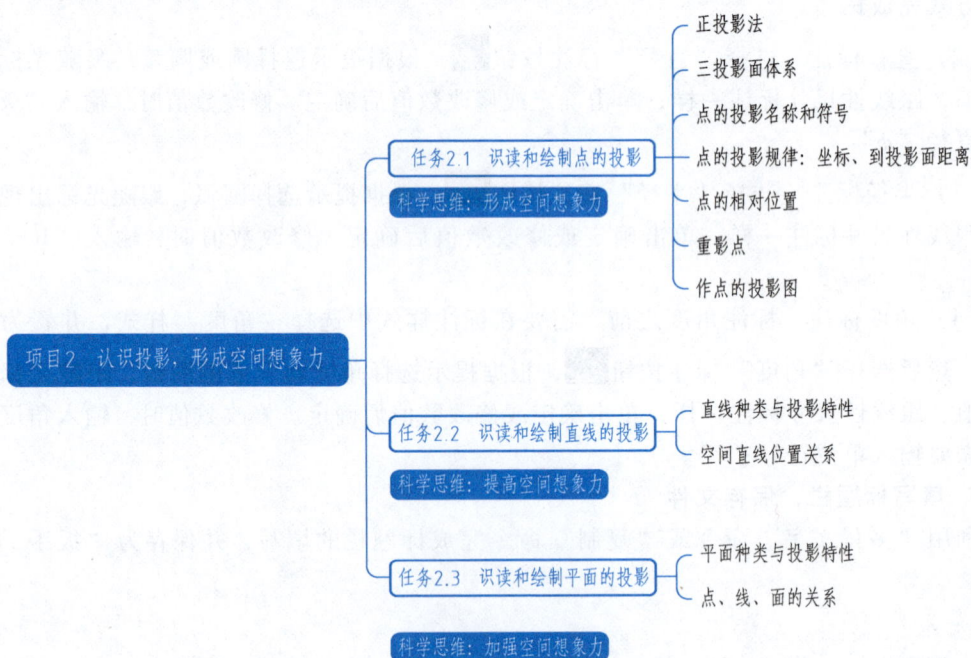

图 2.0 项目 2 的任务和知识技能点

项目2 认识投影，形成空间想象力

任务2.1 识读和绘制点的投影
科学思维：形成空间想象力
- 正投影法
- 三投影面体系
- 点的投影名称和符号
- 点的投影规律：坐标、到投影面距离
- 点的相对位置
- 重影点
- 作点的投影图

任务2.2 识读和绘制直线的投影
科学思维：提高空间想象力
- 直线种类与投影特性
- 空间直线位置关系

任务2.3 识读和绘制平面的投影
- 平面种类与投影特性
- 点、线、面的关系
科学思维：加强空间想象力

任务2.1 识读和绘制点的投影

【2.1 任务工作单】

项目2 认识投影，形成空间想象力		任务2.1 识读和绘制点的投影	
姓名：_____	班级：_____	学号：_____	日期：_____

2.1.1 明确任务

任务描述：

　　机械图样是用二维图形表达三维立体对象的，二者之间有一定的转换规律，同时也需要读图者或者绘图者具备一定的空间想象能力。本任务以最简单的几何元素——点为对象，研究空间点和二维投影之间的关系，初步建立空间想象力。请完成图2.1.1中的相关练习。

1. 根据立体图作点A的三面投影(数值在立体图中用分规量取)。

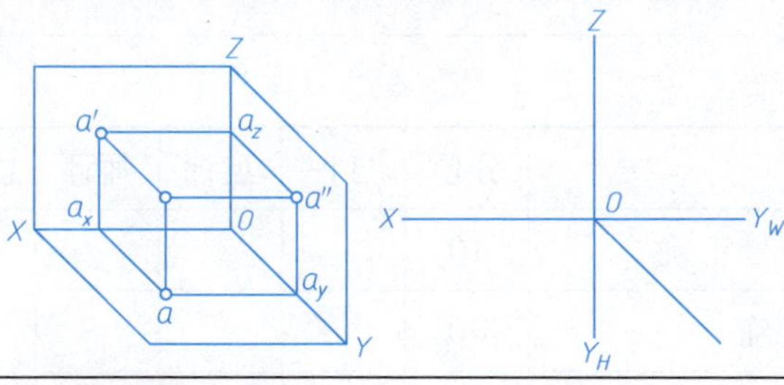

2. 已知点A(10, 15, 20)、B(15, 0, 10)、C(0, 5, 15)和D(5, 10, 0)，完成四点的三面投影图并填空。

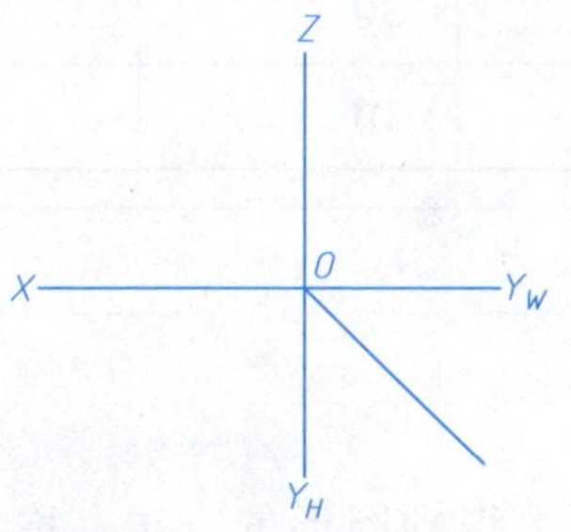

___点最左，___点最前，___点最上。

A点到V面距离为___，到H面距离为___，到W面距离为___。

3. 已知A点的两面投影，B点在A点左方15，下方5，后方10；C点在A点的正左方10，求作A点的第三面投影和B、C点的投影并填空。

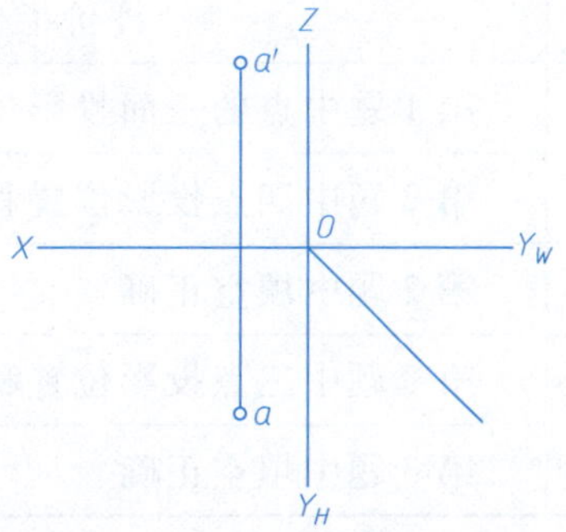

___点与___点在___面上为重影点，根据"___遮___"，___点要加括号，表示不可见。

图 2.1.1 作点的投影图

任务目标：

　　(1) 通过练习空间点与平面投影，初步培养二维与三维之间转换所需的空间想象力。

（2）能够说出正投影法的三个特性及前提条件；能够说出三投影面体系的名称和符号，能画出展开后的三投影面体系；能说出点在三个投影面上的投影名称、符号；能说出点的三面投影规律；能根据坐标或者投影图判断点的相对位置关系；能说出重影点产生的条件，会判断重影点的可见性。

（3）能根据相关条件作点的三面投影图。

2.1.2 分析任务

（1）讨论：实物点和点的投影在用字母表示时，有何规定？

（2）讨论：点的正面投影和水平投影有哪个坐标值相同？正面投影和侧面投影有哪个坐标值相同？水平投影和侧面投影有哪个坐标值相同？

（3）讨论：如何根据点的坐标作点的投影图？点到三个投影面的距离分别是哪三个坐标？

（4）讨论：V 面上产生重影点的条件是什么？如何判断其可见性？

2.1.3 实施任务（完成后在右侧打"√"）

（1）完成图 2.1.1 中的第 1 题。

（2）完成图 2.1.1 中的第 2 题。

（3）完成图 2.1.1 中的第 3 题。

2.1.4 评价任务

序号	评价指标	分值	自评	互评	师评	总评
1	第 1 题中点的三面投影位置和符号正确	10				
2	第 2 题中四点投影位置和符号正确	40				
3	第 2 题中填空正确	10				
4	第 3 题中三点投影位置和符号正确	30				
5	第 3 题中填空正确	10				

2.1.5 任务知识链接

一、正投影法

1. 投影法及其分类

投射线通过物体向选定的平面投射，并在该面上得到图形的方法，称为投影法。

（1）中心投影法　投射线汇交于一点的投影法称为中心投影法，如图 2.1.2 所示。

（2）平行投影法　投射线互相平行的投影法称为平行投影法，如图 2.1.3 所示。平行投影法又分为正投影法和斜投影法。正投影法是指投射线与投影面垂直的平行投影法，斜投影法是指投射线与投影面相倾斜的平行投影法。

投影法分类

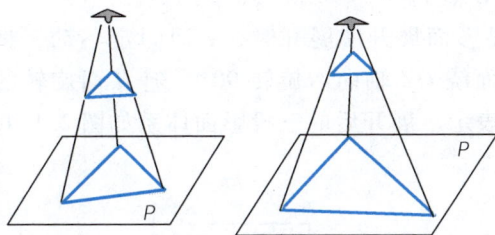

图 2.1.2   中心投影法

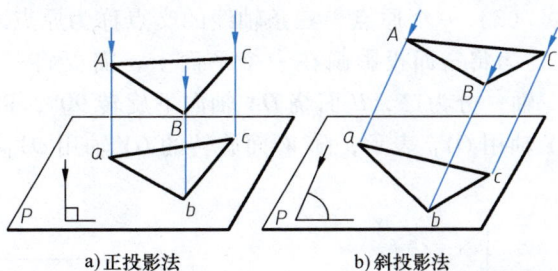

a)正投影法   b)斜投影法

图 2.1.3   平行投影法

正投影法特性

2. 正投影法的特性

正投影法的基本特性见表 2.1.1。

表 2.1.1   正投影法的基本特性

投影性质	真实性	积聚性	类似性
图例			
说明	直线、平面 // 投影面时，则在该投影面上的投影反映直线的实长或平面的实形	直线、平面 ⊥ 投影面时，则在该投影面上，直线的投影积聚成一点而平面的投影积聚成一条直线	平面与投影面成一定角度时，则在该投影面上平面的投影面积变小了，但投影的形状仍与原形状类似

二、三投影面体系

笛卡儿直角坐标系将三维空间分为 8 个象限（分角），每个象限的位置如图 2.1.4a 所示。我国采用第一分角投影法（简称第一角画法），而国际上如美国、日本等则采用第三分角投影法（简称第三角画法）。第一分角下的三投影面体系如图 2.1.4b 所示。

三投影面体系

（1）三个投影面   从前往后看到的面称为正面投影面（简称正面或 V 面），从上往下看到的面称为水平投影面（简称水平面或 H 面），从左往右看到的面称为侧面投影面（简称侧面或 W 面）。

（2）三个投影轴 V 面与 H 面的交线为 OX 轴，X 坐标越大表示越向左，左右之间的距离代表物体的长度；H 面与 W 面的交线为 OY 轴，Y 坐标越大表示越向前，前后之间的距离代表物体的宽度；V 面与 W 面的交线为 OZ 轴，Z 坐标越大表示越向上，上下之间的距离代表物体的高度。

（3）一个原点 三条轴线的交点称为原点（O 点）。

为将三面投影画在一个平面上，需要将三投影面展开。展开时，V 面固定不动，将 OY 轴一分为二，H 面绕 OX 轴向下旋转 90°，W 面绕 OZ 轴向右旋转 90°。随 H 面旋转的 OY 轴用 OY_H 表示，随 W 面旋转的 OY 轴用 OY_W 表示。展开后的三投影面体系如图 2.1.4c 所示。

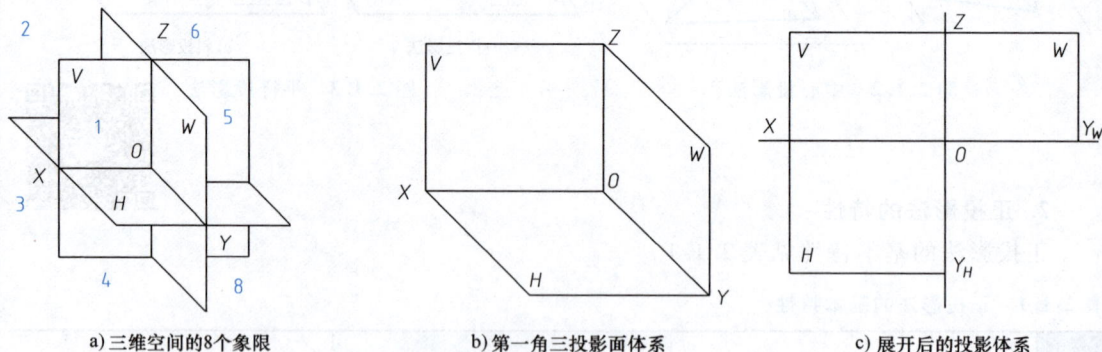

a）三维空间的8个象限　　b）第一角三投影面体系　　c）展开后的投影体系

图 2.1.4　三投影面体系

三、点的投影

点是构成几何体最基本的几何元素，点的投影依然是点。

1. 点的三面投影名称

如图 2.1.5a 所示，由空间点 A 分别向 V、H、W 三个投影面作垂线，与三个投影面相交于 a′、a、a″，则 a′ 称为点 A 的正面投影，a 称为点 A 的水平投影，a″ 称为点 A 的侧面投影。在国家标准中，统一将实物点用大写字母表示，如 A、B、C、D……，H 面投影用它们的小写字母表示，V 面投影用小写字母加"′"表示，W 面投影用小写字母加""表示。

三投影面体系展开后，点的三面投影在同一平面内（图 2.1.5b）。去掉投影面框，得到点的三面投影图（图 2.1.5c）。

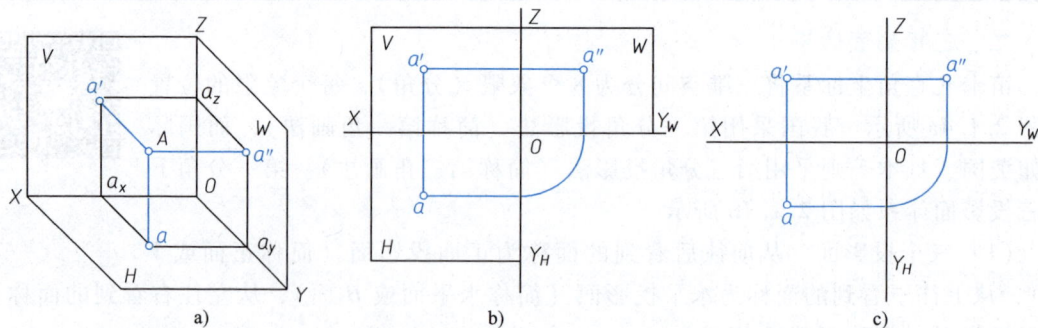

图 2.1.5　点的三面投影

2. 点及其投影的坐标

如图 2.1.6a 所示，空间点 A（a_x、a_y、a_z），其三面投影的坐标分别为 a′（a_x、a_z）、a（a_x、a_y）、a″（a_y、a_z），三面投影中两两之间有一个共同的坐标。若物体点有一个坐标为 0，则将该点称为某面上的点，如图 2.1.6b 中的点 B，Y 坐标为 0，所以点 B 在 V 面上，点 C 的 Z 坐标为 0，所以点 C 在 H 面上。若物体有两个坐标为 0，则该点在某条坐标轴上，如图 2.1.6b 中的点 D，Y、Z 坐标均为 0，点 D 在 X 轴上。点的三个坐标中有 0 时，称之为特殊位置点。

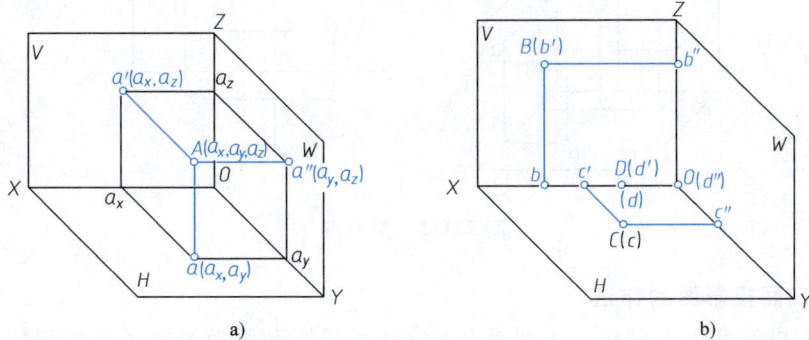

点的坐标

图 2.1.6　点和点的投影的坐标

3. 点的投影规律

1）点的两面投影的连线必垂直于投影轴。即 $aa' \perp OX$、$a''a' \perp OZ$、$aa_{yH} \perp OY_H$，$a''a_{yW} \perp OY_W$。

2）点的投影到投影轴的距离，等于空间点到对应投影面的距离。即点 A 到 W 面的距离 $= a'a_z = aa_{yH} = X$ 坐标；点 A 到 V 面的距离 $= aa_x = a''a_z = Y$ 坐标；点 A 到 H 面的距离 $= a'a_x = a''a_{yW} = Z$ 坐标。

点的投影规律

4. 两点之间的相对位置关系

点的相对位置有上下、左右、前后。可以根据坐标来判断，也可以根据点的投影图来判断。

根据坐标判断时，X 坐标大在左，Y 坐标大在前，Z 坐标大在上。根据投影来判断时，正面投影可比较左右和上下：投影在左即点在左，投影在上即点在上；水平面投影可比较左右和前后：投影在左即点在左，投影在下（Y 坐标大）即点在前；侧面投影可比较前后和上下：投影在右（Y 坐标大）即点在前，投影在上即点在上。

两点相对位置

5. 重影点及投影的可见性

空间两点若有两个坐标相同，会在某一个投影面上的投影重合，称为该面的重影点。如图 2.1.7 所示的 A、B 两点的 X、Z 坐标相同，在 V 面的投影重合，就称为 V 面上的重影点。当两点 X、Y 坐标相同，Z 坐标不同时，会在 H 面上出现重影点；当两点 X、Z 坐标相同，Y 坐标不同时，会在 V 面上出现重影点；当两点 Y、Z 坐标相同，X 坐标不同时，会在 W 面上出现重影点。

重影点

在标注重影点时，通常将被挡住的投影加 "（ ）"，如图 2.1.7 中的 b' 被 a' 遮住，所以 b' 加 "（ ）"。重影点的可见性依据 "前遮后、左遮右、上遮下" 来判断，即在后方、右方、

下方的投影被前方、左方、上方的投影遮住，因此后方、右方、下方的投影需要加"（）"。也可以根据坐标来判断是否加"（）"，X、Y、Z 坐标小者加"（）"。

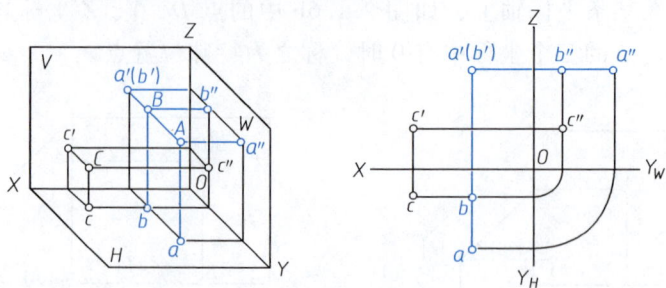

图 2.1.7 重影点

6. 点的三面投影图的作法

依据正面投影和水平面投影 X 坐标相同，正面投影和侧面投影 Z 坐标相同，水平面投影和侧面投影 Y 坐标相同来作图。

【例1】 已知点 A 两面投影（图 2.1.8a），求其第三面投影。

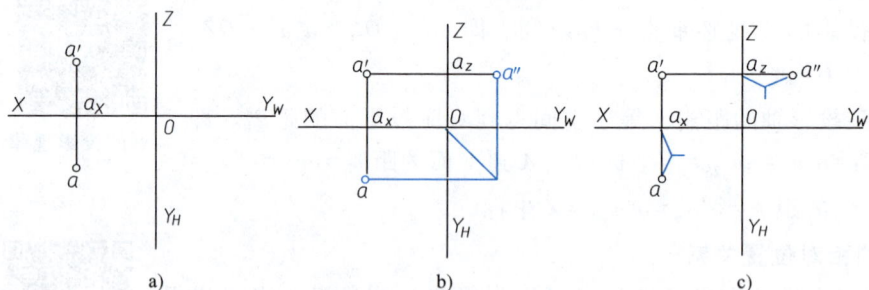

案例：求点的
第三面投影

a)   b)   c)

图 2.1.8 已知点的两面投影求其第三面投影

1）根据 Z 坐标相同，从 a' 作水平线到 W 面上，a'' 应该在此水平线上。

2）有如下两种方法量取 Y 坐标：

① 在两条 Y 轴之间从点 O 作 $45°$ 辅助直线，从 a 作水平线与 $45°$ 直线相交，再从交点向上作垂线，与步骤 1）作的水平线相交，交点即为 a''（图 2.1.8b）。

② Y 坐标 = aa_x = $a''a_z$，直接用分规量取 aa_x，从 a_z 水平向右量取，找到 a''（图 2.1.8c）。

【例2】 已知点 A（10，15，20）和点 B（20，0，5），求作 A、B 两点的三面投影。

1）作出投影轴，并在 X、Y_H、Z 轴上分别标出刻度（刻度比例要一致）（图 2.1.9a）。

2）根据点 A 的 X 坐标为 10，作过 10 垂直于 X 轴的直线，根据 Y 坐标为 15，从 Y_H 轴上量取 15 作水平线，相交于 a，根据 Z 坐标 20，在 Z 轴上过 20 作水平线，相交于 a'，再利用例 1 中根据两点求第三面投影的方法求出 a''（图 2.1.9b）。

案例：根据
点的坐标
作投影图

3）用同样的方法求点 B 的投影。点 B 的 Y 坐标为0，因此点 B 是 V 面上的点，b 和 b'' 分别在 X 轴和 Z 轴上（图2.1.9c）。

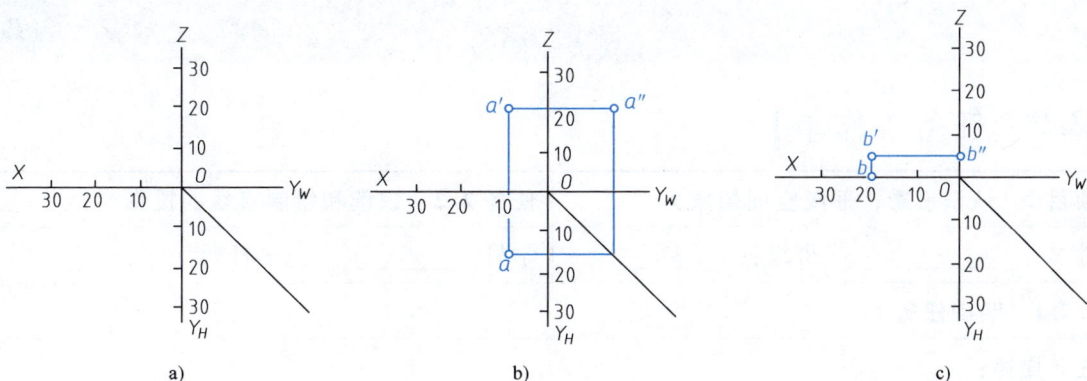

图 2.1.9　根据坐标求三面投影

【例3】　已知点 A 距离 V 面为10，距离 H 面为15，距离 W 面为10，点 B 在点 A 的左方5、下方10、后方5。请完成 A、B 两点的三面投影。

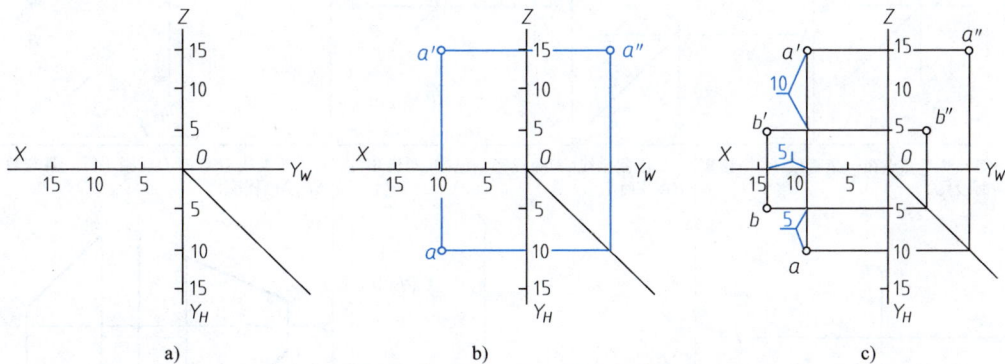

图 2.1.10　根据点到投影面距离和两点相对位置作投影图

1）先作出投影轴并标注出坐标（图2.1.10a）。

2）根据点 A 坐标（10，10，15）作出点 A 的三面投影（图2.1.10b）。

3）根据两点的相对位置作点 B 的投影。点 B 在点 A 左方5，所以在 X 轴上从 a_x 向左量取5作垂线，点 B 在点 A 下方10，从 $a'a''$ 连线向下量取10，作垂直于 Z 轴的水平线，相交于 b'，点 B 在点 A 后方5，从 a 向上（向后）量取5，作水平线，与过 b' 的 X 轴垂线交于 b，再根据点 B 的两面投影求出 b''（图2.1.10c）。

任务2.2 识读和绘制直线的投影

【2.2 任务工作单】

项目 2 认识投影，形成空间想象力		任务 2.2 识读和绘制直线的投影	
姓名：_____	班级：_____	学号：_____	日期：_____

2.2.1 明确任务

任务描述：

点构成线，线构成面，面构成体。连接两点即可得到一条线段。物体的轮廓也可用线段来表示。请完成图 2.2.1 中直线投影图的识读与绘制。

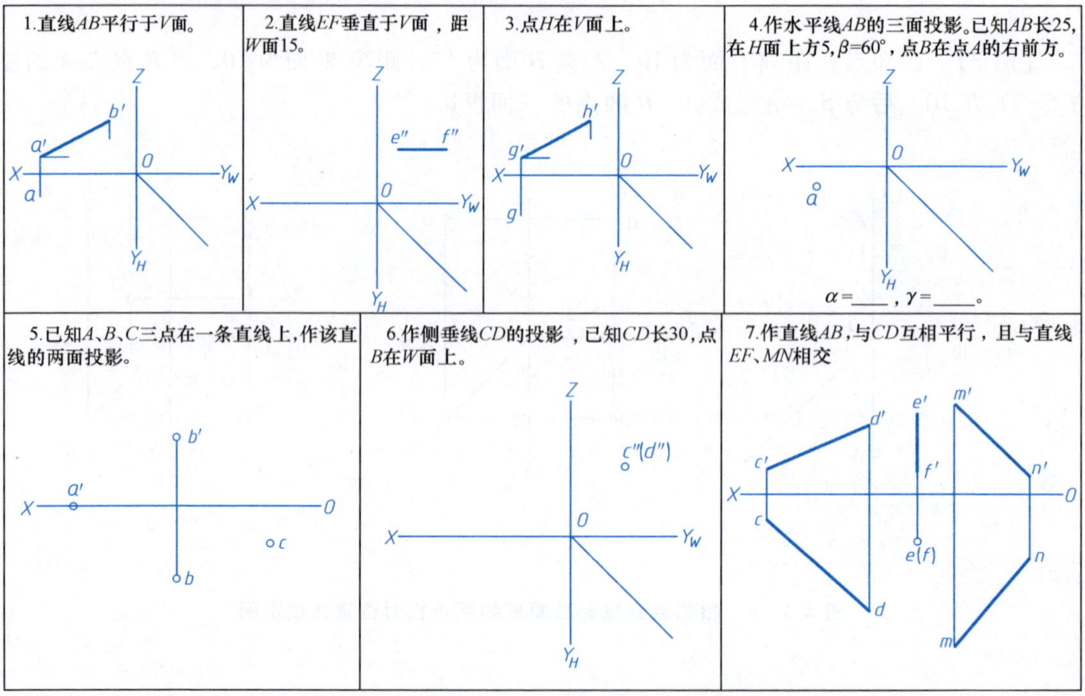

1.直线AB平行于V面。	2.直线EF垂直于V面，距W面15。	3.点H在V面上。	4.作水平线AB的三面投影。已知AB长25，在H面上方5，β=60°，点B在点A的右前方。
			$\alpha=$____，$\gamma=$____。
5.已知A、B、C三点在一条直线上，作该直线的两面投影。	6.作侧垂线CD的投影，已知CD长30，点B在W面上。	7.作直线AB，与CD互相平行，且与直线EF、MN相交	

图 2.2.1 直线投影

任务目标：

（1）通过练习作各种位置直线的投影图，进一步理解空间与平面投影转换规律，提高空间想象力。

（2）能说出平行线、垂直线和一般位置直线的投影特性，能根据投影图判断直线的种类。

（3）能说出空间直线的相对位置关系，能根据投影图判断空间直线的位置关系。

（4）能根据直线种类作直线的投影图，能根据直线位置关系作直线的投影图。

2.2.2　分析任务

（1）讨论：根据与投影面的关系，可将直线分为哪几种？

（2）讨论：平行线投影有什么特性？垂直线投影有什么特性？

（3）讨论：空间两条直线有哪几种相对位置关系？它们的投影图分别有什么特点？

2.2.3　实施任务（完成后在右侧打"√"）

（1）完成图 2.2.1 中第 1 题。

（2）完成图 2.2.1 中第 2 题。

（3）完成图 2.2.1 中第 3 题。

（4）完成图 2.2.1 中第 4 题。

（5）完成图 2.2.1 中第 5 题。

（6）完成图 2.2.1 中第 6 题。

（7）完成图 2.2.1 中第 7 题。

2.2.4　评价任务

序号	评价指标	分值	自评	互评	师评	总评
1	第 1 题 AB 两面投影位置、符号正确且加粗	10				
2	第 2 题 EF 两面投影位置、符号正确且加粗	10				
3	第 3 题 GH 两面投影位置、符号正确且加粗	10				
4	第 4 题 AB 投影正确且加粗，填空正确	30				
5	第 5 题 ABC 两面投影位置、符号正确且加粗	10				
6	第 6 题 CD 两面投影位置、符号正确且加粗	10				
7	第 7 题 AB 两面投影位置、符号正确且加粗	20				

2.2.5　任务知识链接

直线的投影

一般情况下，直线的投影仍是直线。在特殊情况下，若直线垂直于投影面，直线的投影积聚为一点。直线的投影可由直线上两点的同面投影连接得到。

1. 直线的种类与投影特性

按直线对投影面的相对位置，可将直线分为三大类：投影面平行线、投影面垂直线和一般位置直线。投影面平行线与垂直线称为投影面特殊位置直线。在三投影面体系中，直线与 H、V、W 三个投影面的夹角分别用 α、β、γ 表示，如图 2.2.2 所示。

直线的种类
和投影特性

（1）一般位置直线 一般位置直线是与三个投影面都倾斜的直线，因此在三个投影面上的投影都不反映实长，投影与投影轴之间的夹角也不反映直线与投影面之间的倾角，如图 2.2.3 所示。

（2）投影面平行线 与一个投影面平行，相对于另外两个投影面倾斜的直线称为投影面平行线。与 V 面平行的直线称为正平线，与 H 面平行的直线称为水平线，与 W 面平行的直线称为侧平线。投影面平行线的投影特性见表 2.2.1。

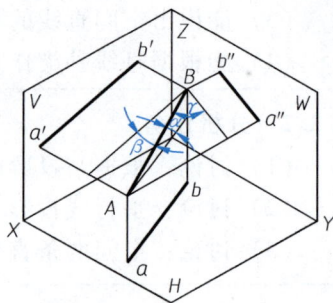

图 2.2.2 直线与投影面夹角

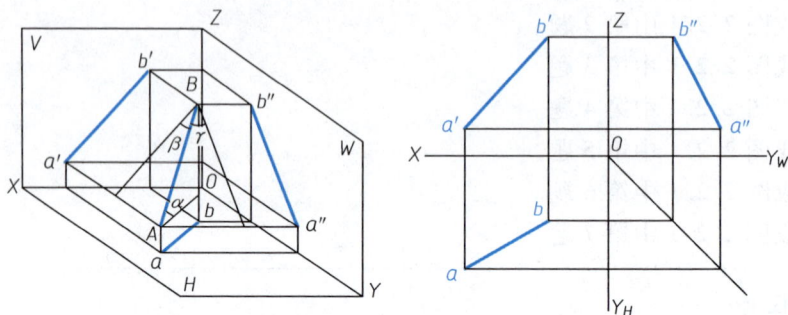

图 2.2.3 一般位置直线的投影

表 2.2.1 投影面平行线的投影特性

名称	正平线	水平线	侧平线
立体图			
投影图			
投影特性	1）三面投影为线，一条倾斜 2）倾斜线反映实长，在 V 面上	1）三面投影为线，一条倾斜 2）倾斜线反映实长，在 H 面上	1）三面投影为线，一条倾斜 2）倾斜线反映实长，在 W 面上

（3）投影面垂直线　与一个投影面垂直，与另外两个投影面平行的直线称为投影面垂直线。与 V 面垂直的直线称为正垂线，与 H 面垂直的直线称为铅垂线，与 W 面垂直的直线称为侧垂线。投影面垂直线的投影特性见表2.2.2。

表 2.2.2　投影面垂直线的投影特性

名称	正垂线	铅垂线	侧垂线
立体图			
投影图			
投影特性	1）两面投影为直线（非倾斜），一面投影为点 2）点反映积聚性，在 V 面上	1）两面投影为直线（非倾斜），一面投影为点 2）点反映积聚性，在 H 面上	1）两面投影为直线（非倾斜），一面投影为点 2）点反映积聚性，在 W 面上

2. 两直线位置关系

空间两直线的相对位置有三种情况：平行、相交和交叉。其中平行和相交的两直线均在同一平面上，交叉的两直线不在同一平面上，又称为异面直线。

两直线的
位置关系

（1）平行　若空间两直线互相平行，则其同名投影必互相平行；若两直线的三面同名投影互相平行，则空间两直线必互相平行（图2.2.4）。

对于一般位置直线，根据两面投影互相平行即可判断空间直线互相平行（图2.2.4）。但是对于特殊位置直线，只有两面投影互相平行，空间直线不一定互相平行，需要求出第三面投影，才可判断（图2.2.5）。

（2）相交　若空间两直线相交，则其同名投影必相交，且交点必符合空间点的投影规律；反之亦然（图2.2.6）。交点是两直线的共有点，因此交点在两条直线上。

（3）交叉　空间两直线既不平行又不相交时，称为交叉。交叉两直线的同名投影也可能相交，但各投影的"交点"不符合点的投影规律，即投影上的"交点"并不是真正的交点，而是两直线上两个点的重影点。如图2.2.7中的点 1（2），并不是真正的交点，而是 AB 上的点 Ⅰ 和 CD 上的点 Ⅱ 在 H 面上的重影点。同理，$3'$（$4'$）也是重影点。

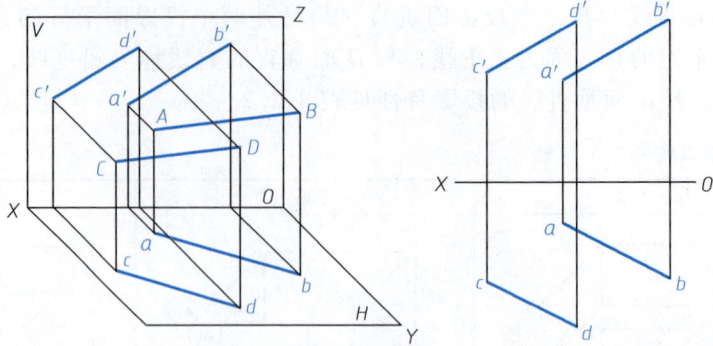

图 2.2.4　两直线平行

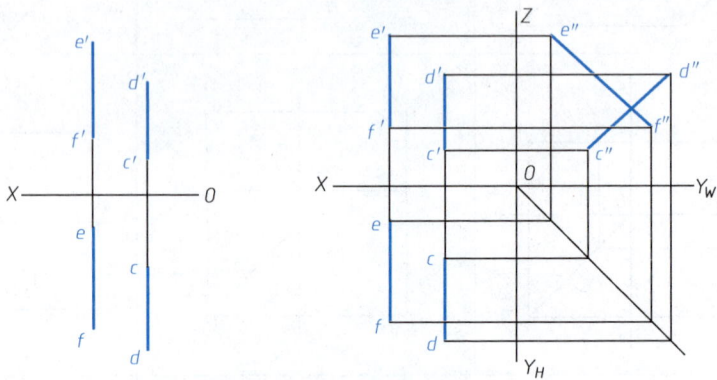

图 2.2.5　两直线不平行

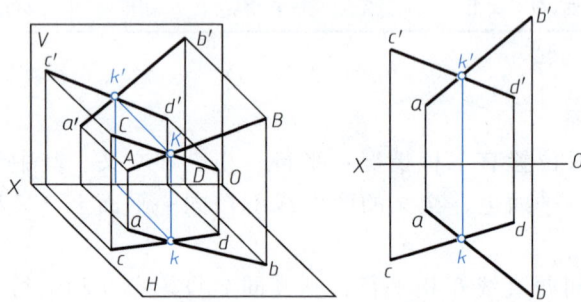

图 2.2.6　两直线相交

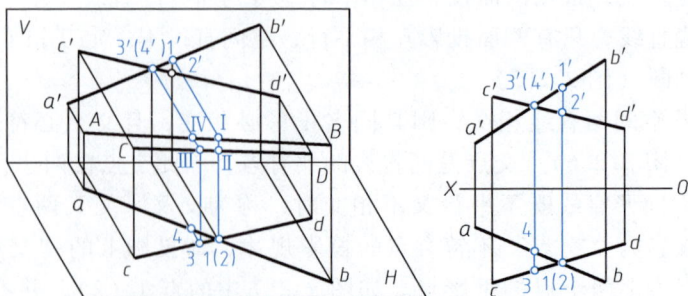

图 2.2.7　两直线交叉

任务2.3　识读和绘制平面的投影

【2.3　任务工作单】

项目2　认识投影，形成空间想象力		任务2.3　识读和绘制平面的投影	
姓名：_____	班级：_____	学号：_____	日期：_____

2.3.1　明确任务

任务描述：

　　零件由若干个面组成，这些面在机械图中通常用线或封闭的线框表示。请完成图2.3.1中的平面投影。

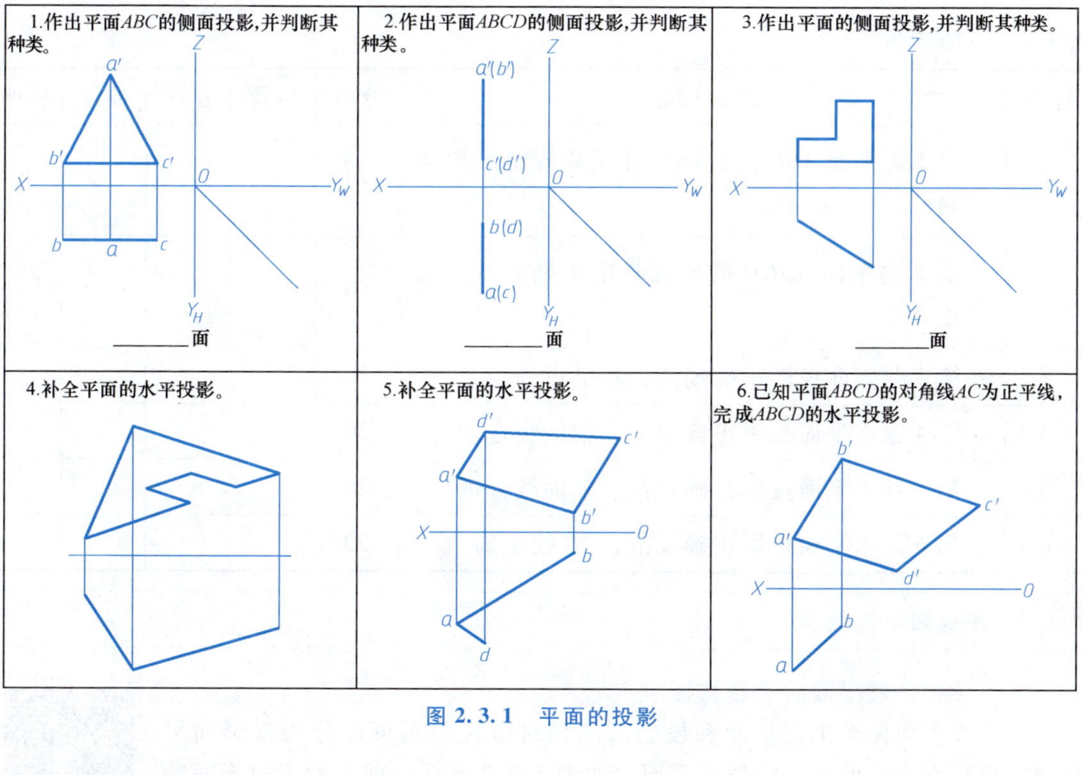

图2.3.1　平面的投影

任务目标：

　　（1）通过练习作平面投影图，进一步强化空间想象能力。

　　（2）能说出平行面、垂直面和一般位置面的投影特性，能根据投影图判断平面的种类。

　　（3）能说出点、线、面之间的相互关系和投影特点，能根据投影图判断点、线、面的关系。

　　（4）能根据平面种类作平面投影图，能在平面上作辅助线。

2.3.2 分析任务

（1）讨论：根据平面与投影面的关系，可以将平面分为哪些种类？特殊位置平面指哪些？

（2）讨论：投影面平行面的投影特性是什么？投影面垂直面的投影特性是什么？

（3）讨论：如何判断点是否在直线上？如何判断点是否在平面上？

（4）讨论：如何过平面上一点作辅助直线？

2.3.3 实施任务（完成后在右侧打"√"）

（1）完成图 2.3.1 中第 1 题。

（2）完成图 2.3.1 中第 2 题。

（3）完成图 2.3.1 中第 3 题。

（4）完成图 2.3.1 中第 4 题。

（5）完成图 2.3.1 中第 5 题。

（6）完成图 2.3.1 中第 6 题。

2.3.4 评价任务

序号	评价指标	分值	自评	互评	师评	总评
1	第 1 题平面 ABC 的侧面投影正确规范，填空正确	10				
2	第 2 题平面 $ABCD$ 的侧面投影正确规范，填空正确	10				
3	第 3 题侧面投影正确规范，填空正确	20				
4	第 4 题水平面投影正确规范，辅助线合理	20				
5	第 5 题水平面投影正确规范，辅助线合理	20				
6	第 6 题水平面投影正确规范，AC 线正确	20				

2.3.5 任务知识链接

一、各种位置平面的投影特征

在三投影面体系中，平面和投影面的相对位置关系可以分为投影面平行面、投影面垂直面和一般位置平面，如图 2.3.2 所示。前两种为投影面特殊位置平面。

（1）投影面平行面　投影面平行面是平行于一个投影面，并与另外两个投影面垂直的平面。与 V 面平行的平面称为正平面，与 H 面平行的平面称为水平面，与 W 面平行的平面称为侧平面，如图 2.3.2a 所示，它们的投影特性见表 2.3.1。

平面的种类和投影特性

a) A、B、C为投影面平行面　　　b) P、Q、R为投影面垂直面　　　c) M为一般位置平面

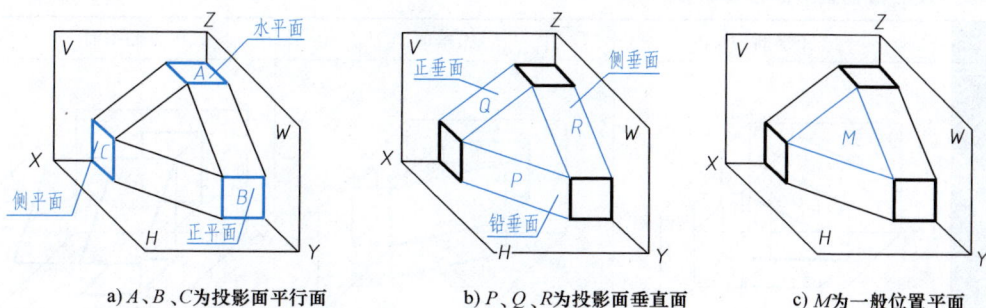

图 2.3.2　各种位置平面

表 2.3.1　投影面平行面的投影特性

名称	正平面	水平面	侧平面
立体图			
投影图			
投影特性	1）两面投影为直线（非倾斜），一面投影为面 2）V 面投影反映实形	1）两面投影为直线（非倾斜），一面投影为面 2）H 面投影反映实形	1）两面投影为直线（非倾斜），一面投影为面 2）W 面投影反映实形

（2）投影面垂直面　投影面垂直面是垂直于一个投影面，并相对于另外两个投影面倾斜的平面。与 V 面垂直的平面称为正垂面，与 H 面垂直的平面称为铅垂面，与 W 面垂直的平面称为侧垂面，如图 2.3.2b 所示，它们的投影特性见表 2.3.2。

（3）一般位置平面　一般位置平面是相对于三个投影面都倾斜的平面，因此在三个投影面上的投影都不反映实形，而是缩小了的类似形，如图 2.3.3 所示。

表 2.3.2　投影面垂直面的投影特性

名称	正垂面	铅垂面	侧垂面
立体图			
投影图			
投影特性	1）两面投影为面，一面投影为斜线 2）斜线反映积聚性，在 V 面上	1）两面投影为面，一面投影为斜线 2）斜线反映积聚性，在 H 面上	1）两面投影为面，一面投影为斜线 2）斜线反映积聚性，在 W 面上

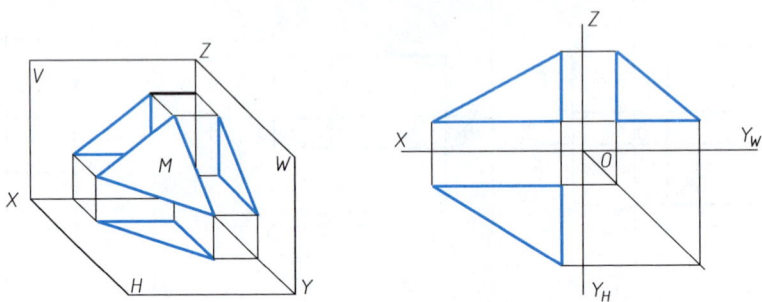

图 2.3.3　一般位置平面

二、点、线、面的关系

1. 点与直线的关系

点与直线有两种关系：点在直线上或者点不在直线上。如果点在直线上，则同时满足从属性（点的各面投影必在该直线的同名投影上）和定比性（点将直线的各投影分割成与空间相同的比例）；反之也成立。如图 2.3.4 所示，点 C 在 AB 上，则点 C 的三面投影分别在直线 AB 的三面投影上，而且 $AC:CB = a'c':c'b' = ac:cb = a''c'':c''b''$。

点线面的关系

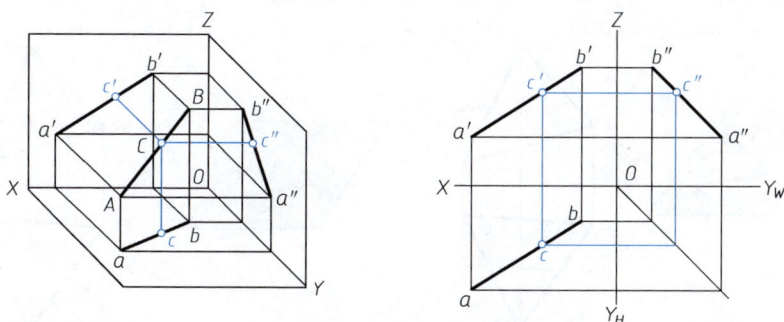

图 2.3.4 点在直线上的特性

【例1】 如图 2.3.5a 所示，已知点 K 在直线 EF 上，求作点 K 的正面投影。

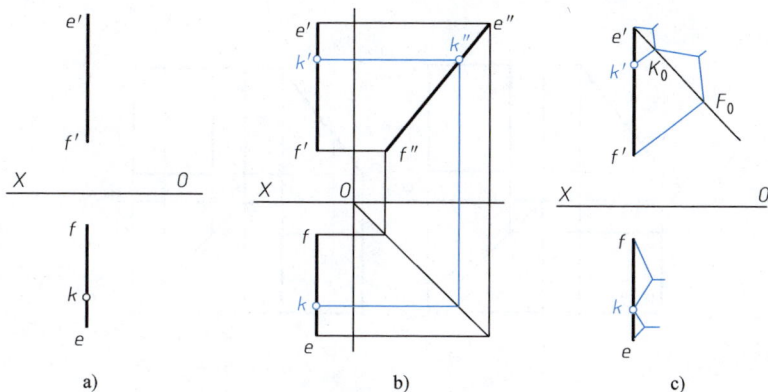

图 2.3.5 点在直线上

1）利用从属性。作出 EF 的侧面投影 $e''f''$，在 $e''f''$ 上根据 Y 坐标相等，找到 k''，从 k'' 向左作水平线，与 $e'f'$ 相交，即为 k'（图 2.3.5b）。

2）利用定比性。过 e' 作一条不平行于 $e'f'$ 的直线，自 e' 量取 $e'K_0 = ek$，$K_0F_0 = kf$，连接 f'、F_0，过 K_0 作 $f'F_0$ 的平行线，与 $e'f'$ 相交于 k'（图 2.3.5c）。

2. 在平面上作辅助线

（1）在平面内作直线 可通过如下两种方式在平面内作直线：

1）连接平面上的两点，所作的直线必然属于该平面。如图 2.3.6a 所示，在平面 ABC 的 AB、BC 两条边上各取一点 M、N，则直线 MN 一定属于 ABC 平面。

2）过平面上一点作平面上一条直线的平行线，则该平行线必然属于该平面。如图 2.3.6b 所示，过平面 ABC 的 BC 上一点 N 作 AB 的平行线 NK，则 NK 也必属于平面 ABC。

（2）在平面内作点 点如果在特殊位置平面上，则可利用特殊位置平面的积聚性直接确定点。如图 2.3.7a 所示，根据平面的投影和点 K 的水平投影，可确定点 K 的另两面投影。

点若在一般位置平面上，则需要在平面上作一条过该点的辅助线来确定点的投影（图 2.3.8）。

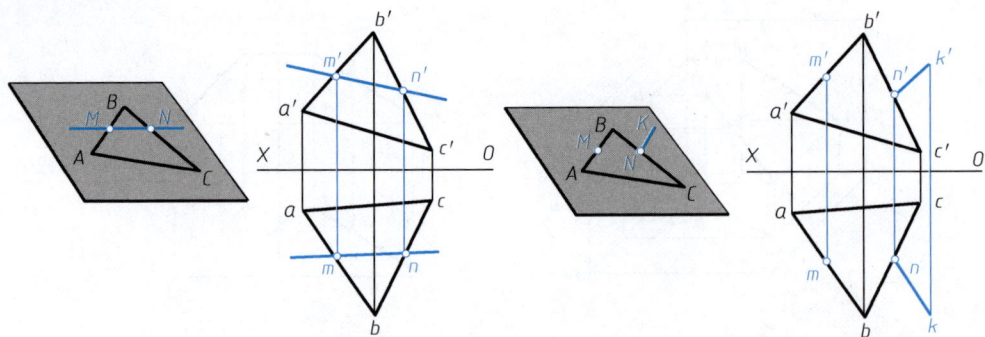

a) 连接平面内两点作直线　　　　　　　　　b) 过平面上一点作一直线的平行线

图 2.3.6　平面内作直线

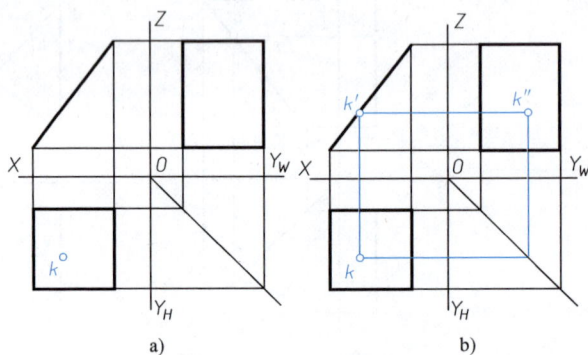

a)　　　　　　　　　b)

图 2.3.7　点在特殊位置平面上

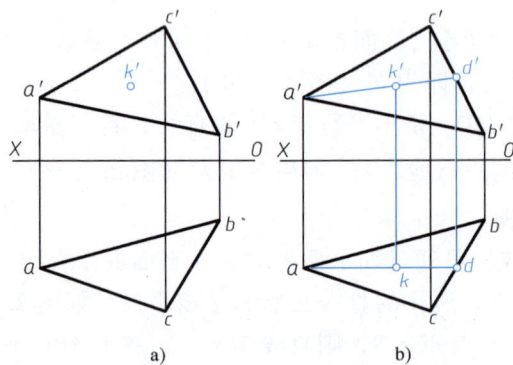

a)　　　　　　　　　b)

图 2.3.8　点在一般位置平面上

【例 2】　补全四边形 $ABCD$ 的 H 面投影（图 2.3.9a）。

1）连接 a'、c' 和 b'、d'，交点为 k'，K 在直线 AC 和 BD 上（图 2.3.9b）。

2）过 k' 向下作垂线，与 ac 交于 k（图 2.3.9b）。

3）连接 b、k 并延长，过 d' 向下作垂线与之相交，交点即为 d，连接 a、d 和 d、c，并加粗（图 2.3.9c）。

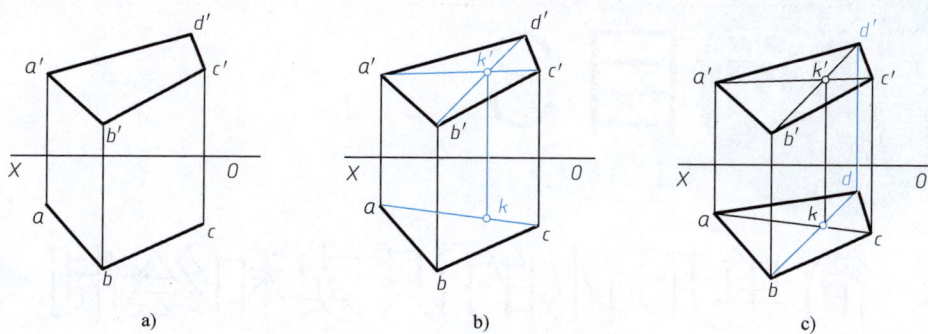

a)   b)   c)

图 2.3.9　利用辅助线作平面投影

本例也可通过平面内一点作平行线的方式作辅助线，请读者自行尝试。

项目3

CHAPTER 3

简单形体的识读和绘制

【项目概述】

本项目以专业和传统文化中常见零件为任务载体，以简单形体三视图的表达和识读为基本知识技能目标，帮助读者了解认知专业，传承中国文化，形成多角度看事物、全面考虑问题、正确处理主要与次要的关系等科学思维，进一步强化空间想象力。

本项目的任务和知识技能点如图 3.0 所示。

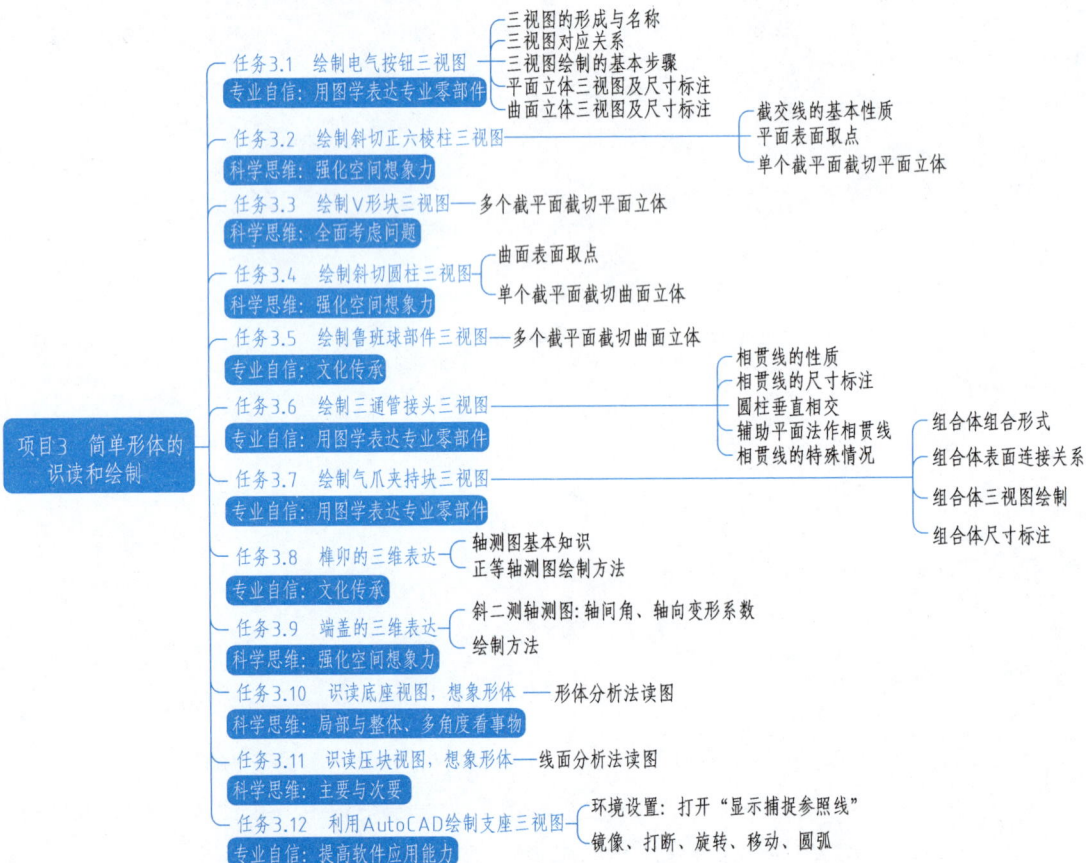

图 3.0　项目 3 的任务和知识技能点

任务3.1　绘制电气按钮三视图

【3.1　任务工作单】

项目 3　简单形体的识读和绘制		任务 3.1　绘制电气按钮三视图	
姓名：_____	班级：_____	学号：_____	日期：_____

3.1.1　明确任务

任务描述：

　　电气按钮是一种常用的电气控制元件，用来接通或断开控制电路，从而实现控制电气设备运行或停止。常见的电气按钮有圆柱形、棱柱形等（图 3.1.1）。这些形体是构成零件最基本的样式，也称为基本几何体。

图 3.1.1　电气按钮

请根据图 3.1.2 所示形体和尺寸绘制电气按钮三视图。

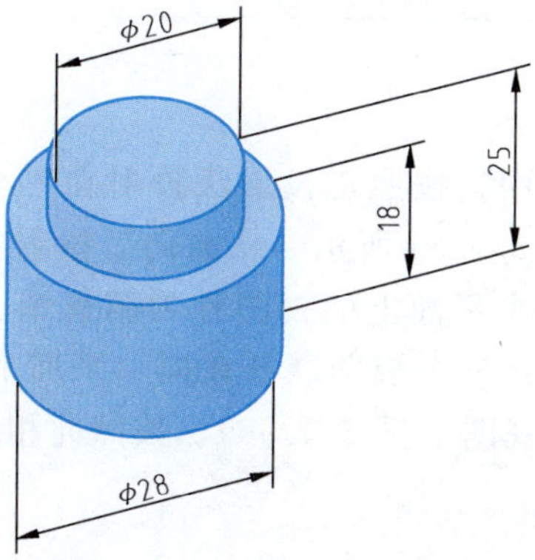

图 3.1.2　电气按钮立体图

任务目标：

（1）从常见零部件入手，能进一步理解课程的作用，提高专业认知。

（2）能说出三视图的名称、位置、方位和投影规律，能说出三视图的基本绘图步骤。

（3）能区分平面立体和曲面立体，能说出常见的平面立体和曲面立体。

（4）能根据立体图绘制常见基本形体三视图，并正确标注尺寸。

3.1.2　分析任务

（1）讨论：三视图指的是哪三个视图？名称是什么？相对位置如何分布？

（2）讨论：三视图有什么投影规律？

（3）讨论：平面立体、曲面立体有哪些？图 3.1.2 所示电气按钮是哪种基本体，其三视图是什么样的？

（4）讨论：绘制三视图的基本步骤是怎样的？

3.1.3　实施任务（完成后在右侧打"√"）

（1）完成图 3.1.2 所示电气按钮三视图基准线的绘制。

（2）完成电气按钮三视图底稿的绘制。

（3）完成三视图底稿线条加粗，擦去辅助线和多余的点画线。

（4）完成尺寸标注和标题栏的填写。

3.1.4　评价任务

序号	评价指标	分值	自评	互评	师评	总评
1	主视图选择合理，比例恰当，图面整洁	20				
2	三视图的形状、大小、位置正确	30				
3	粗实线加粗，擦去辅助线和多余的点画线	20				
4	三视图尺寸标注齐全、正确、规范	20				
5	标题栏填写正确	10				

3.1.5　任务知识链接

一、三视图

1. 三视图的形成与名称

将零件放在三投影面体系中，按照正投影法投射在三个投影面上得到的三个视图称为三视图，如图 3.1.3a 所示。从前向后投射在正面上的视图称为主视图，从上向下投射在水平面上的视图称为俯视图，从左向右投射在侧面上的视图称为左视图。将三个视图展开在同一平面上（图 3.1.3b），去掉投影面和投影轴，得到三视图（图 3.1.3c）。按照此相对位置配置的三视图一律不标注视图的名称。

三视图的形成

2. 三视图对应关系

（1）位置关系　如图 3.1.3c 所示，俯视图在主视图正下方，左视图在主视图正右方。三个视图一旦确定了一个，三者的相对位置即固定了（视图之间距离可以改变）。

（2）方位关系　三视图可反映物体上下、左右、前后六种方位。如图 3.1.4 所示，主视图反映物体的左右、上下关系，俯视图反映左右、前后关系，左视图反映上下、前后关系。

三视图对应关系

从上往下

主视图

V

Z

从左往右

左视图

W

X

O

H

俯视图

Y

从前往后

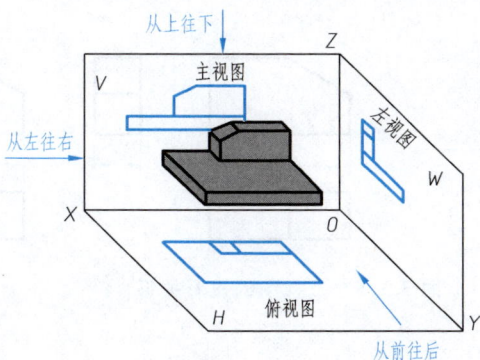

a) 三视图的投影方向

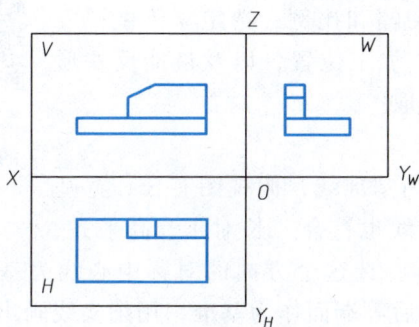

V Z W

X O Y_W

H Y_H

（主视图）   （左视图）

（俯视图）

b) 展开后的三视图   c) 三视图

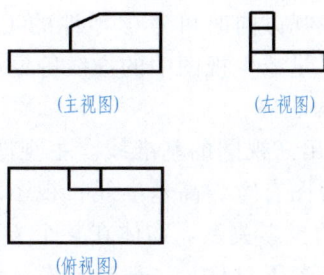

图 3.1.3　三视图的形成和位置关系

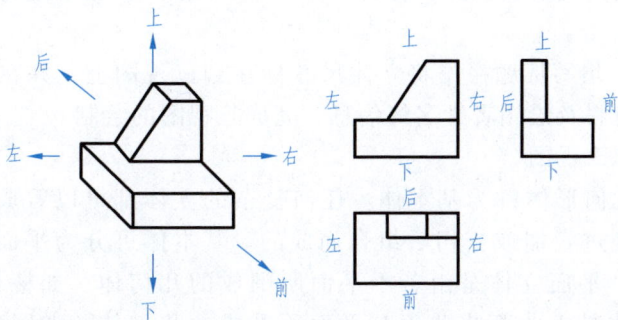

上

后

左   右

下   前

上   上

左   右   后   前

下   下

后

左   右

前

图 3.1.4　三视图的方位关系

（3）投影关系　物体有长、宽、高三个方向的尺寸。通常规定：物体左右方向的尺寸为长度（X 轴方向），前后方向的尺寸为宽度（Y 轴方向），上下方向的尺寸为高度（Z 轴方向），如图 3.1.5 所示。一个视图只能反映两个方向的尺寸，且视图两两之间有共同方向的尺寸。主视图反映物体长度和高度，俯视图反映物体长度和宽度，左视图反映物体高度和宽度。视图两两之间有"长对正（主、俯）、高平齐（主、左）、宽相等（俯、左）"的投影关系，此关系也被称为投影规律，是画图和读图的重要依据。

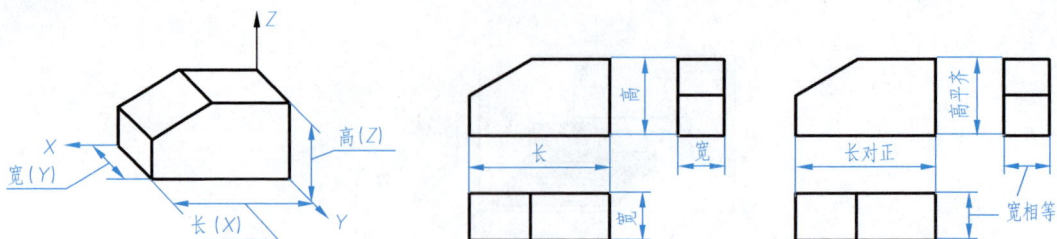

图 3.1.5　三视图的投影关系

3. 三视图绘制的基本步骤

（1）作图准备　根据立体大小选定图纸图幅和比例；选定立体主视方向，选择主视方向时可考虑零件的工作位置、加工位置，以及最能反映形体特征、尽量减少视图中的虚线等原则进行选取。

绘制三视图的基本方法

（2）画底稿

1）画出三视图的基准线。主视图有长、高基准线，俯视图有长、宽基准线，左视图有宽、高基准线，视图之间基准线也符合"长对正、高平齐、宽相等"的投影关系。物体在某个方向若对称，选这个方向的对称中心线为基准，用点画线画出；若不对称，一般选最右、最下或最后等端面作为基准，用细实线画出。

2）画出三个视图的底稿。画底稿时，可以依次绘制三个视图，也可以将立体分解成几部分，依次画出各部分的三个视图。看不见的轮廓线用虚线表示。

（3）检查、加粗　底稿绘制完之后，对图线进行检查。点画线超出轮廓线 3~5mm，太长的需要擦掉。辅助线也要擦掉，将看得见的轮廓线用 2B 铅笔进行加粗（圆、圆弧也要加粗）。

（4）尺寸标注、填写标题栏　将立体尺寸标注到三视图上，并在标题栏中填写零件名称、绘图比例、材料及绘图者姓名等信息，完成三视图的绘制。

二、基本几何体三视图

最基本的单一几何形体称为基本体。任何复杂的立体都可以看成是由形状简单的基本体经过叠加或挖切后组合而成的。基本体可分为平面立体和曲面立体两大类。平面立体是由若干平面所围成的几何体。如棱柱体、棱锥体等。曲面立体是由曲面或曲面与平面所围成的几何体，如圆柱体、圆锥体、球体和圆环体等，如图 3.1.6 所示。

认识基本几何体

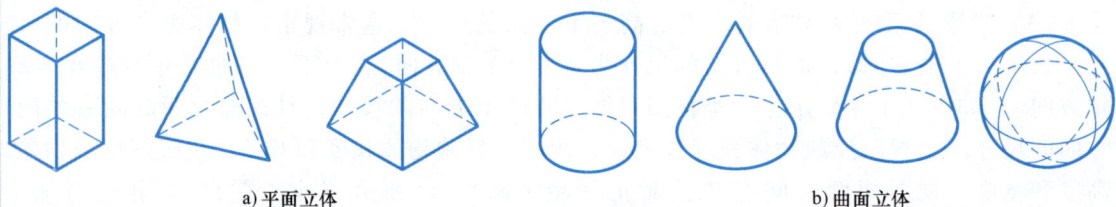

a) 平面立体　　　　　　　　　　　　　　　　　b) 曲面立体

图 3.1.6　基本体

1. 平面立体三视图及尺寸标注

平面立体上两平面之间的交线称为棱线，各个棱线的交点称为顶点。平面立体中主要有棱柱、棱锥和棱台等。顶面和底面为正多边形的直棱柱称为正棱柱，如图3.1.6a所示的正四棱柱。如果底面为多边形，各棱线相交于一个公共顶点，则称为棱锥。从棱锥顶点到底面的距离称为棱锥高。当棱锥底面为正多边形，各侧面是全等的等腰三角形时，则称为正棱锥，如图3.1.6a所示的正三棱锥。棱锥用一个平行于底面的平面截去锥顶的部分就形成了棱台，如图3.1.6a所示的四棱台。

平面立体的三视图就是把组成立体的平面和棱线绘制出来，然后判断其可见性，可见的棱线和表面用粗实线绘制，不可见的用细虚线绘制。平面立体标注长、宽、高三个方向的尺寸即可。

常见平面立体的三视图和尺寸标注见表3.1.1。基本体尺寸只需要标注定形尺寸。均以右下向左上为主视方向。

平面立体三视图和尺寸标注

表3.1.1 常见平面立体的三视图及尺寸标注

名称	立体图	三视图对应关系	三视图的尺寸标注
四棱柱			15、30、20
正五棱柱			20、$\phi30$ 正五边形长、宽尺寸由$\phi30$圆等分确定
正六棱柱			15、30、(25.98) 正六边形长、宽尺寸由$\phi30$圆等分确定(25.98)为参考尺寸

— 61 —

（续）

名称	立体图	三视图对应关系	三视图的尺寸标注
正三棱锥			正三角形长、宽尺寸由 $\phi30$ 圆等分确定
四棱台			

2. 曲面立体三视图及尺寸标注

曲面立体至少有一个曲面。曲面（回转面）是由一动线（直线或曲线）绕一定直线旋转而成的。定直线称为旋转轴线，动线称为母线。母线在曲面任意位置时，称为素线，曲面上最左最右、最上最下、最前最后位置的素线为特殊位置素线。曲面上绕轴线一圈形成的圆称为纬圆（图3.1.7）。

曲面立体三视图和尺寸标注

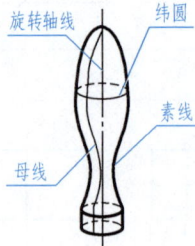

图 3.1.7 曲面要素

曲面立体三视图用特殊位置素线和纬圆表示曲面轮廓，需标注曲面的直径和另一个方向尺寸。常见曲面立体的三视图和尺寸标注见表3.1.2。

表 3.1.2　常见曲面立体的三视图及尺寸标注

名称	立体图	三视图对应关系	三视图的尺寸标注
圆柱			
圆锥			
圆台			
圆球			

任务 3.2　绘制斜切正六棱柱三视图

【3.2　任务工作单】

项目3　简单形体的识读和绘制		任务3.2　绘制斜切正六棱柱三视图	
姓名：_____	班级：_____	学号：_____	日期：_____

3.2.1　明确任务

任务描述：

　　基本体经过切割或叠加之后就可以得到多种多样的形体，此时会在立体表面产生交线。这些交线是由无数的点组成的，并在物体表面，因此，只需要作出这些在表面上的点的三面投影，连接起来即可在三视图上得到这些交线。用平面截切物体时，平面与物体表面产生的交线称为截交线。该平面称为截平面，物体被截平面截切后的断面称为截断面，如图3.2.1所示。

　　请完成图3.2.2所示正六棱柱被正垂面截切后的三视图绘制和尺寸标注。

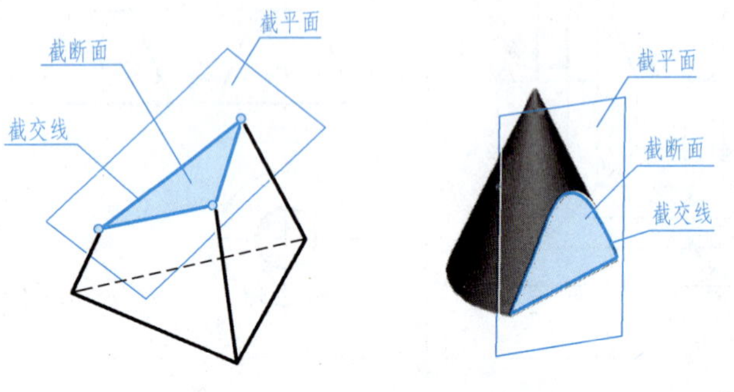

图 3.2.1　截交线的产生

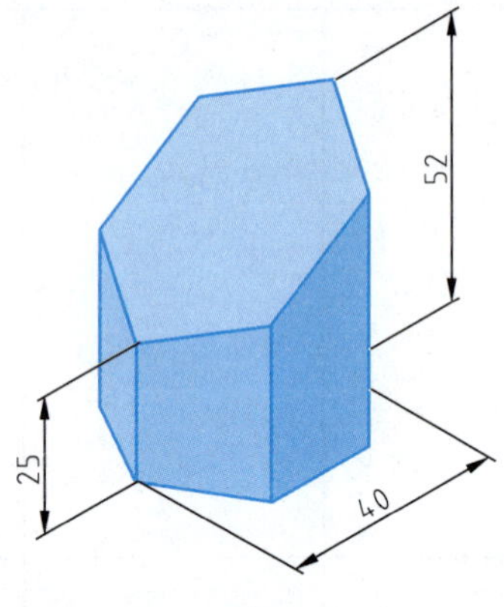

图 3.2.2　斜切正六棱柱

任务目标：

　　（1）能进行表面取点和截切后虚实的判断，培养和锻炼严谨周全考虑问题的习惯，强化空间想象力。

　　（2）能说出截交线的两个性质，能说出平面取点的基本步骤，能说出单个截平面截切平面立体的基本步骤。

　　（3）能根据立体图或者两个视图作截切后的平面立体三视图并进行尺寸标注。

3.2.2 分析任务

（1）讨论：截交线具有哪两个性质？

（2）讨论：点在特殊表面时，如何确定点在三个视图上的位置？点在一般位置平面上时，如何作辅助线？

（3）讨论：图 3.2.2 所示正六棱柱被正垂面截切后的截交线，在三视图上的投影分别是什么？

（4）讨论：说一说绘制图 3.2.2 的基本步骤。

3.2.3 实施任务（完成后在右侧打"√"）

（1）完成图幅、比例、基准线的选择。

（2）完成正六棱柱基本体三视图的绘制。

（3）在三视图上完成截交线的绘制。

（4）擦掉截切部分、辅助线、多余点画线，加粗粗实线，判断遮挡关系。

（5）完成三视图尺寸标注和标题栏的填写。

3.2.4 评价任务

序号	评价指标	分值	自评	互评	师评	总评
1	图幅、比例、基准线选择合适，图面整洁	10				
2	六棱柱截切后三视图图形正确	50				
3	三视图图线线型正确、规范	20				
4	尺寸标注齐全、正确、规范，标题栏正确	20				

3.2.5 任务知识链接

一、平面取点的方法

根据投影规则"点在直线上，则点的三面投影也在直线的三面投影上；直线在平面上，则直线的三面投影也在平面的三面投影上；点在面上，则点的三面投影也在面的三面投影上。"在平面立体表面上取点可以根据图 3.2.3 所示的基本步骤进行。

平面取点
基本方法

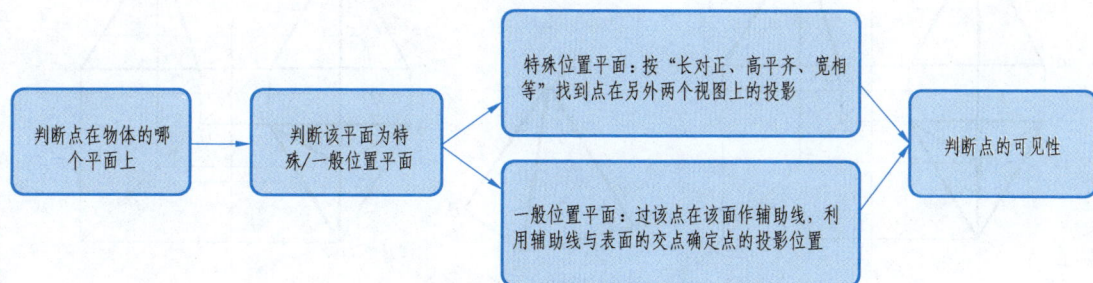

判断点在物体的哪个平面上 → 判断该平面为特殊/一般位置平面

特殊位置平面：按"长对正、高平齐、宽相等"找到点在另外两个视图上的投影

一般位置平面：过该点在该面上作辅助线，利用辅助线与表面的交点确定点的投影位置

判断点的可见性

图 3.2.3　平面上求点的投影基本步骤

凡位于可见表面上的点，其投影可见，否则为不可见。如果点所在的表面是对称的，则根据"左侧面上的点遮右侧面上的点、前侧面上的点遮后侧面上的点、上侧面上的点遮下侧面上的点"的原则，被遮住的点都为不可见，所以右、后、下面为不可见面，在这些面上的点为不可见点。如果点所在表面的投影积聚成线，则按照重影点判断方法来判断其可见性。

【例1】 已知正六棱柱的三视图和点 P 的正面投影，求点 P 的另两面投影（图3.2.4a）。

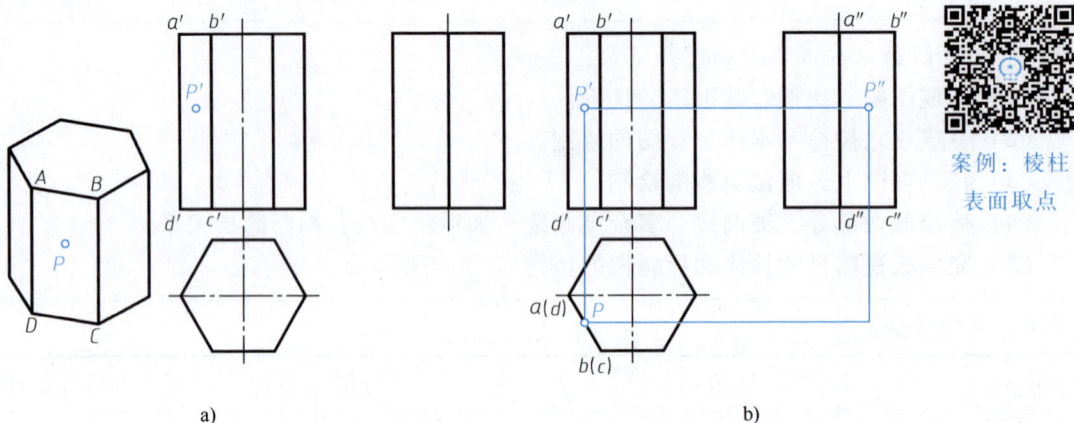

a)　　　　　　　　　b)

图3.2.4　特殊位置平面表面取点

1）判断点在哪个面上：根据 p' 没有加（），判断其在六棱柱左前平面 $ABCD$ 上。

2）判断该表面为哪种位置面：平面 $ABCD$ 在俯视图上积聚成斜线，为铅垂面，是特殊位置平面。由"长对正"，从 p' 向下作垂线与左前斜直线 ab 相交，得交点 p，由"高平齐"向右作水平线，与"宽相等"所作线相交，交点为 p''（图3.2.4b）。

3）判断点的可见性：$ABCD$ 面在俯视图上积聚成线，p 可见；$ABCD$ 面在左边，p'' 可见。

【例2】 已知正三棱锥 $S\text{-}ABC$ 的三视图和点 K 的正面投影，作其另两面投影（图3.2.5a）。

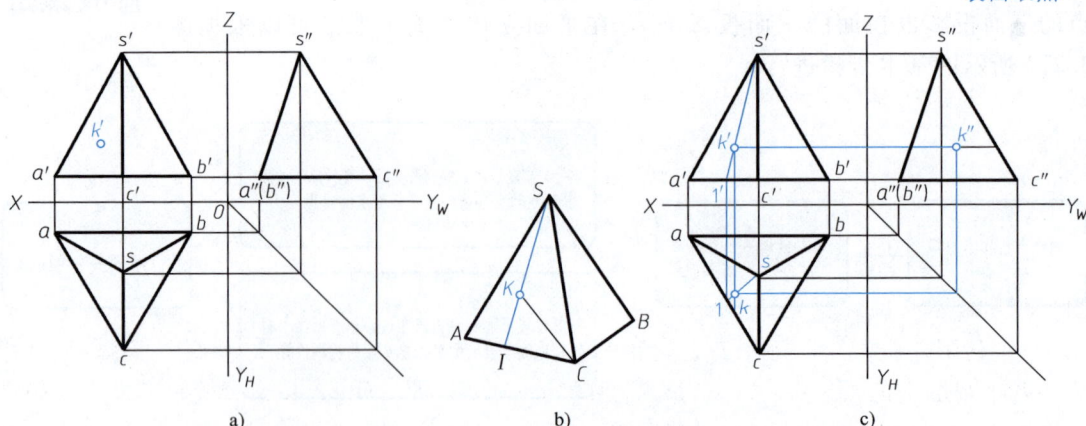

a)　　　　　　　　b)　　　　　　　　c)

图3.2.5　一般位置平面表面取点

1）判断点在哪个面上：根据 k' 没有加"（ ）"，判断其在平面 SAC 上。

2）判断该表面为哪种位置面：根据平面 SAC 的三面投影可知，其在三个视图上都为类似性，为一般位置平面，需作辅助线，在平面 SAC 上作一条过点 K 的辅助线（可以取无数条）。取其中一条 SKI（也可以取 AKI 或 CKI 等）。点 I 为直线 SK 与 AC 的交点，即点 I 在 AC 上（图 3.2.5b）。根据"长对正"，在俯视图上找到点 I 的投影 1，连接 $s1$。点 k'"长对正"投影线与 $s1$ 的交点即为 K 的水平面投影 k。根据 k' 和 k 作出 k''（图 3.2.5c）。

3）判断点的可见性：点 K 所在平面 SAC 为物体的上表面和左表面，所以 k 和 k'' 都可见。

二、截交线的基本性质

1）任何基本几何体的截交线都是一个封闭的平面图形或封闭的空间曲线。

2）截交线是截平面与基本几何体表面的共有线。

截交线既在截平面上，又在物体表面，所以求截交线的实质是求截平面与物体表面共有点连成的交线。

什么是截交线

三、平面立体被单个截平面截切后的三视图和尺寸标注

1. 单个截平面截切平面立体的基本作图步骤

单个截平面截切平面立体时，所产生的截交线是封闭的平面多边形，多边形各顶点是棱线或棱面与截平面的交点，只需要将这些顶点的同名投影连接起来即可求出截交线的三面投影。作图步骤如图 3.2.6 所示。

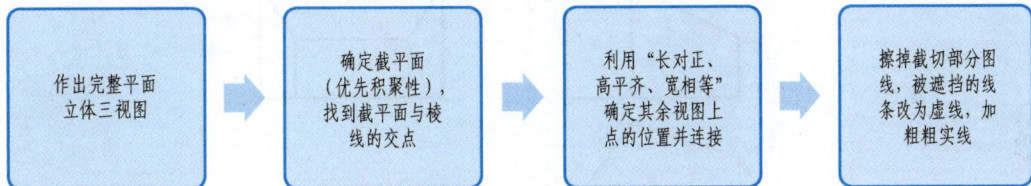

只切一刀的平面立体

| 作出完整平面立体三视图 | → | 确定截平面（优先积聚性），找到截平面与棱线的交点 | → | 利用"长对正、高平齐、宽相等"确定其余视图上点的位置并连接 | → | 擦掉截切部分图线，被遮挡的线条改为虚线，加粗粗实线 |

图 3.2.6　单个截平面截切平面立体作图步骤

2. 截切后三视图尺寸标注

截交线是立体在截切时产生的表面交线，其形状和尺寸是由立体与截平面的位置决定的，因此只需要标注出基本体的定形尺寸和截平面在长、宽、高三个方向的定位尺寸即可。

【例3】　作出被正垂面切割的正五棱柱的左视图并标注尺寸，如图 3.2.7a 所示。

1）作出完整五棱柱的左视图（图 3.2.7b）。

2）确定截平面（优先积聚性），找到截平面与棱线交点。截平面为正垂面，在主视图上积聚成斜直线，找到 5 个交点，分别用 a'、b'、c'、d'、e' 表示。

3）利用"长对正、高平齐、宽相等"确定其余视图上点的位置并连接。找到交点在另外两个视图上的投影 a、b、c、d、e 和 a''、b''、c''、d''、e''；连接交点的同名投影，如将左视图上 a''、b''、c''、d''、e'' 连成五边形（图 3.2.7c）。

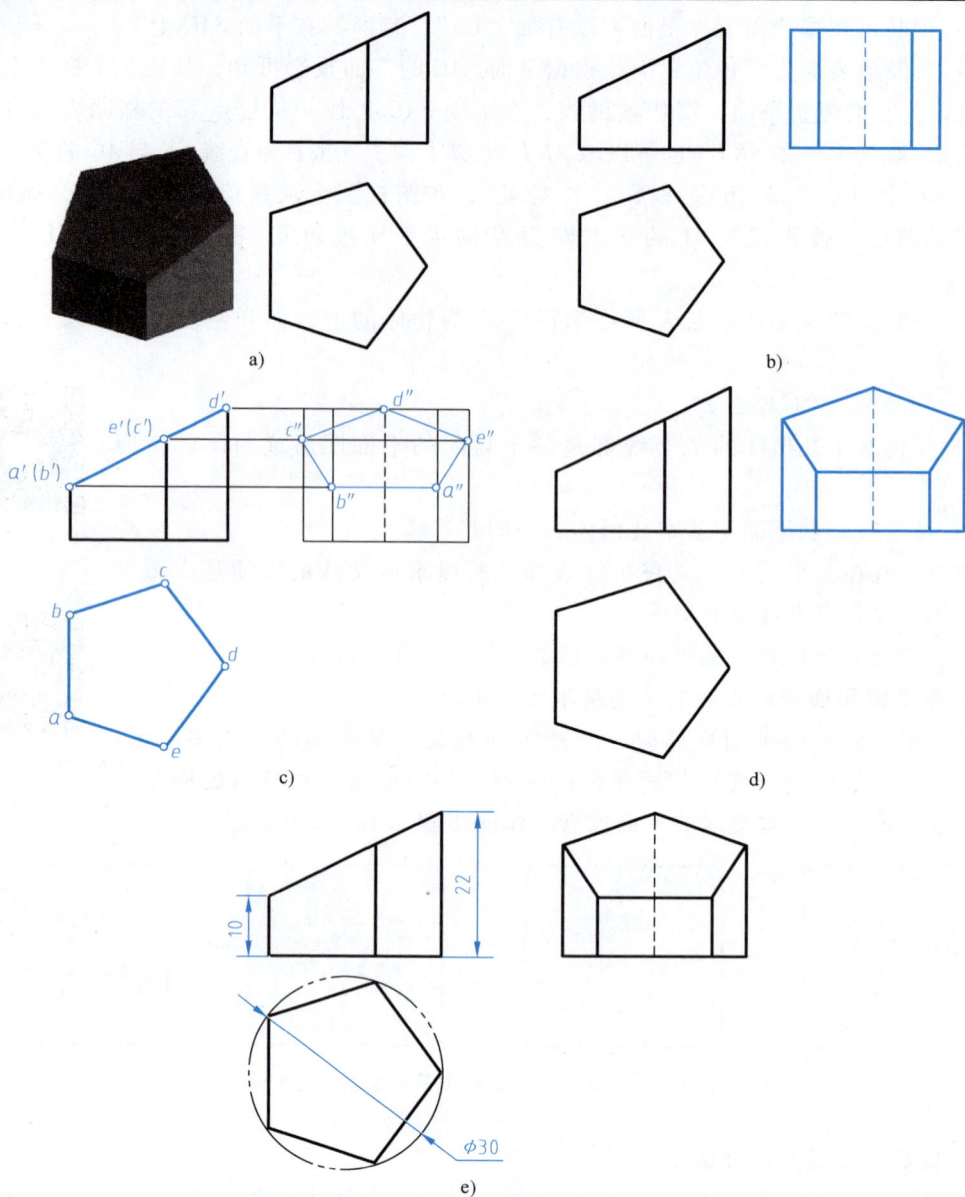

图 3.2.7 正五棱柱被切割

4）擦掉截切部分图线，被遮挡的线条改为虚线。五棱柱被切掉左上部分，需擦掉左视图左边、前后四条棱线的上部分；物体左低右高，截交线在左视图中可见，完成加粗即可（图 3.2.7d）。

立体被垂直面截切，在一个视图中积聚成线，另两个视图中反映类似性，如图 3.2.7 所示，截平面为正垂面，在主视图上积聚成线，在俯视图和左视图上均为五边形，反映类似性。

5）标注尺寸。标注出正五棱柱基本尺寸"φ30"和"22"，标注出正垂面高度方向的定位尺寸"10"（图 3.2.7e）。

任务3.3　绘制V形块三视图

【3.3　任务工作单】

项目3　简单形体的识读和绘制		任务3.3　绘制V形块三视图	
姓名：_____	班级：_____	学号：_____	日期：_____

3.3.1　明确任务

任务描述：

　　V形块常用于轴类零部件的检测、校正、划线及定位等，是平台测量中的重要辅助工具。其上的V形槽口可稳定支承圆柱形轴表面。

　　请根据图3.3.1所示V形块的形体与尺寸，完成其三视图的绘制和尺寸标注。

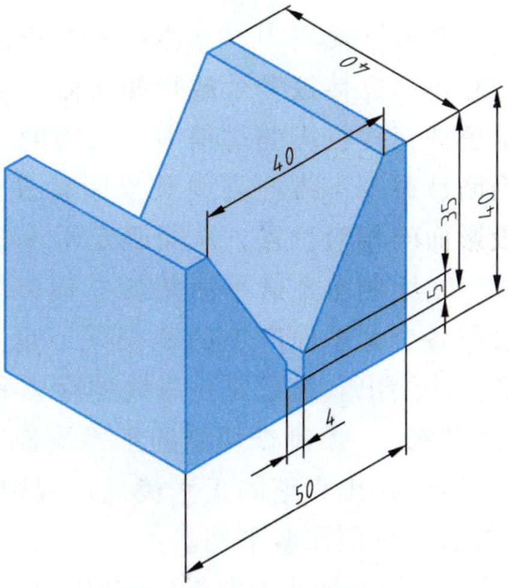

任务目标：

　　（1）在分析和解决多个截平面问题的过程中，形成全面考虑问题的科学思维。

　　（2）能说出平面立体被多个截平面截切时的作图基本思路。

　　（3）能根据立体或者视图，完成多个截平面截切的视图的绘制。

图3.3.1　V形块

3.3.2　分析任务

　　（1）讨论：图3.3.1所示V形块切割前是什么基本体？有几个截平面？分别是什么种类？

　　（2）讨论：左右倾斜的截平面在主视图上的投影是什么？在俯视图、左视图上的投影有什么关系？

　　（3）讨论：V形块在哪个视图上投影会出现虚线？为什么？

　　（4）讨论：哪些尺寸是定形尺寸？哪些尺寸是定位尺寸？

3.3.3　实施任务（完成后在右侧打"√"）

　　（1）完成V形块基本体三视图的绘制。

　　（2）完成V形块截切视图投影的绘制。

　　（3）擦掉辅助线、多余点画线，加粗粗实线。

　　（4）完成尺寸标注，填写标题栏。

3.3.4　评价任务

序号	评价指标	分值	自评	互评	师评	总评
1	V形块三视图布局合理	10				
2	三视图图形正确，对应关系正确	60				
3	三视图图线正确、规范	10				
4	尺寸标注齐全、正确、规范，标题栏填写正确	20				

3.3.5　任务知识链接

在实际应用中，立体被平面所截的情况是比较复杂的。除了被单一的平面所截切，还包括单个立体被多个截平面所截、多个立体组合后被一个或多个平面所截等情况。因此在求解截交线投影的过程中，关键的一步是准确地分析及判断形体，即首先要根据所给条件判断被截基本体的类型及投影特性、截平面与被截基本体的相对位置及与投影面的相对位置，从而确定所求截交线的空间形状和投影形状。

切了好多刀的平面立体

在绘制多个截平面截切立体产生的截交线时，可以在三个视图上依次绘制各个截平面产生的截交线，也可以在一个视图上将所有截平面产生的截交线绘出。最后要注意线的存留和虚实。

【例】　绘制被切割的正六棱柱（图3.3.2a）的三视图。

1）作出完整的正六棱柱三视图（图3.3.2b）。

2）分别作截平面。

案例：六棱柱被切

① 先作两个对称的侧平面 $ABCD$，主视图、俯视图积聚成线，长对正。左视图与主视图高平齐，与俯视图宽相等，作出矩形 $a''b''c''d''$（图3.3.2c）。

② 再作水平面。水平面在主视图上连接两侧平面，俯视图上是两侧平面之间的区域 $1234cd$ 多边形。根据"高平齐，宽相等"，在左视图上是一水平直线 $1''4''$（图3.3.2d）。

3）擦去截掉的部分，判断可见性。六棱柱的前后棱线的高度是从下底面到水平面，所以将主视图和左视图中前后棱线水平面以上的部分擦掉。三个截平面截掉的是物体的中间部分，因此形成"两边高、中间低"的情况，在左视图中，部分水平面不可见，即 $c''d''$ 部分的连线不可见，改成虚线。最后完成图如图3.3.2e所示。

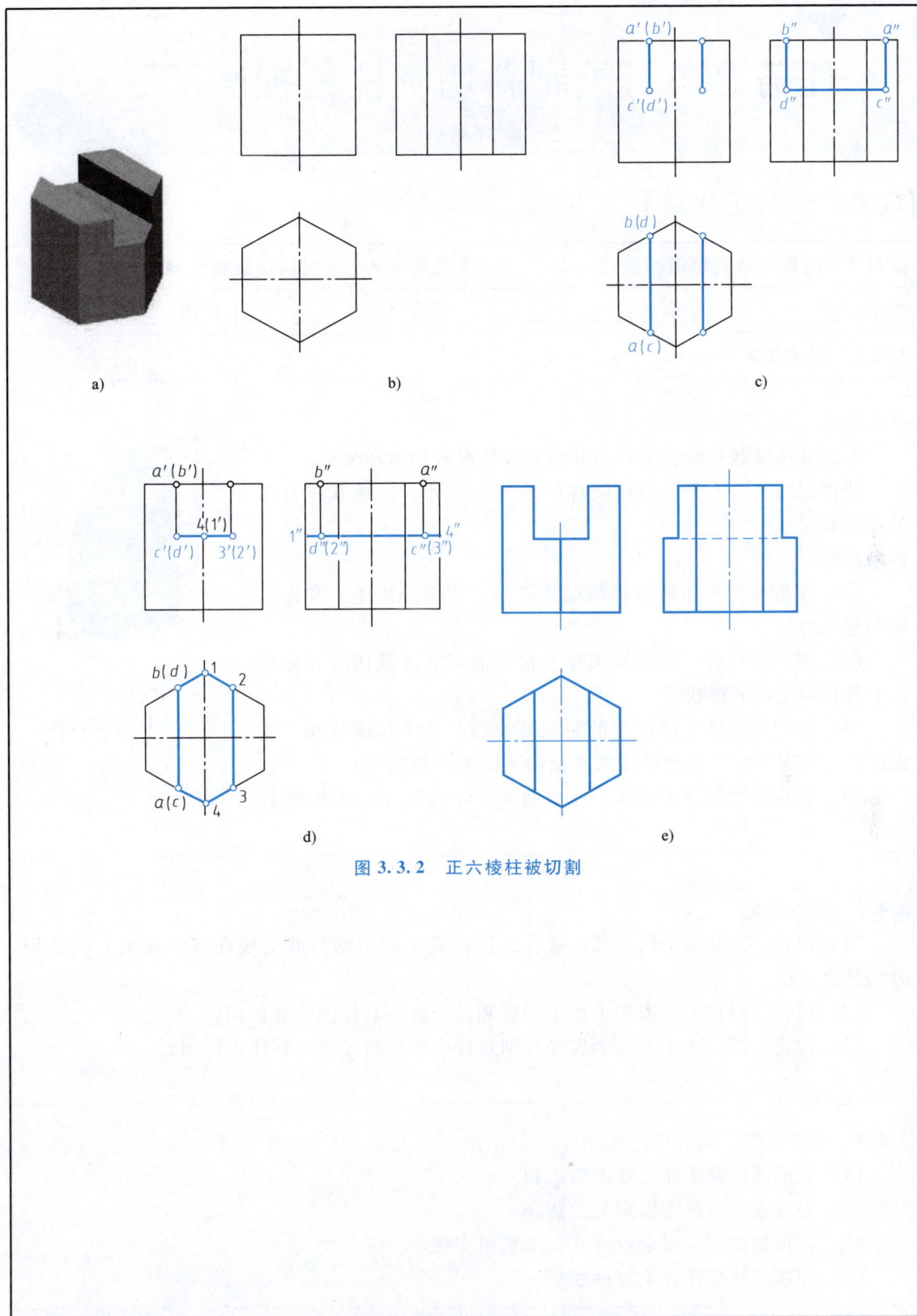

图 3.3.2　正六棱柱被切割

任务 3.4 绘制斜切圆柱三视图

【3.4 任务工作单】

项目3 简单形体的识读和绘制		任务3.4 绘制斜切圆柱三视图	
姓名：_____	班级：_____	学号：_____	日期：_____

3.4.1 明确任务

任务描述：

曲面立体被截切时，截切面和截交线情况较为多样复杂。

请根据图3.4.1所示斜切圆柱的形体与尺寸，完成其三视图的绘制和尺寸标注。

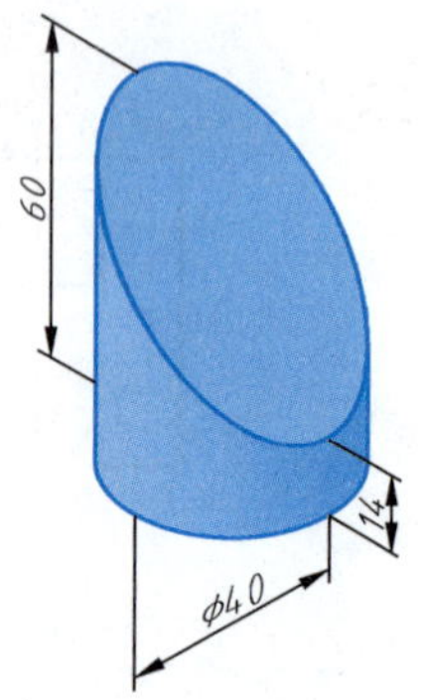

任务目标：

（1）了解曲面截切的多种情况，进一步锻炼分析能力和提高空间想象力。

（2）能说出圆柱、圆锥和圆球等常见曲面立体截切的几种情况和各自截交线的形状。

（3）能说出曲面立体产生的曲线截交线的基本作图步骤，能说出什么情况下需要作辅助线或者辅助平面来求截交线。

（4）能根据立体或者视图，完成曲面立体截切的视图的绘制。

图3.4.1 斜切圆柱

3.4.2 分析任务

（1）讨论：图3.4.1所示圆柱被什么位置截平面截切？截交线在三个视图上的投影分别是什么？

（2）讨论：斜切后在视图上产生的椭圆截交线，其作图步骤如何？

（3）讨论：图3.4.1中三个尺寸分别是什么种类的尺寸？有什么作用？

3.4.3 实施任务（完成后在右侧打"√"）

（1）完成圆柱基本体三视图的绘制。

（2）完成截切三视图投影的绘制。

（3）擦掉辅助线、多余点画线，加粗粗实线。

（4）完成尺寸标注，填写标题栏。

3.4.4 评价任务

序号	评价指标	分值	自评	互评	师评	总评
1	三视图布局合理	10				
2	三视图图形正确，对应关系正确	60				
3	三视图图线正确、规范	10				
4	尺寸标注齐全、正确、规范，标题栏填写正确	20				

3.4.5 任务知识链接

一、曲面求点的方法

切割曲面立体时，截交线上的点分布在曲面上，点可能分布在不同曲面（圆柱面、圆锥面或球面等）的不同位置（特殊位置面、一般位置面及球面等）处，所以曲面求点可按图3.4.2所示的步骤进行。

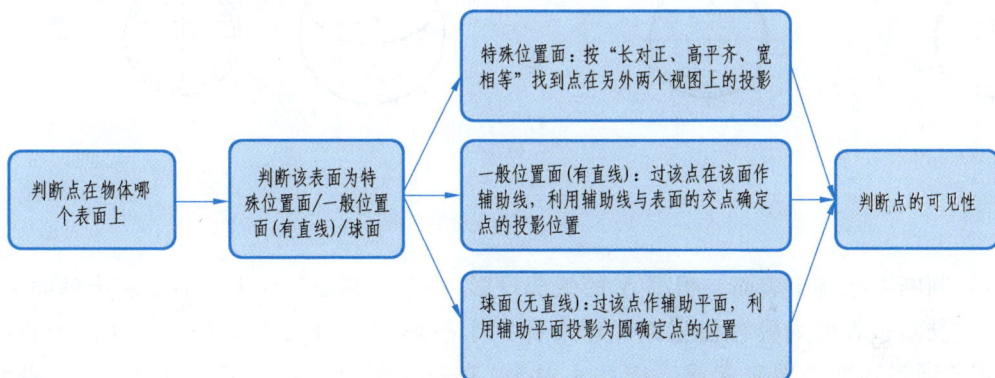

图 3.4.2 曲面求点的步骤

【例1】 已知圆锥的三视图，根据已知点 R 的正面投影，作其另两面投影（图3.4.3a）。

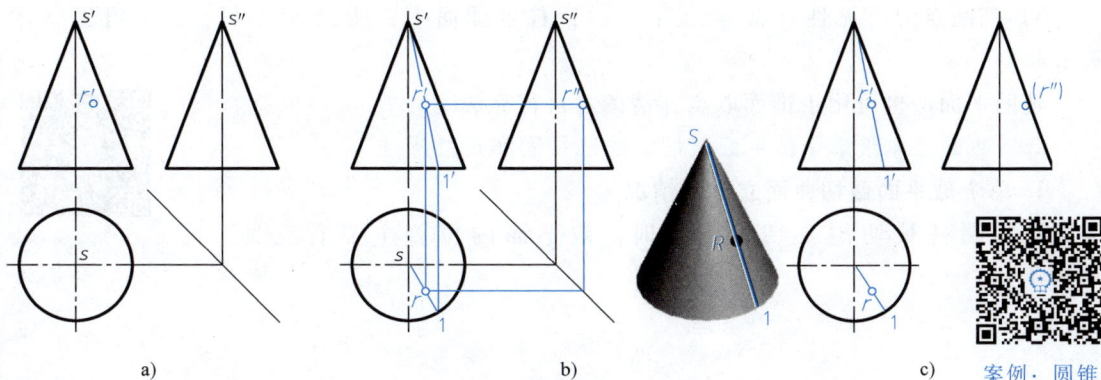

a)   b)   c)

图 3.4.3 圆锥面投影作图

案例：圆锥表面取点

— 73 —

1）判断点在哪个表面：根据 R 的正面投影 r' 没有加 "( )"，判断其在前、右锥面上。

2）判断该表面为哪种位置面：锥面在三个投影面上都没有积聚性，为一般位置面。连接锥顶和 R，可在锥面上找到有且仅有一条辅助直线（图3.4.3b）。点1为辅助线与底圆的交点，即点1在底圆上。根据 "长对正"，先在俯视图上找到点 I 的投影1，连接锥顶 $s1$。点 r' "长对正" 投影线与其交点即为 R 的水平面投影 r。根据 r' 和 r 作出 r''。

3）判断点的可见性：点 R 在前、右锥面，所以 r 可见，r'' 不可见，需加 "( )"（图3.4.3c）。

【例2】 已知球的三视图，根据已知点 N 的侧面投影（n''），作其另两面投影（图3.4.4a）。

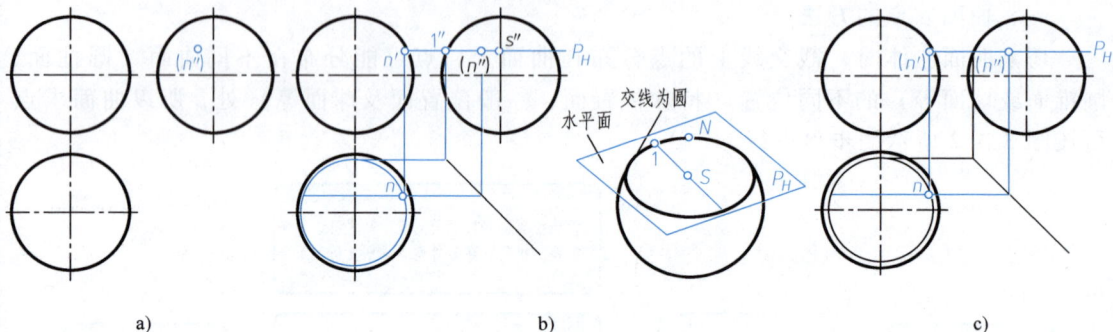

图 3.4.4　球面投影作图

1）判断点在哪个表面：根据 N 的侧面投影（n''），判断其在上、后、右半球面上。

2）判断该表面为哪种位置面：球面在三个投影面上都为类似性，且球面上没有直线，需要通过辅助平面来求解（图3.4.4b）。在左视图上过点 N 用一水平面 P_H 截切球体，在水平面上得到一个圆。半径为 $1''s''$，点 N 的水平面投影就在这个圆上；根据 "宽相等"，所作的投影线与半径为 $1''s''$ 的圆相交于两点，根据点 N 在右半球确定水平面投影 n 的位置；根据 n'' 和 n 作出 n'。

3）判断点的可见性：点 N 在上、后、右半球面上，所以 n' 不可见，n 可见（图3.4.4c）。

辅助平面法也可用于锥面取点，请读者自行完成。

二、曲面立体被单个截平面截切后的三视图和尺寸标注

1. 单个截平面截切曲面立体的情况

（1）圆柱被切割　切割圆柱时，截平面的位置主要有三种，见表3.4.1。

表 3.4.1 圆柱被切割的情况

截平面位置	平行于圆柱轴线	垂直于圆柱轴线	倾斜于圆柱轴线
立体图			
三视图			
截交线形状	矩形	圆	椭圆

　　若圆柱打了孔，则会出现空心的圆柱，即圆筒，此时里面的空心圆柱在视图中变为不可见，要用虚线表示，如图3.4.5所示。

　　（2）圆锥被切割　切割圆锥时，由于平面与圆锥的相对位置不同，其截交线可以是圆、直线和曲线（椭圆、抛物线或双曲线），见表3.4.2。

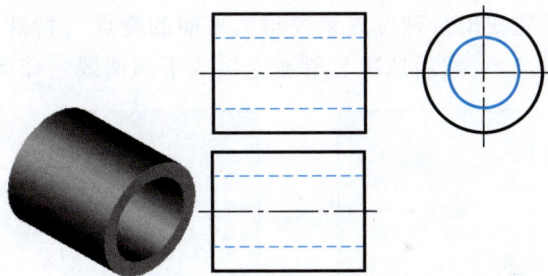

图 3.4.5 空心圆柱

表 3.4.2 圆锥被切割的情况

截平面位置	垂直于圆锥轴线	过锥顶	平行于圆锥轴线	平行于圆锥"最"素线	不平行于轴线或素线
立体图					
三视图					
截交线形状	圆	三角形	双曲线	抛物线	椭圆

（3）圆球被切割 圆球被切割时，截断面都为圆。截交线的投影与摆放位置相关，当截平面为平行面时，截交线在两个视图上积聚成线，第三个视图上为圆，如图 3.4.6a 所示；当截平面为垂直面时，截交线在一个视图上积聚成线，另两个视图上为椭圆，如图 3.4.6b 所示。

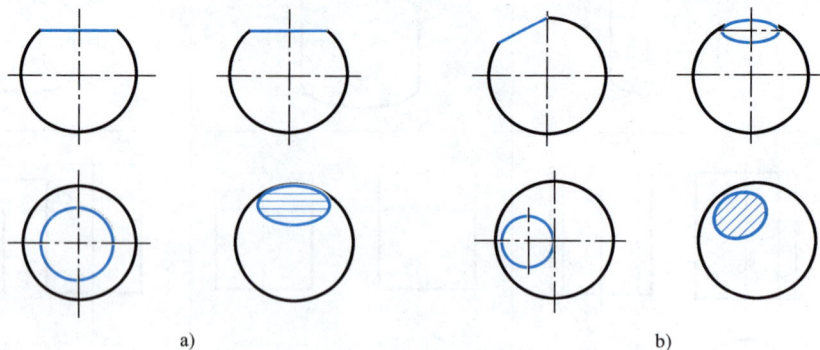

图 3.4.6 圆球被切割

2. 单个截平面截切曲面立体的基本作图步骤

单个截平面截切曲面立体时，截交线的形状一般为封闭的平面曲线或平面多边形，曲线上的任一点都可以看成是曲面上素线与截平面的交点。因此，在求曲面截交线时，往往要先找出特殊位置素线与截平面的交点（特殊点），再去找任意素线与截平面的交点（一般点），然后依次光滑地连接成平面曲线。作图步骤如图 3.4.7 所示。

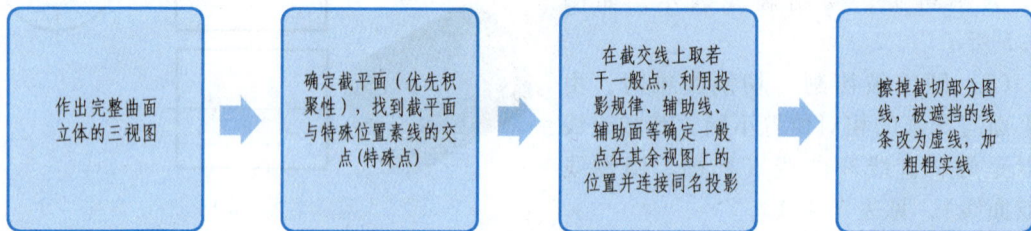

图 3.4.7 曲面截交线的作图步骤

【例3】 求作圆柱被正垂面切割后的截交线，如图 3.4.8a 所示。

1）作出完整的圆柱三视图（图 3.4.8b）。

2）确定截平面，找到特殊点。截平面为正垂面，截交线在主视图上积聚为斜直线，在俯视图上与圆柱表面圆重合，在左视图上为椭圆。其中截平面与圆柱最前、最后、最左、最右四条素线交点为四个特殊点（图 3.4.8c）。

案例：圆柱被切一刀

3）作一般点投影，并连接同名投影。在主视图或俯视图的截交线上直接取一般点 1'、2'、3'、4'或 1、2、3、4，作出在左视图上的投影 1″、2″、3″、4″（一般点可作无数个），最后将点的同名投影光滑连接起来即得到截交线的三面投影（图 3.4.8d）。

4）擦掉截切部分图线，被遮挡的线条改为虚线，加粗粗实线。擦掉圆柱被截切掉的左上部分对应的图线，左低右高，未产生遮挡，完成图如图 3.4.8e 所示。

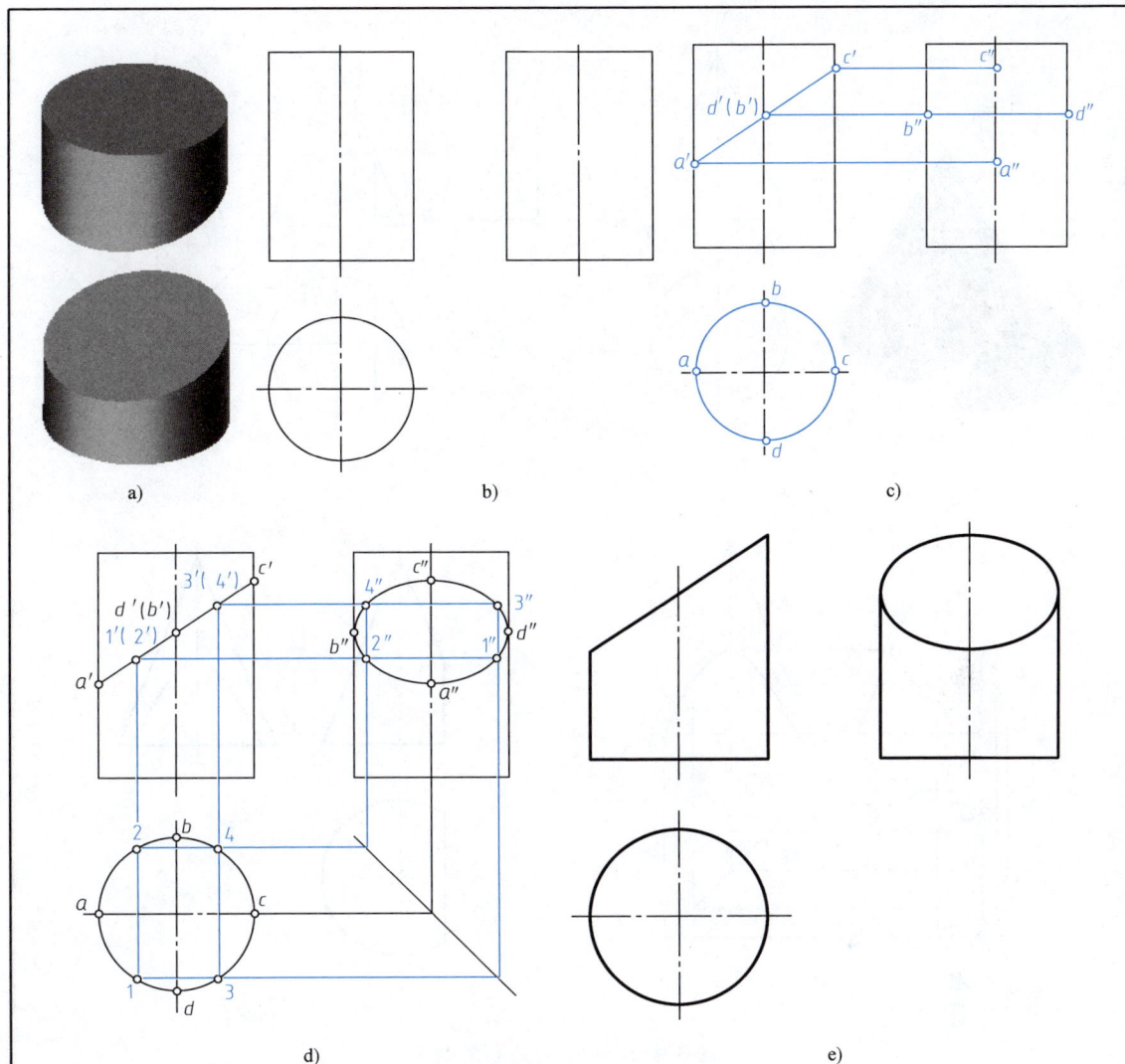

图 3.4.8　正垂面切割圆柱

【例 4】　圆锥被侧平面切割（图 3.4.9a），求作截交线的投影。

1）作出圆锥完整的三视图（图 3.4.9b）。

2）确定截平面，找到特殊点。截平面为侧平面，在主视图、俯视图上积聚成线，在左视图上为双曲线与直线围成的封闭线框。可以找到 3 个特殊点 A、B、C 的投影（图 3.4.9c）。

案例：圆锥
只切一刀

3）作一般点投影，并连接同名投影。在主视图截交线上取 1′（2′）两个一般点，过 1′（2′）用一辅助水平面 P_{H1} 切割，这样在俯视图上可以得到一个辅助圆，点 1、2 的水平面投影就在该圆上，同时又在俯视图截交线上，二者的交点即为点 1、2 的水平面投影。根据点 1′、2′和点 1、2 作出点 1″、2″。如此可以作无数个一般点，将点的同名投影连接起来（图 3.4.9d）。

4）擦掉截切部分图线，被遮挡的线条改为虚线，加粗粗实线（图 3.4.9e）。

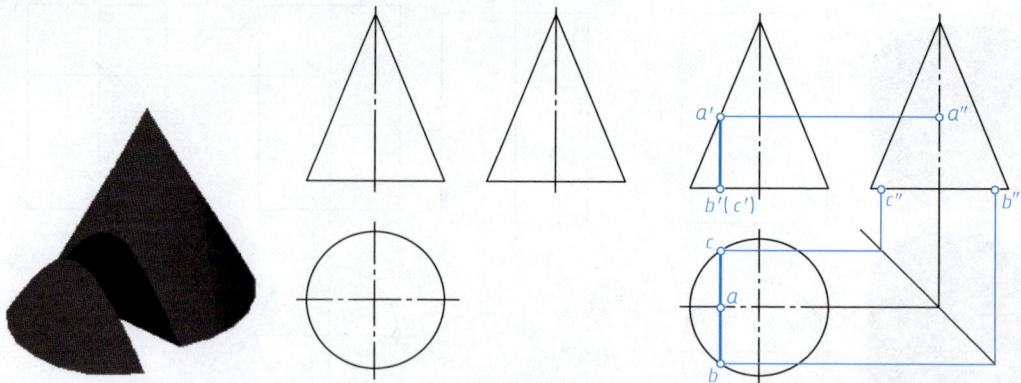

a)

b)

c)

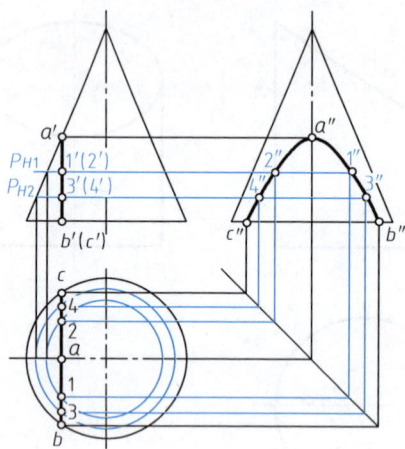

d)

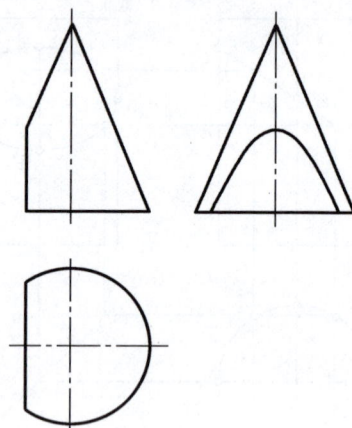

e)

图 3.4.9 侧平面切割圆锥

任务3.5 绘制鲁班球部件三视图

【3.5 任务工作单】

项目3 简单形体的识读和绘制	任务3.5 绘制鲁班球部件三视图		
姓名：_____	班级：_____	学号：_____	日期：_____

3.5.1 明确任务

任务描述：

鲁班球（图3.5.1）是我国传统的智力玩具，相传由鲁班发明，巧妙利用了零部件结构，在没有连接件的情况下将各个部分组装并固定在一起。除此以外还有鲁班锁、孔明锁等，各个部件之间巧妙且完美的结合展示了我国古代人民的智慧，如今也依然被广泛应用。

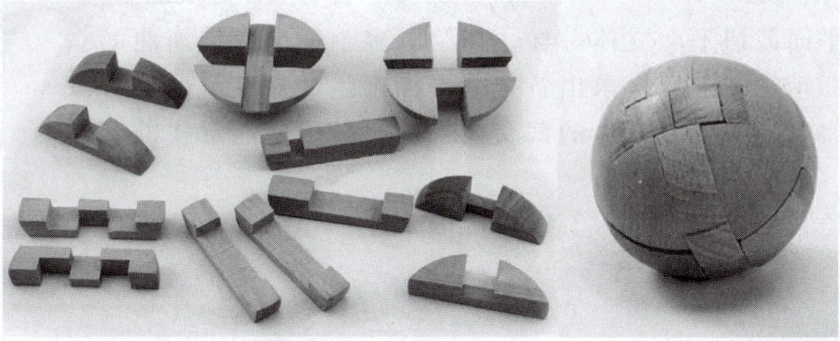

图3.5.1 鲁班球（12块）

请根据图3.5.2所示鲁班球中一个部件的形体与尺寸，完成其三视图的绘制和尺寸标注。该部件是由直径为 $S\phi40\text{mm}$ 的半球被多次切割而成的。

任务目标：

（1）了解切割元素在我国传统益智玩具中的应用，传承文化，认可专业。

（2）能说出曲面立体被多个截平面截切时的作图基本思路。

（3）能根据立体或者视图，完成多个截平面截切的视图的绘制。

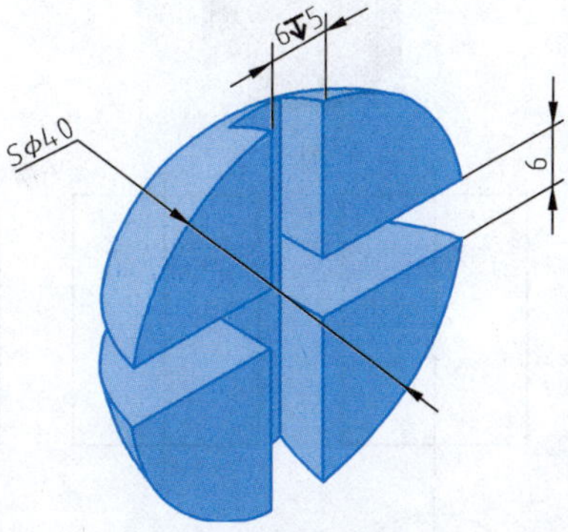

图3.5.2 鲁班球部件

3.5.2 分析任务

（1）讨论：图3.5.2所示鲁班锁部件被几个截平面截切？

（2）讨论：图3.5.2所示竖着切的三个截平面，分别在哪两个视图上投影为圆？

（3）讨论：图3.5.2所示横着切的四个截平面，分别在哪两个视图上投影为圆？

（4）讨论：三视图中，原来 $S\phi40$ 半球的轮廓线还保留了哪些？

3.5.3 实施任务（完成后在右侧打"√"）

（1）完成 $S\phi40$ 半球三视图的绘制。

（2）完成两处截切视图投影的绘制。

（3）擦掉辅助线、多余点画线，加粗粗实线。

（4）完成尺寸标注，填写标题栏。

3.5.4 评价任务

序号	评价指标	分值	自评	互评	师评	总评
1	三视图布局合理	10				
2	三视图图形正确，对应关系正确	60				
3	三视图图线正确、规范	10				
4	尺寸标注齐全、正确、规范，标题栏填写正确	20				

3.5.5 任务知识链接

和多个截平面截切平面立体一样，在绘制多个截平面截切曲面立体时，可以在三个视图上依次求出各个截平面产生的截交线，也可以在一个视图上将所有截平面产生的截交线求出，最后要注意线的存留和虚实。

案例：圆柱开槽口

【例1】 绘制被切割的圆柱（图3.5.3a）的三视图。

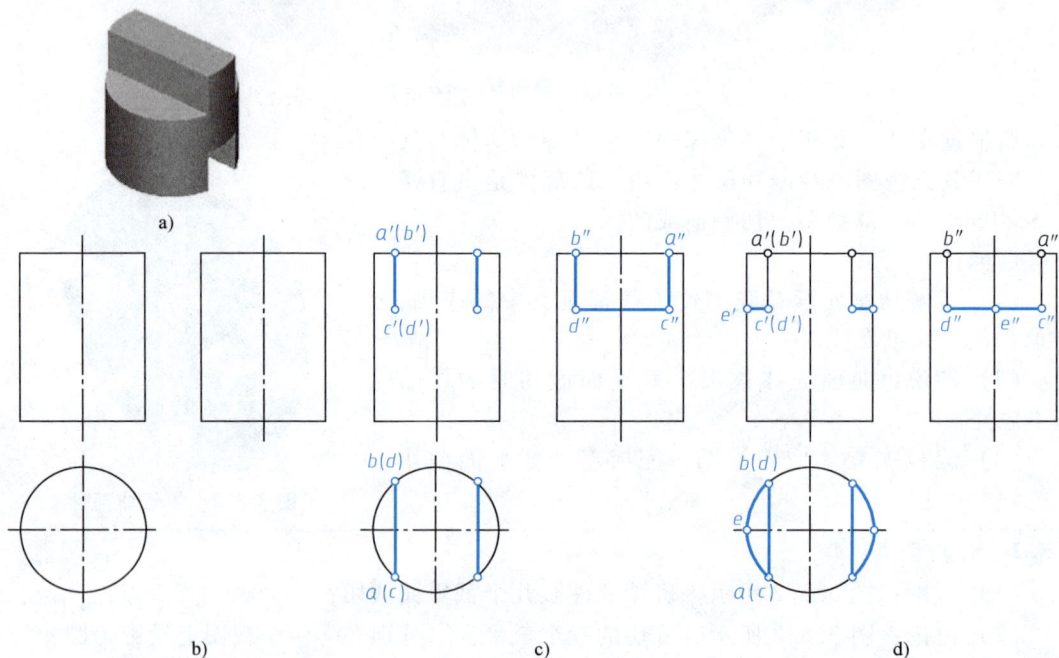

图 3.5.3 圆柱被切割

e)   f)   g)

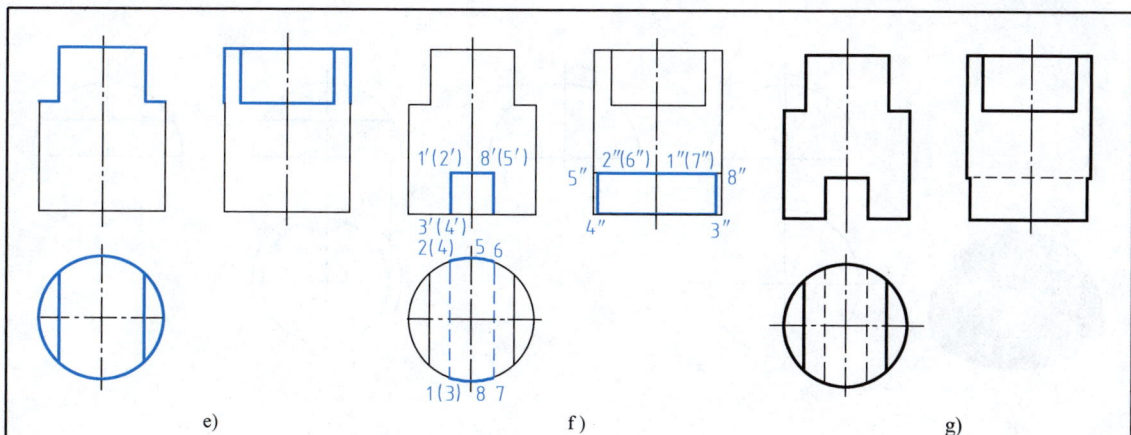

图 3.5.3 圆柱被切割（续）

1）作出完整的圆柱三视图（图3.5.3b）。

2）上、下两部分分别作截平面。

① 上部分：两个对称侧平面和同高水平面。先作两个对称的侧平面 *ABDC*，主视图、俯视图积聚成线，长对正。左视图与主视图高平齐，与俯视图宽相等，作出矩形 $a''b''d''c''$（图3.5.3c）；再作水平面，水平面在主视图上是从侧平面到最左、最右素线的水平线 $c'd'e'$，俯视图上是两侧平面到最左、最右部分的区域 cde，根据"高平齐，宽相等"，在左视图中是一水平直线 $c''e''d''$（图3.5.3d）。上部分被三个平面切去了圆柱左右两个角，因此圆柱最左、最右素线的上部分被截切，但是圆柱的最前、最后素线是完整的，上部分是"两边低中间高"，因此在左视图中均是可见的。上部分绘图结果如图3.5.3e所示。

② 下部分：两个对称侧平面和一个水平面。用与上述相同的绘制方法即可。先作两个对称的侧平面 1243，主视图、俯视图积聚成线，长对正。左视图与主视图高平齐，与俯视图宽相等，作出矩形 $1''2''4''3''$；再作水平面，水平面在主视图上连接两侧平面，俯视图上是两侧平面之间的区域，根据"高平齐，宽相等"，在左视图中是一水平直线 $5''8''$（图3.5.3f）。下部分截切的是中间部分，因此圆柱的最左、最右素线完整，最前、最后素线下部分被截切，呈现"两边高、中间低"，因此在左视图中水平面部分为虚线。

3）检查、加粗（图3.5.3g）。

【例2】 作半圆球被正平面和水平面截切的三视图，如图3.5.4a所示。

1）作出完整的半圆球三视图（图3.5.4b）。

2）分别作截平面。先作出水平面在主视图和左视图上的线，根据 R_1 绘制出在俯视图上的圆（图3.5.4c）。再作前后两个正平面在左视图和俯视图上的线，根据 R_2 绘制出在主视图上的圆（图3.5.4d）。

3）擦去截掉的部分，判断可见性。三个截平面切割掉的是中间部分，呈现"前后高、中间低"，因此在主视图中水平面部分为虚线。绘图结果如图3.5.4e所示。

案例：半圆球
开槽口

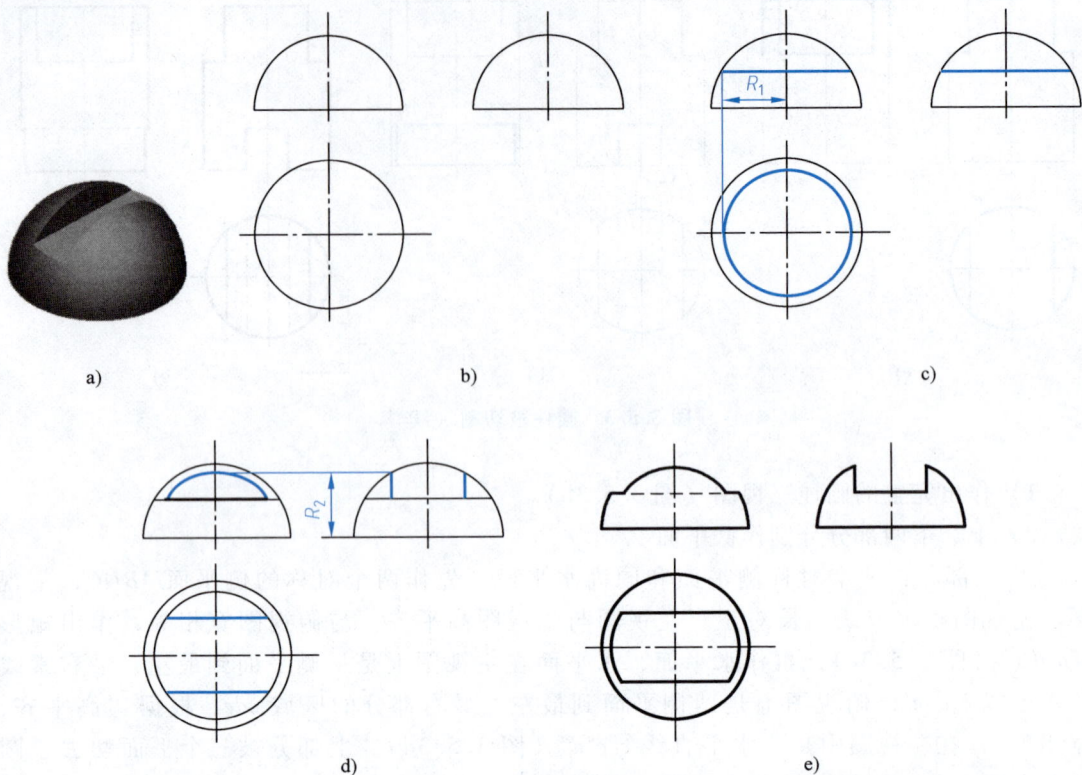

a)　　　　　　　　b)　　　　　　　　c)

d)　　　　　　　　e)

图 3.5.4　半圆球被切割

【例3】　圆锥、小圆柱、大圆柱同轴叠加后被一水平面和一正垂面截切，求截交线（图3.5.5a）。

1）作出完整的同轴线圆锥、小圆柱和大圆柱三视图（图3.5.5b）。

2）分别作截平面。

① 先作水平面。截切圆锥，其截交线在主视图和左视图上积聚为水平直线（1'2'和2"3"），截平面与圆锥轴线平行，在俯视图上为双曲线（图3.5.5c中的213曲线）。水平面截切小圆柱，其截交线在主视图和左视图上积聚为水平直线，在俯视图上为长对正、宽相等的矩形2345；截切了部分大圆柱，在主视图和左视图上依然积聚为水平直线，在俯视图上为矩形6789。

② 再作正垂面。其截交线在主视图上为斜直线，在左视图上为7"10"8"圆弧，在俯视图上为椭圆的一部分，按照椭圆的画法作出即可（图3.5.5d中7、10、8部分）。

3）擦去截掉的部分，判断可见性。立体被两个平面截去了上面部分，因此水平面和正垂面上方的立体轮廓线擦除。圆锥和小圆柱连接部分水平面部分平齐，但是下表面不平齐，因此2、3之间有虚线。同理，小圆柱和大圆柱的5、4之间也有虚线。绘图结果如图3.5.5e所示。

案例：顶尖
截交线

a)

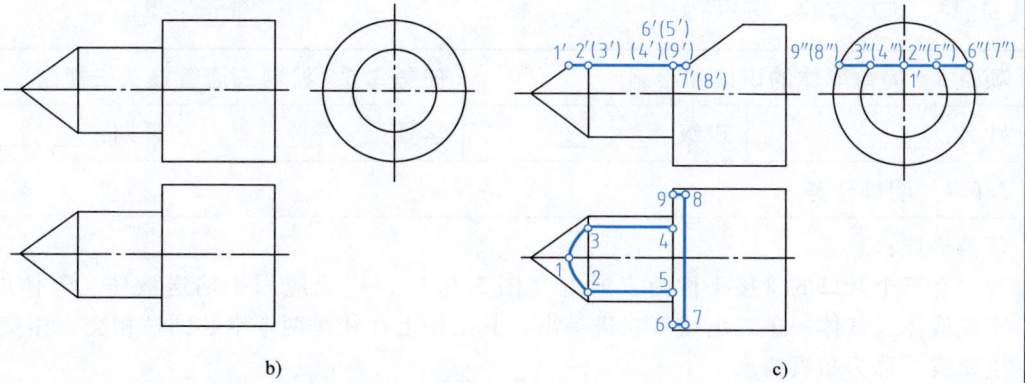

b)

c)

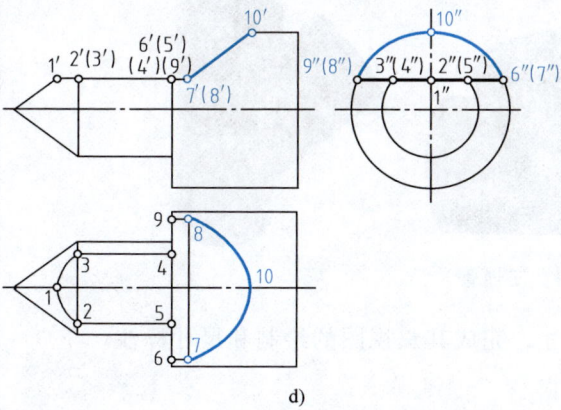

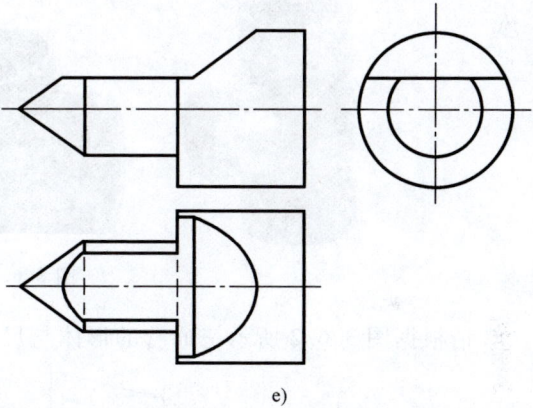

d)

e)

图 3.5.5　复杂截交线

任务 3.6　绘制三通管接头三视图

【3.6　任务工作单】

项目3　简单形体的识读和绘制		任务 3.6　绘制三通管接头三视图	
姓名：_____	班级：_____	学号：_____	日期：_____

3.6.1　明确任务

任务描述：

　　有三个开口的管接头称为三通管（图 3.6.1），广泛应用于输送液体、气体的管网，实现液体、气体一进二出或者二进一出。其结构上往往是两个空心圆柱相交，相交处会产生交线，称为相贯线。

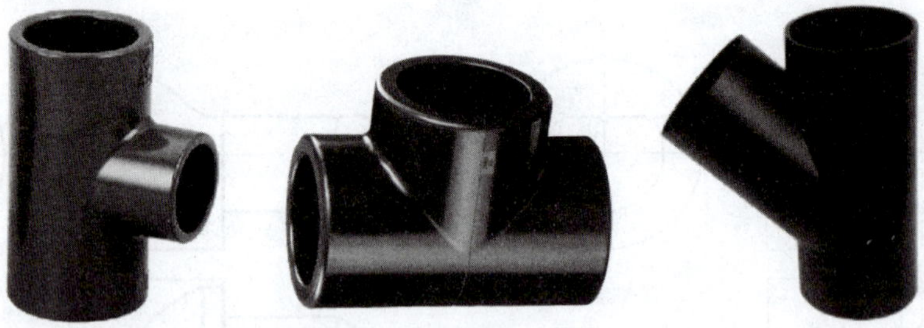

图 3.6.1　三通管

　　请根据图 3.6.2 所示三通管的形体与尺寸，完成其三视图的绘制和尺寸标注。

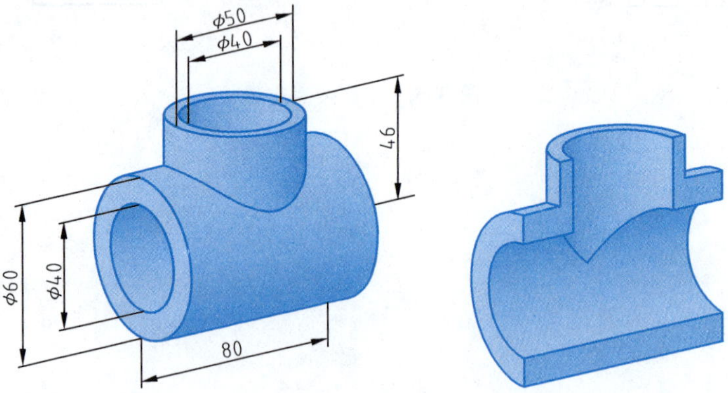

图 3.6.2　三通管结构

任务目标：

　　（1）了解三通管在实际生活和工业中的应用，进一步了解专业。

　　（2）能说出相贯线的特性，能说出两圆柱垂直相交时相贯线的形状、虚实如何判断与确定。

（3）能说出用找点法、简化画法及辅助平面法作相贯线的基本思路，能说出多圆柱相贯线分析与作图基本方法。

（4）能根据立体或者已知视图，完成相贯线的作图与标注。

3.6.2　分析任务

（1）讨论：图3.6.2所示三通管一共有几个圆柱？有哪几组圆柱两两垂直相交？

（2）讨论：图3.6.2中有哪对圆柱直径相等，其相贯线如何绘制？

（3）讨论：图3.6.2中的哪些相贯线为实线，哪些为虚线？

（4）讨论：采用简化画法绘制相贯线的基本方法是怎样的？

3.6.3　实施任务（完成后在右侧打"√"）

（1）完成三通管四个圆柱三视图的绘制。

（2）完成两处相贯线的绘制。

（3）擦掉辅助线、多余点画线，加粗粗实线。

（4）完成尺寸标注，填写标题栏。

3.6.4　评价任务

序号	评价指标	分值	自评	互评	师评	总评
1	三视图布局合理	10				
2	三视图图形正确，对应关系正确	60				
3	三视图图线正确、规范	10				
4	尺寸标注齐全、正确、规范，标题栏填写正确	20				

3.6.5　任务知识链接

一、相贯线的基本知识

1. 相贯线的种类和性质

两个或多个曲面立体相交时，其表面产生的交线称为相贯线（图3.6.3）。

认识相贯线

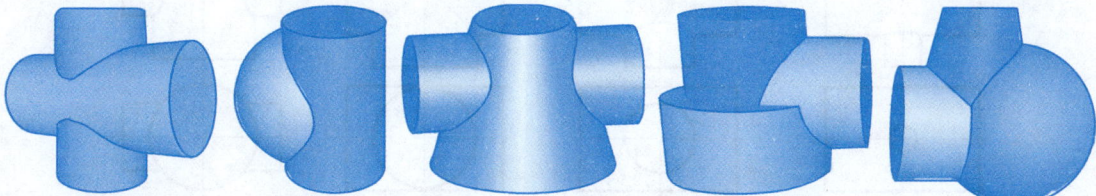

图3.6.3　立体相贯的形式

相贯线是两相交物体表面的交线，具有以下基本性质：

1）共有性：相贯线是相交立体表面的共有线，是一系列共有点的集合。

2）封闭性：相贯线是封闭的空间图线，特殊情况下是平面曲线或直线。

2. 相贯线的虚实（可见性）

若两相交表面均为外表面，则其相贯线在外表面，为可见轮廓线，用粗实线绘制（图3.6.4a）；若两相交表面中一个为外表面，另一个为内表面（孔），则其相贯线也在外表面，为可见轮廓线，用粗实线绘制（图3.6.4b）；若两相交表面均为内表面（孔与孔相交），则其相贯线在内表面，为不可见轮廓线，用细虚线绘制（图3.6.4c）。

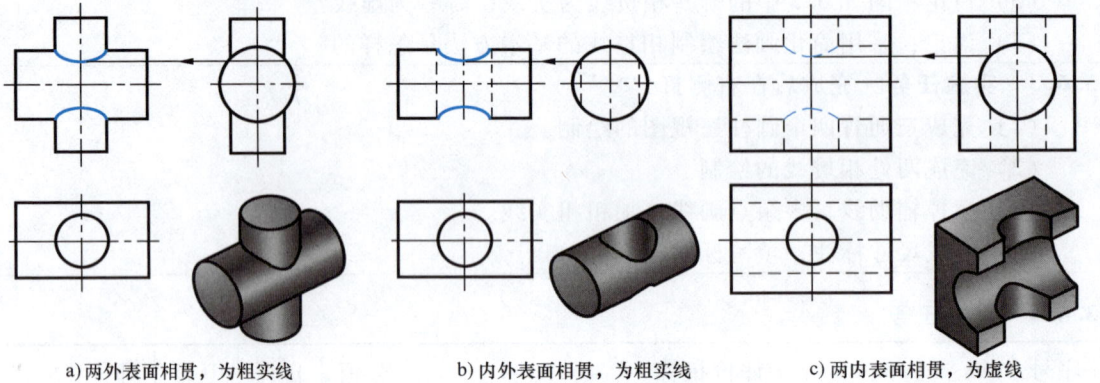

圆柱相贯线虚实和规律

a) 两外表面相贯，为粗实线   b) 内外表面相贯，为粗实线   c) 两内表面相贯，为虚线

图 3.6.4 相贯线的可见性

3. 相贯线的变化规律

两垂直相交圆柱的相贯线随着两圆柱直径差的不同而有所变化，两直径相差较大时，相贯线短而平缓（图3.6.5a）；直径差距缩小时，相贯线变长，弧度明显（图3.6.5b）；当两圆柱直径相等时，相贯线变成交叉45°的斜直线（图3.6.5c）。两不等直径圆柱相贯线为曲线，且始终朝着大圆柱的轴线突出（图3.6.5a、b、d）。

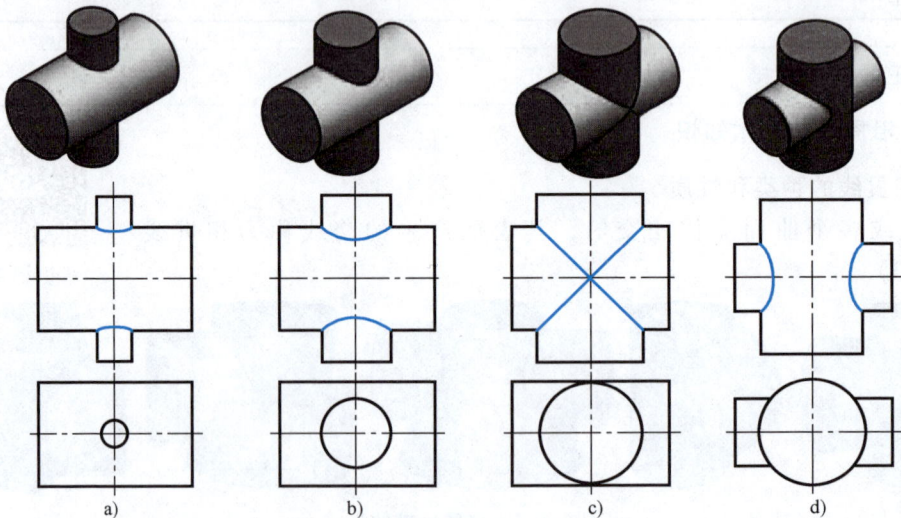

a)   b)   c)   d)

图 3.6.5 相贯线的变化和弯曲方向

4. 带相贯线的立体的尺寸标注

带有相贯线的立体，首先需要标注出基本体的定形尺寸，如图3.6.6中的"$\phi40$""50"和"$\phi30$"，其次标注出基本体叠加时的定位尺寸，如图3.6.6中的"38"和"25"。

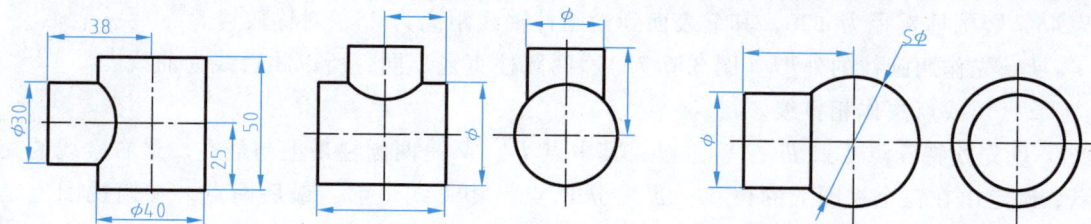

图 3.6.6 带相贯线的立体尺寸标注

二、圆柱垂直相交时相贯线的画法

两不等直径圆柱相贯，交线为曲线，可用找点法或简化画法来确定。

找点法求两圆柱相贯线

1. 用找点法求曲线相贯线

根据相贯线的性质可知，相贯线上的点为两圆柱表面共有的交点。可按照"特殊点"→"一般点"的顺序，在视图上找到这些点后光滑连接，再判断相贯线的虚实。特殊点一般为两圆柱最上最下、最左最右、最前最后素线上的点。

【例1】 求作两垂直相交圆柱（图3.6.7a）的相贯线，其中横圆柱直径为φ30，长

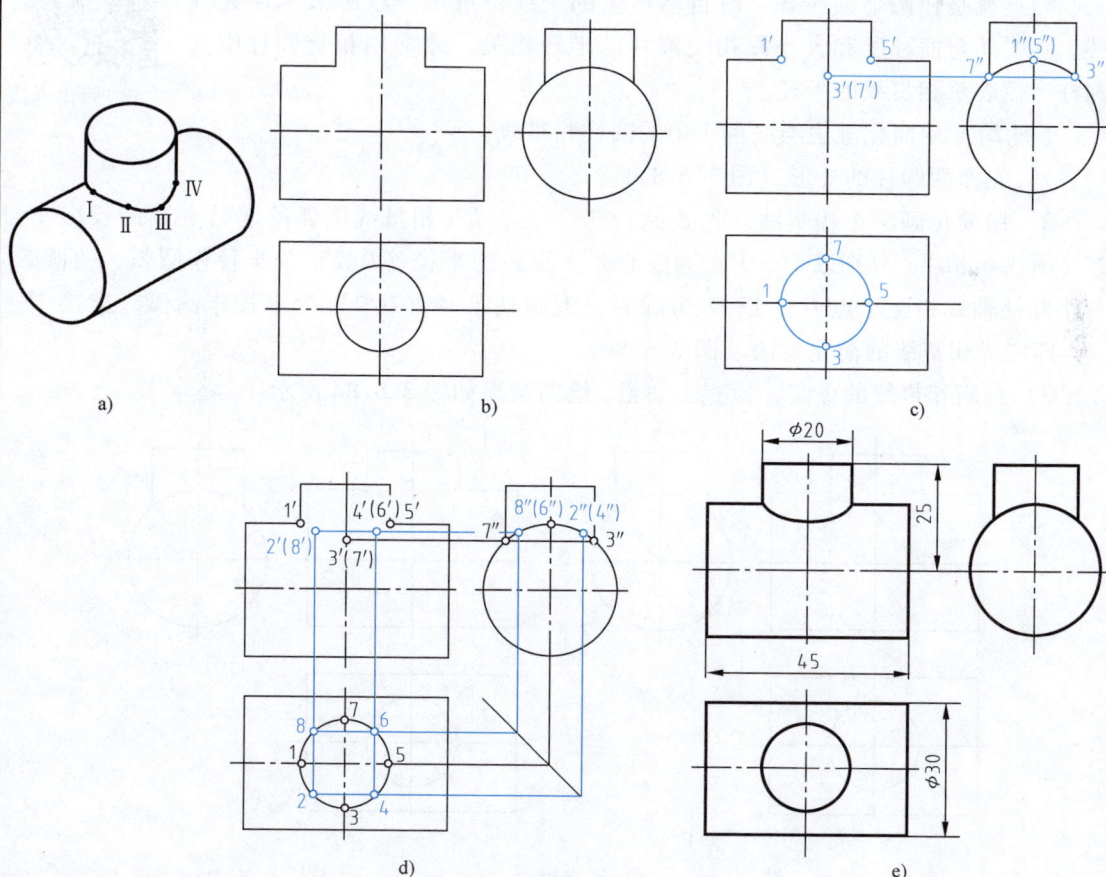

图 3.6.7 用找点法作相贯线

为 45，竖圆柱直径为 $\phi20$，其上表面到横圆柱轴线距离为 25，对称放置。

1）先作两圆柱的外形（图 3.6.7b）。两圆柱直径不同，所以相贯线为曲线。

2）用找点法作相贯线。

① 先找特殊点 I、III、V、VII，其中点 I、V 是两圆柱最上与最左、最右素线的交点，确定出在三个视图上的位置；III、VII 两点是相贯线最前、最后两点，在俯视图上是小圆最前、最后的点，在左视图上是小圆柱最前、最后素线与大圆的交点，因此根据"长对正、高平齐"可以作出这两点在主视图上的投影 3′、7′（图 3.6.7c）。

② 再找一般点 II、IV、VI、VIII。在俯视图上，相贯线与整个小圆重合，只需要在该圆上直接取一般点，左右、前后对称取 II、IV、VI、VIII 四个点。这四个点在左视图上大圆 3″、7″之间的圆弧上，根据"宽相等"即可作出 2″、4″、6″、8″的投影，再根据"长对正、高平齐"可以作出主视图上的投影 2′、4′、6′、8′。这样的一般点可以取无数组，最后用曲线光滑连接起来（图 3.6.7d）。

3）判断相贯线的虚实，检查、加粗、标注尺寸。两圆柱外表面相交，相贯线为粗实线。标注两圆柱定形尺寸和二者之间的定位尺寸（图 3.6.7e）。

2. 用简化画法作曲线相贯线

相贯线是在两个圆柱叠加时自然产生的交线，可用一段圆弧来简化代替。圆弧的弯曲程度和大小跟相交圆柱的半径相关，通常用相交圆柱中大圆柱半径表示相贯线的半径。

相贯线简化画法

【例 2】 用简化画法绘制例 1 中的圆柱相贯线。

1）先作两圆柱的外形（图 3.6.8a）。

2）用简化画法作相贯线。先找到特殊点 I、II（相贯线圆弧的起始点）的投影 1′、2′（图 3.6.8b）；分别以 1′、2′点为圆心，大圆柱的半径（$D/2$）为半径作圆弧，两圆弧与小圆柱轴线相交于点 O′；以 O′为圆心，大圆柱半径（$D/2$）为半径作圆弧，连接 1′、2′，即完成相贯线的简化画法（图 3.6.8c）。

3）判断相贯线的虚实，检查、加粗。绘图结果如图 3.6.8d 所示。

a) b)

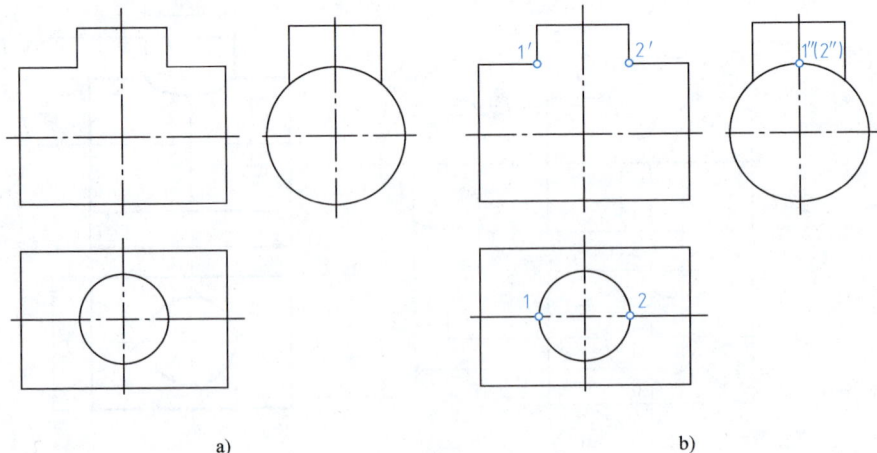

图 3.6.8 用简化画法作相贯线

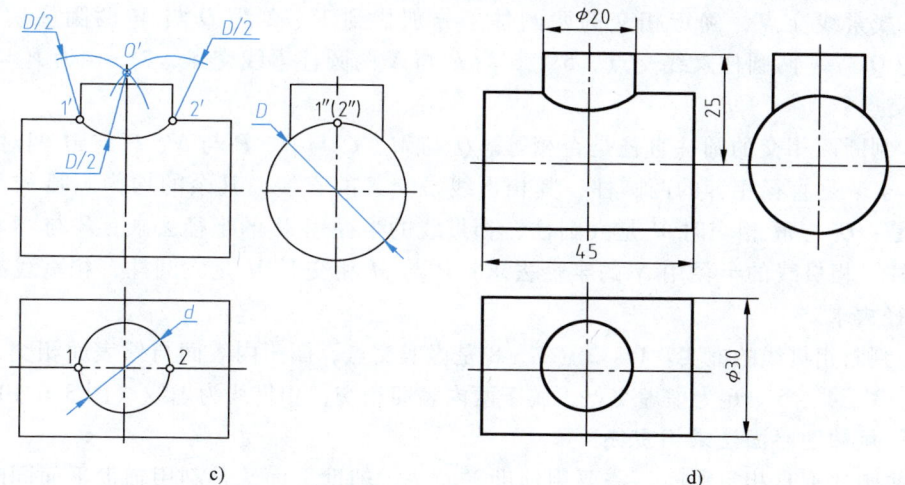

图 3.6.8　用简化画法作相贯线（续）

3. 多圆柱相贯线的绘制

多个圆柱垂直相交的相贯线有多条，最关键的是要确定圆柱两两相交的地方，可从两圆柱素线交点处入手进行分析。具体方法如图 3.6.9 所示。

多个圆柱相贯线

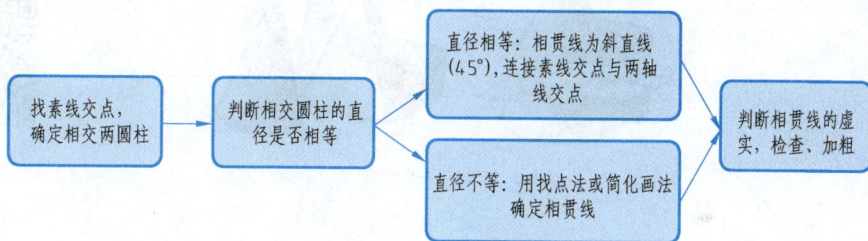

图 3.6.9　多圆柱相贯线作图方法

【例 3】　求下列多个圆柱相交的相贯线（图 3.6.10a）。

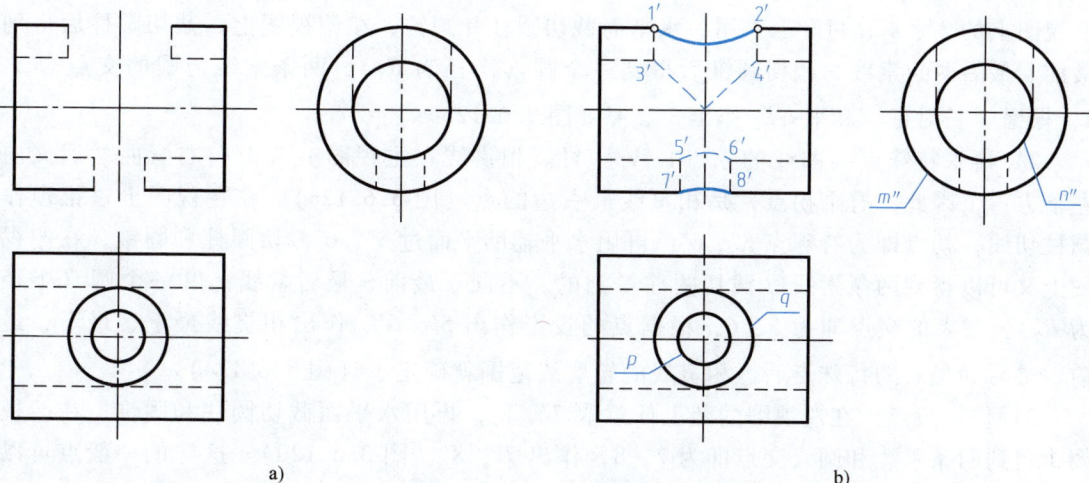

图 3.6.10　多个圆柱相交的相贯线

1）找素线交点，确定相交的两圆柱。分别找到 1′、2′为 Q 与 M 两圆柱素线交点，3′、4′为 Q 与 N 两圆柱素线交点，5′、6′为 P 与 N 两圆柱素线交点，7′、8′为 P 与 M 两圆柱素线交点。

2）判断两相交的圆柱直径是否相等。Q 与 M、Q 与 N、P 与 N、P 与 M 四对圆柱中，只有 Q 与 N 是直径相等的两圆柱，其相贯线是交叉的直线，其余的均为圆弧相贯线。要注意的是：Q 与 M 相交时 M 是大圆柱，相贯线的半径用 M 的半径去求；P 与 N 相交时 N 是大圆柱，相贯线的半径用 N 的半径去求；P 与 M 相交时 M 是大圆柱，相贯线的半径用 M 的半径去求。

3）判断相贯线的虚实。1′、2′、7′、8′是虚实交点，属于内表面与外表面相交，相贯线为实线；3′、4′、5′、6′为虚虚交点，属于两内表面相交，相贯线为虚线（图 3.6.10b）。

三、用辅助平面法求相贯线

求非圆柱垂直相贯线时，需要用辅助平面法。辅助平面法是利用辅助平面同时截切两相交立体，所得截交线的交点就是相贯线上的点，即这些点既在相交的两立体表面上，同时又在辅助平面上。如图 3.6.11 所示，圆柱与圆锥垂直相交，用一辅助水平面去截切，辅助面与圆柱的交线为两直线（素线），与圆锥的交线是一水平圆，两直线与圆的交点即为圆柱与圆锥的相贯线上的点。

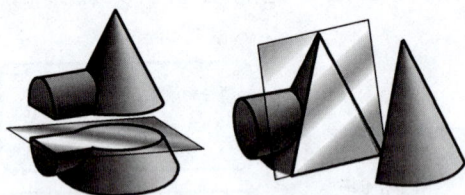

图 3.6.11 辅助平面

非圆柱相贯线

【例 4】 求圆柱与圆锥垂直相交时（图 3.6.12a）的相贯线。

1）先求特殊点 Ⅰ、Ⅱ、Ⅲ、Ⅳ。其中 Ⅰ、Ⅱ 为圆柱最上、最下素线与圆锥最左素线的交点，能直接作出；Ⅲ、Ⅳ 两点为圆柱最前、最后素线与圆锥的交点，只能确定出左视图上的 3″、4″，过 3″、4″用一水平面截切圆柱和圆锥，在俯视图上，截切圆柱后得到最前、最后两条素线，截切圆锥后得到一个圆（半径为 R_1），两条素线与圆的交点为 3、4，根据"长对正、高平齐"作出 3′、4′（图 3.6.12b）。

2）再求特殊点（曲线的拐点）Ⅴ、Ⅵ。相贯线在主视图上从 1′向右弯曲然后又向左下方弯，因此，有个拐点，是相贯线最右边的点（图 3.6.12c）。在左视图上过锥顶作圆柱切线，切点即为特殊点 5″、6″。再用水平辅助平面过 5″、6″截切圆柱和圆锥，在俯视图上又可以得到两条素线（截切圆柱得到的，不同于最前、最后素线）和一个圆（半径为 R_2），二者的交点即为 5、6，根据点的投影作出 5′、6′。作出相贯线最上、最下、最前、最后和最右的特殊点后，相贯线的轮廓线范围就确定了（图 3.6.12c）。

3）作一般点。在左视图的圆上任意取 7″、8″，再用水平面截切圆柱和圆锥，在俯视图上得到两条素线和圆，交点即为 7、8，作出 7′、8′（图 3.6.12d）。这样的一般点可以取无数个。用曲线光滑连接这些点（图 3.6.12e）。

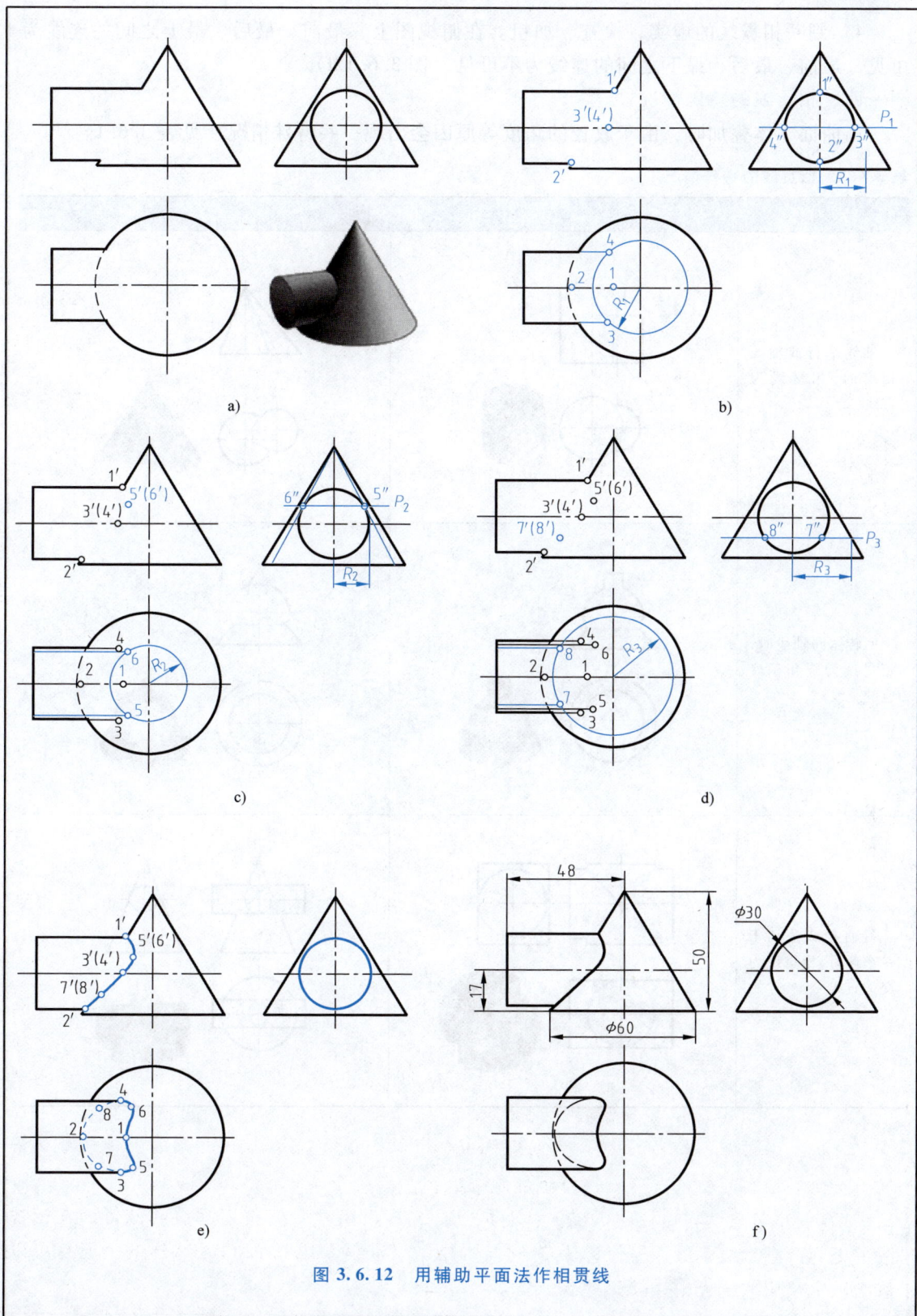

图 3. 6. 12   用辅助平面法作相贯线

4）判断相贯线的虚实，检查、加粗。在俯视图上，最前、最后、最上之间的连线为可见，最前、最后、最下之间的连线为不可见（图3.6.12f）。

四、相贯线的特殊情况

当曲面立体叠加时，由于放置的角度等原因会出现一些特殊情况，见表3.6.1。

表 3.6.1　相贯线的特殊情况

特殊位置	相贯线实例	
轴线平行或轴线相交时，相贯线为直线	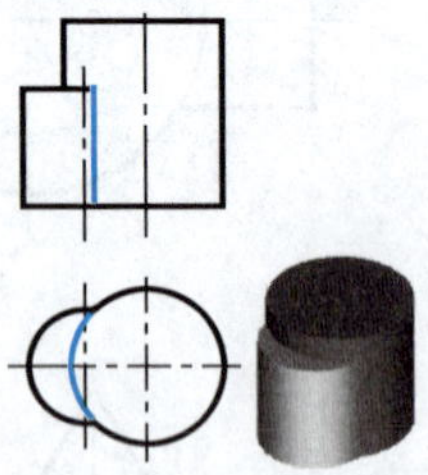	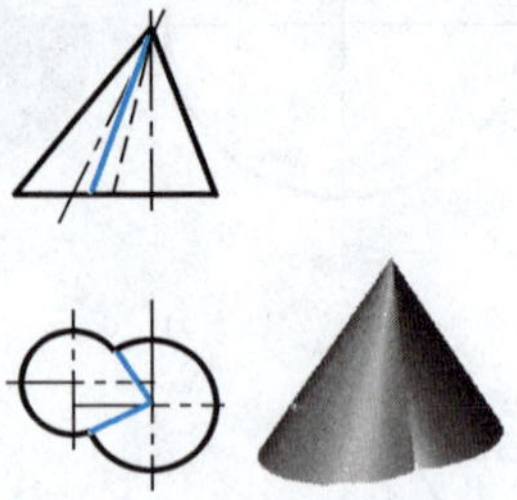
回转体同轴线时，相贯线为圆和积聚成的直线	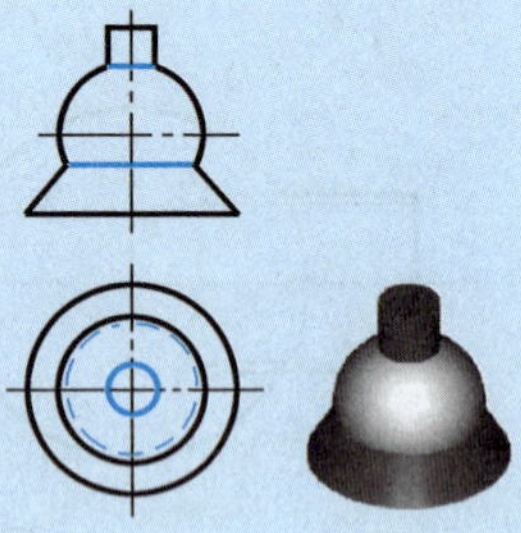	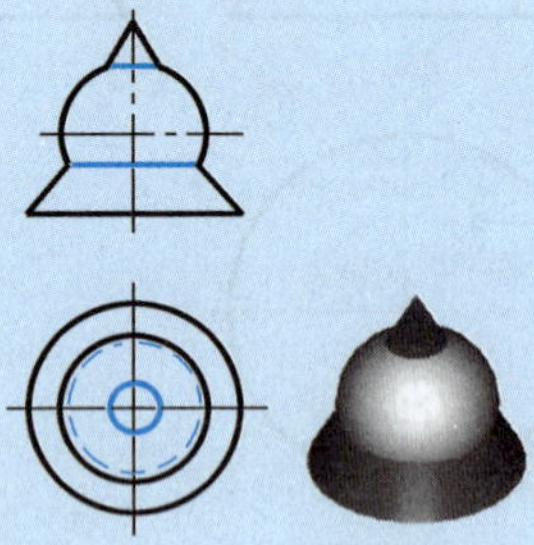
等直径或公切于一个球时，相贯线为交叉直线	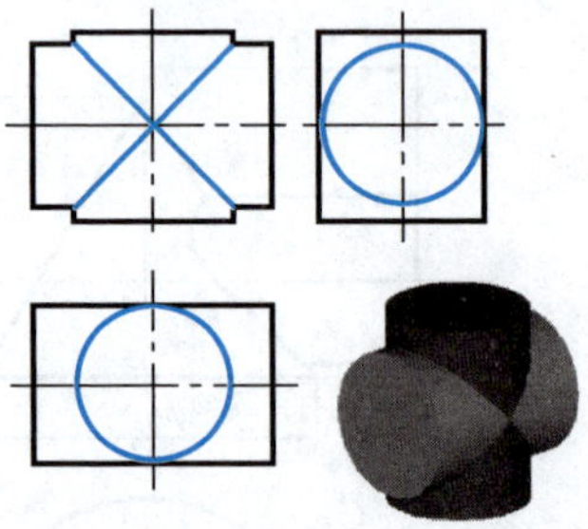	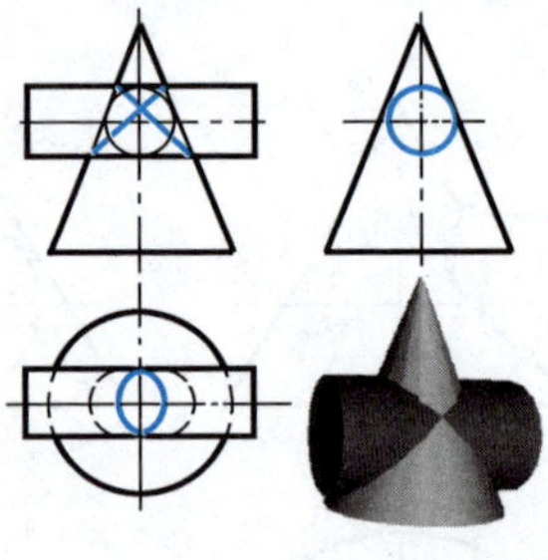

任务 3.7 绘制气爪夹持块三视图

【3.7 任务工作单】

项目3 简单形体的识读和绘制		任务 3.7 绘制气爪夹持块三视图	
姓名：_____	班级：_____	学号：_____	日期：_____

3.7.1 明确任务

任务描述：

在智能制造产线上利用工业机器人（图3.7.1a）抓取、夹持、搬运工件等操作时，离不开末端执行器（图3.7.1b）。为适应不同形状和表面的零部件，在气爪末端往往需要安装不同形状结构的夹持块，以确保准确、稳定地抓取工件。

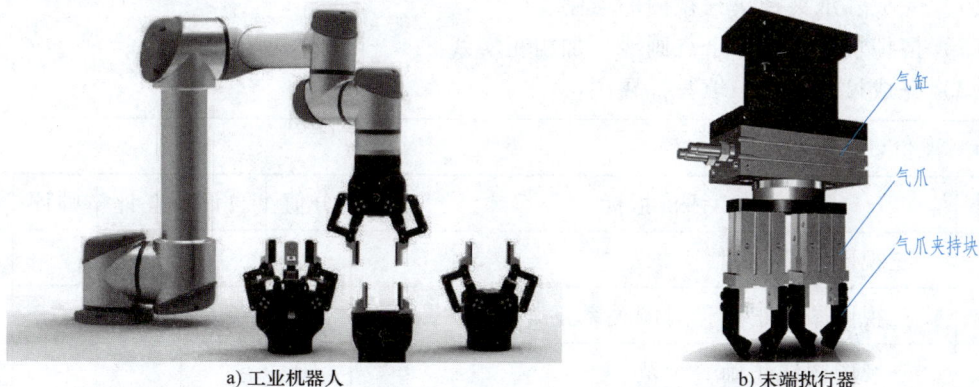

a) 工业机器人

b) 末端执行器

气缸
气爪
气爪夹持块

图 3.7.1 工业机器人和末端执行器

请根据图3.7.2所示气爪夹持块的形体与尺寸，完成其三视图的绘制和尺寸标注。

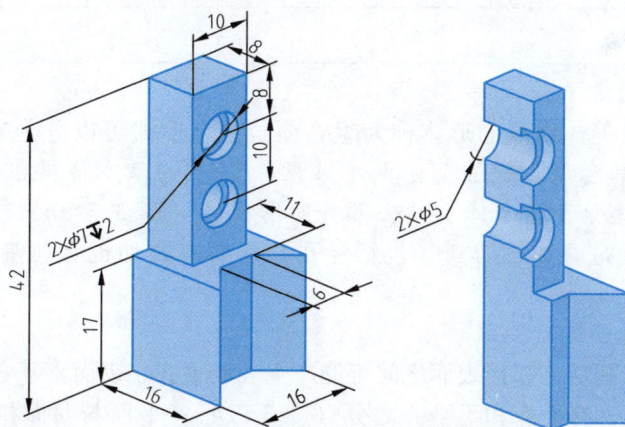

图 3.7.2 气爪夹持块

任务目标：

（1）了解工业机器人、气爪等在工业中的应用，增加学生专业认知，培养专业感情。

（2）能说出组合体的组成形式和四种表面的连接关系，能说出组合体三视图的基本绘图步骤。

（3）能根据组合体结构特点，选择合适的绘图方法，完成组合体三视图的绘制和尺寸标注。

3.7.2 分析任务

（1）讨论：图3.7.2所示气爪夹持块可分成哪几个部分？这几个部分表面连接关系分别如何？

（2）讨论：图3.7.2所示气爪夹持块三视图的绘制基本步骤是怎样的？

（3）讨论：图3.7.2中主视图选择哪个方向？三个方向的尺寸基准分别是什么？

（4）讨论：气爪夹持块在三个视图中有哪些虚线？为什么？

（5）讨论：图3.7.2中，定形尺寸有哪些？定位尺寸有哪些？总体尺寸有哪些？

3.7.3 实施任务（完成后在右侧打"√"）

（1）完成气爪夹持块三视图的绘制。

（2）擦掉辅助线、多余点画线，加粗粗实线。

（3）完成尺寸标注，填写标题栏。

3.7.4 评价任务

序号	评价指标	分值	自评	互评	师评	总评
1	三视图布局合理	10				
2	三视图图形正确，对应关系正确	60				
3	三视图图线正确、规范	10				
4	尺寸标注齐全、正确、规范，标题栏填写正确	20				

3.7.5 任务知识链接

一、组合体的组合形式

由若干个基本几何体组成的形体称为组合体。组合形式可以分为三种：叠加型、切割型和综合型。叠加型由两个或两个以上的基本体叠加而成（图3.7.3a），切割型是在基本体上截去部分所形成的（图3.7.3b），综合型是由若干基本体经过叠加、切割（包括穿孔）后既有叠加也有切割所形成的（图3.7.3c）。

认识组合体

二、组合体表面的连接关系

形体经叠加、切割后，邻接表面之间可能产生表面平齐、表面不平齐、相切或相交四种关系。两平面相邻时，有平齐和不平齐之分（图3.7.4）；平面与曲面相邻时，有表面相切与相交之分（图3.7.5）；两曲面立体同轴相邻时，有相切和不平齐之分（图3.7.6）。

a) 叠加型　　　　　　　b) 切割型　　　　　　　c) 综合型

图 3.7.3　组合体的组合形式

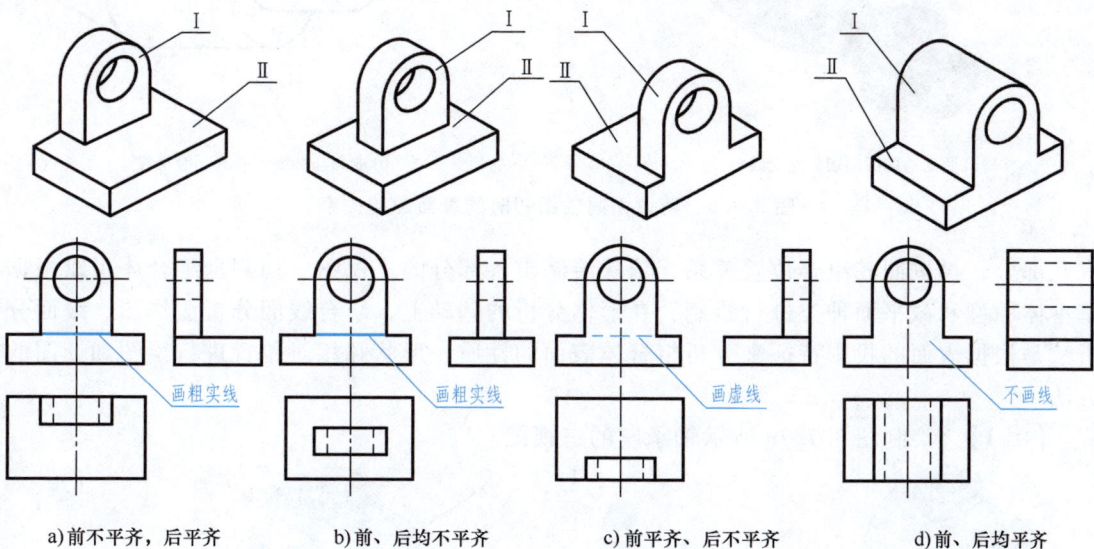

画粗实线　　　　　　画粗实线　　　　　　画虚线　　　　　　不画线

a) 前不平齐，后平齐　　　b) 前、后均不平齐　　　c) 前平齐、后不平齐　　　d) 前、后均平齐

图 3.7.4　两相邻平面的表面连接关系

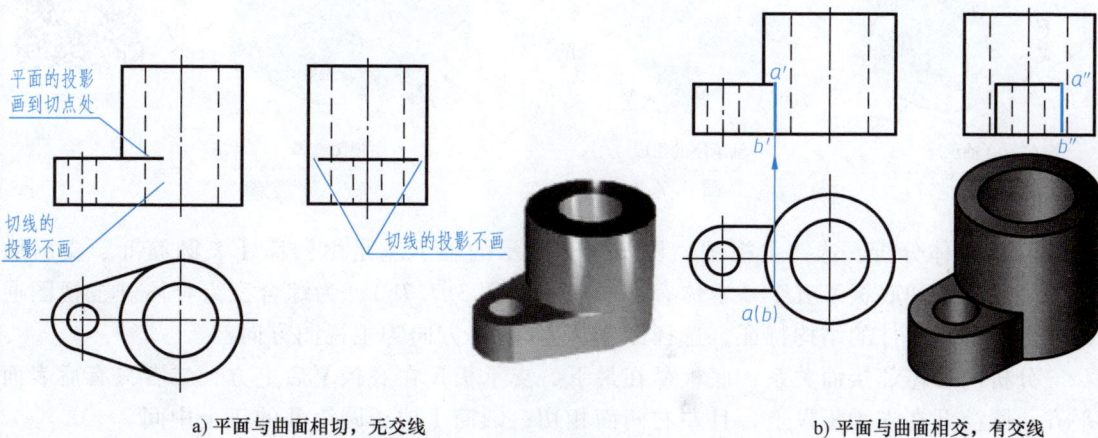

平面的投影
画到切点处

切线的
投影不画

切线的投影不画

a) 平面与曲面相切，无交线　　　　　　　　　　b) 平面与曲面相交，有交线

图 3.7.5　平面与曲面相邻时的表面连接关系

三、组合体三视图的绘制方法

在绘制组合体三视图时，可以根据组合体的组合方式选择不同的方式进行绘制。叠加型和综合型的组合体是由几部分组合而成的，因此在绘制时可以按照形体分析法将其分解

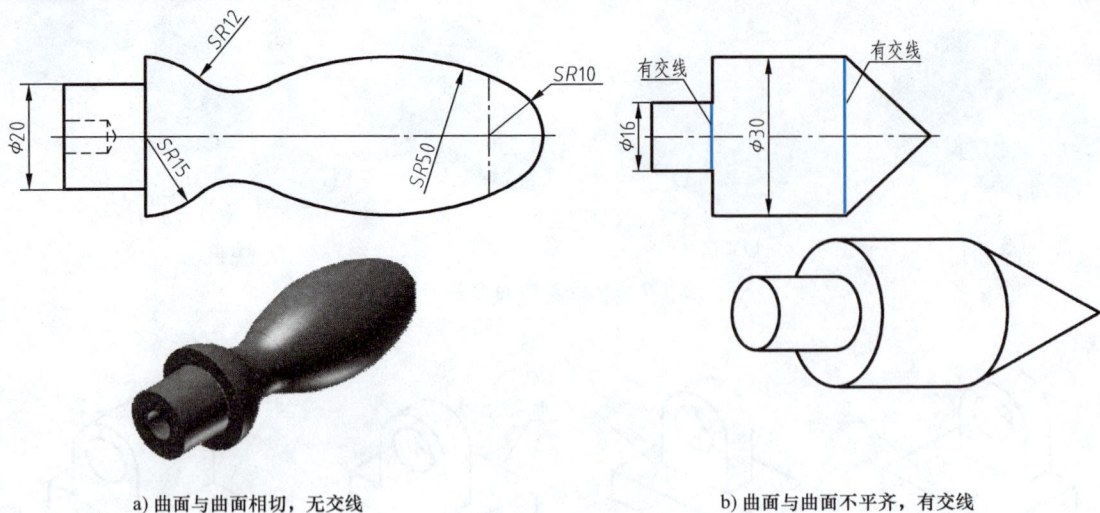

a) 曲面与曲面相切，无交线　　　　　　　　　b) 曲面与曲面不平齐，有交线

图 3.7.6　两曲面同轴相邻时的表面连接关系

成几部分，再按照其组合位置关系，依次绘制出各部分的三视图。切割型组合体可以根据基本体原型和截平面种类进行绘制，在形体分析的基础上，结合线面分析法作图。线面分析法是根据表面的投影特征来分析组合体表面的性质、形状和相对位置进行绘图和读图的方法。

【例1】　绘制图 3.7.7a 所示轴承座的三视图。

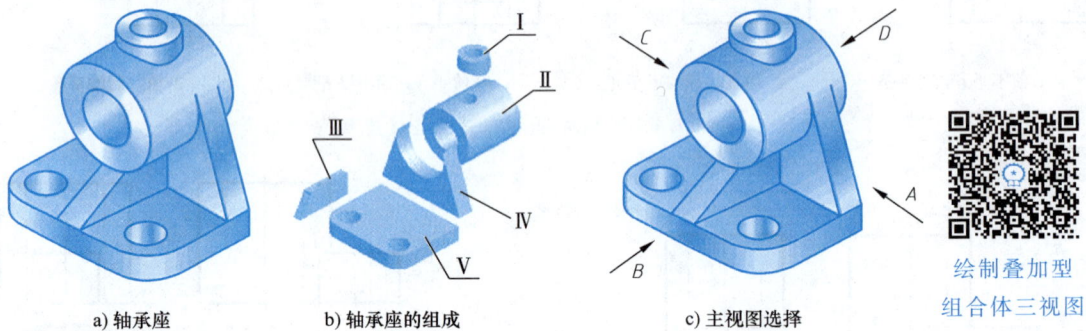

a) 轴承座　　　　　b) 轴承座的组成　　　　　c) 主视图选择

绘制叠加型
组合体三视图

图 3.7.7　轴承座

（1）形体分析，选择主视图　图 3.7.7 所示的轴承座是由圆筒 I 、圆筒 II 、支承肋 III 、支承板 IV 和底板 V 五个基本体叠加形成的（图 3.7.7b），为综合型组合体。主视图通常要更多反映零件的结构特征，选择图 3.7.7c 中 B 方向为主视图方向。

分析两形体邻接面关系：底板 V 在最下，支承板 IV 在底板 V 后上方，二者只有后表面平齐；圆筒 II 在支承板 IV 上，且左右两面相切；圆筒 I 位于圆筒 II 的正上中间。

（2）选比例、定图幅　主视图选定以后，选定比例和图幅。比例尽量选用 1∶1。图幅则要依据视图所占面积及各视图之间、视图与图框之间的间距大小而定。

（3）布置视图，绘制三个视图基准线（图 3.7.8a）　画出每一视图上作图的基准线，如零件的对称面、回转面的轴线、圆的中心线以及长、宽、高三个方向上作图的起始线等。将视图布置在图纸的中间，四周留有适当的空间，三个视图之间也要预留出尺寸标注的空间。

（4）画底稿（图3.7.8b~f）　依据各形体间的位置关系，利用形体分析法逐个画出各形体的三个视图，处理好两形体邻接面间的位置关系。底稿线应力求清晰、准确。

（5）检查、加粗（图3.7.8f）　底图完成后，按形体逐个检查、纠正错误和补充遗漏，将作图辅助线擦掉，中心线、轴线超出轮廓线3~5mm，多余的也需要擦掉，按线型标准加粗。

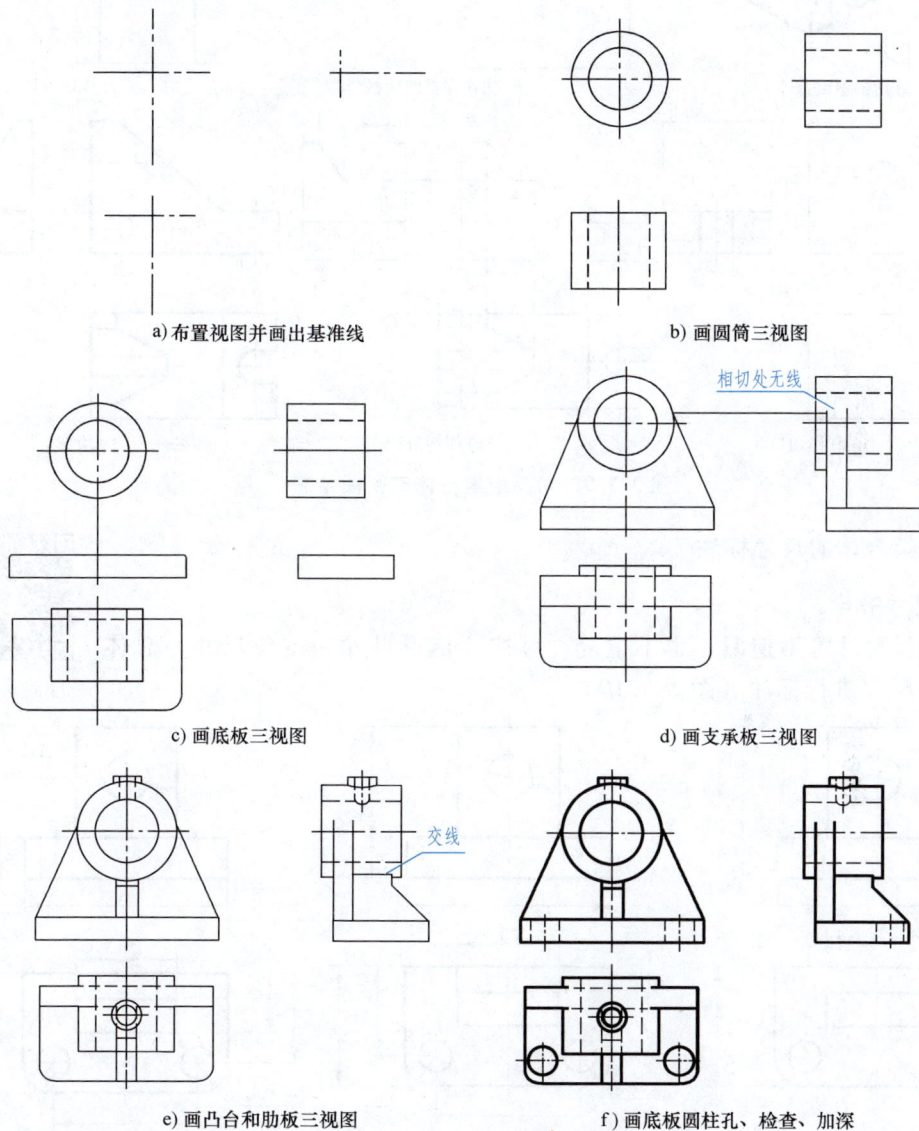

a) 布置视图并画出基准线　　　　　　　b) 画圆筒三视图

c) 画底板三视图　　　　　　　　　　d) 画支承板三视图

e) 画凸台和肋板三视图　　　　　　　f) 画底板圆柱孔、检查、加深

图3.7.8　轴承座的画图步骤

【例2】　绘制图3.7.9a所示切割型组合体的三视图。

图3.7.9a所示的组合体可看作由长方体切去形体1、2、3而形成。可以先将长方体的三视图绘制出来，在其基础上分别处理截切部分1、2、3。作截切部分时，可以先将具有积聚性的截平面的投影绘制出来，完成过程如图3.7.9b~f所示。

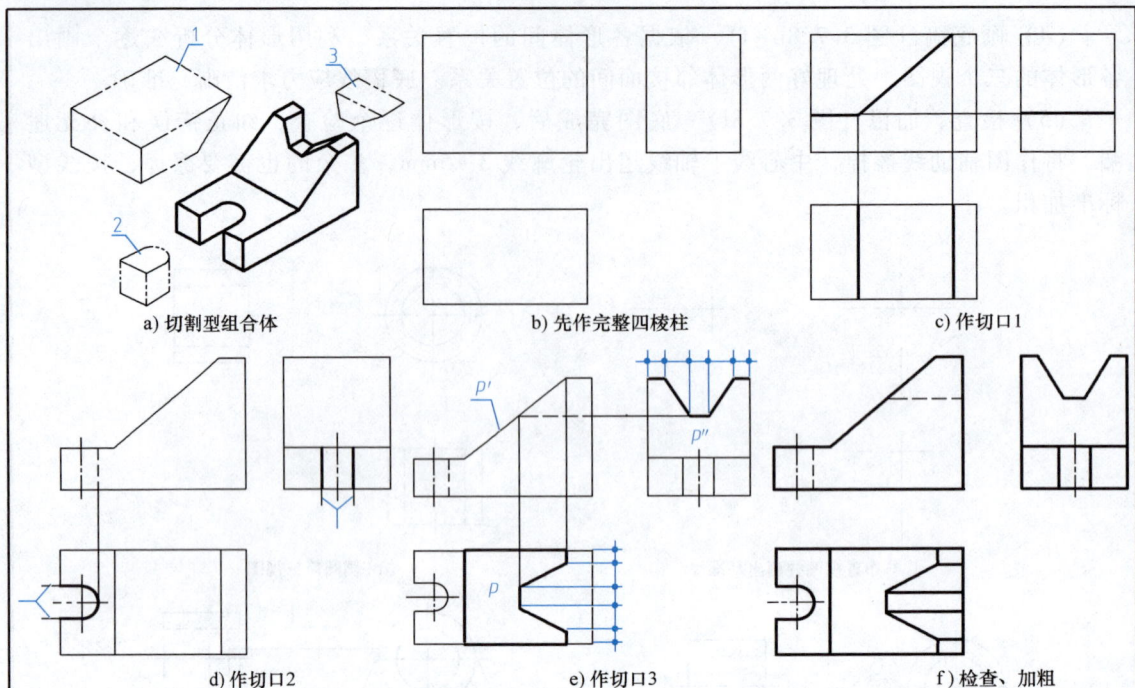

图 3.7.9　切割型组合体三视图绘制

四、组合体的尺寸标注

1. 尺寸齐全

为确保尺寸既不遗漏，也不重复，可按"定形尺寸→定位尺寸→总体尺寸"的顺序进行标注（图 3.7.10）。

组合体尺寸标注

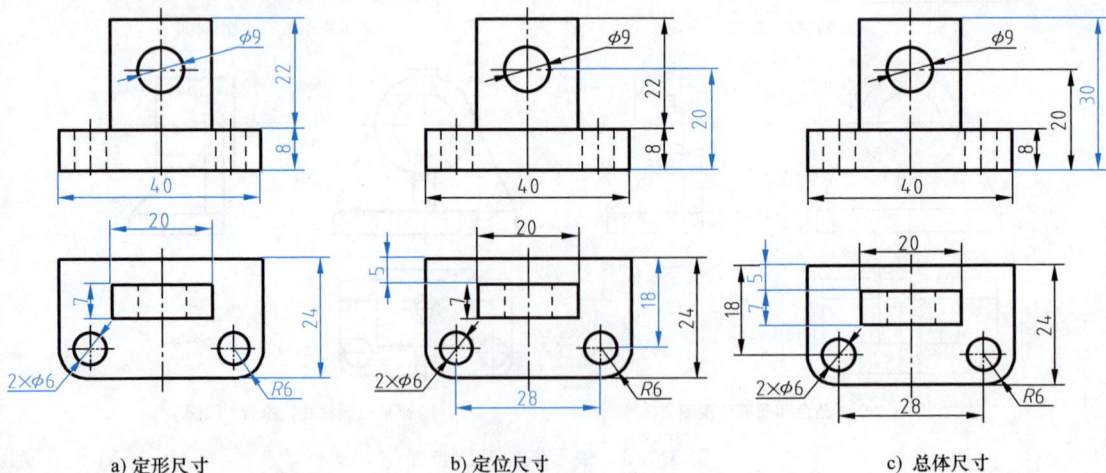

图 3.7.10　组合体的尺寸标注

该组合体的总长和总宽即是底板的长 40 和宽 24，无须重复标注。总高尺寸为 8+22＝30，此时 8、22、30 不能同时标注（否则构成封闭尺寸链，加工无法保证精度），8 和 30 是更重要的尺寸，因此舍弃 22，只标注 8 和 30。

标注总体尺寸时，当组合体视图中有回转体时，通常用一端到回转体轴线的距离与回转体的半径相加来表示总体尺寸，如图 3.7.11 中总高为 25+15，不需要标注 40。在尺寸标注齐全的前提下，注意不要重复标注，如"20"在主视图和俯视图上均进行了标注，这是错误的。

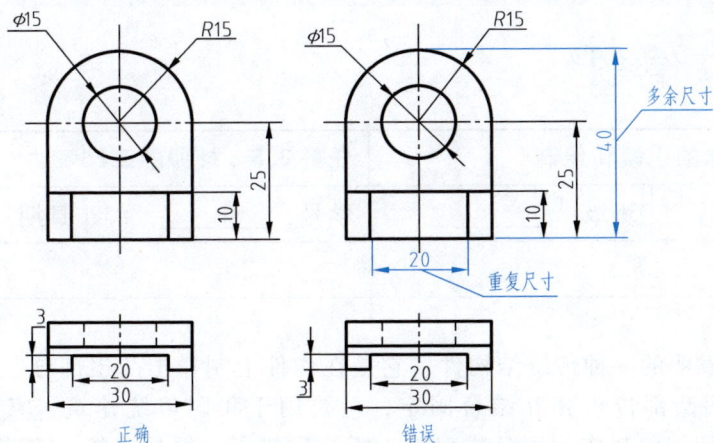

图 3.7.11　尺寸不可以重复标注

2. 尺寸清晰

1）突出特征、相对集中。将尺寸集中标注在形体特征明显的视图上（图 3.7.12）。

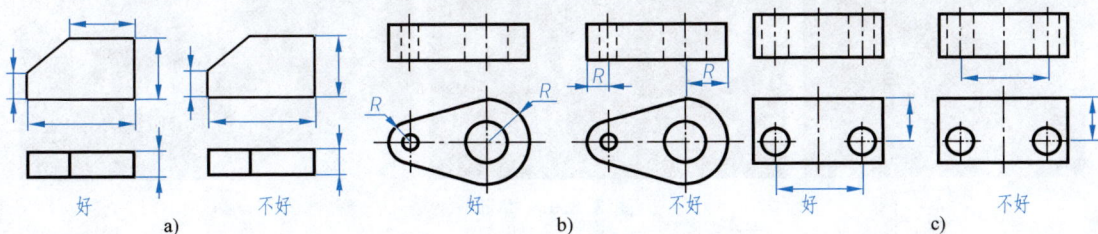

图 3.7.12　突出特征、相对集中的尺寸标注

2）排列整齐、布局清晰。按照串列尺寸线对齐、并列尺寸大在外小在内的原则进行标注，尽量标注在视图外面，避免线与线交叉干扰视图（图 3.7.13）。

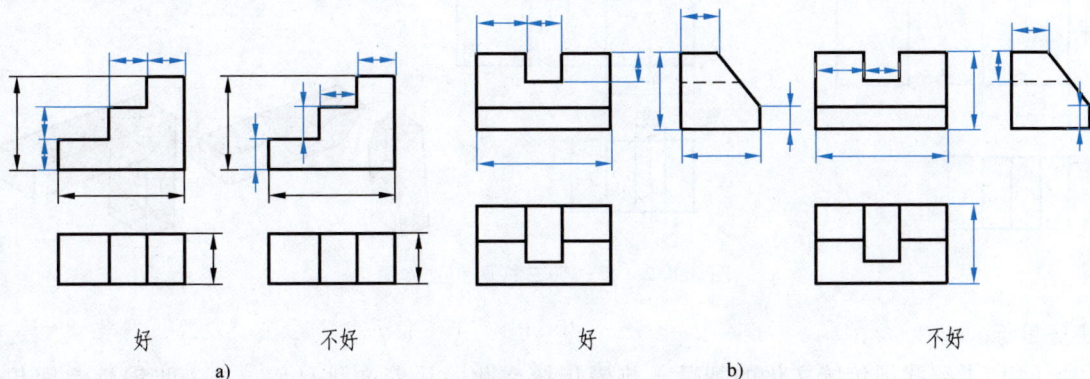

图 3.7.13　排列整齐、布局清晰的尺寸标注

任务 3.8 榫卯的三维表达

【3.8 任务工作单】

项目 3 简单形体的识读和绘制		任务 3.8 榫卯的三维表达	
姓名：_____	班级：_____	学号：_____	日期：_____

3.8.1 明确任务

任务描述：

　　榫卯是我国发明的一种传统结构件，它是在构件上制作出凸出部分（榫头）和凹进部分（卯眼），凹凸部位可相互结合固定，主要用于我国传统建筑、家具等方面（图3.8.1）。利用榫卯结构制作的家具或建筑无需一颗钉子，但是连接稳定牢固，还能承受一定程度的振动，体现了我国古代匠人设计精巧、制作精良的高超技艺，是古代匠人们智慧的结晶，更是我国优秀传统文化中将美感和实用完美融合的典型案例。

图 3.8.1 榫卯

　　请根据图3.8.2所示的榫、卯三视图和立体图绘制其正等轴测图。

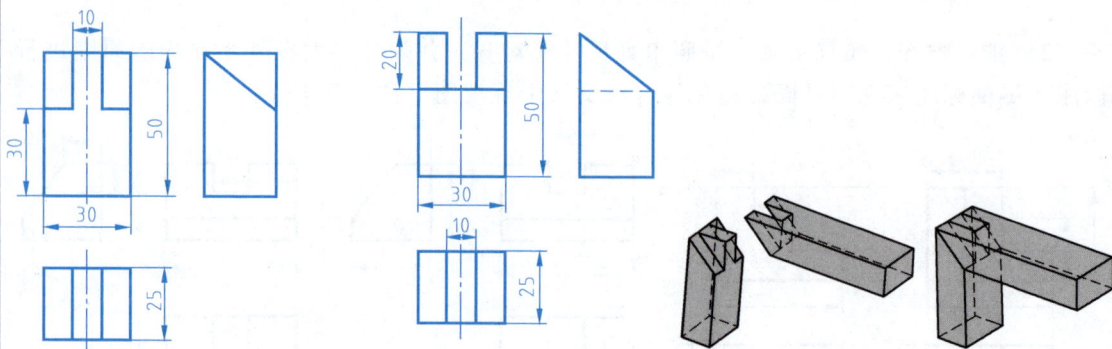

图 3.8.2 榫、卯三视图和立体图

任务目标：

　　（1）了解我国传统文化的智慧，热爱传统文化，培养文化自信；进一步锻炼空间想象力。

（2）能说出轴测图和三视图的区别，能说出轴测图投影特性，能说出采用坐标法、切割法、叠加法绘制轴测图的基本步骤，能说出如何确定正等测轴测图中椭圆的四心。

（3）能根据形体特点，选择合适的方法绘制出正等测轴测图。

3.8.2　分析任务

（1）讨论：图3.8.2所示榫和卯的正等轴测图分别可以用什么方法绘制？

（2）讨论：正等测轴测图中轴测轴如何画？视图中坐标原点怎么选？

（3）讨论：说一说图3.8.2所示榫和卯各自的正等测轴测图的绘图步骤。

3.8.3　实施任务（完成后在右侧打"√"）

（1）在视图上确定坐标系。

（2）完成正等测轴测图轴测轴的绘制。

（3）完成榫、卯正等测轴测图的绘制。

（4）检查、加粗，填写标题栏。

3.8.4　评价任务

序号	评价指标	分值	自评	互评	师评	总评
1	轴测图在图纸上布局合理	10				
2	榫、卯正等测轴测图图线形状、位置正确	60				
3	榫、卯可见轮廓线加粗，其余图线处理干净	20				
4	标题栏填写正确	10				

3.8.5　任务知识链接

一、轴测图的基本知识

1. 轴测图的形成

轴测图可以作为视图的补充，帮助初学者提高空间想象能力，为读懂正投影图提供形体分析与构思的思路和方法。

认识轴测图

轴测图是用平行投影法将物体连同坐标系沿不平行于任一投影面的方向投射到单一投影面（轴测投影面）上得到的具有立体感的平面图形。如图3.8.3所示，轴测投影面 P 与正平面、水平面和侧平面均不平行。轴测投影方向为 S，当 S 垂直于 P 时，得到的轴测图称为正轴测图；当 S 倾斜于 P 时，得到的轴测图称为斜轴测图。

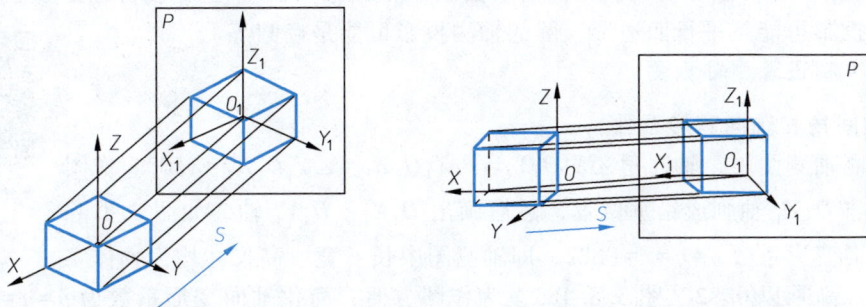

图3.8.3　轴测图的形成

　　直角坐标轴 OX、OY、OZ 在轴测图中的投影 O_1X_1、O_1Y_1、O_1Z_1 称为轴测轴；轴测轴两两之间的夹角 $\angle X_1O_1Y_1$、$\angle X_1O_1Z_1$、$\angle Y_1O_1Z_1$ 称为轴间角；轴测轴的单位长度与相应直角坐标轴的单位长度的比值称为轴向变形系数，X、Y、Z 向的轴向变形系数分别用 p、q、r 表示，即 $p = \dfrac{O_1X_1}{OX}$，$q = \dfrac{O_1Y_1}{OY}$，$r = \dfrac{O_1Z_1}{OZ}$。

2. 轴测图的分类

　　轴测图可分为正轴测图和斜轴测图两类，正（斜）轴测图按轴向变形系数 p、q、r 是否相等又分为等测、二等测和不等测三种。常用正等测和斜二测轴测图，其相关参数见表 3.8.1。

表 3.8.1　正等测和斜二测轴测图相关参数（摘自 GB/T 14692—2008）

分类	正等测	斜二测
轴向变形系数	$p=q=r=0.82$，简化后 $p=q=r=1$	$p=r=1, q=0.5$
轴间角		
例图		

3. 轴测图的投影特性

　　由于轴测图是用平行投影法绘制的，所以具有平行投影特性，具体如下：

　　1）物体上相互平行的线段，在轴测图上仍互相平行。

　　2）物体上平行于坐标轴的线段，在轴测图中仍平行于相应的轴测轴。轴测图上投影长度＝原来长度×轴向变形系数。

　　3）线段上各段长度之比在轴测投影中保持不变。

　　4）物体上不平行于轴测投影面的平面图形，在轴测图上变成原形的类似形。如正方形的轴测投影可能是平行四边形，圆的轴测投影可能是椭圆等。

二、绘制正等测轴测图

1. 轴间角和轴向变形系数

　　正等测轴测图中，轴间角 $\angle X_1O_1Y_1 = \angle X_1O_1Z_1 = \angle Y_1O_1Z_1 = 120°$。作图时，通常将 O_1Z_1 轴画成铅垂位置，然后画出 O_1X_1、O_1Y_1 轴，如图 3.8.4a 所示。轴向变形系数 $p=q=r=0.82$，即轴测图中长、宽、高尺寸均为物体实际长、宽、高乘以 0.82（图 3.8.4b）。为作图方便，简化轴向变形系数为 $p=q=r=1$，简化后的轴测图不改变物体形状（图 3.8.4c）。

正等测图
绘制方法

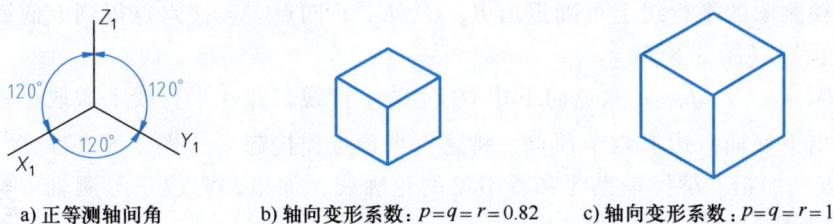

a) 正等测轴间角　　　b) 轴向变形系数：$p=q=r=0.82$　　　c) 轴向变形系数：$p=q=r=1$

图 3.8.4　正等测轴间角和轴向变形系数

2. 平面立体正等测轴测图的绘制

绘制立体正等测轴测图的方法主要有坐标法、切割法和叠加法三种。坐标法是最基本的方法，沿物体视图上坐标轴量取画出各顶点的轴测投影，再依次连接成物体的轴测图。切割法主要用于切割型组合体和综合型组合体中有切割的部分，是在完整形体上，根据坐标法确定截平面的位置，绘制出未切割的部分的方法。叠加法主要用于叠加型组合体和综合型组合体中有叠加的部分，分别按照坐标法绘制出各个部分，再按照各部分相对位置关系叠加，即可得到整个物体的轴测图。

案例：正六棱柱正等测图

【例1】　绘制图 3.8.5a 所示正六棱柱的正等测轴测图。

a) 正六棱柱视图　　　　b) 画轴测轴　　　　c) 确定上底面

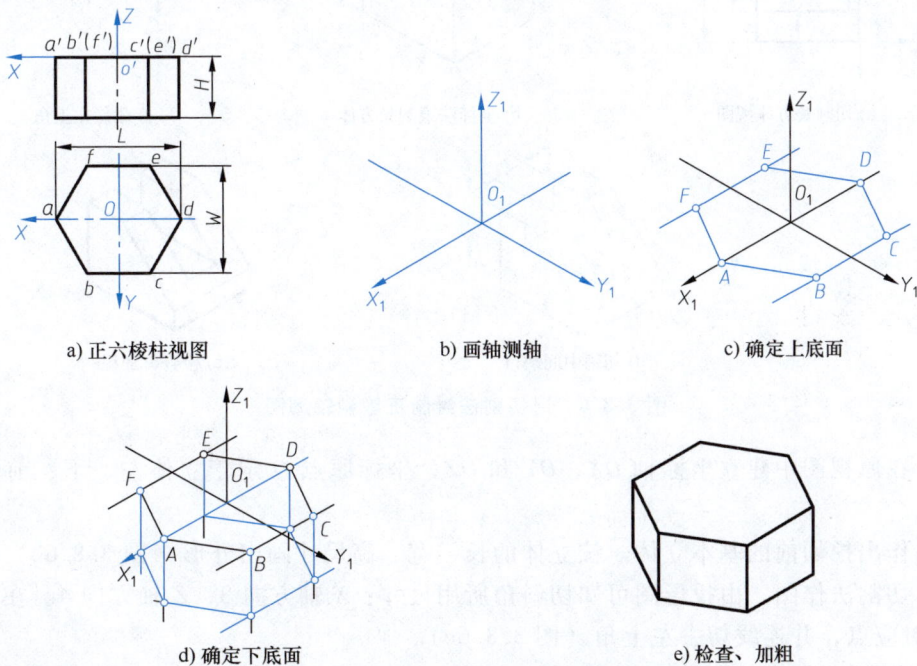

d) 确定下底面　　　　e) 检查、加粗

图 3.8.5　用坐标法绘制正等测轴测图

1）在原视图中建立坐标轴 OX、OY 和 OZ（图 3.8.5a）。

2）绘制轴测轴 O_1X_1、O_1Y_1 和 O_1Z_1（图 3.8.5b）。

3）坐标法作图。在视图上量取六边形顶点 a、d 的 X 轴长度（L），确定出轴测图中的 A、D 两点；量取另外四点 Y 轴宽度（W），过宽度作 X_1 轴平行线，再量取 b、c、e、f 的

X 坐标，在轴测图的平行线上可确定出 B、C、E、F 四点。连接六点得到上底面正六边形正等测轴测投影（图 3.8.5c）。

从 A、B、C、D、E、F 六点向下作 O_1Z_1 的平行线，并在平行线上截取正六棱柱的高度 H，确定出下底面六边形六个顶点，将这六个顶点连接起来（图 3.8.5d）。

4）检查、加粗。擦掉辅助线和看不见的轮廓线，加粗，完成正等测轴测图的绘制（图 3.8.5e）

由作图过程可以看出，轴测图一般只画看得见的轮廓线，因此可以从下往上、从前往后绘制，而有些可以预见到的不可见轮廓线，在作图过程中可以直接省略（如本例中的 D、E 上下底面的连接轮廓线）。

切割法绘制
正等测图

【例 2】　绘制被切割长方体的正等测轴测图（图 3.8.6a）。

a) 切割长方体视图　　　b) 坐标法绘制长方体　　　c) 截切左上角

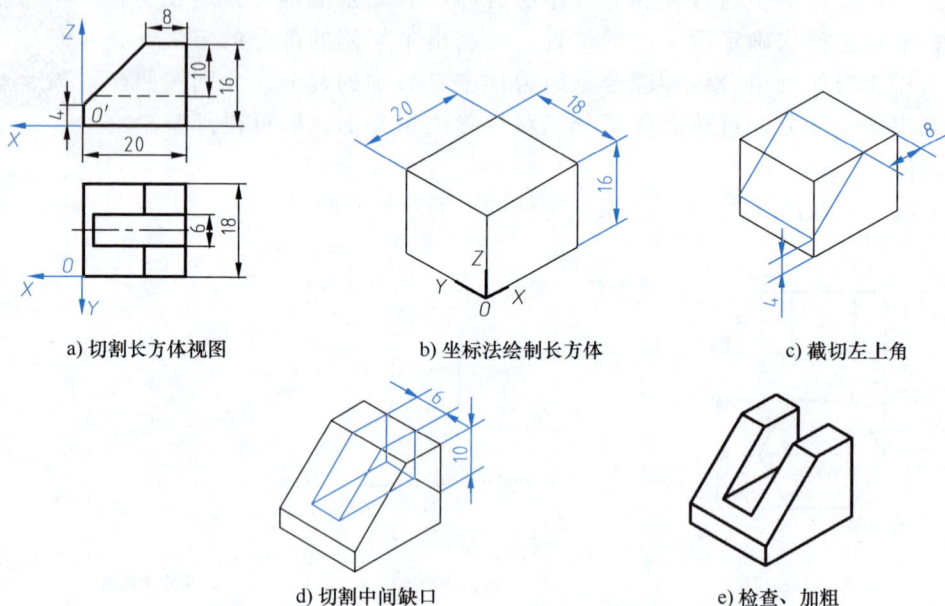

d) 切割中间缺口　　　e) 检查、加粗

图 3.8.6　用切割法绘制正等测轴测图

1）在原视图中建立坐标轴 OX、OY 和 OZ，坐标原点 O 定于立体左、下、前角（图 3.8.6a）。

2）作出挖切前的基本立体。按立体的长、宽、高尺寸画出外形（图 3.8.6b）。

3）切割法作图。由投影图可知切斜角所用尺寸：X 轴方向 8，Z 轴方向 4。在轴测图上找到对应点，并连线切去左上角（图 3.8.6c）。

4）由俯视图可知所挖槽在立体前后对称线上，由槽宽 6、槽深 10 确定。在轴测图长方体的顶面找出槽宽 6，再由顶面向下量出槽深 10，对于切去左上角而得的正垂面的交线，只需作与正垂面各边对应的平行线即可（图 3.8.6d）。

5）检查、加粗。擦掉辅助线和不可见轮廓线，加粗可见轮廓线（图 3.8.6e）。

【例 3】　作出图 3.8.7a 所示物体的正等测轴测图。

1）建立坐标系。坐标原点 O 定于底板上表面左边中心（图 3.8.7a）。

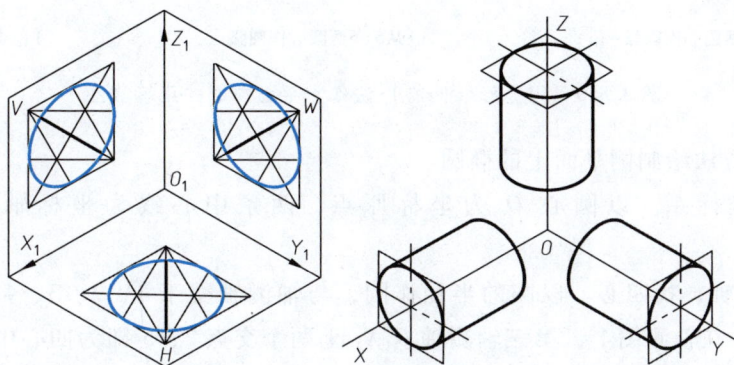

a) 叠加组合体视图　　　　b) 作下面四棱柱　　　　c) 叠加右边四棱柱

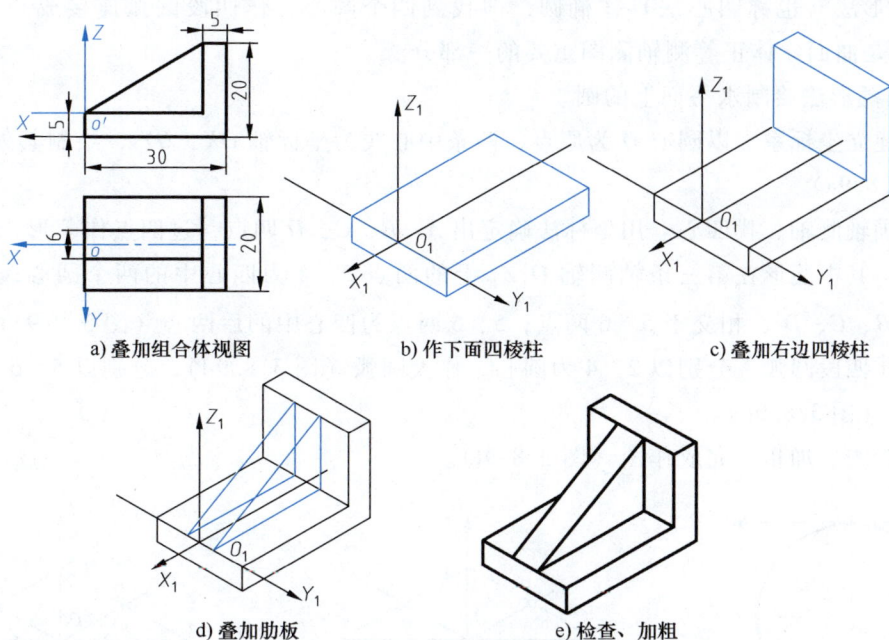

d) 叠加肋板　　　　　　e) 检查、加粗

图 3.8.7 用叠加法绘制正等测轴测图

2）作出最下面的四棱柱。按立体的长 30、宽 20、高 5 尺寸画出外形（图 3.8.7b）。

3）叠加法作图。作右边竖板四棱柱，竖板与底板右表面平齐，高度为 5～20，长度为 5，宽度与底板同宽（图 3.8.7c）。作肋板三棱柱，根据宽 6 且对称分布于底板和竖板绘制（图 3.8.7d）。

4）检查、加粗。擦掉辅助线和不可见轮廓线，加粗可见轮廓线（图 3.8.7e）。

3. 曲面立体正等测轴测图的绘制

正投影面上圆的正等测轴测投影是椭圆。圆的外切正方形在正等测投影中变形为菱形，因而圆的轴测投影就是内切于对应菱形的椭圆。分别在水平面、正平面和侧平面上出现圆的投影时，正等测轴测图上对应的椭圆是有区别的（图 3.8.8）。通常采用近似画

正等测中
椭圆画法

图 3.8.8 圆的正等测轴测图为椭圆

法——菱形法（也称四心法）作椭圆，即找到四个圆心，作四段圆弧连接成一个椭圆。作好椭圆是曲面立体正等测轴测图重要的一部分。

（1）菱形法绘制水平面上的圆

1）建立坐标系。以圆心 O 为原点，两条中心线为坐标轴 OX、OY，绘制其外切正方形（图 3.8.9a）。

2）画轴测轴、找四心。用坐标法确定出 A、B、C、D 四点，过四点作菱形 1234（图 3.8.9b）。其中菱形在第三条轴测轴 O_1Z_1 上的两点 2、4 为四心中的两个圆心；过 2、4 连接 A、B、C、D，相交于 5、6 两点，5、6 两点为四心中的后两心（图 3.8.9c）。

3）作四段圆弧。分别以 2、4 为圆心，作大圆弧（图 3.8.9d）；分别以 5、6 为圆心，作小圆弧（图 3.8.9e）。

4）检查、加粗，完成作图（图 3.8.9f）。

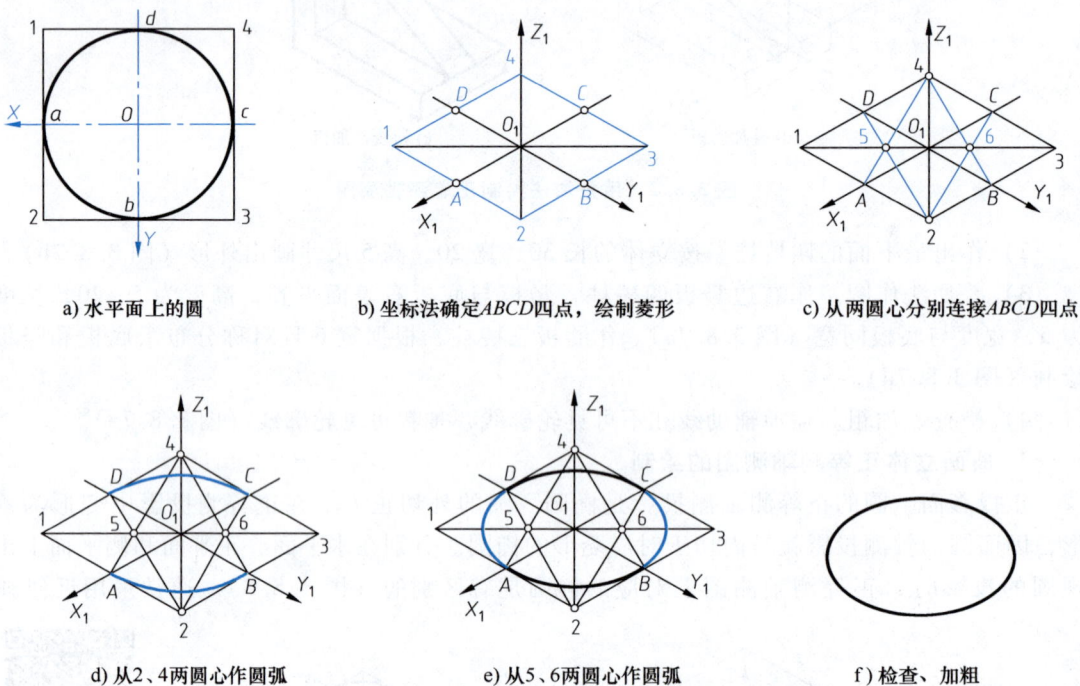

a) 水平面上的圆　　b) 坐标法确定ABCD四点，绘制菱形　　c) 从两圆心分别连接ABCD四点

d) 从2、4两圆心作圆弧　　e) 从5、6两圆心作圆弧　　f) 检查、加粗

图 3.8.9　用菱形（四心）法作水平面内圆的正等测图

（2）简便方法绘制侧平面上的椭圆

1）建立坐标系。以圆心 O 为坐标原点，两条中心线为坐标轴 OY、OZ（图 3.8.10a）。

2）画轴测轴、找四心。以圆的半径作圆，与轴测轴交于 1、2、3、4、5、6 六个点（图 3.8.10b）。在轴测图上，第三轴测轴 O_1X_1 上两个交点 2、5 即为四心中的两心，分别过这两心连接另外四个点，交点为另两心 7、8，即 2、5、7、8 为四段圆弧的圆心（图 3.8.10c）。

a) 侧平面上的圆　　　b) 绘制一个圆　　　c) 从两圆心分别连接另外四心

d) 从四个圆心作圆弧　　　　e) 检查、加粗

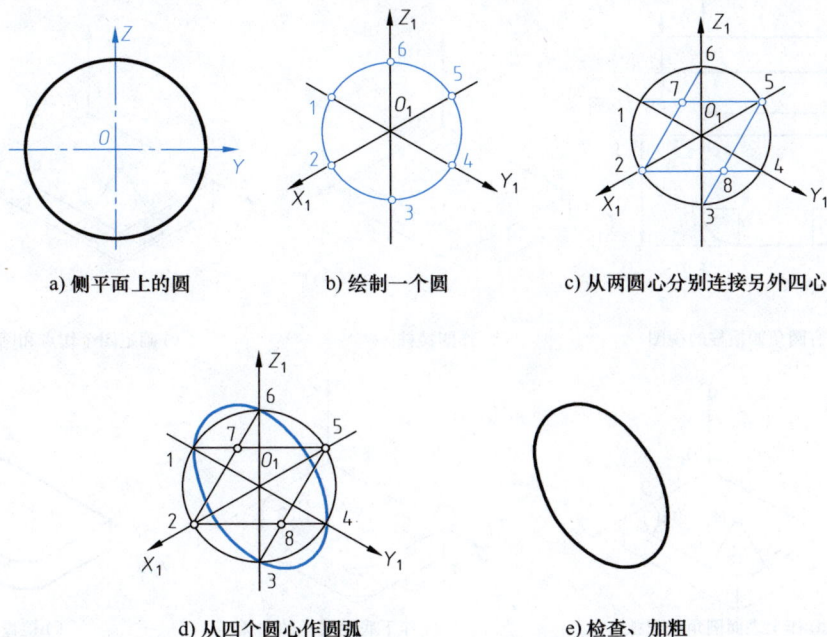

图 3.8.10　用简便方法绘制椭圆

3）作四段圆弧。分别以 2、5 为圆心作大圆弧，以 7、8 为圆心作小圆弧（图 3.8.10d）。

4）检查、加粗，完成作图（图 3.8.10e）。

要注意的是，在绘制椭圆时，要分析清楚圆是在哪个投影面上，两条轴线分别对应的是哪两个坐标轴。四心法绘制椭圆的两个圆心在除圆两轴线之外的第三个轴测轴上，再通过连接这两个圆心与其余四点的交线确定最后两个圆心。四个圆心找到后，分别作圆弧将四段连接起来即可得到椭圆。

请读者自行选用菱形法或者简便方法绘制正平面上圆的正等测轴测椭圆。

【例 4】　绘制圆角（图 3.8.11a）的正等测轴测图。

1）建立坐标系。将原点定在四棱柱右、后、上角（图 3.8.11a）。

2）绘出轴测轴，作出四棱柱。按照四棱柱长、宽、高尺寸绘制（图 3.8.11b）。

3）作圆角 $R5$。量取距离 5，找到上表面的四个切点 A、B、C、D，过这四个切点作四棱柱三边垂线，交于 M_1、N_1，为两圆角的圆心（图 3.8.11c）。

4）以 M_1、N_1 为圆心，在切点间作圆弧（图 3.8.11d）。

5）将 M_1、N_1 沿 O_1Z_1 下移高度 5，找到下底面圆角的圆心 M_2、N_2，作出下底面的两段圆弧。右前角在曲面拐弯处有转向轮廓线，即两圆弧的公切线（图 3.8.11e）。

6）检查、加粗，完成作图（图 3.8.11f）。

案例：
圆角正等测

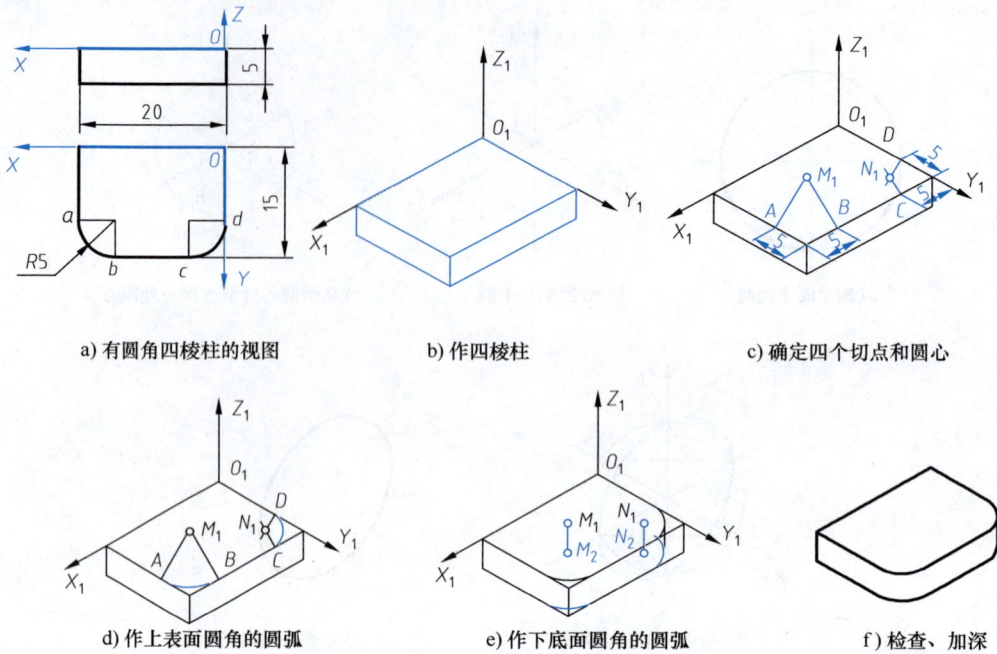

a) 有圆角四棱柱的视图

b) 作四棱柱

c) 确定四个切点和圆心

d) 作上表面圆角的圆弧

e) 作下底面圆角的圆弧

f) 检查、加深

图 3.8.11 圆角正等测轴测图

任务3.9　端盖的三维表达

【3.9　任务工作单】

项目3　简单形体的识读和绘制	任务3.9　端盖的三维表达

姓名：＿＿＿＿	班级：＿＿＿＿	学号：＿＿＿＿	日期：＿＿＿＿

3.9.1　明确任务

任务描述：

　　绘制轴测图能帮助理解零件的结构，但是当曲面立体中出现圆时，绘制椭圆很费时间。斜二测是一种常用在主视图上投影有圆的零件轴测图的表达。

　　请根据图3.9.1所示端盖三视图，绘制其斜二测轴测图。

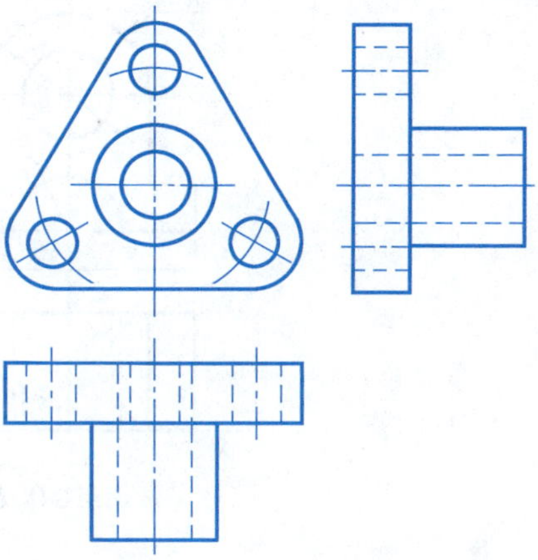

任务目标：

　　（1）能实现二维和三维图形的相互转换，进一步锻炼和提高空间想象力。

　　（2）能说出斜二测轴测图的适用场合，能说出斜二测轴测图的轴间角、轴向变形系数。

　　（3）能绘制斜二测轴测轴，能根据形体特点绘制斜二测轴测图。

图3.9.1　端盖三视图

3.9.2　分析任务

　　（1）讨论：图3.9.1所示端盖在哪个视图上出现了圆和圆弧？共有几个？表示什么？

　　（2）讨论：主视图上的圆在斜二测轴测图上的投影为何为等大的圆？如何取宽度的一半？

　　（3）讨论：如何绘制同一圆或圆弧前后之间的切线？

　　（4）讨论：对于实心圆柱、圆柱孔，在轴测图上哪些部分是没有线的？

3.9.3　实施任务（完成后在右侧打"√"）

　　（1）完成端盖斜二测轴测图的绘制。

　　（2）擦去辅助线，加粗粗实线。

　　（3）填写标题栏。

3.9.4　评价任务

序号	评价指标	分值	自评	互评	师评	总评
1	轴测图在图纸上布局合理	10				
2	端盖斜二测轴测图图线形状、位置正确	60				
3	可见轮廓线加粗，其余图线处理干净	10				
4	标题栏填写正确	20				

3.9.5 任务知识链接

1. 轴间角和轴向变形系数

斜二测轴测图轴间角 $\angle X_1 O_1 Z_1 = 90°$，$\angle X_1 O_1 Y_1 = \angle Y_1 O_1 Z_1 = 135°$。轴向变形系数 $p = r = 1$，$q = 0.5$，如图 3.9.2 所示。

2. 斜二测轴测图的绘制

绘制斜二测轴测图仍可采用坐标法、切割法和叠加法绘制。在斜二测轴测图中，形体的正面能反应实形，因此，如果形体在正面有圆或圆弧时，其斜二测轴测图能反映真实形状和大小。

绘制斜二轴测图

图 3.9.2 斜二测轴间角和轴测轴

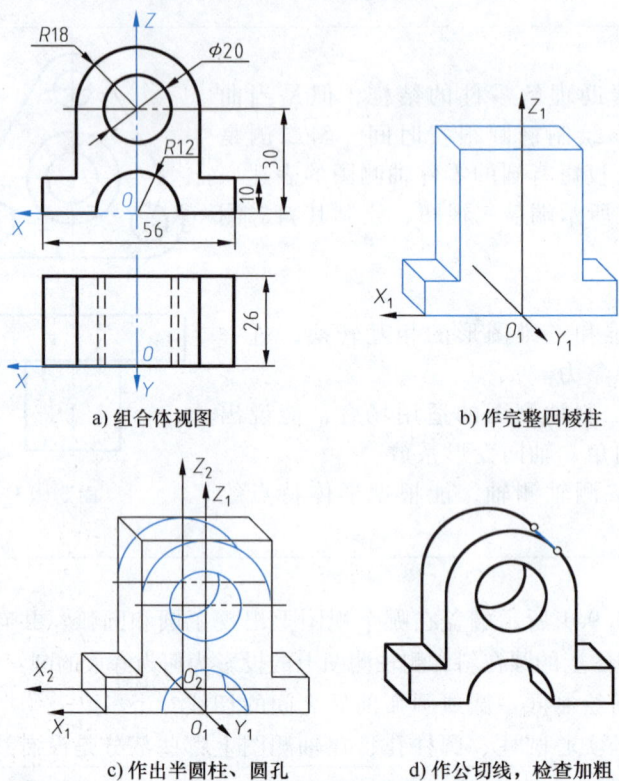

【例】 绘制图 3.9.3a 所示组合体的斜二测轴测图。

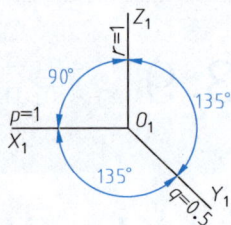

a) 组合体视图

b) 作完整四棱柱

c) 作出半圆柱、圆孔

d) 作公切线，检查加粗

图 3.9.3 作斜二测轴测图

1）建立坐标系。在主视图和俯视图上选定坐标轴 OX、OY、OZ（图 3.9.3a）。

2）画轴测轴，绘制基本体。要注意 Y 轴方向变形系数为 0.5，因此尺寸按 13 绘制（图 3.9.3b）。

3）切割法作图。在主视图前表面绘制半圆柱 $R18$、圆孔 $\phi20$ 和半圆孔 $R12$。沿 Y 轴平移圆心，绘制后表面的圆弧（图 3.9.3c）。

4）绘制前后两圆弧的公切线。擦掉看不见的线和辅助线，加粗，完成组合体的斜二测轴测图的绘制（图 3.9.3d）。

任务 3.10 识读底座视图，想象形体

【3.10 任务工作单】

项目3 简单形体的识读和绘制	任务 3.10 识读底座视图，想象形体

| 姓名：_____ | 班级：_____ | 学号：_____ | 日期：_____ |

3.10.1 明确任务

任务描述：

依据三维形体绘制二维视图以及由二维视图想象三维形体，是图学的两个核心技能，也是提高空间想象力的重要途径。组合体形体结构千变万化、形式多样，因此在识读视图时，要学会运用科学的方法。

请识读底座的两个视图（图3.10.1），读懂后补画其左视图。

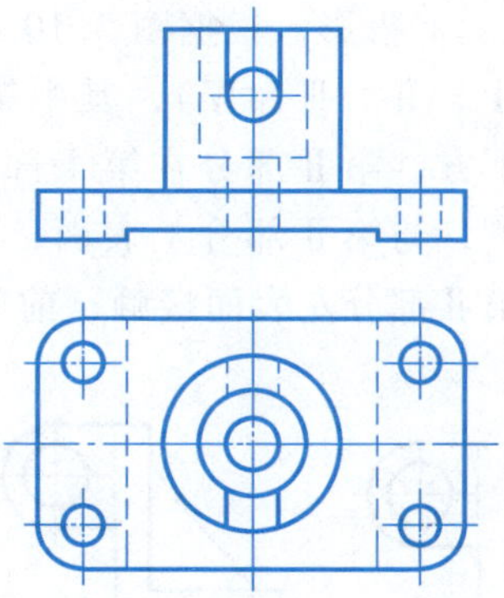

底座立体图

任务目标：

（1）在科学的读图方法指导下，建立多角度看待事物、正确处理局部与整体关系的科学思维。

（2）能说出形体分析法的基本思路。

（3）能用形体分析法识读叠加型或综合型组合体视图。

图 3.10.1 底座主、俯视图

3.10.2 分析任务

（1）讨论：图3.10.1所示的底座是哪种类型的组合体？可分解成几个部分？

（2）讨论：说一说底座各个部分在主视图和俯视图上投影的对应关系，并判断各自的形状。

（3）讨论：主视图上的圆表示什么？俯视图上中间三个同心圆是什么？

3.10.3 实施任务（完成后在右侧打"√"）

（1）完成底座底板左视图的绘制。

（2）完成底座竖筒左视图的绘制。

（3）擦去辅助线，加粗粗实线。

3.10.4 评价任务

序号	评价指标	分值	自评	互评	师评	总评
1	底座底板左视图图线形状、位置正确	30				
2	底座竖筒左视图图线形状、位置正确	40				
3	图线加粗、虚线、点画线规范	10				
4	标题栏填写正确	20				

3.10.5 任务知识链接

读图的基本方法——形体分析法

根据组合体视图的形状，将视图中的线框分成几个部分，逐个想象其形状，并确定其相对位置、组合方式及表面连接方式，从而想象出整体形状，就是形体分析法。具体步骤如下：

形体分析法

1）分线框，对投影。从反映形状特征的视图开始分析对照投影，分离出特征明显的线框由于主视图上具有的特征部位一般较多，故通常先从主视图开始进行分析。

2）根据投影想形状。根据"三等"规律找对应的投影，将三个视图联系起来想象出部分形体的形状。

3）综合起来想整体。一般的读图顺序是：先看主要部分，后看次要部分；先看容易确定的部分，后看难以确定的部分；先看某一组成部分的整体形状，后看其细节部分形状。

【例】 读懂两个视图（图3.10.2a），补画左视图。

案例：形体
分析法读图

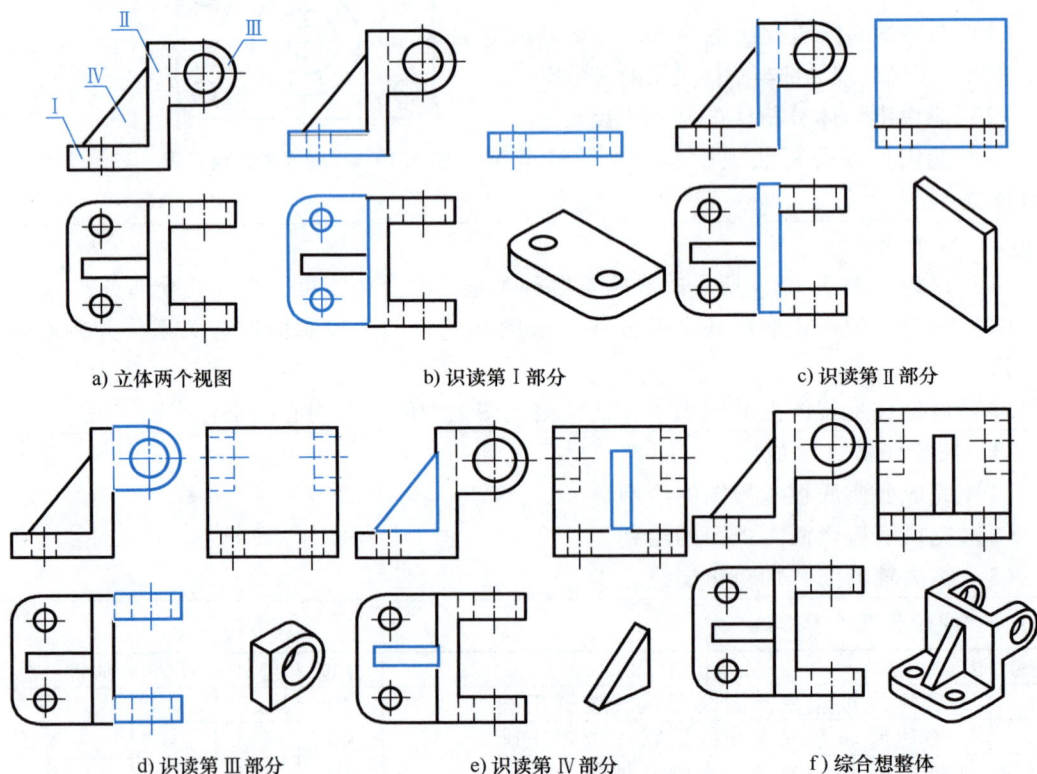

1）分线框，对投影。根据图3.10.2a可判断出该组合体为综合型，可分成四部分（Ⅰ、Ⅱ、Ⅲ和Ⅳ），其中第Ⅲ部分有两个，呈前后对称分布。第Ⅰ部分在最下方，第Ⅱ部分在第Ⅰ部分右侧，前后表面平齐；第Ⅲ部分在第Ⅱ部分右侧，与第Ⅱ部分上表面，前后表面均平齐；第Ⅳ部分在第Ⅰ部分上面，与第Ⅱ部分左表面接触，前后对称分布。

a) 立体两个视图   b) 识读第Ⅰ部分   c) 识读第Ⅱ部分

d) 识读第Ⅲ部分   e) 识读第Ⅳ部分   f) 综合想整体

图 3.10.2 补画视图

2）根据投影想形状。读每部分视图，想象该部分形状，补画该部分左视图。

根据"长对正"，找到第Ⅰ部分在主视图和俯视图上对应的投影，是四棱柱，上面打了两个大小一致的孔，四棱柱板左侧两个角为圆角，根据"高平齐、宽相等"可以绘制第Ⅰ部分的左视图（图3.10.2b）。

根据"长对正"，找到第Ⅱ部分在主视图和俯视图上对应的投影，是四棱柱板，上面没有其他结构，根据"高平齐、宽相等"可以绘制第Ⅱ部分的左视图（图3.10.2c）。

根据"长对正"，找到第Ⅲ部分在主视图和俯视图上对应的投影，是横放的N形板，且有两块，上面各打了一个通孔，根据"高平齐、宽相等"绘制出第Ⅲ部分的左视图。要注意，该部分被第Ⅱ部分挡在右侧，在左视图上全部不可见（图3.10.2d）。

根据"长对正"，找到第Ⅳ部分在主视图和俯视图上对应的投影，为三棱柱，根据"高平齐、宽相等"绘制出第Ⅳ部分的左视图（图3.10.2e）。

3）综合起来想整体。检查多余的线和可见性。

根据四部分的相对位置（上下、左右、前后）以及每两部分之间的表面关系（平齐、不平齐、相切、不相切），综合起来想象出整体。在左视图上，第Ⅱ、Ⅳ部分均可见，第Ⅰ部分孔不可见，第Ⅲ部分全不可见，Ⅰ、Ⅳ左表面不平齐，有交线，Ⅰ、Ⅱ上表面不平齐，有交线（图3.10.2f）。

任务 3.11　识读压块视图，想象形体

【3.11　任务工作单】

项目 3　简单形体的识读和绘制		任务 3.11　识读压块视图，想象形体	
姓名：_____	班级：_____	学号：_____	日期：_____

3.11.1　明确任务

任务描述：

在识读切割型或者综合型组合体时，往往需要对视图中封闭的线框或者图线进行分析，这时需要用线面分析法。线面分析法的核心思想是根据视图投影关系，分析判断封闭的线框或者某条图线是什么位置种类，再根据其投影具有的真实性、积聚性或者类似性进行作图。

请识读图 3.11.1 所示压块的三个视图（少图线），读懂后补画出缺少的图线。

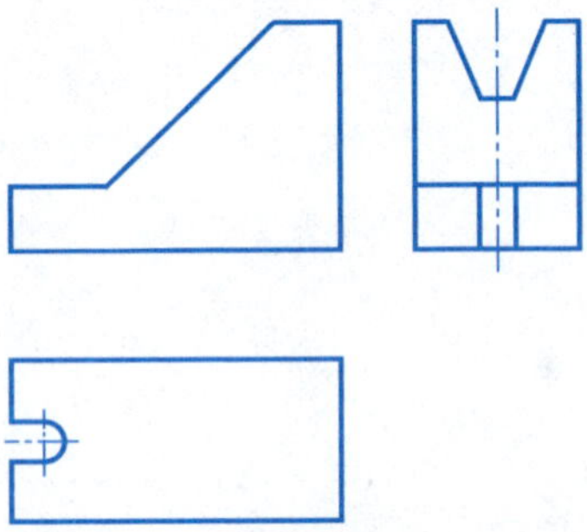

图 3.11.1　压块三视图（少图线）

压块立体图

任务目标：

（1）在科学的读图方法指导下，学会正确处理主要与次要问题、抓主要特征的科学思维。

（2）能说出线面分析法的基本思路。

（3）能用线面分析法识读切割型或综合型组合体视图。

3.11.2　分析任务

（1）讨论：图 3.11.1 所示压块是哪种类型的组合体？有几个截平面？

（2）讨论：压块视图中，有哪几个平面具有类似性？

3.11.3　实施任务（完成后在右侧打"√"）

（1）完成视图补线。

（2）擦掉辅助线，加粗粗实线。

3.11.4　评价任务

序号	评价指标	分值	自评	互评	师评	总评
1	主视图上补的图线位置、形状正确	40				
2	俯视图上补的图线位置、形状正确	40				
3	图线加粗，虚线、点画线规范	20				

3.11.5　任务知识链接

读图的基本方法——线面分析法

运用投影规律，把物体表面分解为线、面等几何要素，通过识别这些要素的空间位置、形状，进而想象出物体的形状。一般情况下，视图上的一个封闭线框代表一个面的投影，不同线框之间的关系反映了物体表面的变化。线面分析法是指根据视图中线条和线框的含义，分析相邻表面的相对位置、表面的形状及面与面的交线特征，从而确定空间物体的形体结构。

线面分析法

【例1】　利用线面分析法，读懂压块三视图（图3.11.2）。

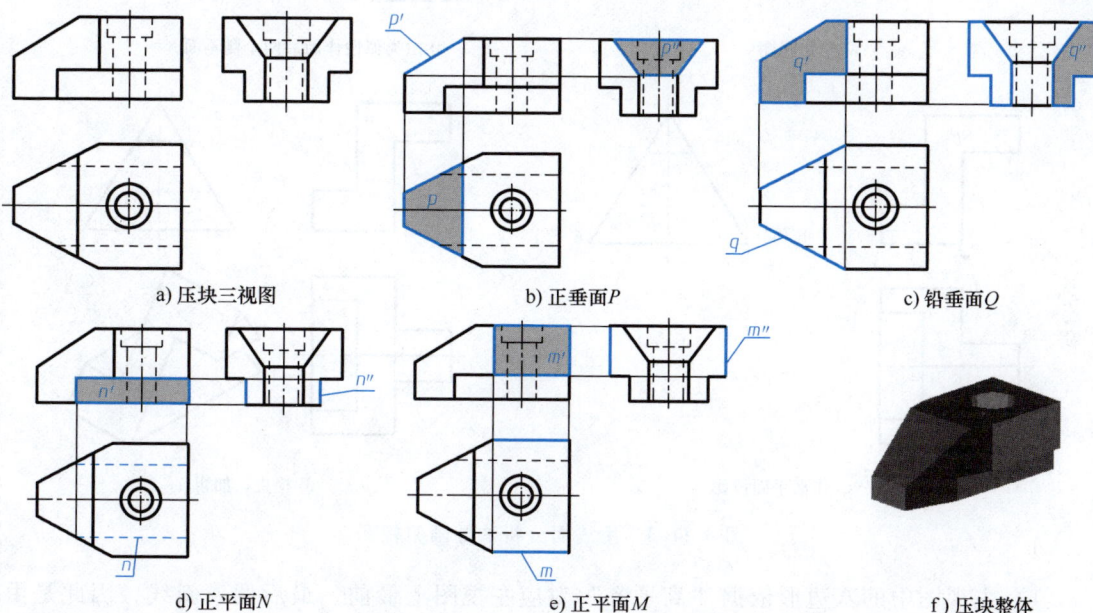

a) 压块三视图　　　b) 正垂面P　　　c) 铅垂面Q

d) 正平面N　　　e) 正平面M　　　f) 压块整体

图3.11.2　压块三视图

1）由主视图和俯视图可知，该物体是长方体经过切割后形成的。其左上角被正垂面切去一角，主视图上的线 p′ 为正垂面的投影，其俯视图对应一梯形线框 p，根据正垂面的投影特征可知，左视图上是与俯视图相类似的等腰梯形 p″（图3.11.2b）。

案例：线面分析法读图

2）由俯视图可知，其左方的前后被铅垂面各切掉一角，所以俯视图中

的两条直线 q 是铅垂面的投影。根据投影规律，对应主视图中的线框 q' 和左视图中的线框 q''，反映类似性，都是七边形（图 3.11.2c）。

3）主视图中矩形线框 n'，在俯视图中是一虚线，在左视图中为一直线，所以线框 n'' 为正平面的投影，并且是凹进去的（图 3.11.2d）。

4）主视图中线框 m'，对应俯视图中的线 m 和左视图中的线 m''，为正平面（图 3.11.2e）。综合起来，其整体形状如图 3.11.2f 所示。

【例2】 根据主视图和左视图（图 3.11.3a），补画俯视图。

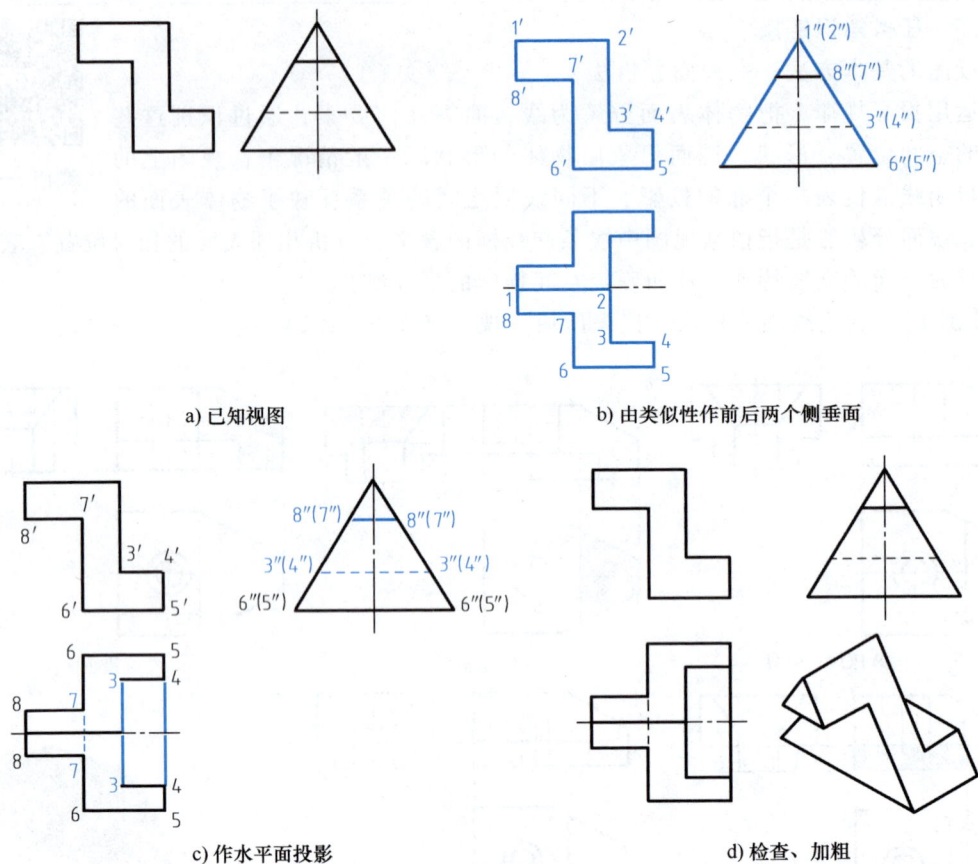

a) 已知视图   b) 由类似性作前后两个侧垂面

c) 作水平面投影   d) 检查、加粗

图 3.11.3 用线面分析法补画俯视图

1）主视图中的八边形依据"高平齐"对应左视图上最前、最后两条斜线，因此是由前后两个侧垂面积聚而成的，在俯视图上也应该有对应的八边形与主视图一起反映类似性。利用找点法，在八边形上标出八个点，在左视图斜线上也标出对应点，在俯视图上分别作出这八个点的投影，并将其按顺序连接，前后对称分布（图 3.11.3b）。

2）在左视图上，前后侧垂面之间有连接线，依据"高平齐"，与主视图上的水平线对应，因此，这些线均为水平面的投影，在俯视图上的投影均为矩形（图 3.11.3c）。

3）检查，加粗。要注意的是，俯视图中 77 之间的连线被遮住，因此为虚线。绘图结果和立体图如 3.11.3d 所示。

任务 3.12　利用 AutoCAD 绘制支座三视图

【3.12　任务工作单】

项目 3　简单形体的识读和绘制	任务 3.12　利用 AutoCAD 绘制支座三视图		
姓名：_____	班级：_____	学号：_____	日期：_____

3.12.1　明确任务

任务描述：

　　三视图是形体表达最基本的方法，可以利用 AutoCAD 进行绘制。在绘制过程中，仍然要遵循相关的投影规律和作图原则。

　　请利用 AutoCAD 软件绘制图 3.12.1 所示支座三视图，并标注尺寸。

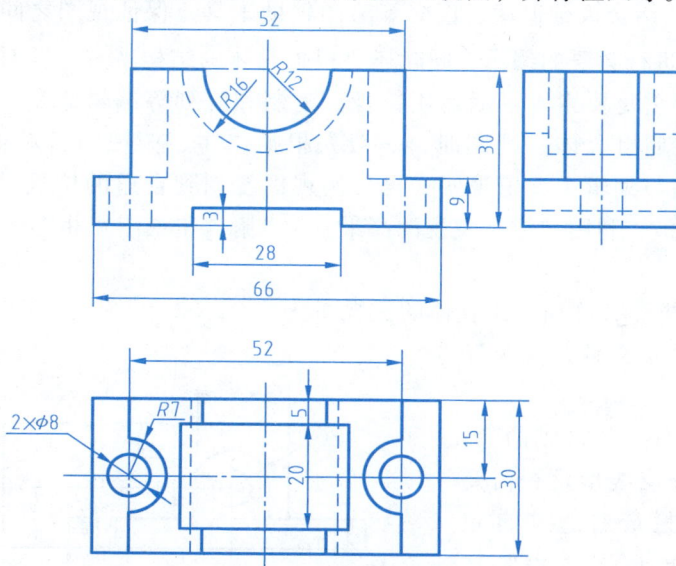

图 3.12.1　支座三视图

任务目标：

　　（1）提高 AutoCAD 软件的使用能力，进一步熟练软件绘图。

　　（2）能说出用 AutoCAD 绘制三视图常需要进行的设置和基本方法，能正确使用镜像、打断、旋转和移动等命令，会根据情况选择圆弧的绘制方式。

　　（3）能用 AutoCAD 完成组合体的三视图绘制。

3.12.2　分析任务

　　（1）讨论：图 3.12.1 所示的支座是由哪几个部分组成的？

　　（2）讨论：俯视图上的两个小圆和半圆表示什么？主视图中的两个半圆表示什么？

　　（3）讨论：在 AutoCAD 中如何使俯视图和左视图宽相等？

3.12.3　实施任务（完成后在右侧打"√"）

（1）完成三视图的绘制。

（2）完成尺寸标注。

（3）处理完图线和图面，填写标题栏。

3.12.4　评价任务

序号	评价指标	分值	自评	互评	师评	总评
1	三视图中图线正确、投影正确	50				
2	三视图中图线线型正确、规范	30				
3	尺寸标注完整、正确、规范，标题栏正确	20				

3.12.5　任务知识链接

利用 AutoCAD 绘制三视图的基本方法

利用 AutoCAD 软件绘制三视图时，通常先激活状态栏中的"显示捕捉参照线"按钮 ⊿，结合极轴追踪、正交等绘图辅助工具，保证视图之间的"三等"关系，并进行必要的编辑。同时还要根据物体的结构特点，针对视图中的对称图形、重复要素等灵活运用镜像、复制和阵列等编辑命令，提高绘图的效率。绘制组合体三视图时，一般先根据"主、俯视图长对正"的投影特性，绘制与编辑主、俯视图，再将俯视图复制到合适的位置，并逆时针方向旋转 90°，利用"主、左视图高平齐""俯、左视图宽相等"的投影特性绘制左视图。

AutoCAD
绘制三视图

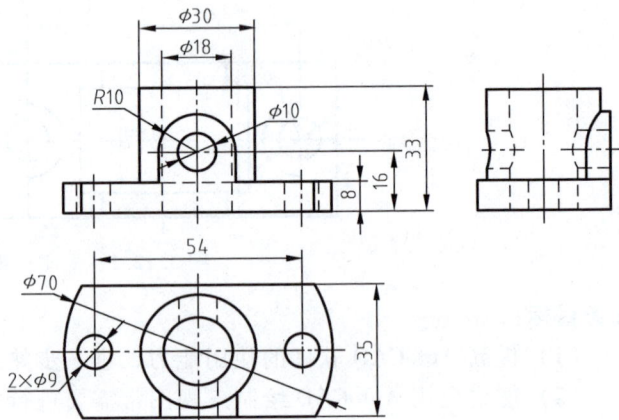

【例】　绘制图 3.12.2 所示组合体的三视图。

1. 打开 A3 样板文件，完善环境设置

打开在任务 1.4 中完成的 A3 样板文件。检查图层线型是否需要增减；单击状态栏最右边"自定义"按钮 ☰，添加"正交"按钮、"极轴追踪"按钮 ⌐ ◔、"显示捕捉参照线"按钮 ⊿、"对象捕捉"按钮 ⛶、"线宽"按钮 ☰，并激活后三项。单击"极轴追踪"按钮 ◔ ▾ 后方下拉三角可选择常见的 45°倍数设置（图 3.12.3a）。单击"对象捕捉"按钮 ⛶ ▾ 后方下拉三角，再单击"对象捕捉设置"（图 3.12.3b），在弹出的对话框中单击"全部选择"按钮，再取消勾选"最近点"复选项（图 3.12.3c）。

图 3.12.2　组合体三视图

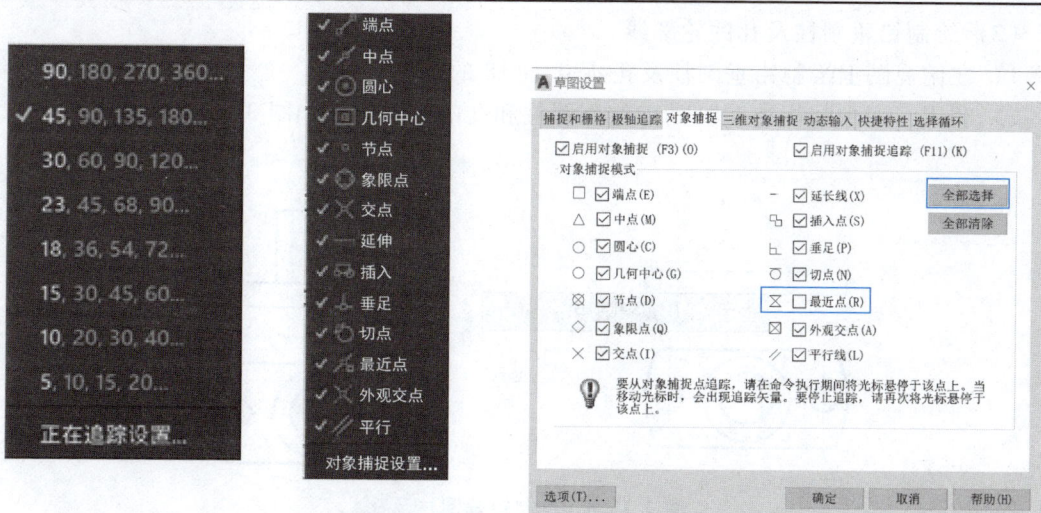

a) 极轴追踪设置   b) 对象捕捉设置1   c) 对象捕捉设置2

图 3.12.3   三视图绘图环境设置

2. 利用形体分析法分部分绘图

（1）绘制底板

1）绘制底板俯视图。绘制底板 $\phi70$ 的圆，利用对象捕捉功能绘制两条中心线。利用"偏移""更换图层""修剪"等命令作出剪切后的圆弧（图 3.12.4a）。用"偏移"命令确定一边 $\phi9$ 的垂直中心线，捕捉中心线交点，绘制 $\phi9$ 小圆（图 3.12.4b）。单击"镜像"按钮 ◣，根据命令行提示，先选择 $\phi9$ 小圆和中心线，再单击垂直中心线上任意两点，出现"要删除源对象吗?"选项，若不需要原来的小圆则选"是（Y）"，此处需要保留，所以选择默认的"否（N）"。完成镜像复制 $\phi9$ 小圆及垂直中心线（图 3.12.4c）。

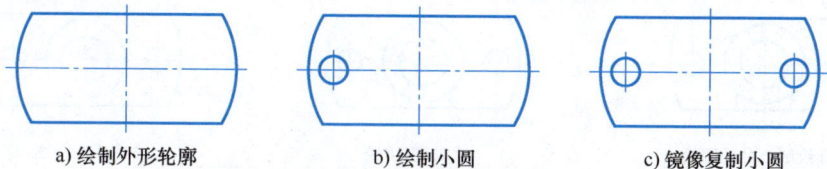

a) 绘制外形轮廓   b) 绘制小圆   c) 镜像复制小圆

图 3.12.4   绘制底板俯视图

2）绘制底板主视图。利用"对象捕捉追踪"功能捕捉主视图上的轮廓线，出现长虚线表示有对齐关系（图 3.12.5a）。绘制左侧 $\phi9$ 小圆的中心线和轮廓线，更改图层（图 3.12.5b）。绘制对称中心线，镜像复制（图 3.12.5c）。

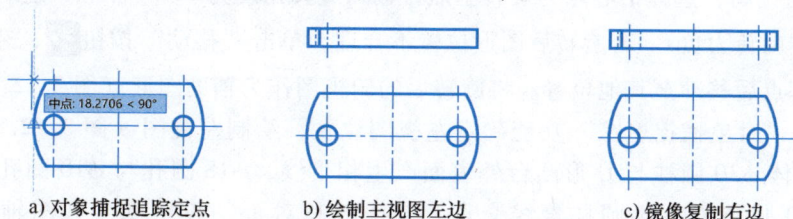

a) 对象捕捉追踪定点   b) 绘制主视图左边   c) 镜像复制右边

图 3.12.5   绘制底板主视图

（2）绘制铅垂圆柱及孔的轮廓线

1）在俯视图上绘制铅垂圆柱及孔 $\phi30$、$\phi18$ 的圆。

2）利用"对象捕捉追踪"功能绘制圆柱和孔的主视图，如图 3.12.6 所示。

垂足: < 0°, 象限点: < 90°

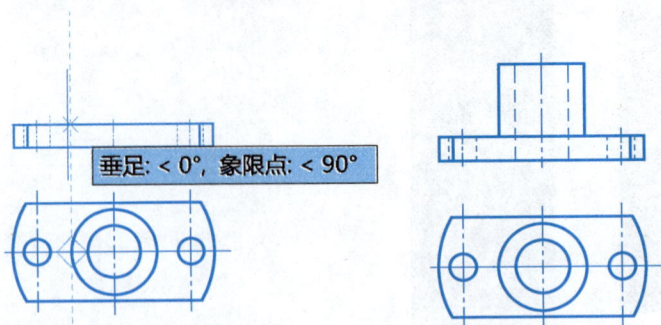

图 3.12.6 绘制铅垂圆柱及孔

（3）绘制 U 形凸台及孔的视图

1）绘制轮廓线。借助"对象捕捉追踪"功能，利用直线、圆、镜像、修剪等命令绘制出 U 形凸台及孔的主、俯视图（图 3.12.7a）。

2）在"修改"工具栏中单击"打断"按钮 或输入"br"，根据提示选择凸台上 A、B 两点，将底板与 U 形凸台分界线消除（图 3.12.7b）。用虚线连接 A、B，完成 U 形凸台及孔的视图绘制。

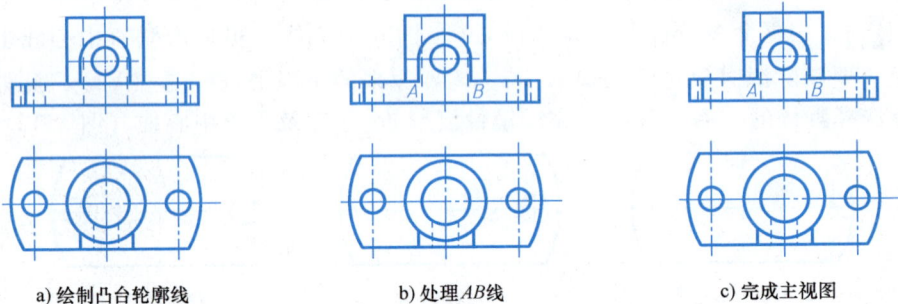

a）绘制凸台轮廓线　　　　　b）处理 AB 线　　　　　c）完成主视图

图 3.12.7 绘制 U 形凸台主视图

（4）绘制左视图

1）将俯视图向右边复制，单击"旋转"按钮 ，根据命令行提示，选择旋转对象为刚复制的俯视图，选择中心点为旋转基点，输入旋转角度为 90°（注意：逆时针方向转为正，顺时针方向转为负）。若旋转后图形位置不合理，单击"移动"按钮 ，选择图形后确定，再选择基点后移动至其他位置。将旋转后的俯视图作为辅助图形（图 3.12.8a）。

2）利用"对象捕捉追踪"功能确定左视图位置，绘制左视图（图 3.12.8b）。

3）此形体 $\phi30$ 圆柱与 U 形凸台外表面产生相贯线，$\phi18$ 圆孔与 $\phi10$ 圆孔相贯。捕捉俯视图上 $\phi30$ 圆与 $R10$ 半圆柱素线交点，依据"长对正"投影到主视图轴线上。利用"圆弧"下拉列表（图 3.12.9）中最匹配的"起点，端点，半径"方式绘制圆弧，轴线下方交线为竖直线。在俯视图上找到 $\phi18$ 圆与 $\phi10$ 圆孔素线交点，依据"长对正"投影到主视图轴线上。利用"圆弧"下拉列表中最匹配的"三点"方式绘制圆弧。绘图结果如图 3.12.8c 所示。

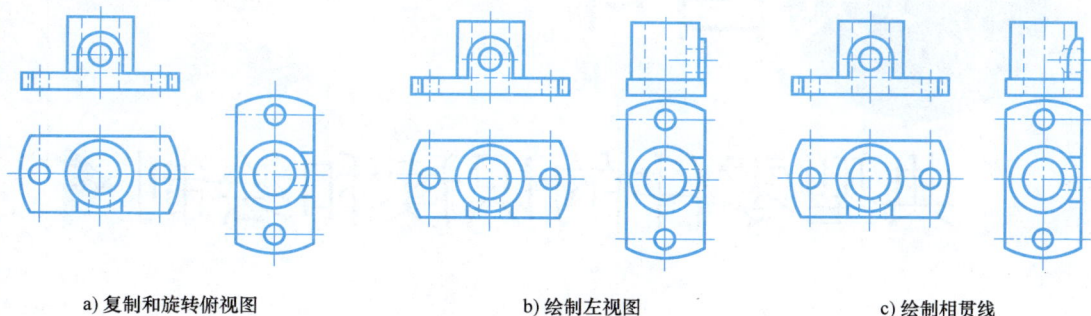

a) 复制和旋转俯视图　　　　b) 绘制左视图　　　　c) 绘制相贯线

图 3.12.8　左视图绘制

（5）尺寸标注，处理图线　删掉辅助视图，处理过长的点画线，标注尺寸，绘图结果如图 3.12.10 所示。

为使尺寸标注和图形大小协调，可以通过修改尺寸标注的数字高度和箭头大小进行调整。

方式一：修改标注样式中的文字高度和箭头高度值，调整到与视图匹配。这种方式将整个 CAD 文件中的尺寸数字高度和箭头大小都进行了修改。

方式二：选中要修改的尺寸，右键单击"特性"，弹出"特性"对话框（图 3.12.11），修改箭头大小和文字高度即可。这种方式只会修改选中的尺寸。

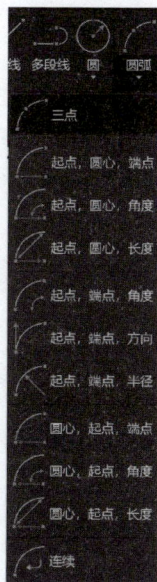

图 3.12.9　圆弧绘制方式

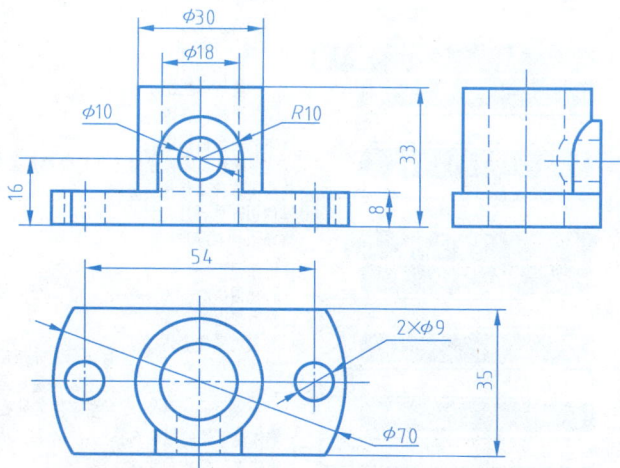

图 3.12.10　完成尺寸标注与图线处理

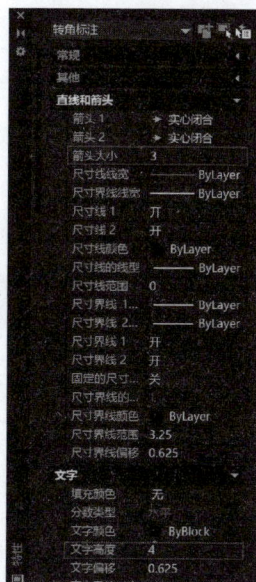

图 3.12.11　"特性"对话框

项目4

CHAPTER 4

典型零件的识读和绘制

【项目概述】

本项目以常见的典型轴套类、轮盘类、叉架类和箱体类四类零件为任务载体，以典型零件图的表达方法识读、技术要求识读、尺寸标注、零件图绘制、表达方法和技术要求选用为知识技能目标，帮助读者进一步认知和认可专业，理解、践行具体问题具体分析的科学思维。

本项目的任务和知识技能点如图4.0所示。

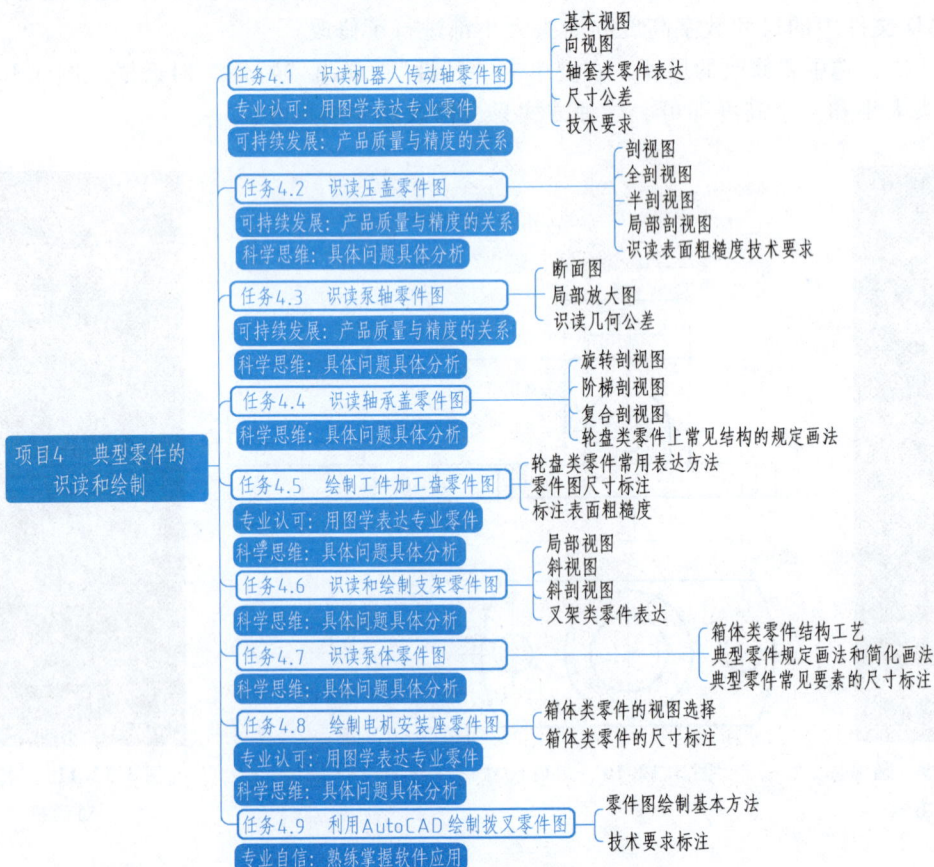

图4.0 项目4的任务和知识技能点

任务4.1　识读机器人传动轴零件图

【4.1　任务工作单】

项目4　典型零件的识读和绘制	任务4.1　识读机器人传动轴零件图		
姓名：_____	班级：_____	学号：_____	日期：_____

4.1.1　明确任务

任务描述：

　　工业机器人由成百上千个零件组成，其中有一类零件可将电力驱动的运动传递到对应部位，实现机器人的灵活移动和转动，这类零件为传动轴（图4.1.1），多用于传递运动或动力。其结构特点是多由同轴回转体构成，轴向尺寸远大于径向尺寸，是典型的轴套类零件。

工业机器人结构

a) 工业机器人　　　　　　　b) 传动轴

图4.1.1　工业机器人和传动轴

传动轴立体图

　　请识读图4.1.2所示的传动轴零件图，想象出其形体，辨识其尺寸和技术要求。

任务目标：

　　（1）了解工业机器人的构成，建立其结构认知，理解课程与行业的关系；理解尺寸公差在制造中对产品质量和精度的影响。

　　（2）能说出基本视图、向视图的形成和区别，能说出轴套类零件的结构特点、工艺结构名称和作用，能说出零件图的内容和作用。

　　（3）能绘制基本视图、向视图；会识读向视图；能说出倒角、倒圆、退刀槽标注的含义；能辨识尺寸公差的不同术语，能查表获取极限偏差，会计算极限尺寸、公差等。

　　（4）能通过小组合作识读出零件图的四个内容，并且能够想象出零件形体。

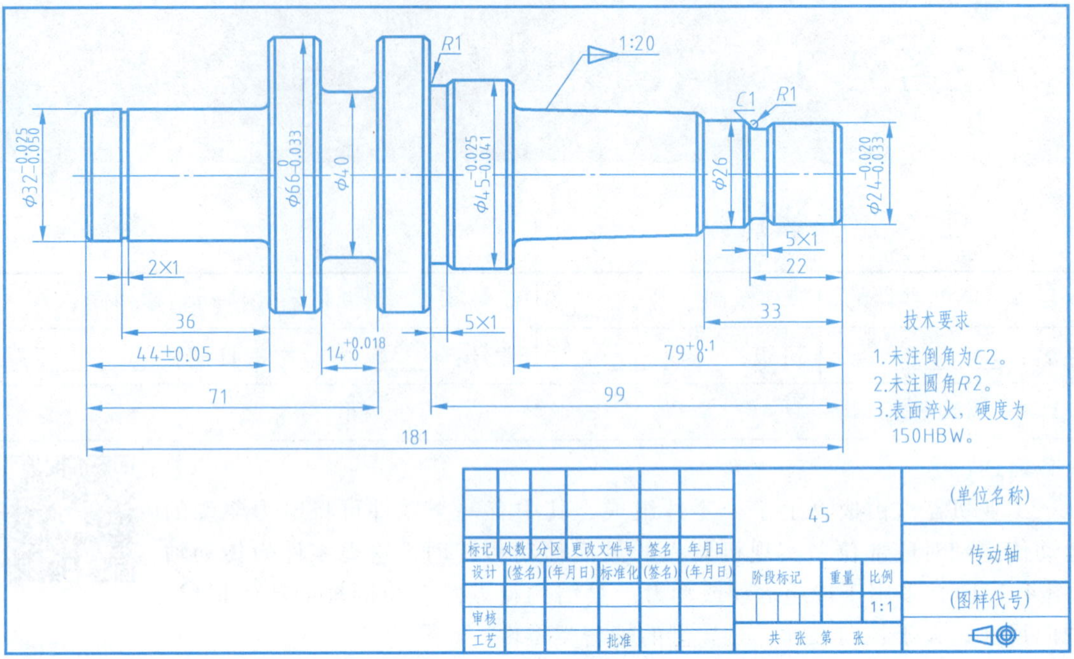

图 4.1.2 传动轴零件图

4.1.2 分析任务

（1）讨论：图 4.1.2 所示零件的名称是什么？比例为多少？采用什么材料加工？

（2）讨论：图 4.1.2 采用了什么视图表达零件？该视图采用了什么表达方法？

（3）讨论：图 4.1.2 中哪些尺寸为定形尺寸？哪些为定位尺寸？总体尺寸是多少？

（4）讨论：图 4.1.2 中有哪些技术要求？"$\phi32^{-0.025}_{-0.050}$"各参数代表什么含义？公差是多少？查表写出其公差带代号。

4.1.3 实施任务（完成后在右侧打"√"）

（1）识读标题栏。

（2）识读视图，判断表达方法，想象形体。

（3）识读尺寸，判断定形尺寸、定位尺寸和总体尺寸。

（4）识读技术要求，能说出尺寸公差的含义，能正确查表。

4.1.4 评价任务

序号	评价指标	分值	自评	互评	师评	总评
1	零件名称、比例、材料等识读正确	10				
2	表达方法判断正确，形体想象正确	40				
3	尺寸种类判断正确	20				
4	技术要求识读判断正确	30				

4.1.5　任务知识链接

在实际生产和生活中，零件的形状结构多种多样，各有特点，通常分成轴套类零件、轮盘类零件、叉架类零件和箱体类零件。在表达零件时，可根据内外结构采用视图、剖视图等表达方法。这些表达方法基于三视图，又在表达侧重点上各有不同。

一、基本视图

1. 基本视图的形成

用正六面体的六个面作为基本投影面，零件在这六个基本投影面上的投影称为基本视图，分别为主视图、俯视图、左视图和相反方向的后视图、仰视图、右视图。展开之后各视图的配置如图4.1.3所示，符合该配置规定时，图样中一律不标注视图名称。

认识基本视图

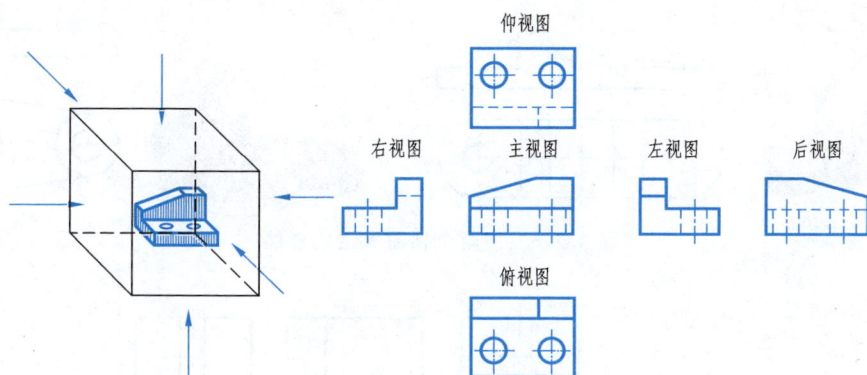

图 4.1.3　基本视图的形成过程

六个基本视图仍然具有"长对正、高平齐、宽相等"的投影规律，即主视图、俯视图和仰视图长对正（后视图同样反映零件的长度尺寸，但位置配置不与上述三视图对正）；主视图、左视图、后视图、右视图高平齐；左视图、右视图、俯视图、仰视图宽相等。另外，主视图与后视图、左视图与右视图、俯视图与仰视图的图形均具有对称的特点。

要注意的是，基本视图中的粗实线和细虚线仍然根据投射方向观察的可见性来确定。

2. 六个基本视图的选取原则

在表达完整、清晰，并考虑到看图方便的前提下，可根据零件外部结构形状的复杂程度选用必要的基本视图，且优先选用主视图、俯视图、左视图。主视图必不可少。具体原则如下：

基本视图选用原则

1）用尽量少的视图数量来表达一个零件，如回转体、扁平类零件，如图4.1.4所示。

2）主视图必不可少，选取其他视图时优先选用俯视图和左视图，如图4.1.5所示。

3）在三视图不能完全表达零件的情况下，增加辅助的视图——右视图、后视图、仰视图。如图4.1.6所示，在主视图、左视图、俯视图的基础上可以增加一个右视图表达零件右表面的轮廓。

a) 扁平类零件　　　　　　　　　　　　b) 回转体

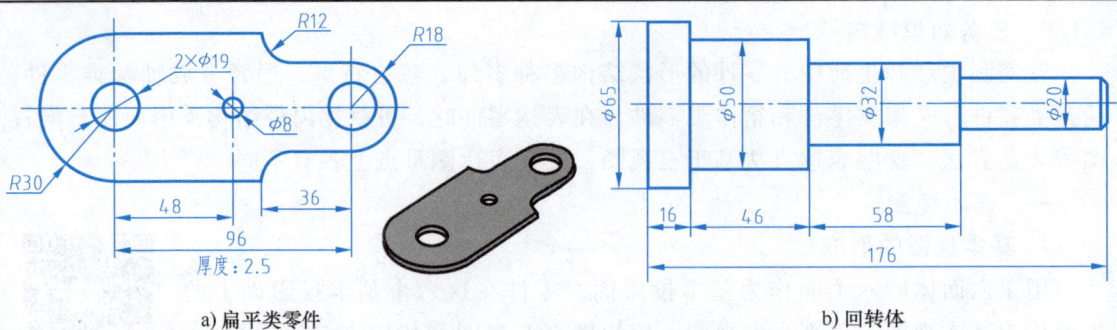

图 4.1.4　用一个视图表达的零件

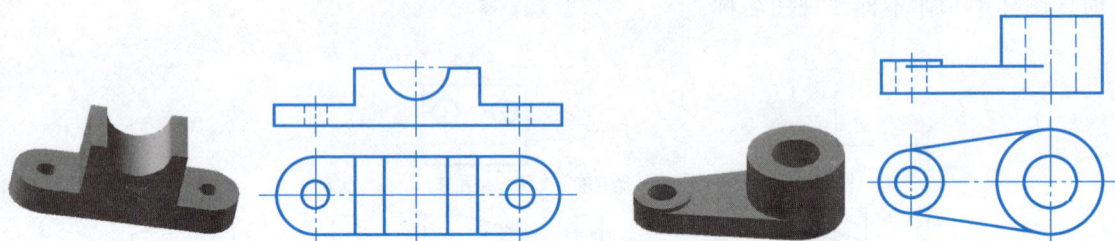

图 4.1.5　用两个视图表达的零件

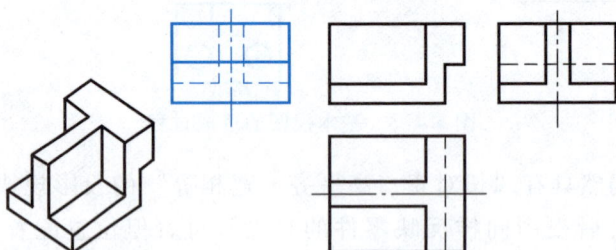

图 4.1.6　需要用辅助视图表达的零件

二、向视图

六个基本视图的相对位置是固定的，称为按标准位置配置，如图4.1.7a所示。但如果没有按标准位置配置视图，就需要用到加标注的方式。这种可以自由配置的基本视图称为向视图，如图4.1.7b所示。采用向视图可增加图面布局的灵活性，但是由于位置自由移动，因此必须进行标注，以便于读图。通常在移动过的图上方用大写字母（如"A"等）标记，在其他视图旁边用同名箭头标出投射方向，如图4.1.7b所示。

向视图

三、轴套类零件表达

轴套类零件一般是由形状简单的回转体叠加或者切割而形成的，其径向尺寸远小于轴向尺寸，如图4.1.8所示。其中，轴类零件是由圆柱或其他回转体（圆锥、圆台等）共轴线叠加而成的，在机器中主要起支承轮毂类零件并传递运动和动力的作用。套筒类零件是在回转体基础上中间被做出孔结构而形成的，套在轴上起固定或定位轮毂类零件以及保护轴表面的作用。

a) 基本视图配置   b) 向视图配置

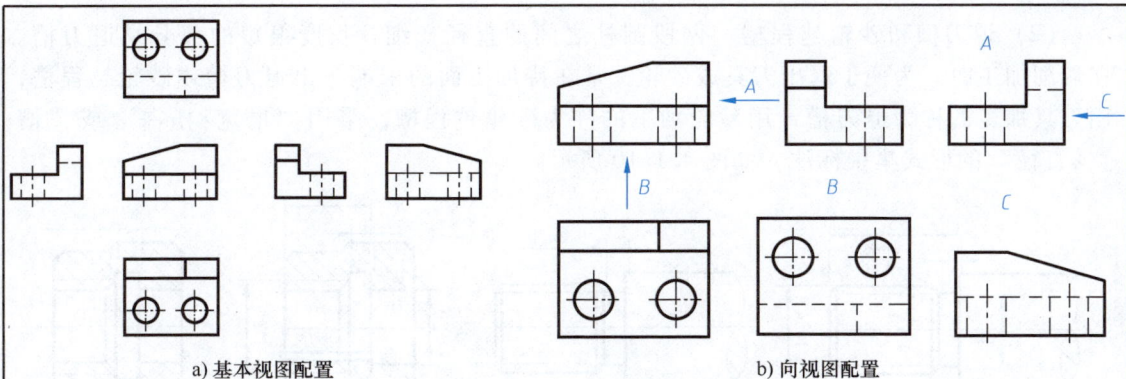

图 4.1.7　视图的配置

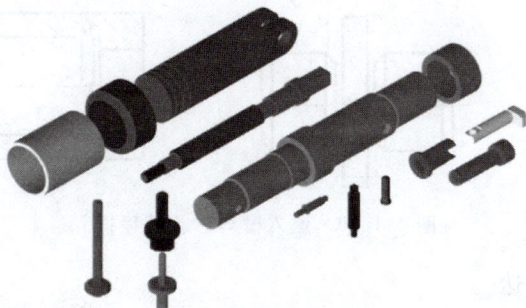

图 4.1.8　轴套类零件

1. 轴套类零件上常见的工艺结构

轴套类零件在使用时需要将轴和轮毂孔或者轴套进行装配。为了便于加工、装配以及提高该类零件的力学性能，往往在轴和轴套上设计一些工艺结构，如倒角、倒圆、退刀槽和砂轮越程槽。

轴上工艺结构

（1）倒角与倒圆　为了便于装配零件并消除毛刺或锐边，一般在轴和孔的端部做出倒角。为减少应力集中，相邻圆柱轴肩处应制成圆角过渡形式，称为倒圆。两者的画法和标注方法如图 4.1.9 所示。其中"C1"中的"C"表示45°倒角，"1"表示轴向距离为1mm。若倒角角度不是45°，则需要分别标注，如图 4.1.9b 所示。倒圆的圆弧半径通常比较小，可以标注在图上，也可以将相同小尺寸的倒圆统一用文字注写在技术要求中。

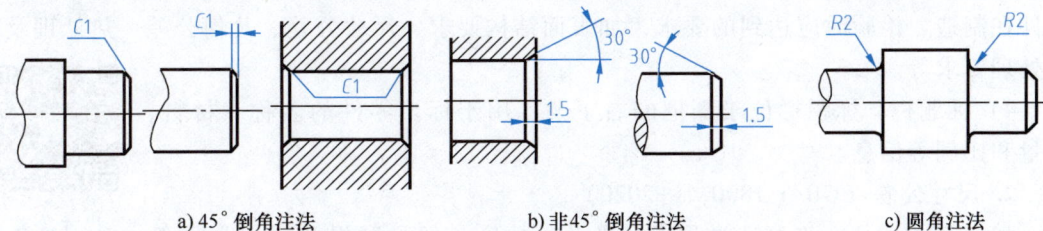

a) 45°倒角注法   b) 非45°倒角注法   c) 圆角注法

图 4.1.9　倒角与倒圆的画法标注方法

（2）退刀槽和砂轮越程槽　两段圆柱之间的直径变细、长度很短的部分是退刀槽。在切削加工时，为便于退出刀具或砂轮，常在待加工面的末端车出退刀槽或砂轮越程槽，用刀具加工的称为退刀槽，用砂轮加工的称为砂轮越程槽，采用"槽宽×槽深"或"槽宽×直径"的形式集中标注，如图4.1.10所示。

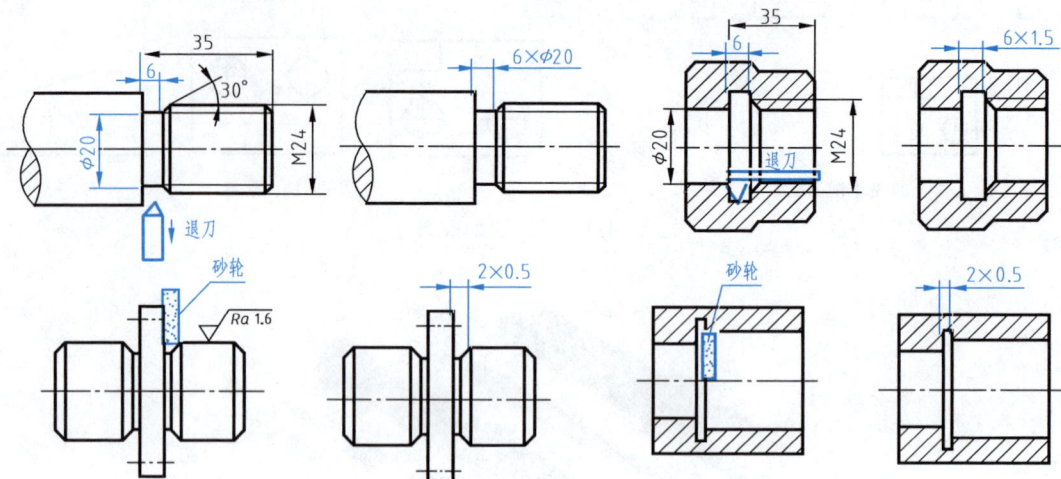

图 4.1.10　退刀槽与砂轮越程槽

2. 轴类零件视图表达

轴类零件主要在车床上加工，一般按加工位置将轴线水平放置来画主视图。轴的主要结构形状是回转体，一般只画一个主视图。确定了主视图后，由于轴上的各段形体的直径尺寸在其数字前加注符号"ϕ"表示，因此不必画出其左（或右）视图和俯视图。

四、认识零件图

1. 零件图的内容和作用

用来表达单个零件结构、尺寸和技术要求的图样称为零件图，它是制造和检验零件的主要依据。绘制和识读零件图时，都应包括如下四项内容：

1）一组图形：用一组图形来正确、完整、清晰地表达零件的内、外部结构形状。

2）完整的尺寸：正确、完整、清晰、合理地标注出制造和检验零件时所必需的全部尺寸，以确定各部分结构形状、大小和相对位置。零件图上的尺寸有定形尺寸、定位尺寸和总体尺寸三种。

3）技术要求：用国家标准规定的符号、数字、字母和文字注解，简明准确地表示出零件在制造、检验时应达到的要求，如表面结构要求、尺寸公差、几何公差、热处理及表面处理要求等。

4）标题栏：标题栏位于图框的右下角，用于标出零件的名称、材料、数量和比例等信息。

2. 尺寸公差（GB/T 1800.1—2020）

（1）基本术语　在制造过程中，受设备精度、刀具磨损和测量误差等因素的影响，不可能把零件的尺寸做得绝对准确。为了保证零件的互换性，

认识零件图

尺寸公差
基本术语

必须将零件的尺寸误差控制在允许变动的范围内，这个允许的变动量称为尺寸公差，简称公差。以图 4.1.11 为例，常见的相关术语如下：

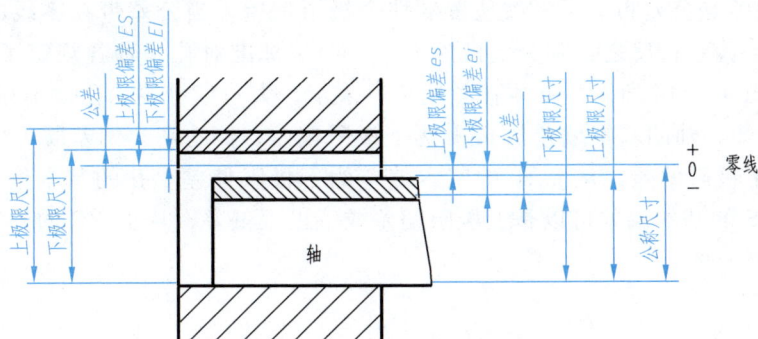

图 4.1.11　公差基本术语

1）公称尺寸（d、D）是根据零件强度、结构和工艺性要求设计给定的尺寸。

2）极限尺寸是允许尺寸变化的两个极限值。较大的称为上极限尺寸（d_{max}、D_{max}），较小的称为下极限尺寸（d_{min}、D_{min}）。

3）实际尺寸（da、Da）是加工出来之后零件的真实尺寸。实际尺寸在两极限尺寸范围内为合格，即 $d_{min}<da<d_{max}$，$D_{min}<Da<D_{max}$。

4）极限偏差是极限尺寸减去其公称尺寸所得的代数差。

上极限偏差（es、ES）＝上极限尺寸-公称尺寸，$es=d_{max}-d$，$ES=D_{max}-D$。

下极限偏差（ei、EI）＝下极限尺寸-公称尺寸，$ei=d_{min}-d$，$EI=D_{min}-D$。

极限偏差可为正，可为负，也可为零。

5）尺寸公差（简称公差）是上极限尺寸减下极限尺寸之差，或上极限偏差减下极限偏差之差，它是允许尺寸的变动量。轴的公差 $=d_{max}-d_{min}=es-ei$，孔的公差 $=D_{max}-D_{min}=ES-EI$。公差恒为正。

6）公差带是由代表上极限偏差和下极限偏差的两条直线所限定的一个区域，它表示公差大小和相对于零线（公称尺寸）位置的一个区域。区域越大，实际尺寸允许变动的范围越大，精度要求越低。为便于分析，将公差与公称尺寸的关系按比例画成简图，称为公差带图，如图 4.1.12 所示。一般用斜线表示孔的公差带，加点表示轴的公差带。

公差带图可以直观地表示公差的大小及公差带相对于零线的位置，如图 4.1.13 所示。

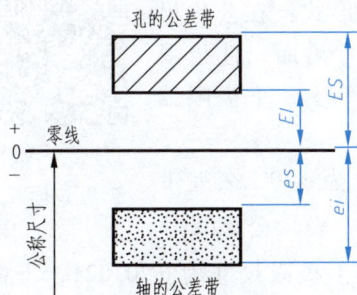

图 4.1.12　公差带图

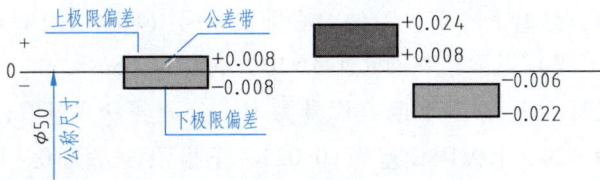

图 4.1.13　公差带图案例

7）公差等级在国家标准中分为 20 级，即 IT01、IT0、IT1、IT2、…、IT18。"IT"表示标准公差，后面的数字代表公差等级。IT01~IT18，精度等级依次降低。

8）基本偏差是公差带靠近零线位置的那个极限偏差。当公差带在零线的上方时，基本偏差为下极限偏差；反之，则为上极限偏差。国家标准对孔和轴各规定了 28 个不同的基本偏差，如图 4.1.14 所示。基本偏差用字母表示，大写字母表示孔，小写字母表示轴。由图 4.1.14 可知，轴的基本偏差从 a~h 为上极限偏差，js 的基本偏差既可以是上极限偏差，也可以是下极限偏差，从 j~zc 的基本偏差为下极限偏差。孔的基本偏差从 A~H 为下极限偏差，JS 的基本偏差可以是上极限偏差或下极限偏差，从 J~ZC 的基本偏差为上极限偏差。

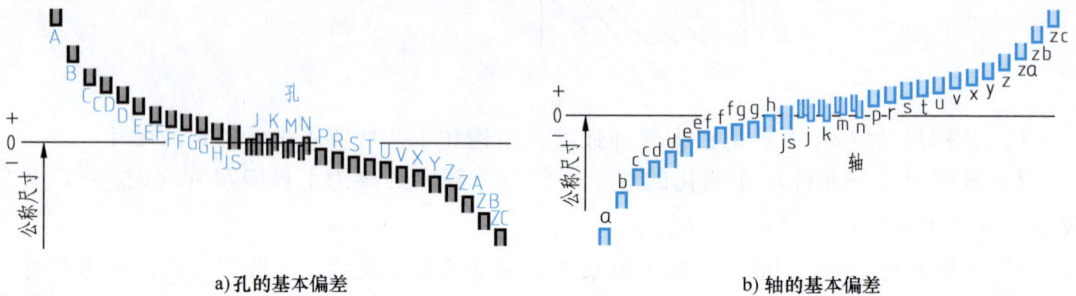

a）孔的基本偏差　　　　　　b）轴的基本偏差

图 4.1.14　孔和轴的基本偏差

9）公差带代号由基本偏差代号和公差等级组成，如 F6、K6、f7 等，大写字母表示孔，小写字母表示轴，具体含义如图 4.1.15 所示。

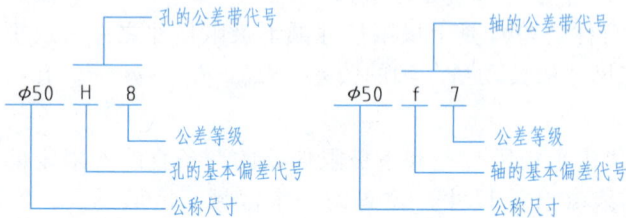

图 4.1.15　孔和轴的公差带代号标注

（2）尺寸公差在零件图上的标注、识读和查表

1）标注方式。在零件图上标注尺寸公差，有下列三种形式：在公称尺寸后面注公差带代号，如 $\phi20H7$（图 4.1.16a）；在公称尺寸后面只注极限偏差（图 4.1.16b）；在公称尺寸后面同时标出公差带代号和上、下极限偏差，这时上、下极限偏差必须加括号（图 4.1.16c）。

尺寸公差
查表和标注

2）识读。在图 4.1.16 中，$\phi20H7$ 表示是孔，公称尺寸为 $\phi20$，公差带代号为 H7，基本偏差代号为 H，公差等级为 IT7；$\phi20_0^{+0.021}$ 表示公称尺寸为 $\phi20$，上极限偏差为 +0.021，下极限偏差为 0。可计算出上极限尺寸为 $\phi20.021$，下极限尺寸为 $\phi20$，公差为 0.021。实际零件尺寸在 $\phi20$~$\phi20.021$ 为合格。

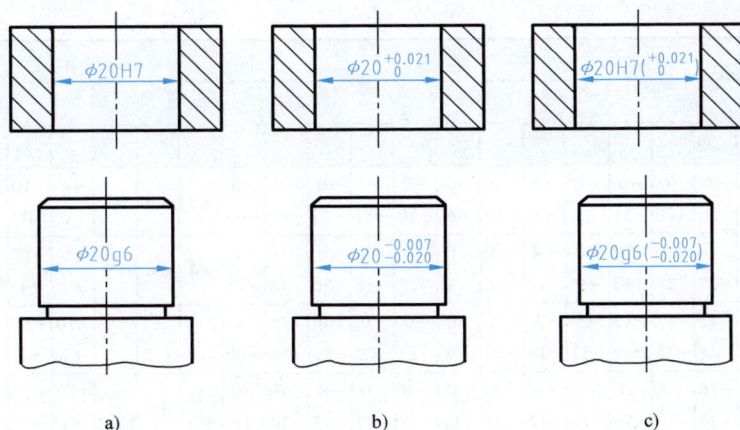

a)　　　　　　　b)　　　　　　　c)

图 4.1.16　尺寸公差在零件图上的标注

　　3）查表。尺寸公差标注的公差带代号或极限偏差之间可以通过查表互查。常用孔的极限偏差可查表 4.1.1，常用轴的基本偏差可查表 4.1.2。

表 4.1.1　常用孔的极限偏差（摘自 GB/T 1800.2—2020）

公称尺寸 /mm		常用公差带/μm																	
		F				G		H							JS			K			P	
>	至	6	7	8	9	6	7	6	7	8	9	10	11	12	6	7	8	6	7	8	6	7
—	3	+12 +6	+16 +6	+20 +6	+31 +6	+8 +2	+12 +2	+6 0	+10 0	+14 0	+25 0	+40 0	+60 0	+100 0	±3	±5	±7	0 -6	0 -10	0 -14	-6 -12	-6 -16
3	6	+18 +10	+22 +10	+28 +10	+40 +10	+12 +4	+16 +4	+8 0	+12 0	+18 0	+30 0	+48 0	+75 0	+120 0	±4	±6	±9	+2 -6	+3 -9	+5 -13	-9 -17	-8 -20
6	10	+22 +13	+28 +13	+35 +13	+49 +13	+14 +5	+20 +5	+9 0	+15 0	+22 0	+36 0	+58 0	+90 0	+150 0	±4.5	±7.5	±11	+2 -7	+5 -10	+6 -16	-12 -21	-9 -24
10	18	+27 +16	+34 +16	+43 +16	+59 +16	+17 +6	+24 +6	+11 0	+18 0	+27 0	+43 0	+70 0	+110 0	+180 0	±5.5	±9	±13.5	+2 -9	+6 -12	+8 -19	-15 -26	-11 -29
18	30	+33 +20	+41 +20	+53 +20	+72 +20	+20 +7	+28 +7	+13 0	+21 0	+33 0	+52 0	+84 0	+130 0	+210 0	±6.5	±10.5	±16.5	+2 -11	+6 -15	+10 -23	-18 -31	-14 -35
30	50	+41 +25	+50 +25	+64 +25	+87 +25	+25 +9	+34 +9	+16 0	+25 0	+39 0	+62 0	+100 0	+160 0	+250 0	±8	±12.5	±19.5	+3 -13	+7 -18	+12 -27	-21 -37	-17 -42
50	80	+49 +30	+60 +30	+76 +30	+104 +30	+29 +10	+40 +10	+19 0	+30 0	+46 0	+74 0	+120 0	+190 0	+300 0	±9.5	±15	±23	+4 -15	+9 -21	+14 -32	-26 -45	-21 -51
80	120	+58 +36	+71 +36	+90 +36	+123 +36	+34 +12	+47 +12	+22 0	+35 0	+54 0	+87 0	+140 0	+220 0	+350 0	±11	±17.5	±27	+4 -18	+10 -25	+16 -38	-30 -52	-24 -59
120	180	+68 +43	+83 +43	+106 +43	+143 +43	+39 +14	+54 +14	+25 0	+40 0	+63 0	+100 0	+160 0	+250 0	+400 0	±12.5	±20	±31.5	+4 -21	+12 -28	+20 -43	-36 -61	-28 -63
180	250	+79 +50	+96 +50	+122 +50	+165 +50	+44 +15	+61 +15	+29 0	+46 0	+72 0	+115 0	+185 0	+290 0	+460 0	±14.5	±23	±36	+5 -24	+13 -33	+22 -50	-41 -70	-33 -79
250	315	+88 +56	+108 +56	+137 +56	+186 +56	+49 +17	+69 +17	+32 0	+52 0	+81 0	+130 0	+210 0	+320 0	+520 0	±16	±26	±40.5	+5 -27	+16 -36	+25 -56	-47 -79	-36 -88
315	400	+98 +62	+119 +62	+151 +62	+202 +62	+54 +18	+75 +18	+36 0	+57 0	+89 0	+140 0	+230 0	+360 0	+570 0	±18	±28.5	±44.5	+7 -29	+17 -40	+28 -61	-51 -87	-41 -98
400	500	+108 +68	+131 +68	+165 +68	+223 +68	+60 +20	+83 +20	+40 0	+63 0	+97 0	+155 0	+250 0	+400 0	+630 0	±20	±31.5	±48.5	+8 -32	+18 -45	+29 -68	-55 -95	-45 -108

表 4.1.2　常用轴的极限偏差（摘自 GB/T 1800.2—2020）

公称尺寸/mm		常用公差带/μm																						
		f					g			h						js			k			p		
>	至	5	6	7	8	9	5	6	7	6	7	8	9	10	11	6	7	8	6	7	8	6	7	8
—	3	−6/−10	−6/−12	−6/−16	−6/−20	−6/−31	−2/−6	−2/−8	−2/−12	−0/−6	−0/−10	−0/−14	−0/−25	−0/−40	−0/−60	±3	±5	±7	+6/0	+10/0	+14/0	+12/+6	+16/+6	+20/+6
3	6	−10/−15	−10/−18	−10/−22	−10/−28	−10/−40	−4/−9	−4/−12	−4/−16	−0/−8	−0/−12	−0/−18	−0/−30	−0/−48	−0/−75	±4	±6	±9	+9/+1	+13/+1	+18/0	+20/+12	+24/+12	+30/+12
6	10	−13/−19	−13/−22	−13/−28	−13/−35	−13/−49	−5/−11	−5/−14	−5/−20	−0/−9	−0/−15	−0/−22	−0/−36	−0/−58	−0/−90	±4.5	±7.5	±11	+10/+1	+16/+1	+22/0	+24/+15	+30/+15	+37/+15
10	18	−16/−24	−16/−27	−16/−34	−16/−43	−16/−59	−6/−14	−6/−17	−6/−24	−0/−11	−0/−18	−0/−27	−0/−43	−0/−70	−0/−110	±5.5	±9	±13.5	+12/+1	+19/+1	+27/0	+29/+18	+36/+18	+45/+18
18	30	−20/−29	−20/−33	−20/−41	−20/−53	−20/−72	−7/−16	−7/−20	−7/−28	−0/−13	−0/−21	−0/−33	−0/−52	−0/−84	−0/−130	±6.5	±10.5	±16.5	+15/+2	+23/+2	+33/0	+35/+22	+43/+22	+55/+22
30	50	−25/−36	−25/−41	−25/−50	−25/−64	−25/−87	−9/−20	−9/−25	−9/−34	−0/−16	−0/−25	−0/−39	−0/−62	−0/−100	−0/−160	±8	±12.5	±19.5	+18/+2	+27/+2	+39/0	+42/+26	+51/+26	+65/+26
50	80	−30/−43	−30/−49	−30/−60	−30/−76	−30/−104	−10/−23	−10/−29	−10/−40	−0/−19	−0/−30	−0/−46	−0/−74	−0/−120	−0/−190	±9.5	±15	±23	+21/+2	+32/+2	+46/0	+51/+32	+62/+32	+78/+32
80	120	−36/−51	−36/−58	−36/−71	−36/−90	−36/−123	−12/−27	−12/−34	−12/−47	−0/−22	−0/−35	−0/−54	−0/−87	−0/−140	−0/−220	±11	±17.5	±27	+25/+3	+38/+3	+54/0	+59/+37	+72/+37	+91/+37
120	180	−43/−61	−43/−68	−43/−83	−43/−106	−43/−143	−14/−32	−14/−39	−14/−54	−0/−25	−0/−40	−0/−63	−0/−100	−0/−160	−0/−250	±12.5	±20	±31.5	+28/+3	+43/+3	+63/0	+68/+43	+63/+43	+106/+43
180	250	−50/−70	−50/−79	−50/−96	−50/−122	−50/−165	−15/−35	−15/−44	−15/−61	−0/−29	−0/−46	−0/−72	−0/−115	−0/−185	−0/−290	±14.5	±23	±36	+33/+4	+50/+4	+72/0	+79/+50	+96/+50	+122/+50
250	315	−56/−79	−56/−88	−56/−108	−56/−137	−56/−185	−17/−40	−17/−49	−17/−69	−0/−32	−0/−52	−0/−81	−0/−130	−0/−210	−0/−320	±16	±26	±40.5	+36/+4	+56/+4	+81/0	+88/+56	+108/+56	+137/+56
315	400	−62/−87	−62/−98	−62/−119	−62/−151	−62/−202	−18/−43	−18/−54	−18/−75	−0/−36	−0/−57	−0/−89	−0/−140	−0/−230	−0/−360	±18	±28.5	±44.5	+40/+4	+61/+4	+89/0	+98/+62	+119/+62	+151/+62
400	500	−68/−95	−68/−108	−68/−131	−68/−165	−68/−223	−20/−47	−20/−60	−20/−83	−0/−40	−0/−63	−0/−97	−0/−155	−0/−250	−0/−400	±20	±31.5	±48.5	+45/+5	+68/+5	+97/0	+108/+68	+131/+68	+165/+68

3. 技术要求

如果对零件材料有热处理、表面处理及其他特定要求，通常用文字在图样空白处注写。

（1）热处理　金属热处理的目的是改变材料的组织结构，以改善其使用性能及加工性能，如提高表面的硬度、耐磨性、耐蚀性等。常用的热处理有退火、淬火和回火等。

（2）表面处理　表面处理是指在金属表面增设保护层的工艺方法，它具有改善材料表面机械物理性能、防止腐蚀以及起装饰的作用，如常见的有表面淬火、渗碳、镀涂和氧化等。

（3）图中未绘制或者未标注的结构工艺　在零件的设计中，考虑到生产和装配，需要设计较多的小尺寸的倒角和倒圆，对于相同小倒角和小倒圆的尺寸，可以在技术要求中用文字注写。

任务4.2　识读压盖零件图

【4.2　任务工作单】

项目4　典型零件的识读和绘制		任务4.2　识读压盖零件图	
姓名：＿＿＿＿＿	班级：＿＿＿＿＿	学号：＿＿＿＿＿	日期：＿＿＿＿＿

4.2.1　明确任务

任务描述：

在用视图表达零件时，零件的内部孔、槽等不可见轮廓线都用虚线来表示。当内部结构比较复杂时，在视图中就会出现较多的虚线，不仅影响表达的清晰度，而且给尺寸标注带来不便，这时可采用剖视图的方法来表达零件的内部结构。

请识读图4.2.1所示的压盖零件图，并想象其形状，辨识技术要求。

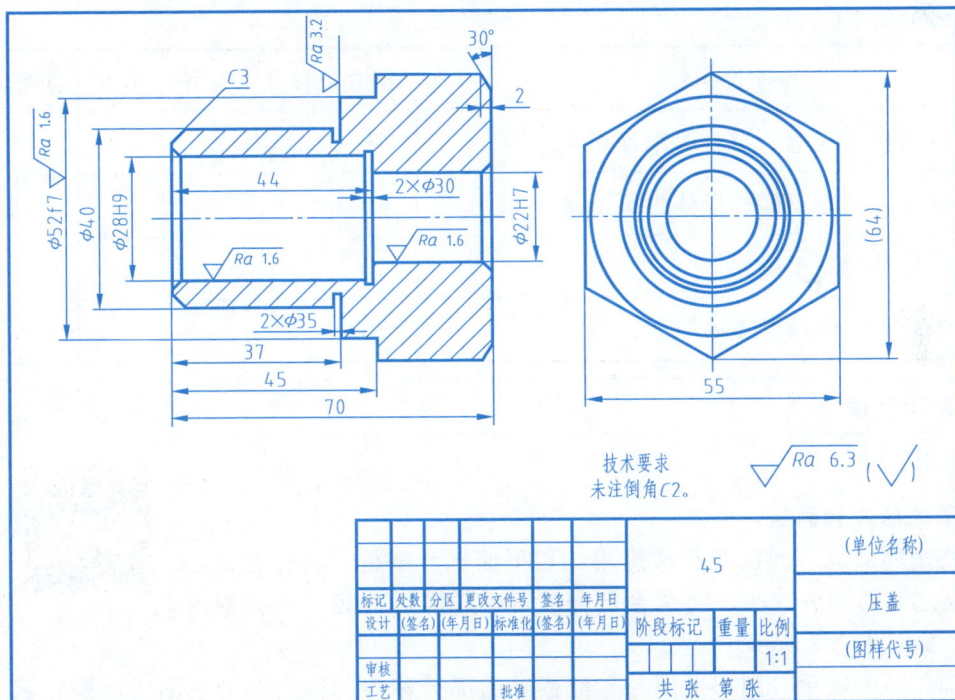

图4.2.1　压盖零件图

任务目标：

（1）认识表面粗糙度对零件加工精度和质量的影响，理解不同结构零件采用不同表达方法的具体问题具体分析的科学思维。

（2）能说出剖视图的画法和标注要点，会区分全剖视图、半剖视图和局部视图，能说出半剖视图的适用场合，能说出局部剖中波浪线的画法要点。

（3）能正确识读表面粗糙度，并能判断出表面质量。

（4）能通过小组合作正确识读零件图的标题栏、视图、尺寸和技术要求。

4.2.2　分析任务

（1）讨论：图 4.2.1 所示的压盖零件图采用了哪些表达方法？

（2）讨论：图 4.2.1 所示的零件图中有哪些技术要求？

（3）讨论：$\phi 52f7$ 尺寸的极限偏差是多少？哪些表面要求最光滑？未标注的表面粗糙度是什么要求？

（4）讨论：图 4.2.1 中左视图有何作用？图中 6 个圆分别代表什么？

4.2.3　实施任务（完成后在右侧打"√"）

（1）识读完标题栏。

（2）识读完视图，判断出表达方法，想象出形体。

（3）识读完尺寸，判断出定形尺寸、定位尺寸和总体尺寸。

（4）识读完技术要求，能说出哪个表面要求最光滑。

4.2.4　评价任务

序号	评价指标	分值	自评	互评	师评	总评
1	零件名称、比例、材料等识读正确	10				
2	表达方法判断正确，形体想象正确	40				
3	尺寸种类判断正确	20				
4	技术要求识读判断正确	30				

4.2.5　任务知识链接

一、剖视图

1. 剖视图的形成和画法

（1）剖视图的形成　剖视图是假想用剖切平面剖开零件，将处在观察者与剖切平面之间的部分移去，将剩余部分的可见轮廓线向投影面投射所得到的视图，如图 4.2.2 所示。

剖视图的形成

（2）剖面符号的表示　剖切平面与零件接触的部分称为剖面，在剖视图中需要在该区域画上剖面符号。材料不同，剖面符号也不同，具体见表 4.2.1。常用的金属材料剖面用 45°、间隔相等的平行细实线表示。

同一张图样中，同一个零件所有剖视图的剖面符号应一致。图 4.2.3 所示零件的主视图和左视图均使用了单一剖全剖的表达方法，在这两个剖视图上，剖面线的方向和间隔应一致。

a) 剖切后投影　　　　　　　　b) 剖视图的表达

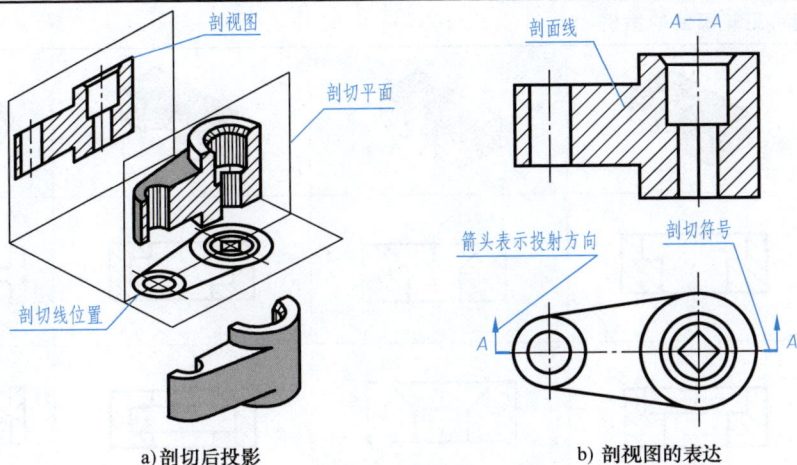

图 4.2.2　剖视图形成

表 4.2.1　剖面符号

材料类别	剖面符号	材料类别	剖面符号	材料类别	剖面符号
金属材料（已有规定剖面符号者除外）		非金属材料（已有规定剖面符号者除外）		线圈绕组元件	
型砂、填砂、粉末冶金、砂轮、陶瓷刀片、合金刀片等		液体		木材纵剖面	
转子、电枢、变压器和电抗器等叠钢片		玻璃及供观察用的其他透明材料		木材横剖面	

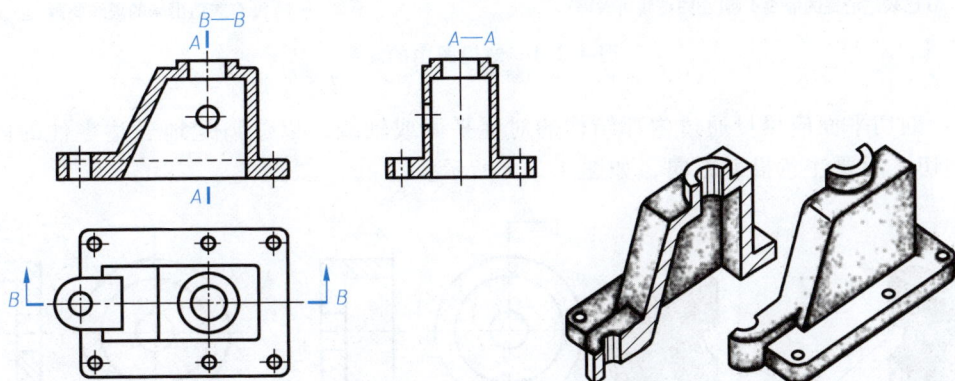

图 4.2.3　一张图样上同一个零件剖面符号应一致

（3）剖视图画法要点

1）剖切是假想的。将一个视图画成剖视图之后，其他视图必须按完整零件画出。

2）投影时，剖切平面后方的可见轮廓线应全部画出，不可遗漏，见表 4.2.2。

剖视图的画法

表 4.2.2　遗漏可见轮廓线的案例

轴测图			
漏线示例			
正确画法			

3）在不影响对零件形状完整表达的前提下，不可见的轮廓线（虚线）一般不画，如图 4.2.4a 所示。但若虚线部分结构未在所有视图中表达出来，则需要绘出，如图 4.2.4b 所示。

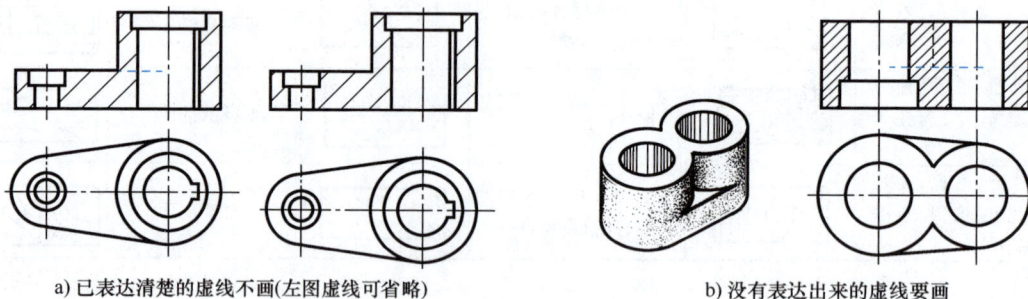

a) 已表达清楚的虚线不画(左图虚线可省略)　　　　　b) 没有表达出来的虚线要画

图 4.2.4　剖视图中的虚线

4）剖切平面应尽量通过内部结构的对称平面或轴线，以便清楚地表达零件的内部结构。剖切之后要注意投射方向，如图 4.2.5 所示。

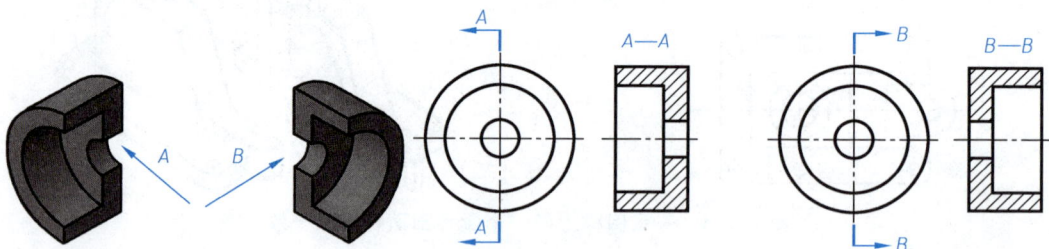

图 4.2.5　投射方向

2. 剖视图的标注

剖视图通常需要标注，以便于判断剖切位置和剖切后的投射方向，从而找出各视图之间的对应关系。剖视图本身不能反映剖切平面的位置，只能在其他视图上表示。

剖视图的标注

剖视图的标注包含以下内容：

1）剖切线：表示剖切面起始、转折位置的线，用短粗实线表示。

2）投射方向：在剖切线起始点用箭头表示剖切之后的投影方向。

3）字母：在剖切线附近注写字母，在剖视图正上方用相同字母表示该剖视图的名称，如"*A—A*"，如图 4.2.6 所示。

凡剖视图满足下列条件者可省略标注：①剖切平面是单一的，且平行于基本投影面；②剖切平面与零件的对称面重合；③剖视图配置在相应的基本视图位置，图 4.2.6a 就符合这种情况，可以省略标注，如图 4.2.6b 所示。

凡满足以下两个条件的剖视图可以省略箭头：①剖切平面是基本投影面的平行面；②剖视图按基本视图位置配置，如图 4.2.6c 所示。

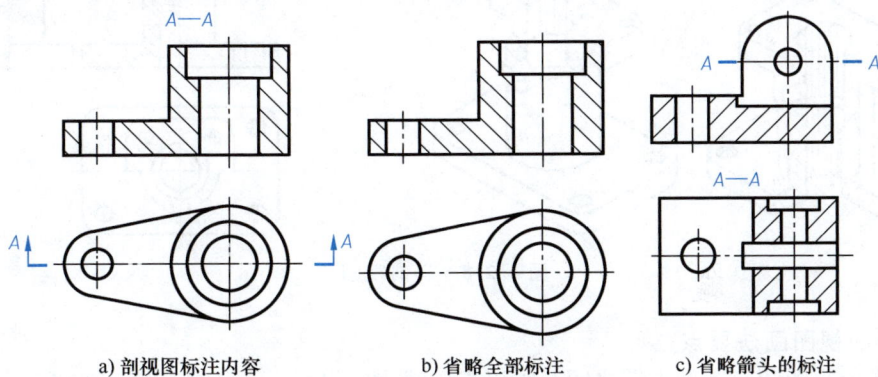

a) 剖视图标注内容　　　　b) 省略全部标注　　　　c) 省略箭头的标注

图 4.2.6　剖视图的标注

3. 剖视图的种类

按剖切面剖开零件的范围，剖视图可分为全剖视图、半剖视图和局部剖视图三种。

二、全剖视图

用剖切平面完全剖开零件所得的剖视图，称为全剖视图。若剖切平面的数量只有一个且平行于投影面，则称为单一剖全剖。全剖视图主要适用于表达内部结构复杂的不对称零件或者外形简单的对称零件，以及圆筒形的内部形状。如图 4.2.7 所示，沿物体前后对称面剖切得到主视图，因为剖切平面单一、平行于主视图投影面，且与零件前后对称面重合，主视图沿投影方向配置，因此标注可以全部省略。左视图沿投射方向配置，剖切平

单一剖
全剖画法

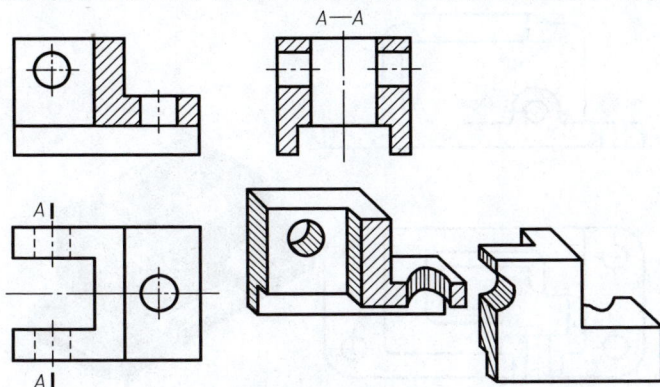

图 4.2.7　全剖视图

面 $A—A$ 平行于左视图投影面但不与对称面重合，所以可以省略箭头标注。主视图和左视图均采用了全剖视图，表达的是同一零件，剖面符号一致。

三、半剖视图

当零件内外结构对称时，可以以对称线为界，一半画成剖视图，另一半画成视图，这种剖视图称为半剖视图。半剖视图常用于需要在同一视图中同时表达零件内、外部结构形状的情况。采用半剖视时，要求零件在选定的投射方向上必须是图形对称或基本对称。利用人们视觉上的对称性，根据一半的结构形状就能想象出另一半的结构形状，如图 4.2.8 所示。

半剖视图画法

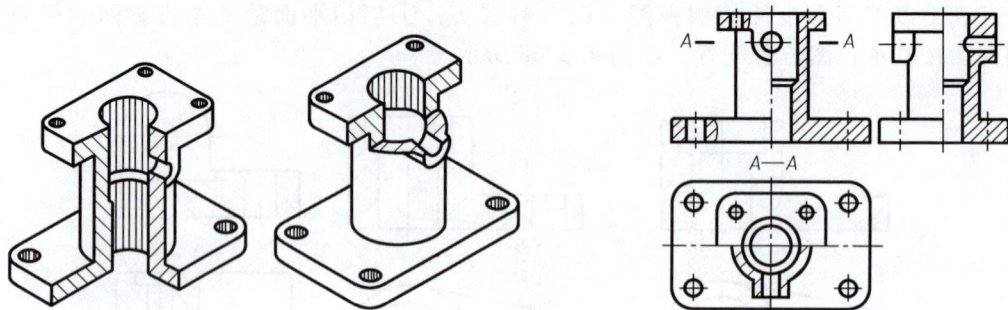

图 4.2.8　半剖视图

1. 半剖视图画法要点

1）半个视图和半个剖视图之间必须以点画线为分界线，不能画成粗实线或其他线型。

2）当半个剖视图中已表达清楚内部结构时，在半个视图中不必再画虚线，但对于孔或槽需画出中心线的位置。在半剖视图中未表达清楚的结构，可以在半个视图中作局部剖视图，如图 4.2.8 所示上、下底板中的小孔。

2. 半剖视图的标注

半剖视图的标注方法按单一剖全剖视图规定的方法标注，如图 4.2.8 所示。

半剖视图标注

四、局部剖视图

用剖切平面剖开零件局部所得的剖视图称为局部剖视图。它是由一部分外形视图和一部分剖视图组合而成的，两部分图形的分界线是波浪线，如图 4.2.9 所示。

局部剖视图

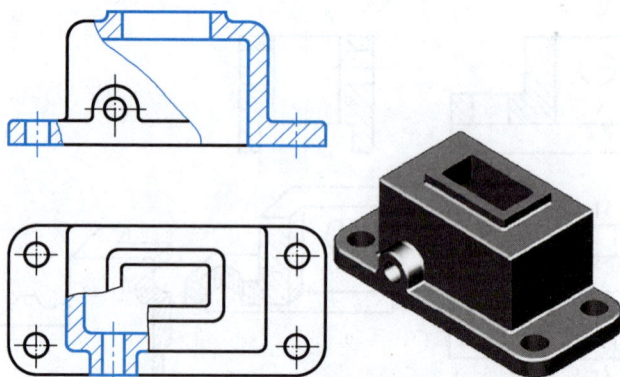

图 4.2.9　局部剖视图

1. 局部剖视图的适用情况

局部剖视图是一种灵活的剖视图表达方法，通常可用于以下几种情况：

1）同一个图形中需要同时表达零件内外形状，而图形又不对称时（图4.2.10a）。

2）对称零件的轮廓线与中心线重合，不宜采用半剖视图时（图4.2.10b）。

3）零件的内部结构仅有个别部分需要表达时，特别是小孔（图4.2.10c）。

4）轴、手柄等实心杆件上有小孔、凹坑和键槽等结构要表达时（图4.2.10d）。

中心线与轮廓线重合

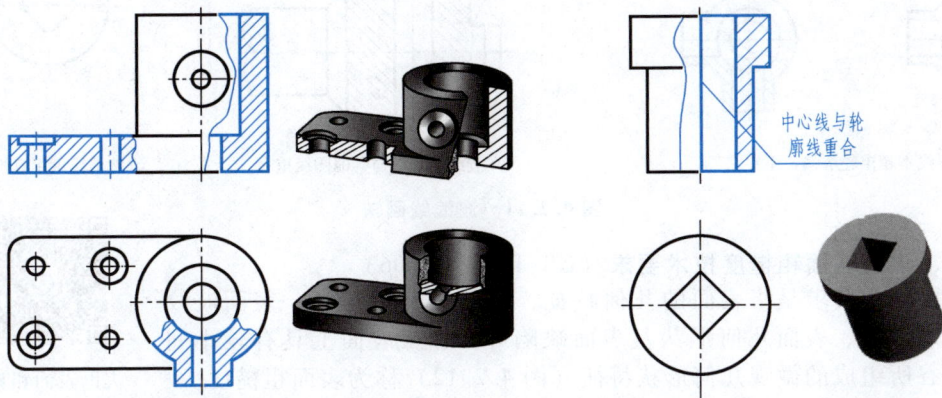

a) 表达不对称零件的内外形状和局部小孔　　　　　　　b) 表达不宜采用半剖的对称零件

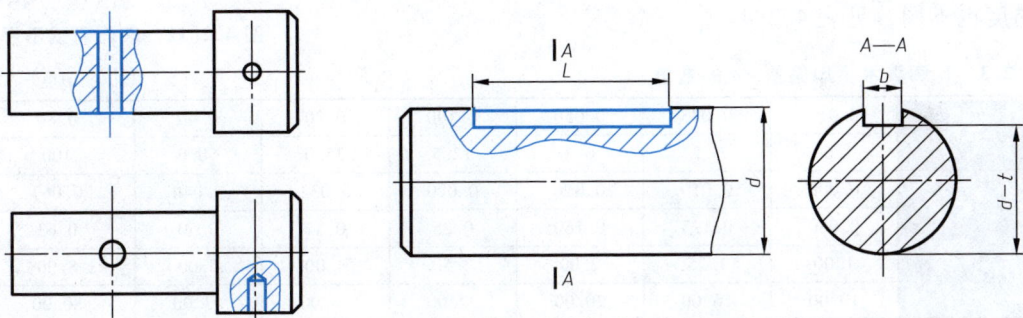

c) 表达轴上小孔　　　　　　　　　　　　　　d) 表达轴上键槽

图4.2.10　局部剖视图适用情况

2. 局部剖视图波浪线画法要点

局部剖视图中的波浪线必须在零件实体上，不能超出实体轮廓或穿过空的区域（图4.2.11a），也不能与轮廓线重合或画在其他图线的延长线上（图4.2.11b）。局部剖视图中也可以用双折线代替波浪线（图4.2.11c）。

a) 波浪线不超出轮廓线，不穿空 b) 波浪线不可与其他图线重合 c) 波浪线可用双折线代替

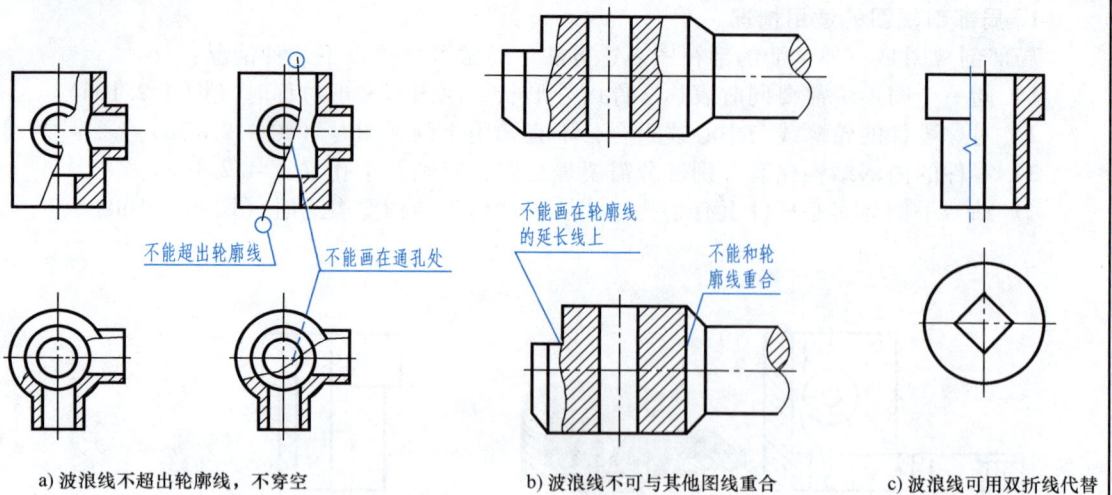

图 4.2.11 波浪线画法

五、识读表面粗糙度技术要求（GB/T 131—2006）

表面结构要求是指表面的几何特征，包括表面粗糙度、表面波纹度、纹理方向、表面几何形状及表面缺陷等。加工表面上具有较小间距的峰谷所组成的微观几何形状特征（图 4.2.12）称为表面粗糙度。

常用的表面粗糙度评定参数为轮廓算术平均偏差 Ra 值，它是在取样长度 L 内，轮廓偏距 y（表面轮廓上的点至基准线的距离）绝对值的算术平均值。Ra 的数值见表 4.2.3，数值越小表示零件表面要求越光滑。不同的加工方法可能达到的表面粗糙度也不同，见表 4.2.4。

认识表面粗糙度

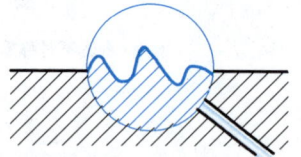

图 4.2.12 表面高低不平

表 4.2.3 轮廓算术平均偏差 Ra 的数值 （单位：μm）

第一系列	0.012	0.025	0.050	0.100	0.20	0.40	0.80
	1.60	3.2	6.3	12.5	25.0	50.0	100
第二系列	0.008	0.010	0.016	0.020	0.032	0.040	0.063
	0.080	0.125	0.160	0.25	0.32	0.50	0.63
	1.00	1.25	2.00	2.50	4.00	5.00	8.00
	10.00	16.00	20.00	32.00	40.00	63.00	80.00

表 4.2.4 不同加工方法可能达到的 Ra 值 （单位：μm）

加工方法	0.012	0.025	0.05	0.10	0.20	0.40	0.80	1.60	3.2	6.3	12.5	25	50	100
砂型铸造										√	√	√	√	√
冷轧					√	√	√	√	√	√				
钻孔							√	√	√	√	√	√		
滚铣						√	√	√	√	√	√	√		
端面铣						√	√	√	√	√	√	√		
车外圆						√	√	√	√	√	√	√		
车端面							√	√	√	√	√	√		
研磨	√	√	√	√	√	√	√	√						

表面粗糙度标注样式如图 4.2.13 所示。

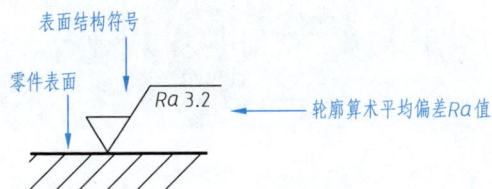

表面结构符号

零件表面

Ra 3.2

← 轮廓算术平均偏差 Ra 值

图 4.2.13　表面粗糙度的标注样式

符号有两种，主要区别在于所用加工方法是否去除表面材料，见表 4.2.5。

表 4.2.5　表面粗糙度符号的意义

符号	意义及说明
✓	用去除材料的方法获得的表面,如车、铣、钻、磨、抛光、腐蚀、电火花加工和气割等
✓	用不去除材料的方法获得的表面,如铸造、锻造、冲压、热轧、冷轧和粉末冶金等

任务 4.3 识读泵轴零件图

【4.3 任务工作单】

项目 4 典型零件的识读和绘制			任务 4.3 识读泵轴零件图	
姓名：_____	班级：_____		学号：_____	日期：_____

4.3.1 明确任务

任务描述：

　　轴套类零件上通常还有孔槽，除了常用的基本视图、剖视图等表达方法，断面图和局部放大图也常常用于表达轴上的小孔、键槽和退刀槽等结构。

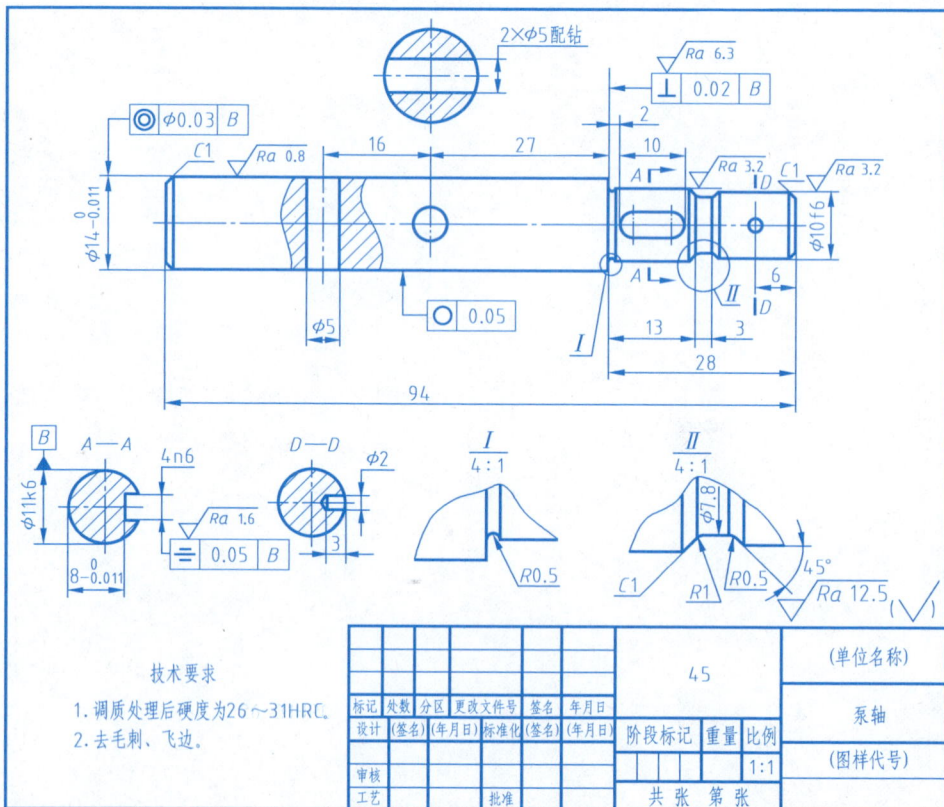

　　请识读图 4.3.1 所示泵轴零件图，理解其结构和表达方法、尺寸与技术要求。

泵轴
立体图

图 4.3.1 泵轴零件图

任务目标：

（1）进一步学习表达方法，形成"具体问题具体分析"的科学思维；理解几何公差对质量的影响。

（2）能说出断面图的形成和作用，能说出移出断面图的位置配置、画法规定和标注内容；能说出重合断面图与移出断面图的区别，能说出局部放大图的特点。

（3）能辨识常用几何公差的符号和名称，能说出指引线、基准符号与尺寸线对齐或错开的区别。

（4）能通过小组合作正确识读轴套类零件的表达方法和技术要求。

4.3.2 分析任务

（1）讨论：图4.3.1中一共用了几个视图？分别用了什么表达方法来表达哪些结构？

（2）讨论总结：轴上的小孔可采用哪些表达方法？轴上的键槽可采用什么表达方法？轴上的退刀槽、倒角等结构可采用哪些表达方法？

（3）讨论：几何公差指引线与尺寸线对齐表示什么？错开又表示什么？

（4）讨论：几何公差中有基准要素和无基准要素有何不同？

4.3.3 实施任务（完成后在右侧打"√"）

（1）识读完标题栏。

（2）识读完视图，判断出表达方法，想象出形体。

（3）识读完尺寸，判断出定形尺寸、定位尺寸和总体尺寸。

（4）识读完技术要求，能说出图中4处几何公差的含义。

4.3.4 评价任务

序号	评价指标	分值	自评	互评	师评	总评
1	零件名称、比例和材料等识读正确	10				
2	表达方法判断正确，形体想象正确	40				
3	尺寸种类判断正确	20				
4	技术要求识读判断正确	30				

4.3.5 任务知识链接

一、断面图

假想用剖切平面将零件的某处切断，仅画出断面的图形，这种图形称为断面图。断面图常用于表达零件上的键槽、小孔、肋板、轮辐和型材等的断面形状，如图4.3.2所示。断面图仅需表达出剖切截面的轮廓，剖视图需要将剖切截面和剖切平面后方可见轮廓线均表达出来，因此，断面图侧重表达截面，剖视图侧重表达内部结构。

认识断面图

根据断面图在图样上配置的位置不同，分为移出断面图和重合断面图两种。

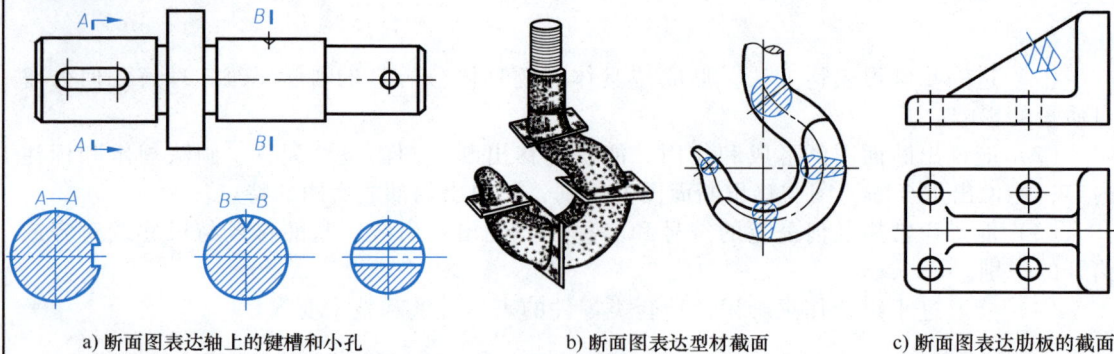

a) 断面图表达轴上的键槽和小孔   b) 断面图表达型材截面   c) 断面图表达肋板的截面

图 4.3.2 断面图

1. 移出断面图

画在视图轮廓线以外的断面图，称为移出断面图，如图 4.3.3 所示。

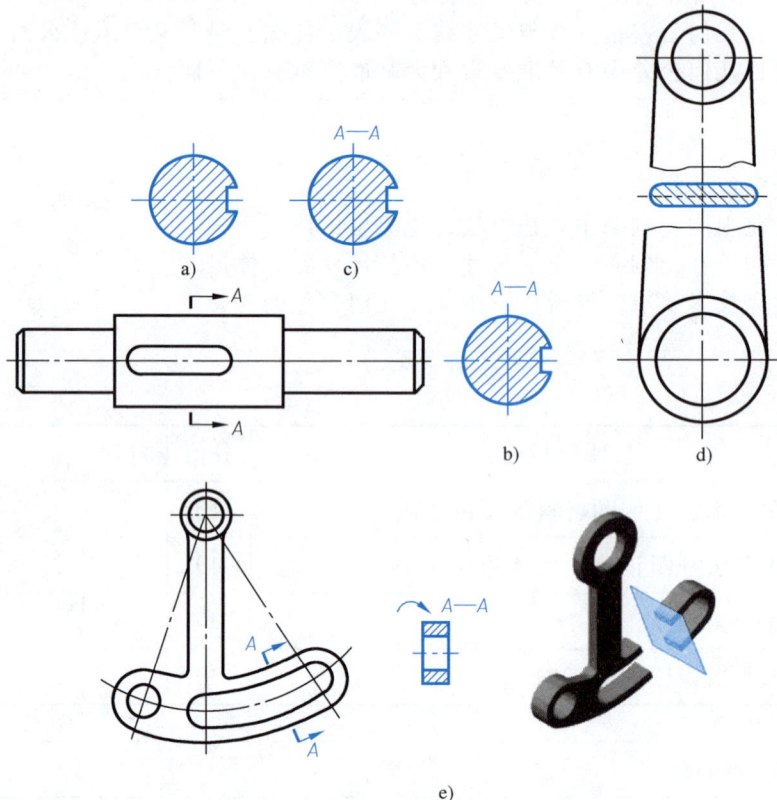

图 4.3.3 移出断面图的位置配置

（1）移出断面图的位置配置和标注

1）断面图尽量配置在剖切平面延长线上（图 4.3.3a）。

2）可按照投影位置放置断面图（图 4.3.3b）。

3）可在任意位置放置断面图（图 4.3.3c）。

4）当断面图对称时，也可将断面图画在视图的中断处（图 4.3.3d）。

5）必要时可将断面图配置在其他适当位置。在不致引起误解时，允许将图形旋转，但必须标注旋转符号（图4.3.3e）。

（2）移出断面图的画法规定

1）移出断面图的轮廓线用粗实线绘制。

2）一般情况下，断面图只画剖切的断面形状，但当剖切平面通过回转面形成的孔或凹坑的轴线时，还需要画出剖切平面后方可见的轮廓线（图4.3.4）。

移出断面图的
特殊规定

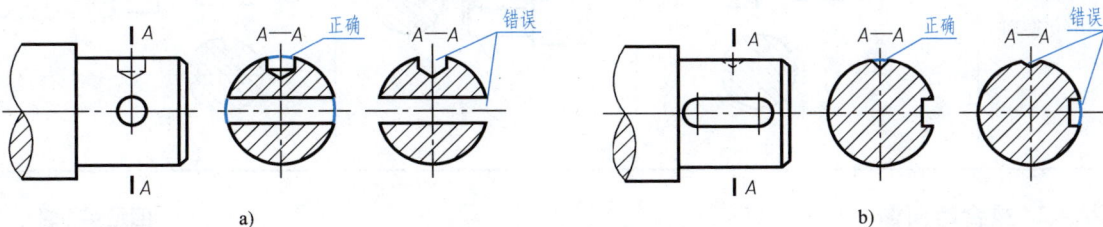

a)

图4.3.4 剖切平面通过回转面形成的凹坑

3）剖切之后造成断面分离时，剖切面后方的可见轮廓线也要画出（图4.3.5）。

4）由两个或多个相交剖切平面形成的断面图，应与零件轮廓线垂直且中间断开（图4.3.6）。

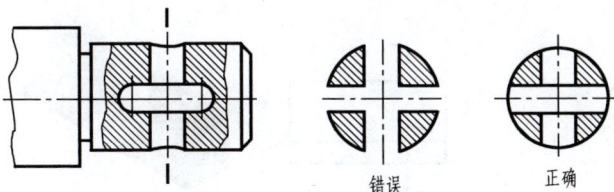

图4.3.5 造成断面分离

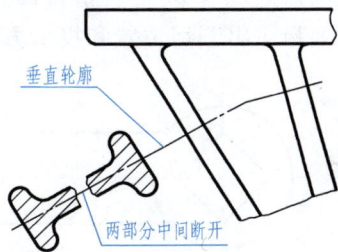

图4.3.6 多个剖切面的移出断面图

移出断面图的标注

（3）移出断面图的标注 移出断面图的标注与单一剖全剖的标注方法一致，需要标注出剖切平面起始位置（短粗实线）、投影方向（箭头）和名称（字母），也可以按照表4.3.1进行省略。

表4.3.1 移出断面图省略标注的情况

断面类型	剖切平面的位置		
	配置在剖切线或剖切符号延长线上	按投影关系配置	配置在其他位置
对称的移出断面			

（续）

断面类型	剖切平面的位置		
	配置在剖切线或剖切符号延长线上	按投影关系配置	配置在其他位置
不对称的移出断面	省略字母	省略箭头	标注剖切符号、箭头和字母

2. 重合断面图

画在视图轮廓线内部的断面图，称为重合断面图（图 4.3.7）。其轮廓线用细实线绘制，剖面线应与断面图形的对称线或主要轮廓线成 45°角。当视图的轮廓线与重合断面的图形线相交或重合时，视图的轮廓线仍要完整地画出（图 4.3.8）。重合断面图一般不需要标注，但若截面图形不对称，需要标注出剖切位置和投射方向。

重合断面图

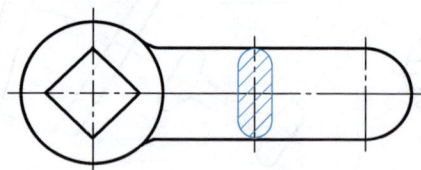

图 4.3.7　重合断面图

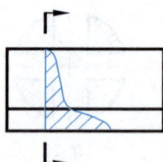

图 4.3.8　轮廓线与断面图重合时仍要画出

二、局部放大图

将零件的部分结构用大于原形的比例画出的图形，称为局部放大图。当零件局部结构较小，在原定比例的图中不易表达清楚或不便标注尺寸时，可将此局部结构用较大比例单独画出，如图 4.3.9 所示。

局部放大图

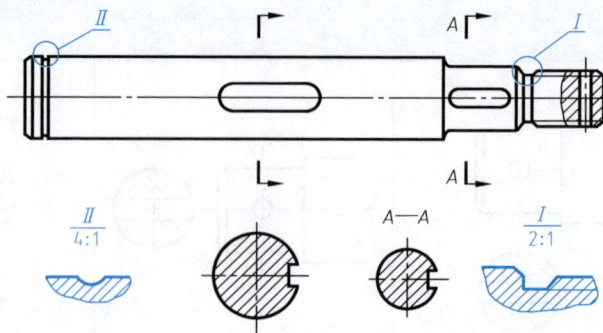

图 4.3.9　局部放大图

采用局部放大图时，需要在原视图中用圆圈将要放大的部位圈出，在该部位附近用一局部视图将圈出的部分以更大的比例画出，并且在局部放大图上方注明绘图比例。若有多处，则需要将圆圈和局部放大图——对应，进行编号。

三、几何公差（GB/T 1182—2018）

零件在加工过程中不仅会产生尺寸误差，还会产生零件组成要素的形状和位置等误差，因此，对于零件除需要给出重要尺寸的公差外，还应合理地确定几何误差的允许值。为此，国家标准规定了几何公差，用于限制实际形状或实际位置变动的范围。

1. 几何公差项目及符号

几何公差包含形状公差、方向公差、位置公差和跳动公差等。项目及符号见表4.3.2。

认识几何公差

表4.3.2　几何公差项目及符号

公差类型	几何特征	符号	有无基准	公差类型	几何特征	符号	有无基准
形状公差	直线度	—	无	位置公差	位置度	⊕	有或无
	平面度	▱	无		同心度（用于中心点）	◎	有
	圆度	○	无		同轴度（用于轴线）	◎	有
	圆柱度	⌭	无		对称度	=	有
	线轮廓度	⌒	无		线轮廓度	⌒	有
	面轮廓度	⌓	无		面轮廓度	⌓	有
方向公差	平行度	//	有	跳动公差	圆跳动	↗	有
	垂直度	⊥	有		全跳动	⌰	有
	倾斜度	∠	有				
	线轮廓度	⌒	有				
	面轮廓度	⌓	有				

2. 几何公差的标注

如图4.3.10所示，通常用带指引线的框格表示几何公差。其中指引线指向有几何公差要求的表面或者轴线、对称面。框格第一格填写几何公差项目符号，第二格填写公差值。若项目有基准要素，在第三格填写基准代号（用大写字母表示）（图4.3.10a），还需要在对应的基准面、线周围绘制出基准符号（图4.3.10b）；若无基准，一般只需绘制两格（图4.3.10c）。

几何公差的标注

在识读和标注几何公差时，要注意被测要素和基准要素的表示区别。

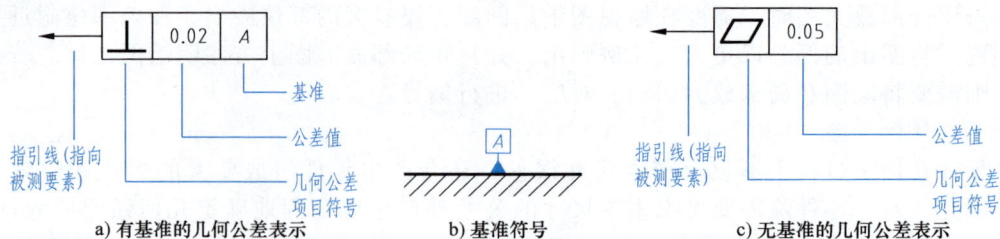

a) 有基准的几何公差表示   b) 基准符号   c) 无基准的几何公差表示

图 4.3.10　几何公差的表示

1）当被测要素或基准要素为零件的面或线等实际要素时，指引线箭头或基准符号应指在面、线本身或其延长线上，并应明显地与该要素的尺寸线错开，如图 4.3.11 所示。

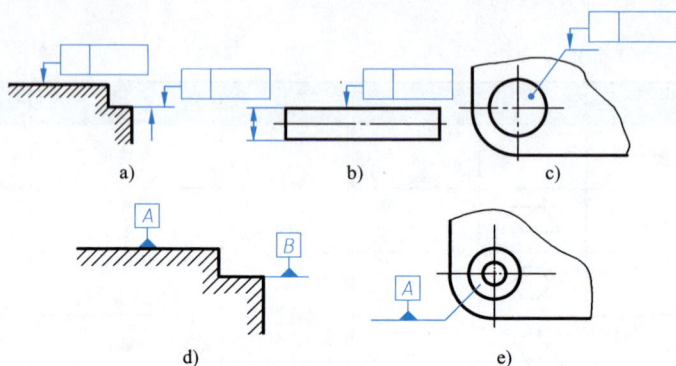

图 4.3.11　被测要素和基准要素为实际要素

2）当被测要素或基准要素为零件的轴线、球心或中心平面等导出要素时，指引线箭头或基准符号应与该要素的尺寸线对齐，如图 4.3.12 所示。

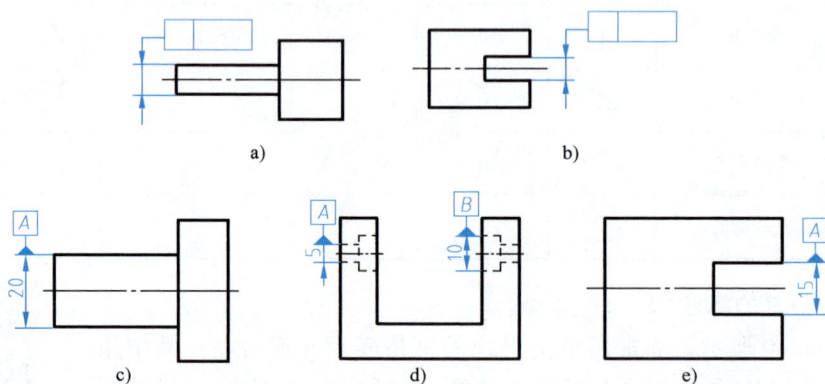

图 4.3.12　被测要素和基准要素为导出要素

任务 4.4 识读轴承盖零件图

【4.4 任务工作单】

项目 4 典型零件的识读和绘制		任务 4.4 识读轴承盖零件图	
姓名：_____	班级：_____	学号：_____	日期：_____

4.4.1 明确任务

任务描述：

轮盘类零件也是常见的典型零件（图 4.4.1），其结构一般为具有孔的回转体，径向尺寸比轴向尺寸大，如端盖、轴承盖和齿轮等零件，主要起轴向定位、密封以及传递动力和转矩等作用。

图 4.4.1 轮盘类零件

轴承盖
立体图

请识读并绘制图 4.4.2 所示的轴承盖零件图。

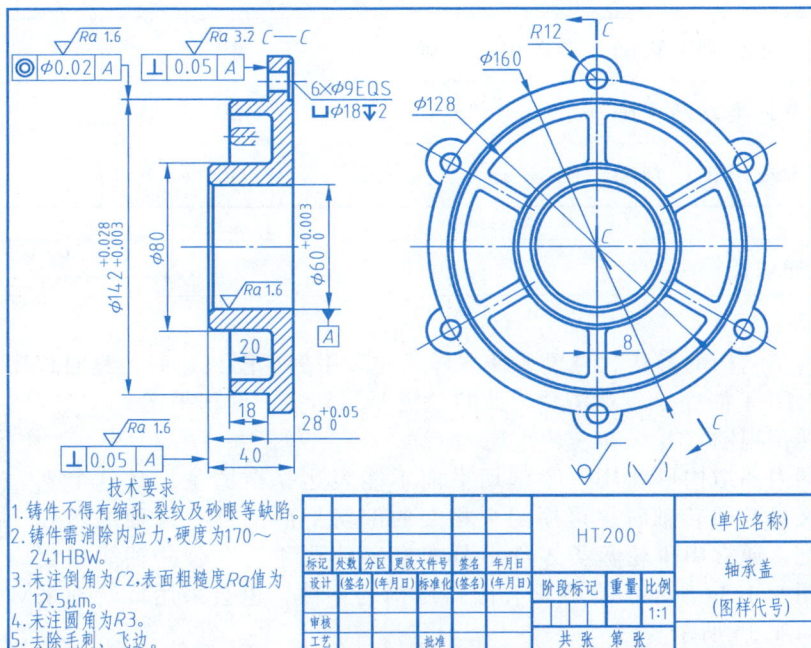

图 4.4.2 轴承盖零件图

任务目标:

(1) 通过识读零件图,进一步丰富表达方法,理解"具体问题具体分析"的科学思维。

(2) 能说出旋转剖、阶梯剖和复合剖的适用结构特点,能说出旋转剖的基本画法,能说出阶梯剖的画法要点。

(3) 能说出零件上关于肋板、轮辐和均布孔等结构的规定画法要点。

(4) 能独立正确识读零件图的表达方法、技术要求等内容。

4.4.2 分析任务

(1) 讨论:图 4.4.2 所示零件的表达方法有哪些?两个视图分别是为了表达哪些结构?

(2) 讨论:图 4.4.2 所示零件有几个均布的孔、肋板和槽?分别如何将其表达清楚?

(3) 讨论:图 4.4.2 所示零件有哪些技术要求?请各举例说一说。

4.4.3 实施任务(完成后在右侧打"√")

(1) 识读完标题栏。

(2) 识读完视图,判断出表达方法,想象出形体。

(3) 识读完尺寸,判断出定形尺寸、定位尺寸和总体尺寸。

(4) 识读完技术要求,能说出技术要求的含义。

4.4.4 评价任务

序号	评价指标	分值	自评	互评	师评	总评
1	零件名称、比例和材料等识读正确	10				
2	表达方法判断正确,形体想象正确	40				
3	尺寸种类判断正确	20				
4	技术要求识读判断正确	30				

4.4.5 任务知识链接

零件的内部结构的形状和位置多种多样,在采用剖视图表达时,有时仅用一个剖切平面(单一剖)并不能完全表达清楚,此时就需要用到多个剖切平面。

一、旋转剖视图(几个相交的剖切平面)

当零件的内部结构形状用一个剖切平面不能表达完全清楚,且这个零件在整体上又具有回转轴时,可用两个相交的剖切平面剖开,这种剖切方法称为旋转剖,通常用于轮盘类零件上分布有多种孔和具有公共轴线相交的情况,如图 4.4.3a 所示。有些具有倾斜结构的零件,也会采用旋转剖来表达,如图 4.4.3b 所示。

旋转剖

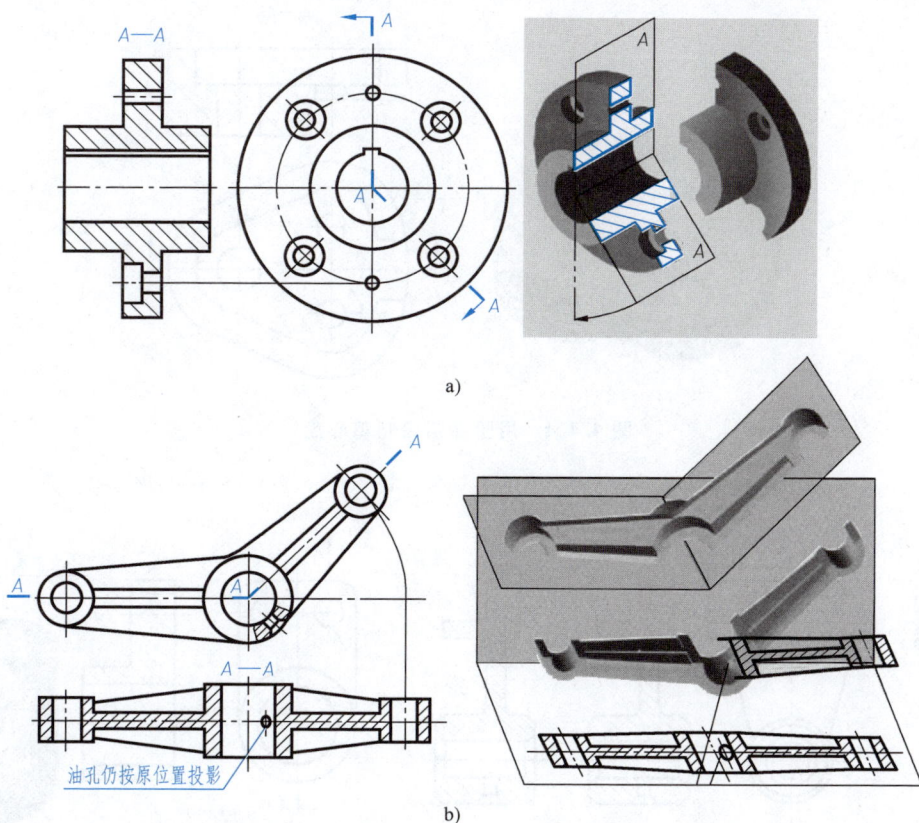

a)

油孔仍按原位置投影

b)

图 4.4.3　旋转剖的绘制和标注

1. 旋转剖视图的画法

先剖—旋转—投射—画剖面线。按先剖切后旋转的方法绘制剖视图，使剖开的结构及有关部分旋转至与某一选定的投影面平行后再投射。此时旋转部分的某些结构与原图形不再保持投影关系。

绘制旋转剖视图的注意事项如下：

1）剖切是假想的，不影响其他视图的完整性。

2）剖切平面后方的其他结构按原位置投影，如图 4.4.3b 所示小油孔的投影。

2. 旋转剖视图的标注

旋转剖必须标注。在剖切平面的起、迄、转折处画上短粗实线的剖切符号，用箭头表示投射方向，在箭头旁边注明字母，在相应的剖视图上方用"X—X"表示。

二、阶梯剖视图（几个平行的剖切平面）

当零件上有较多内部结构形状，而它们的轴线位于几个平行平面上，可用几个互相平行的剖切平面剖切，这种剖切方法称为阶梯剖，如图 4.4.4 所示。

1. 阶梯剖视图的画法

采用阶梯剖视图时，各剖切平面剖切后所得的剖视图是一个图形，不应在剖视图中画出各剖切平面的界线（图 4.4.5a）。在图形内也不应出现不完整的结构要素（图 4.4.5b），在很少的情况下，若需要剖切的孔槽均是对称的，则允许

阶梯剖

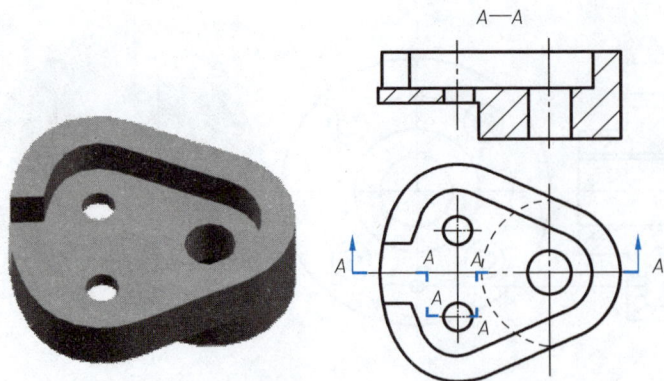

图 4.4.4 用阶梯剖绘制鸡心盘

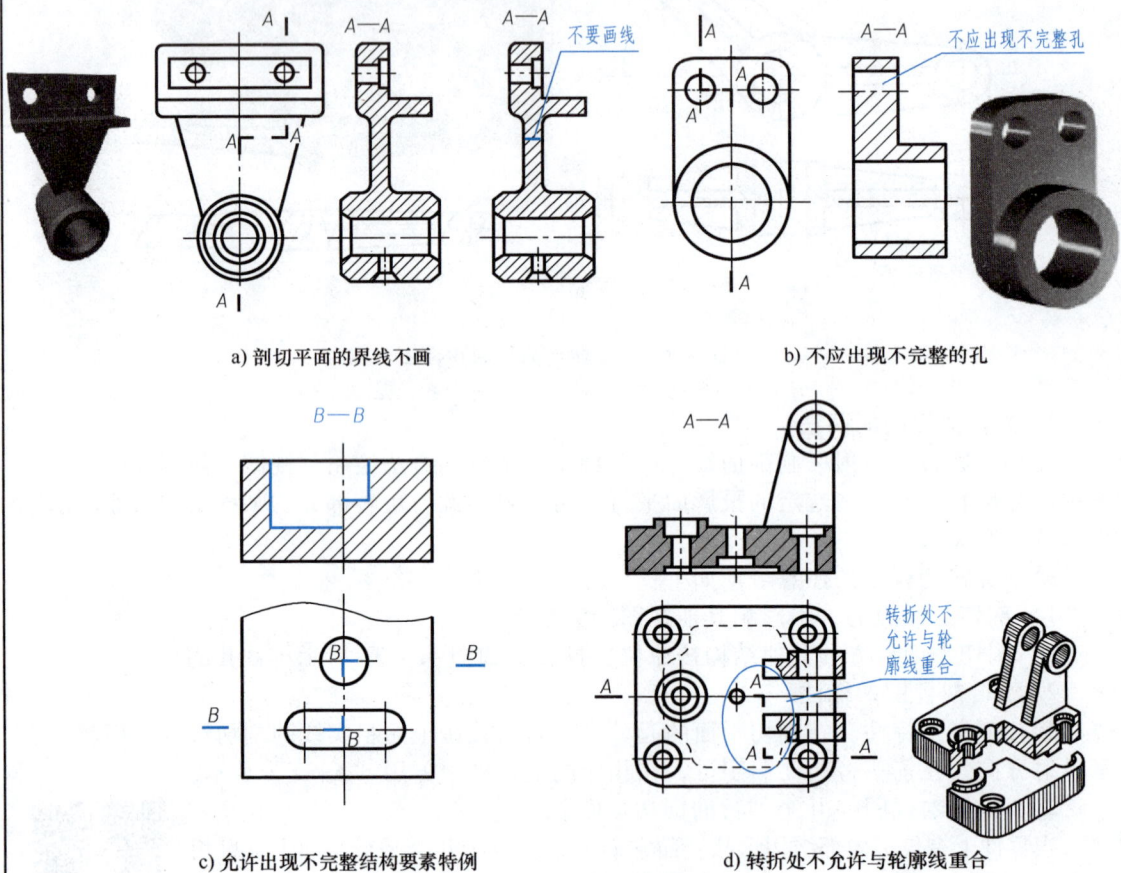

a) 剖切平面的界线不画

b) 不应出现不完整的孔

c) 允许出现不完整结构要素特例

d) 转折处不允许与轮廓线重合

图 4.4.5 阶梯剖画法注意事项

各剖一半（图4.4.5c）。剖切平面的转折处不应与视图中的轮廓线（粗实线或虚线）重合（4.4.5d）。

2. 阶梯剖视图的标注

阶梯剖必须标注，有时可省略箭头。阶梯剖的标注方法与旋转剖的标注方法相同。

三、复合剖视图

由多组旋转剖或者旋转+阶梯剖的组合称为复合剖视图（图 4.4.6），复合剖视图用来表达内部结构复杂的零件。其画法同旋转剖和阶梯剖，必须标注出剖切路线。

复合剖

a)

b)

图 4.4.6　复合剖视图

四、轮盘类零件上常见结构的规定画法

1. 肋板、轮辐和均布肋板、孔的规定画法

1）若剖切面经过肋板、轮辐及薄壁等结构的小尺寸对称面，剖切面上肋板等处不画剖面线，且用外轮廓粗实线将其与相邻部分分开，其余剖切位置均按剖视图绘制（图 4.4.7a、b）。

2）当零件回转体上均匀分布的肋、轮辐及孔等结构不在剖切平面上时，可将这些结构旋转到剖切平面上画出（图 4.4.7c、d）。

轮盘类简化画法

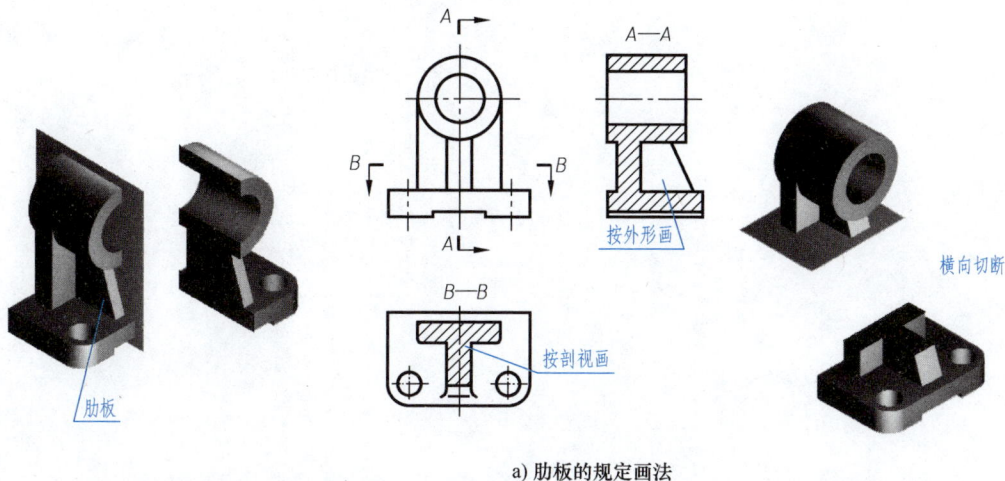

肋板

按外形画

按剖视画

横向切断

a) 肋板的规定画法

图 4.4.7　肋板、轮辐和均布肋板、孔的画法

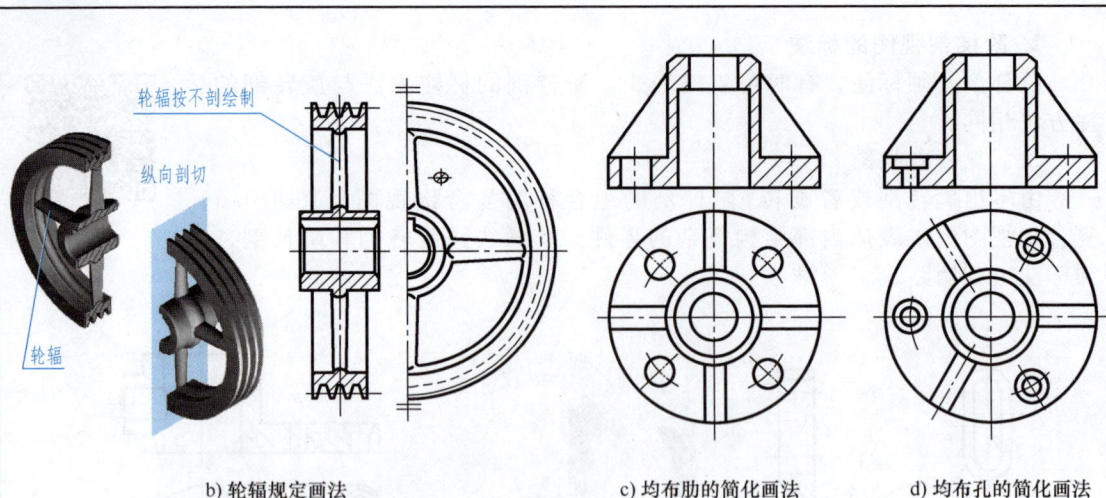

b) 轮辐规定画法　　　　　c) 均布肋的简化画法　　　　d) 均布孔的简化画法

图 4.4.7　肋板、轮辐和均布肋板、孔的画法（续）

2. 对称结构的简化画法

　　轮盘类零件大多是对称结构，当某一图形对称时，可画略大于一半；在不致引起误解时，对称零件的视图也可只画出一半或四分之一，此时必须在对称中心线的两端画出两条与其垂直的平行细实线，如图 4.4.8 所示。

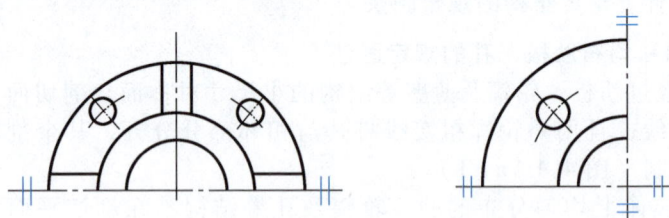

图 4.4.8　采用对称画法表达轮盘

任务 4.5　绘制工件加工盘零件图

【4.5　任务工作单】

项目4　典型零件的识读和绘制	任务4.5　绘制工件加工盘零件图		
姓名：_____	班级：_____	学号：_____	日期：_____

4.5.1　明确任务

任务描述：

　　在现代制造中，为提高加工效率，可利用加工盘实现多重工序或多工件加工。如图4.5.1所示，在加工盘上有八个均布工位，可在其上方设置相同的加工设备，即可同时完成多个工件加工，也可设置钻孔、冲压等不同的加工设备，完成一个加工之后，转盘转过一定角度，将工件送入下一个工位。

　　请根据图 4.5.2 所示某一款加工盘的结构、尺寸和技术要求，绘制零件图。

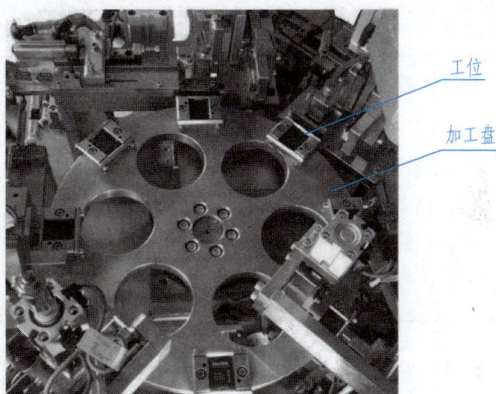

工位
加工盘

图 4.5.1　工件加工盘

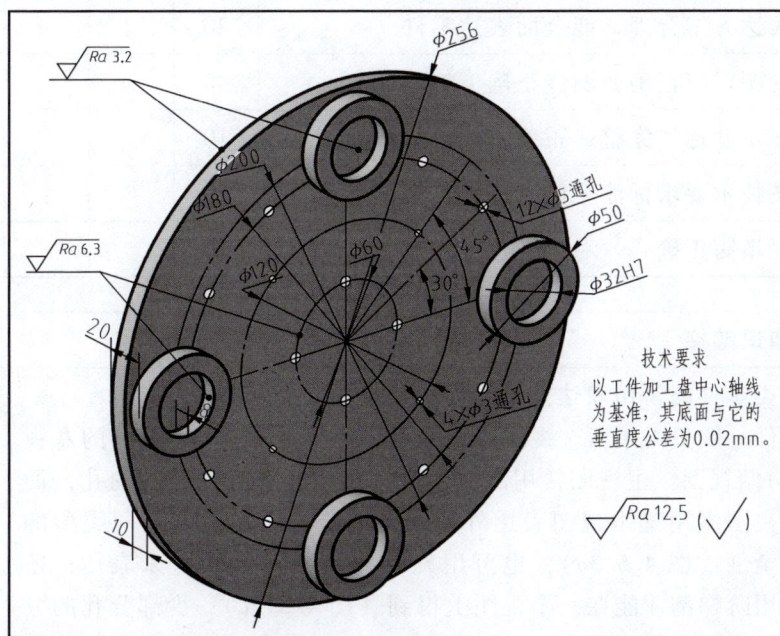

Ra 3.2
Ra 6.3
φ256
φ200
φ180
φ120
φ60
12×φ5通孔
φ50
45°
30°
φ32H7
20
4×φ3通孔
10

技术要求
以工件加工盘中心轴线
为基准，其底面与它的
垂直度公差为0.02mm。

Ra 12.5 (√)

图 4.5.2　工件加工盘

任务目标：

（1）了解工件加工盘在产线上的作用，通过具体问题具体分析的科学思维指导选择表达方法。

（2）能说出轮盘类零件常用的表达方法，能辨识出轮盘类零件的尺寸基准，能说出表面粗糙度标注要点和选择原则。

（3）能根据轮盘类零件，讨论确定出视图表达方案，完成尺寸标注和技术要求标注。

4.5.2 分析任务

（1）讨论：图 4.5.2 所示工件加工盘上有哪些主要结构？

（2）讨论：表达图 4.5.2 所示工件加工盘需要几个视图？分别用什么表达方法？

（3）讨论：图 4.5.2 所示工件加工盘的尺寸基准如何选择？需要标注哪些尺寸？

（4）讨论：该零件有哪些表面粗糙度要求？哪些尺寸有公差要求？有什么几何公差要求？

4.5.3 实施任务（完成后在右侧打"√"）

（1）确定视图的数量和表达方法。

（2）完成零件图视图的绘制。

（3）完成零件图尺寸标注。

（4）完成零件图技术要求标注。

（5）完成零件图标题栏的填写

4.5.4 评价任务

序号	评价指标	分值	自评	互评	师评	总评
1	零件表达方案合理，能全面表达零件	20				
2	零件视图对应正确，图线正确、规范	40				
3	零件图尺寸标注完整、正确、规范、清晰	10				
4	零件图技术要求标注全面、正确、规范	20				
5	标题栏填写正确	10				

4.5.5 任务知识链接

一、轮盘类零件的常用表达方法

轮盘类零件一般只需用两个视图即可表达清楚：主视图+反映圆的左视图，或主视图+俯视图。主视图常用剖视图表达出中间及四周分布的孔，而左视图或者俯视图多用基本视图表达外形及孔的分布。零件上不同类型的孔可用单一剖全剖（图 4.5.3a），也可用旋转剖（图 4.5.3b）来表达；还有一些孔需要用阶梯剖才能在一个视图上得到（图 4.5.3c）；少部分孔的分布较为复杂，需要用复合剖（图 4.5.3d）。

轮盘类零件表达

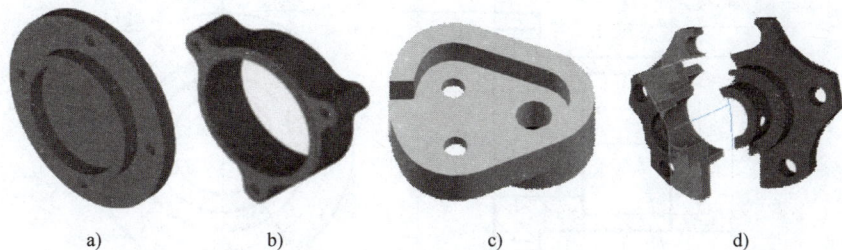

图 4.5.3　轮盘类零件的表达

二、零件图的尺寸标注

与组合体尺寸标注一样，在零件图上进行尺寸标注时，需要先确定长、宽、高三个方向的尺寸基准，标注出所有的定形尺寸、定位尺寸和总体尺寸。除此以外，还要注意以下几点。

1. 可以采用主基准+辅助基准

对于较为复杂的零件，在某一个或多个方向可以选择一个主要基准，再选择 1~2 个辅助基准作为定位尺寸的参照。轴类零件通常以水平轴线为宽、高方向的主基准（即径向基准），选取中间最粗段某一端面为轴向主基准，再辅以个别辅助基准进行标注（图 4.5.4）。

零件图尺寸
基准选择

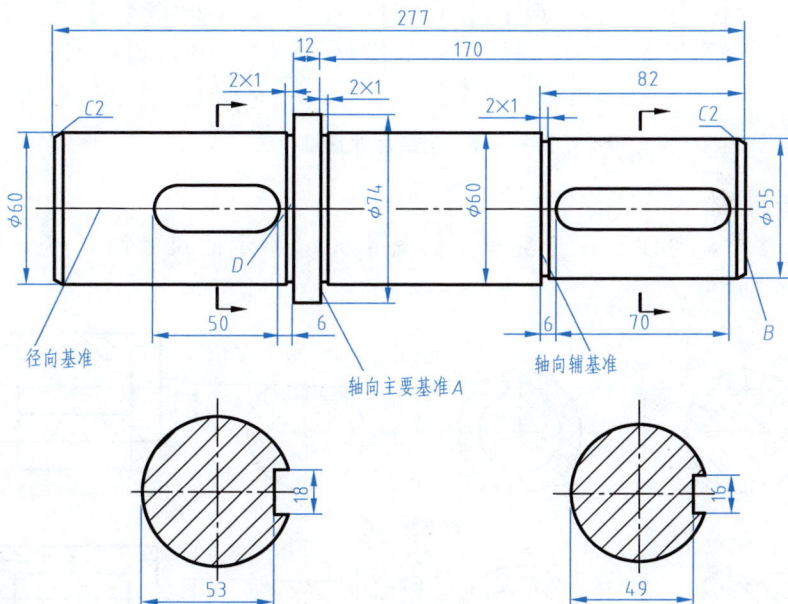

图 4.5.4　轴类尺寸基准

轮盘类零件一般选取回转轴线为径向基准（图 4.5.5 中高度、宽度），轴向主基准一般为重要接触端面（图 4.5.5 中长度主基准）。也可选择其余端面作为辅助基准。

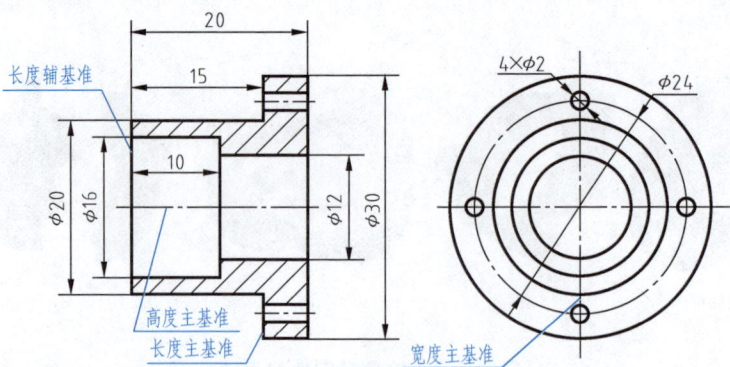

图 4.5.5 轮盘类尺寸基准

2. 主要尺寸和重要尺寸必须直接标注

主要尺寸和重要尺寸包括零件的规格性能尺寸、有配合要求的尺寸、确定零件之间相对位置的尺寸、连接尺寸和安装尺寸等。如图 4.5.6a 所示，L_1 是两孔中心距，需要直接标注，H_1 是轴承座孔中心高度的定位，应与底面直接标注。图 4.5.6b 中，H_2+H_3 的标注方式会将 H_2 的误差累积，增大误差。

零件图尺寸标注注意事项

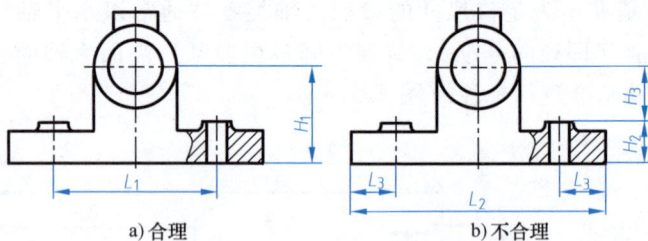

a) 合理 b) 不合理

图 4.5.6 重要尺寸直接标注

3. 要便于测量

在标注尺寸时，要注意便于测量。如图 4.5.7a 所示的尺寸测量不方便，应按图 4.5.7b 所示标注尺寸。

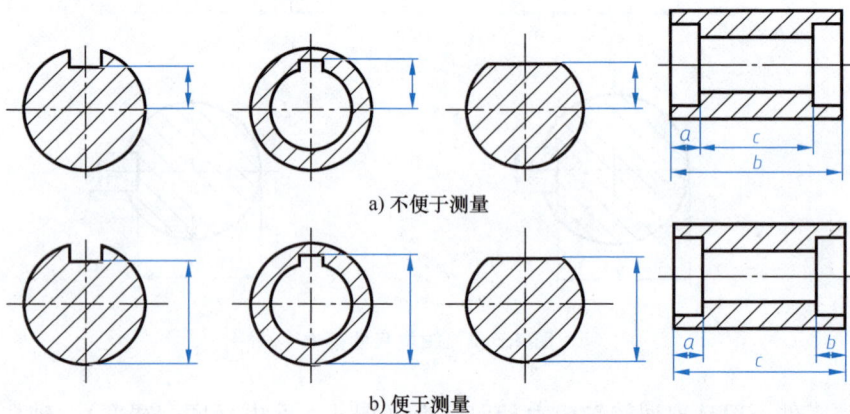

a) 不便于测量

b) 便于测量

图 4.5.7 尺寸标注要考虑测量方便

三、标注表面粗糙度（GB/T 131—2006）

1. 标注方法

1）表面粗糙度要标注在轮廓线或其延长线上，符号应在外表面一侧。总原则是表面结构的注写和读取方向与尺寸的注写和读取方向一致（图4.5.8a）。必要时可采用指引线标注（图4.5.8b）。在不致引起误解时，允许标注在尺寸线上（图4.5.8c），也可标注在几何公差框格的上方（图4.5.8d）。

表面粗糙度标注

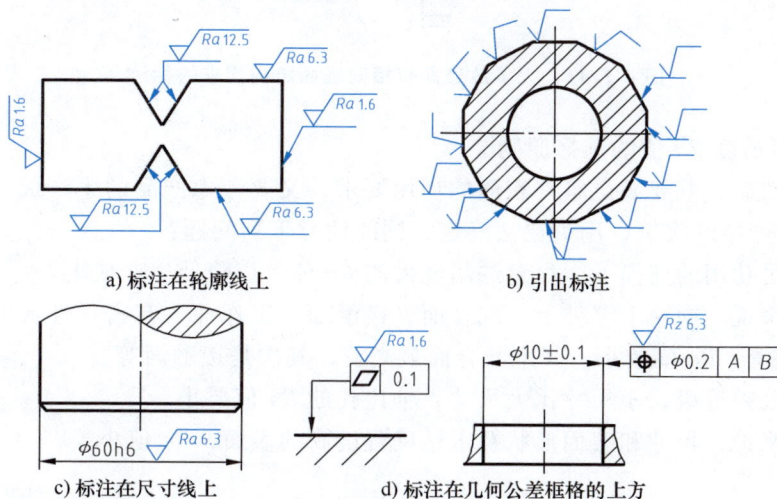

a) 标注在轮廓线上　　　　　b) 引出标注

c) 标注在尺寸线上　　　　d) 标注在几何公差框格的上方

图4.5.8　表面粗糙度的注写方向

2）同一表面只标注一次。若表面有不同要求，则应分别单独标注（图4.5.9）。

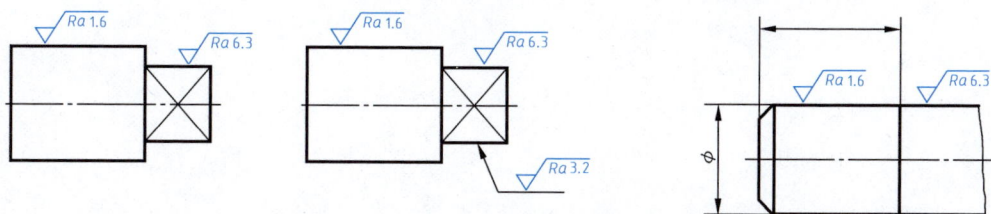

图4.5.9　同一表面不同要求的标注

3）螺纹、齿轮表面和键槽的标注（图4.5.10）。

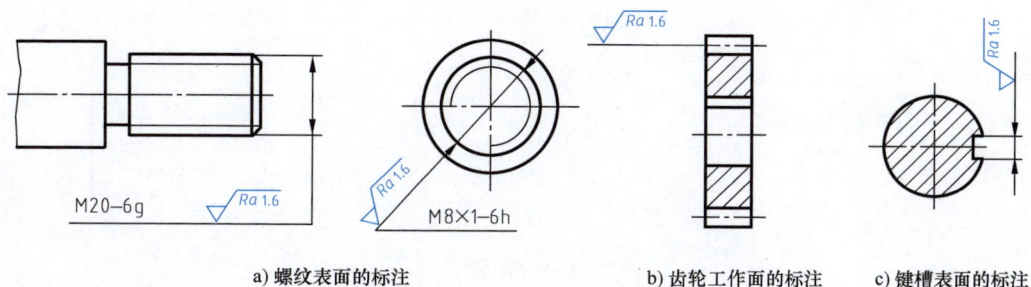

a) 螺纹表面的标注　　　　b) 齿轮工作面的标注　　c) 键槽表面的标注

图4.5.10　螺纹、齿轮表面和键槽的标注

4）如果在工件的多数（包括全部）表面有相同的表面结构要求，则其表面结构要求可统一标注在图样的标题栏附近（图 4.5.11）。

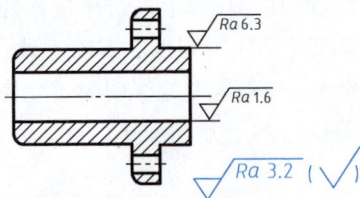

图 4.5.11 大多数表面有相同表面结构要求的标注

2. 表面粗糙度 Ra 值的选择原则

选择 Ra 值时，既要满足零件表面的功用要求，又要考虑产品的生产成本。具体选用时，可参照生产中的实例，用类比法确定，同时注意下列问题：

1）在满足功用的前提下，尽量选用较大的 Ra 值，以降低生产成本。

2）一般来说，同一个零件上，配合面、接触面、工作面、有密封性或耐蚀性要求的表面要求更光滑，Ra 值较小，其中配合面最光滑，其次是接触面等。

3）同一公差等级，小尺寸比大尺寸、轴比孔的 Ra 值要小。

4）一般来说，尺寸和表面形状要求精确程度高的表面，Ra 值小。

任务 4.6　识读和绘制支架零件图

【4.6　任务工作单】

项目 4　典型零件的识读和绘制		任务 4.6　识读和绘制支架零件图	
姓名：_____	班级：_____	学号：_____	日期：_____

4.6.1　明确任务

任务描述：

　　叉架类零件是机器上操纵机构的零件，常见的有拨叉、连杆、摇臂、杠杆、支架和轴承座等（图 4.6.1）。其功能是通过它们的摆动或移动，实现机构各种不同的动作，如离合器的开合、快慢档速度的变换及气门的开关等。叉架类零件主要由工作部分、支撑部分和连接部分组成。

　　请识读图 4.6.2 所示支架零件图的表达方法，测量标注尺寸，选择标注技术要求。

a)

b)

图 4.6.1　叉架类零件

任务目标：

　　（1）了解叉架类零件的结构和表达方法，丰富零件类型，强化"具体问题具体分析"的科学思维。

　　（2）能说出局部视图、斜视图、斜剖视图的表达方法和各自特点，能说出叉架类零件的结构特点，能总结出叉架类零件三部分常用哪些表达方法。

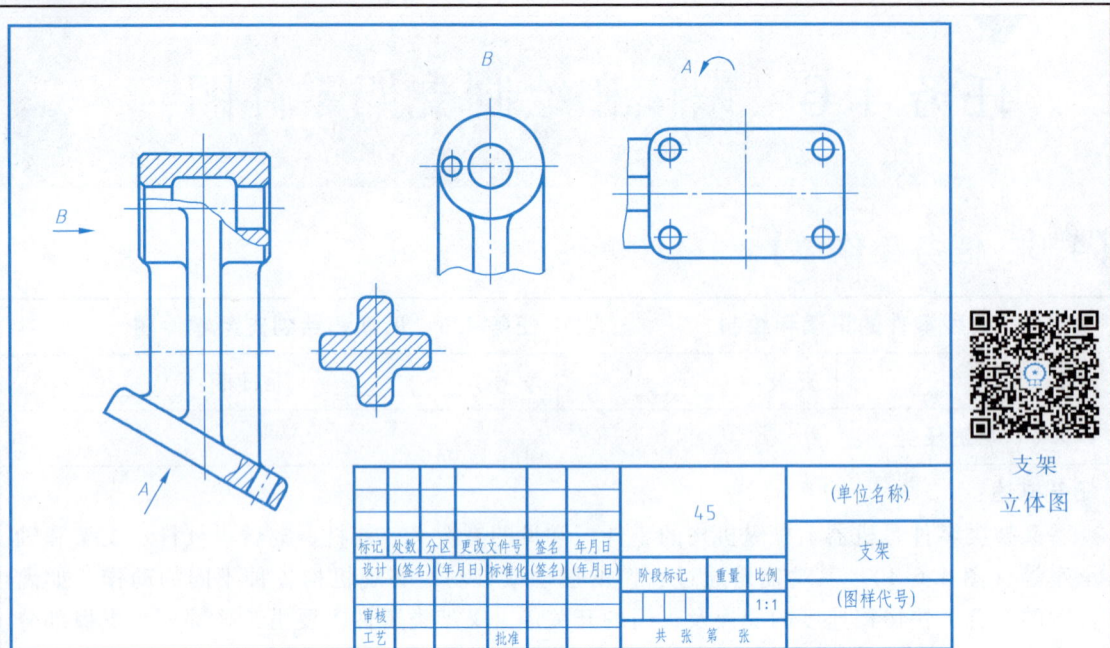

支架
立体图

图 4.6.2 支架零件图

（3）能讨论确定叉架类零件的尺寸标注和技术要求标注。

4.6.2 分析任务

（1）讨论：图 4.6.2 所示的支架零件用了几个视图表达？分别是什么表达方法？各自表达了什么？

（2）讨论：图 4.6.2 中的尺寸标注，长、宽、高三个方向尺寸基准分别是什么？

（3）讨论：图 4.6.2 所示的支架零件需要标注哪些定形尺寸和定位尺寸？总体尺寸是多少？

（4）讨论：支架零件需要标注哪些具体技术要求？

4.6.3 实施任务（完成后在右侧打"√"）

（1）完成支架零件视图的绘制。

（2）完成尺寸标注。

（3）完成技术要求标注。

（4）完成标题栏的填写。

4.6.4 评价任务

序号	评价指标	分值	自评	互评	师评	总评
1	零件图视图布局合理、图面整洁	10				
2	零件图视图正确、规范	30				
3	零件图尺寸标注完整、正确、规范	30				
4	零件图技术要求标注合理、规范	20				
5	标题栏填写正确	10				

4.6.5　任务知识链接

一、局部视图

只画出物体的某一部分视图称为局部视图。采用局部视图可以减少作图工作量，并且重点表达清楚局部结构，如图4.6.3用主、俯两个视图表达了主体形状，采用 A、B 两个局部视图来表达两个凸台的形状，既简练又突出重点。

局部视图

局部视图的画法和注意事项如下：

1）局部视图的断裂边界用波浪线表示，如图4.6.3中的局部视图 A。当局部结构是完整的且外轮廓封闭时，波浪线可省略，如图4.6.3中的局部视图 B。

2）用带字母的箭头指明要表达的部位和投影方向，并注明视图名称。

3）局部视图可按基本视图的形式配置，中间若没有其他图形隔开，则不必标注，如图4.6.3中的局部视图 A；也可按向视图形式配置，如图4.6.3中的局部视图 B。

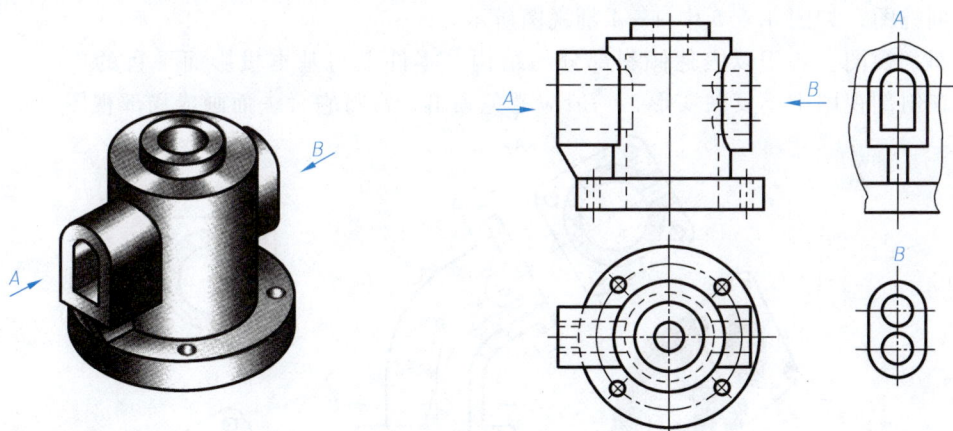

图 4.6.3　局部视图表达方法

二、斜视图

斜视图是物体向不平行于基本投影面的平面投射所得的视图。如图4.6.4所示，当零件上某局部结构不平行于任何基本投影面，在基本投影面上不能反映该部分实形时，可增加一个新的辅助投影面 V_1，使它与零件上倾斜结构的主要平面平行，并垂直于一个基本投影面。斜视图通常将倾斜

斜视图

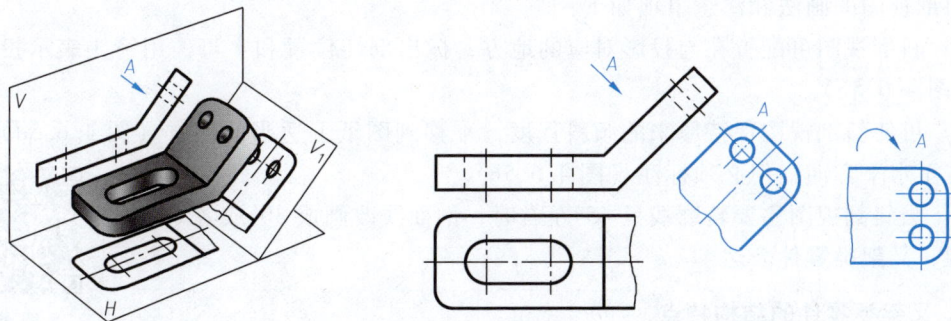

图 4.6.4　斜视图表达方法

部分和非倾斜部分用两个局部视图表示。非倾斜部分采用正常的投影表示其实形，倾斜部分借助一个辅助投影面反映其实形。

斜视图的画法和注意事项如下：

1）斜视图通常用于表达零件上的倾斜结构，其余部分用局部视图表示，用波浪线或双折线断开斜视图和局部视图。

2）斜视图通常按向视图的形式配置，必须标注。必要时，允许将斜视图旋转后放到适当的位置，且加注旋转符号，如图4.6.4最右侧图形所示。表示斜视图名称的字母应靠近旋转符号的箭头端，也可将旋转角度注出。

三、斜剖视图

当零件上有倾斜部分的内部结构需要表达时，可与画斜视图一样，选择一个垂直于基本投影面且与所需表达部分平行的投影面，再用一个平行于这个投影面的剖切平面剖开零件，向这个投影面投射，得到的剖视图称为斜剖视图，如图4.6.5中A—A剖视图所示。

斜剖视图

斜剖视图主要用以表达倾斜部分的结构，零件上与基本投影面平行的部分在斜剖视图中不反映实形，一般应避免画出，常将它舍去而画成局部视图。

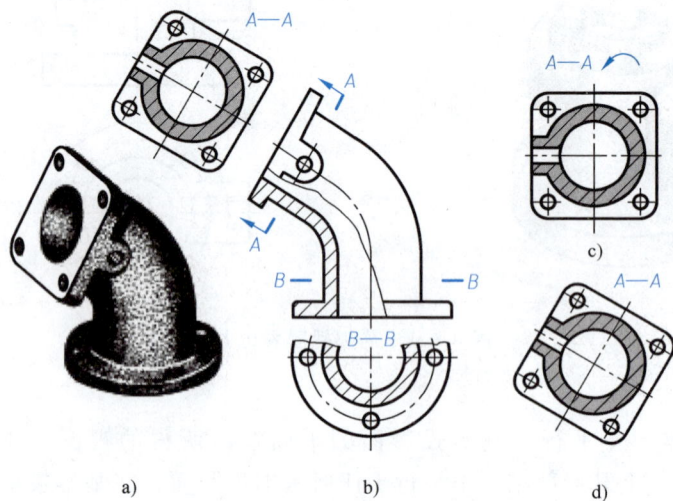

图 4.6.5　斜剖视图表达方法

斜剖视图的画法和注意事项如下：

1）斜剖视图可配置在与投影对应的地方，标出剖切位置和字母，用箭头表示投射方向，（图4.6.5b）。

2）可使斜剖视图保持原来的倾斜程度，平移到图纸上适当的地方（图4.6.5d）；也可旋转至水平方向，但必须标注（图4.6.5c）。

3）当斜剖视图主要轮廓线呈45°左右时，剖面线改画成30°或者60°。

四、叉架类零件表达

1. 叉架类零件的结构特点

叉架类零件是零件的一个大类，主要由三部分组成，即工作部分、支

叉架类零件表达

164

撑或安装部分以及连接部分,如图4.6.6所示。工作部分和支撑部分细节结构较多,如圆孔、螺孔、油槽、油孔、凸台和凹坑等,需要采用剖视图来表达其内部结构;连接部分多为肋板结构,形状有弯曲、扭斜的,其断面通常为"+""T""L""–""工"等形状,一般采用断面图来表达其断面形状。

2. 叉架类零件常用的表达方法

叉架类零件如果没有倾斜结构,一般采用基本视图、全剖视图、局部剖视图和局部视图即可完全表达。但若有倾斜结构,对于倾斜结构部分,通常采用斜视图来表达其倾斜部分的外形,采用斜剖视图来表达倾斜部分的内部结构。连接部分的肋板用断面图表示。

图4.6.7所示的摇杆采用了局部剖的主、俯两个视图,表达了摇杆的外形和内部孔的结构,并配有 $A—A$ 斜剖视图和断面图。

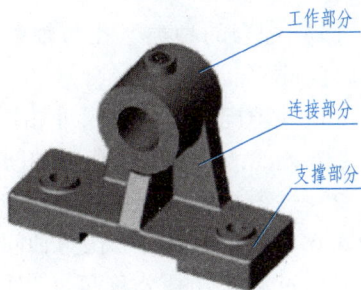

图 4.6.6 叉架类零件的组成

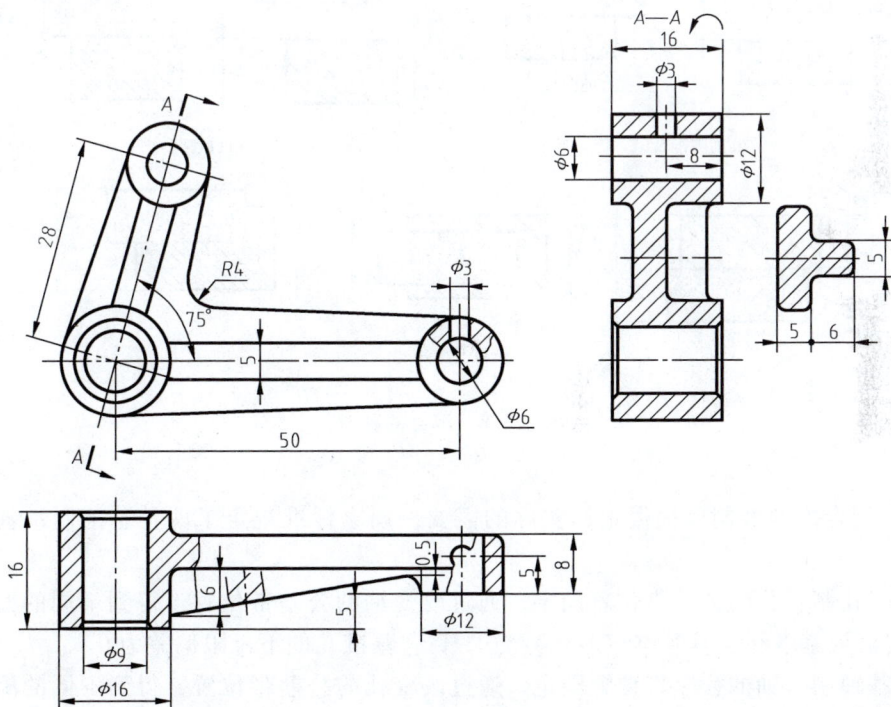

图 4.6.7 摇杆的表达方案

3. 叉架类零件的尺寸标注

叉架类零件长、宽、高三个方向的尺寸基准一般选用安装基准面、零件的对称面、孔的中心线和较大的加工平面。其定位尺寸较多,一般注出孔的中心线间的距离,或孔中心线到平面间的距离,或平面到平面间的距离。定形尺寸内外结构形状保持一致。

摇杆
立体图

4. 标注零件图尺寸公差

零件中的孔通常要与轴安装在一起，二者的公称尺寸要相同。孔与轴（也包括非圆表面）之间松紧程度用配合表示。在为零件孔、轴设计尺寸时，需要知道哪些为配合孔/轴。

（1）配合的种类　孔与轴配合的松紧程度有三种：间隙配合、过盈配合和过渡配合。

1）间隙配合是公称尺寸相同时，孔的实际尺寸≥轴的实际尺寸的配合（图4.6.8a），主要用于孔与轴间有相对运动的场合。

2）过盈配合是公称尺寸相同时，孔的实际尺寸≤轴的实际尺寸的配合（图4.6.8b），主要用于孔与轴间要求紧固连接的场合。

3）过渡配合是公称尺寸相同时，孔的实际尺寸可能大于也可能小于轴的实际尺寸（图4.6.8c），主要用于要求孔轴对中性较好的情况。

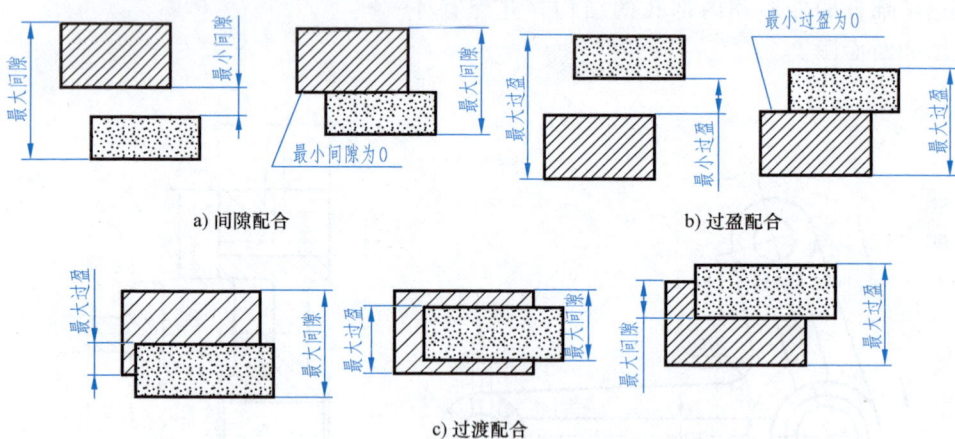

尺寸配合

a) 间隙配合　　　　　b) 过盈配合　　　　　c) 过渡配合

图 4.6.8　配合的种类

（2）配合的基准制　根据生产实际的需要，国家标准规定了两种基准制：基孔制和基轴制。

1）基孔制：孔的公差带位置固定，通过改变轴的公差带位置，得到不同的配合。基孔制的孔称为基准孔，其基本偏差代号为"H"，基准孔的下极限偏差为0。

2）基轴制：轴的公差带位置固定，通过改变孔的公差带位置，得到不同的配合。基轴制的轴称为基准轴，其基本偏差代号为"h"，基准轴的上极限偏差为0。

基本偏差为 a~h 的轴（A~H 的孔）与基准孔（基准轴）形成间隙配合，n~zc 的轴（N~ZC 的孔）与基准孔（基准轴）形成过盈配合，j~m 的轴（J~M 的孔）与基准孔（基准轴）形成过渡配合。

（3）尺寸公差与配合的选用

1）选用优先公差带和优先配合。公差带代号应尽可能从图4.6.9a、b分别给出的孔和轴相应的公差带代号中选取，并优先选取框中所示的公差带代号。

图 4.6.9 a) 孔的公差带选用：

```
                                    G6  H6  JS6  K6  M6  N6  P6  R6  S6  T6
                            F7  G7  H7  JS7  K7  M7  N7  P7  R7  S7  T7  U7  X7
                    E8  F8          H8  JS8  K8  M8  N8  P8  R8
            D9  E9  F9              H9
       C10 D10 E10                 H10
A11 B11 C11 D11                    H11
```

a) 孔的公差带选用

图 4.6.9 b) 轴的公差带选用：

```
                                    g5  h5  js5  k5  m5  n5  p5  r5  s5  t5
                            f6  g6  h6  js6  k6  m6  n6  p6  r6  s6  t6  u6  x6
                    e7  f7          h7  js7  k7  m7  n7  p7  r7  s7  t7  u7
            d8  e8  f8              h8
   b9  c9  d9  e9                   h9
           d10                     h10
   a11 b11 c11                     h11
```

b) 轴的公差带选用

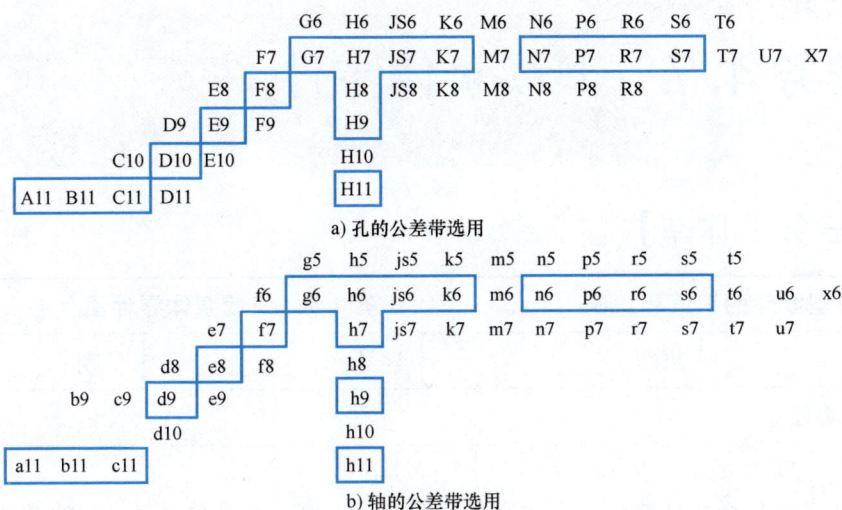

图 4.6.9　轴与孔优先、常用公差带

2）基准制的选择主要是从经济性的角度考虑。一般情况下，优先选用基孔制。采用基孔制可以减少所用定值刀具、量具的数量，降低生产成本，提高经济效益。但若轴类为标准件或者同一批轴与孔形成不同配合类型，则采用基轴制，调整孔的实际尺寸与相应的轴进行配合。

（4）公差等级的选用　公差等级在满足使用功能的前提下，选级别低的；孔加工比轴困难，选用孔比轴低一级的公差等级，如 H8/f7。孔和轴的优先、常用配合见表 4.6.1 和表 4.6.2。在设计选用时应尽量选择表中的配合。表中加框的为优先配合。

表 4.6.1　基孔制优先、常用配合

基准孔	轴公差带代号		
	间隙配合	过渡配合	过盈配合
H6	g5　h5	js5　k5　m5	n5　p5
H7	f6　g6　h6	js6　k6　m6　n6	p6　r6　s6　t6　u6　x6
H8	e7　f7　h7	js7　k7　m7	s7　u7
	d8　e8　f8　h8		
H9	d8　e8　f8　h8		
H10	b9　c9　d9　e9　h9		
H11	b11　c11　d10　h10		

表 4.6.2　基轴制优先、常用配合

基准轴	孔公差带代号		
	间隙配合	过渡配合	过盈配合
h5	G6　H6	JS6　K6　M6	N6　P6
h6	F7　G7　H7	JS7　K7　M7　N7	P7　R7　S7　T7　U7　X7
h7	E8　F8　H8		
h8	D9　E9　F9　H9		
h9	E8　F8　H8		
	D9　E9　F9　H9		
	B11　C10　D10　H10		

任务 4.7 识读泵体零件图

【4.7 任务工作单】

项目 4 典型零件的识读和绘制		任务 4.7 识读泵体零件图	
姓名：_____	班级：_____	学号：_____	日期：_____

4.7.1 明确任务

任务描述：

　　箱体类零件包括各种箱体、壳体和泵体等，在机器中主要起支承、包容其他零件以及定位、密封等作用。这类零件多为机器或部件的主体件，毛坯一般为铸件。零件一般有个容积较大的空腔，在四周会有一些凸台、连接孔和支承底座等结构（图 4.7.1）。

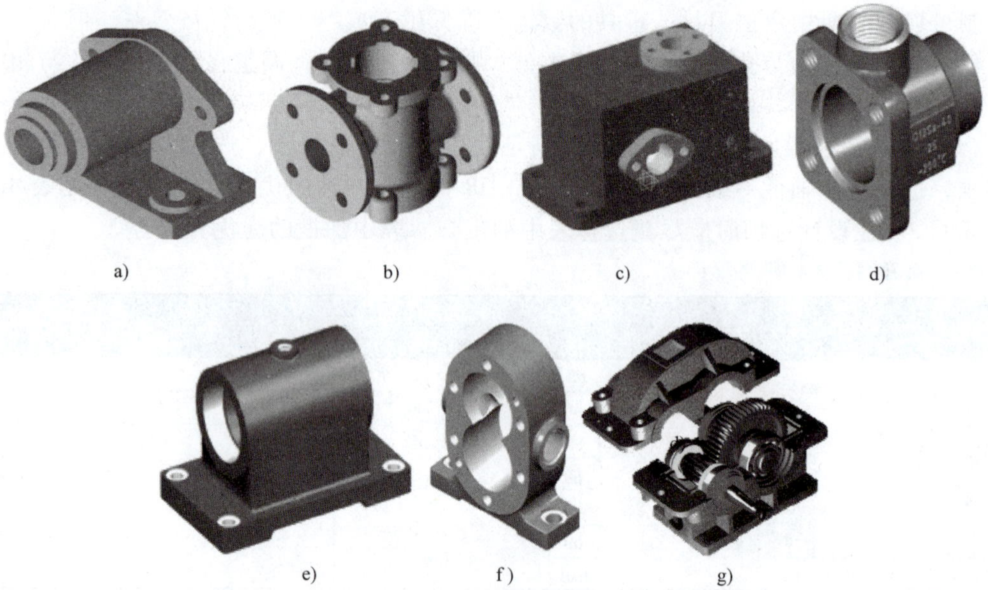

a)	b)	c)	d)

e)	f)	g)

图 4.7.1 箱体类零件

　　请识读图 4.7.2 所示泵体零件图中的视图、尺寸和技术要求等内容。

泵体
立体图

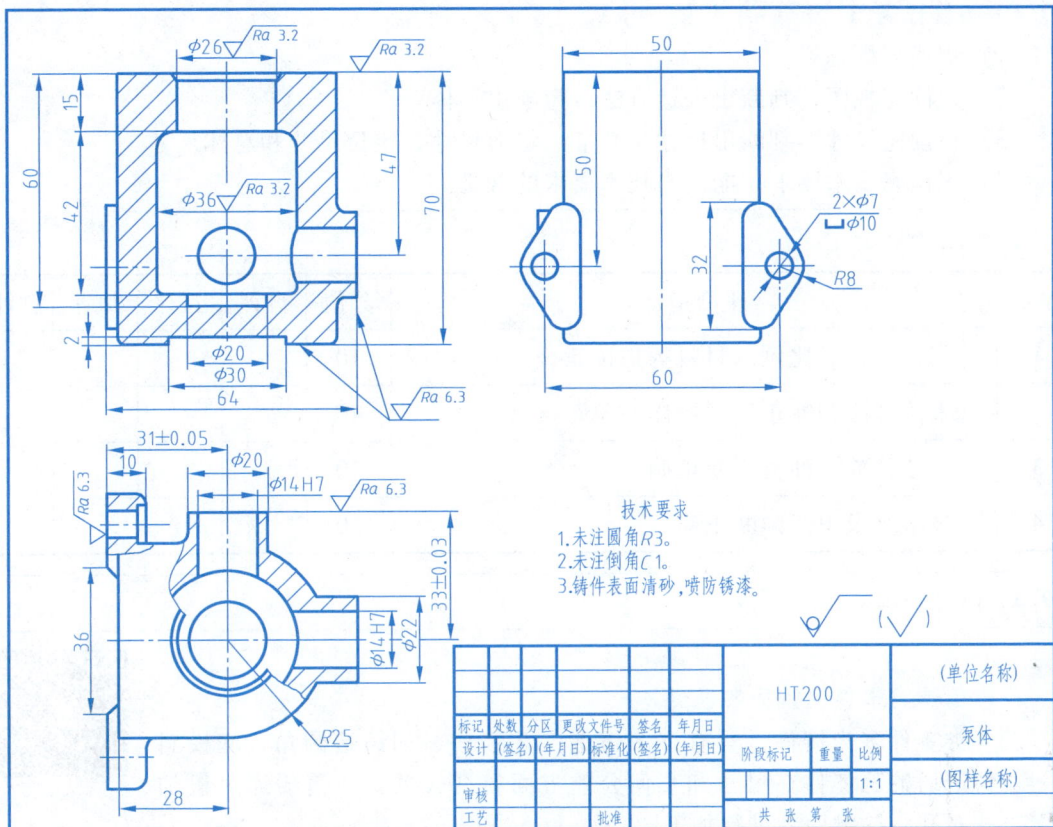

图 4.7.2　泵体零件图

任务目标：

（1）认识箱体类零件，丰富零件类型，进一步强化"具体问题具体分析"的科学思维。

（2）能说出箱体类零件常见的几种工艺结构名称、作用和在图中的表示方法；能举例说出箱体类典型零件的规定画法和简化画法，能识读辨认。

（3）能正确识读箱体零件图中的视图，想象出形体结构；能识读出尺寸基准和技术要求。

4.7.2　分析任务

（1）讨论：图 4.7.2 所示泵体零件图用了几个视图？分别是什么表达方法？各自用来表达什么？

（2）讨论：图 4.7.2 所示泵体零件的结构形状是怎样的？

（3）讨论：图 4.7.2 所示泵体有哪些常见的工艺结构？分别有什么作用？有哪些简化或规定画法？

（4）讨论：指一指图 4.7.2 所示零件图的尺寸主基准，举例找出 3 个定形尺寸、3 个定位尺寸。

（5）讨论：图 4.7.2 中标注了哪些技术要求？哪些表面要求光滑？哪些尺寸精度高？

4.7.3 实施任务（完成后在右侧打"√"）

（1）识读完标题栏。

（2）识读完视图，判断出表达方法，想象出形体。

（3）识读完尺寸，判断出尺寸主基准、定形尺寸、定位尺寸和总体尺寸。

（4）识读完技术要求，能说出技术要求的含义。

4.7.4 评价任务

序号	评价指标	分值	自评	互评	师评	总评
1	零件名称、比例、材料等识读正确	10				
2	表达方法判断正确，形体想象正确	40				
3	尺寸基准、种类判断正确	20				
4	技术要求识读判断正确	30				

4.7.5 任务知识链接

一、箱体类零件的常见工艺结构

箱体类零件多为铸件，具有许多铸造工艺结构，如铸造圆角、起模斜度等。铸造后的毛坯件在尺寸和几何公差方面精度较低，还需要通过机加工等方式对孔、接触面等进行加工。

箱体零件
工艺结构

1. 起模斜度

在铸造零件毛坯时，为便于将木模从砂型中取出，在铸件的内、外壁沿起模方向应有一定的斜度（1:20~1:10），称为起模斜度，如图 4.7.3a 所示。这种斜度在图中可以不标注，也可以不画出，必要时可在技术要求中说明。

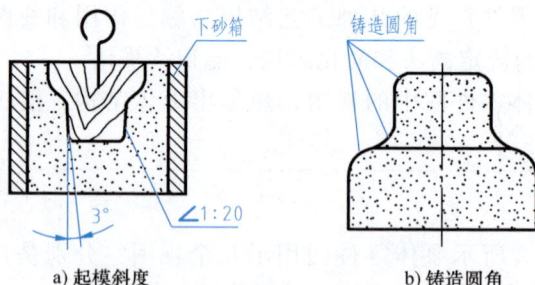

a) 起模斜度   b) 铸造圆角

图 4.7.3 起模斜度和铸造圆角

2. 铸造圆角

为防止起模或浇注时砂型在尖角处脱落，避免铸件冷却收缩时在尖角处产生裂缝，铸件各表面相交处应做成圆角，如图 4.7.3b 所示。

由于铸造圆角的存在，铸件表面的交线变得不是很明显，这条交线称为过渡线。图样中用细实线按原位置画出，但交线两端不与轮廓线相接触，如图 4.7.4 所示。

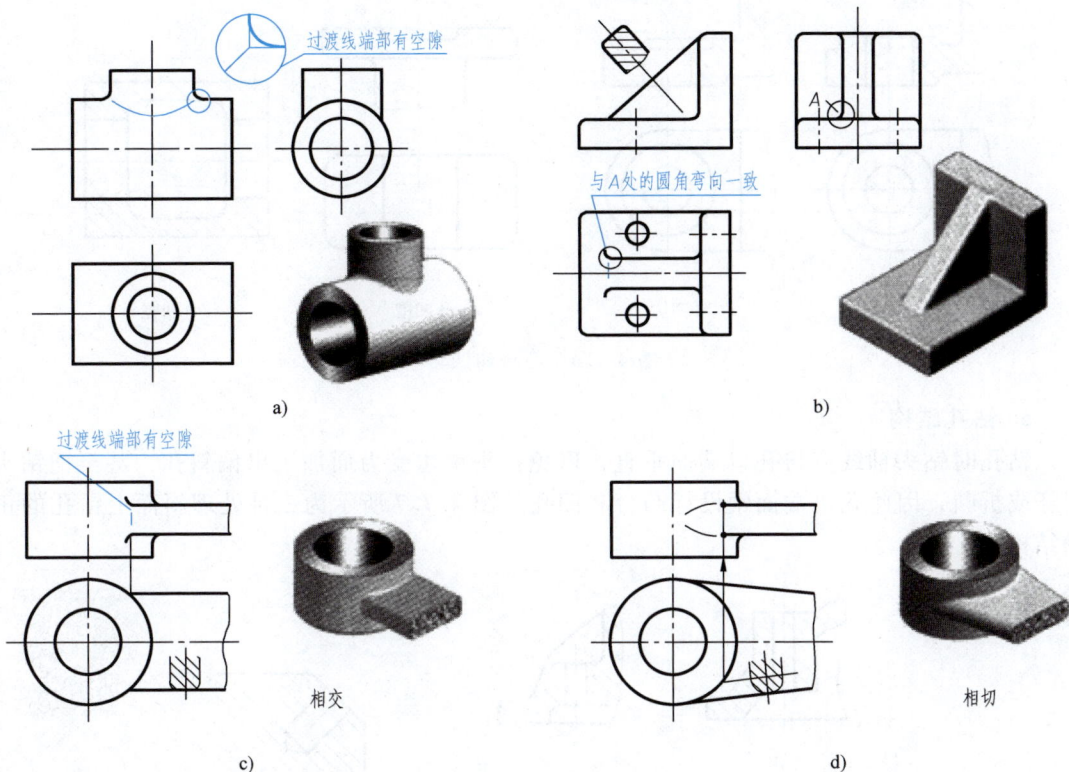

过渡线端部有空隙

与A处的圆角弯向一致

a)

b)

过渡线端部有空隙

相交

相切

c)

d)

图 4.7.4　过渡线的画法

3. 铸件壁厚

为了避免浇注后由于铸件壁厚不均匀而产生缩孔、裂纹等缺陷（图 4.7.5a），应尽可能使铸件壁厚均匀或逐渐过渡（图 4.7.5b、c）。

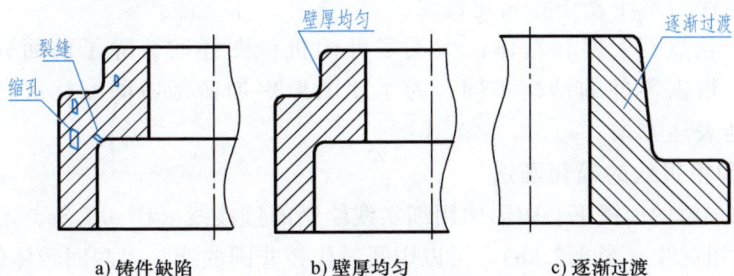

裂缝

缩孔

壁厚均匀

逐渐过渡

a) 铸件缺陷　　　　b) 壁厚均匀　　　　c) 逐渐过渡

图 4.7.5　铸件壁厚

4. 凸台和凹坑

为使零件装配时接触良好，零件上与其他零件接触的表面一般都要进行加工。为了减少加工量以降低零件的制造费用，常在两零件接触面做出凸台、凹坑、凹槽和凹腔等结构（图 4.7.6）。

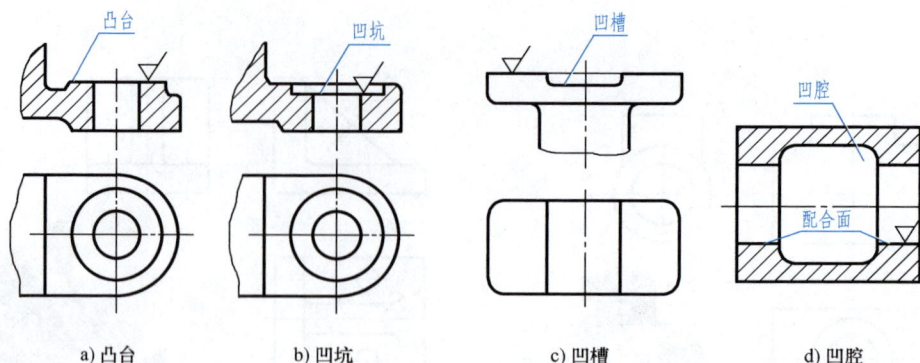

a)凸台　　　　　b)凹坑　　　　　c)凹槽　　　　　d)凹腔

图 4.7.6　凸台和凹坑

5. 钻孔结构

钻孔时钻头轴线应与孔口端面垂直，以免钻头单边受力而加工出偏斜孔，甚至把钻头损坏或折断，因此孔口端面常设计凸台和凹孔。图 4.7.7 所示为三种处理斜面上钻孔的正确结构。

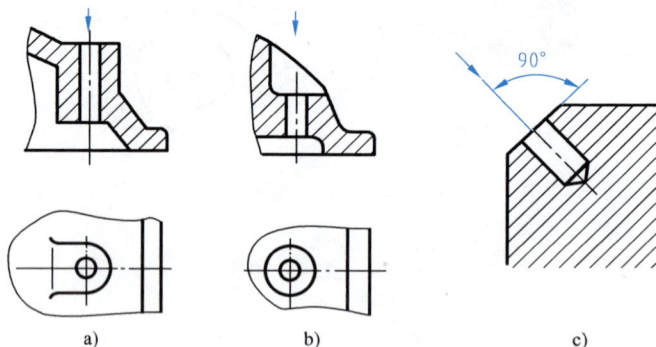

图 4.7.7　钻孔端面结构

二、典型零件的规定画法和简化画法

绘制轴套、轮盘、叉架和箱体四大类零件的机械图样时，除了前面介绍的表达方式，根据零件的结构不同，为了使图形更加清晰，国家标准还规定了一些其他表达方式。

零件简化
画法

1. 过渡线和相贯线的简化画法

在不致引起误解的前提下，图形中用细实线绘制的过渡线（图 4.7.8a）和用粗实线绘制的相贯线（图 4.7.8b），可以用圆弧代替非圆曲线。当两回转体的直径相差较大时，相贯线可以用直线代替曲线（图 4.7.8c），也可以用模糊画法表示相贯线（图 4.7.8d）。

2. 对于较长的零件可以采用断开画法

对于轴、连杆、筒、管和型材等零件，若沿长度方向的形状一致或按一定规律变化时，为节省图纸和画图方便，可将其断开后缩短绘制，但要标注零件的实际尺寸。折断处的表示方法一般有两种：一种是用波浪线断开（图 4.7.9a），另一种是用双点画线断开（图 4.7.9b）。

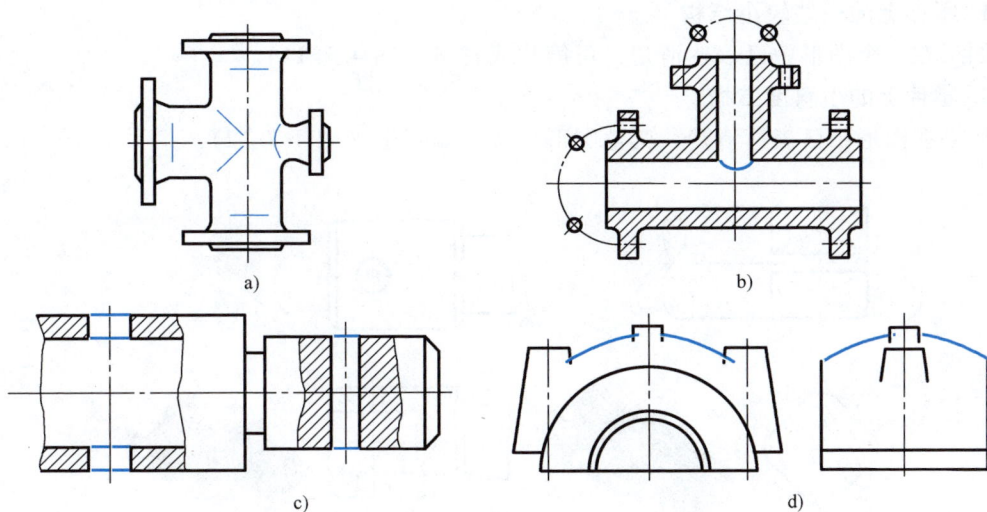

a)   b)

c)   d)

图 4.7.8   过渡线和相贯线的简化画法

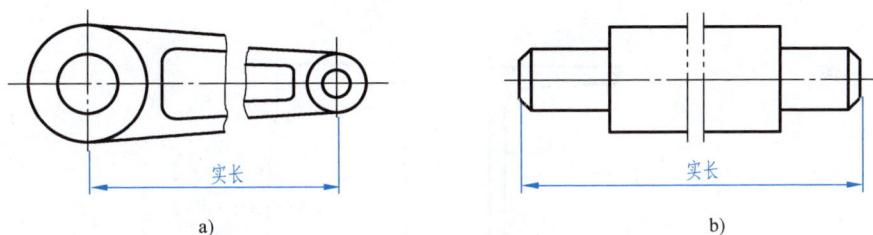

实长   实长

a)   b)

图 4.7.9   断开画法

3. 具有若干相同结构的零件

零件上具有相同的齿、槽、孔等并按一定规律分布时，只需要画出几个完整的结构，其余用细实线连接，在零件图中则必须注明该结构的总数（图 4.7.10a）。零件具有若干相同直径且呈规律分布的孔，可以仅画出一个或几个，其余只需表示其中心位置（图 4.7.10b）。

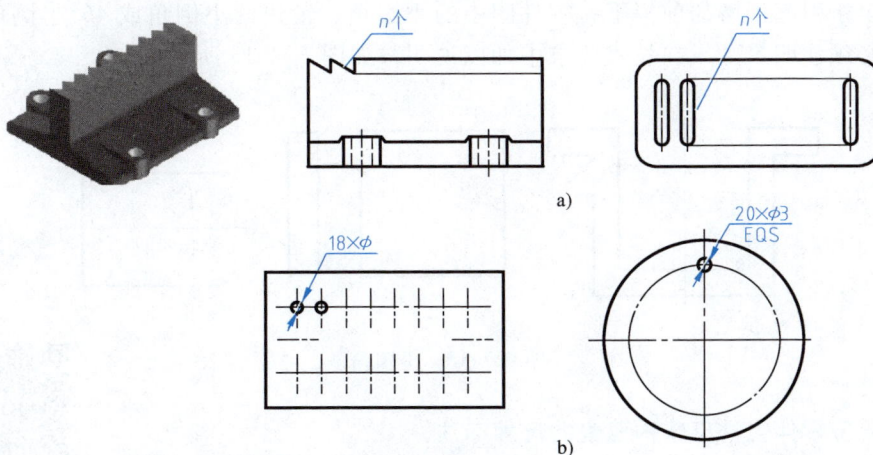

n个   n个

a)

18×φ   20×φ3
                                             EQS

b)

图 4.7.10   相同结构的简化画法

4. 零件上的一些较小结构

如果在一个图形中已表达清楚，可简化或省略（图4.7.11）。

5. 零件上的小斜度结构

如果在图形中已表达清楚，其他图形可按小端画出（图4.7.12）。

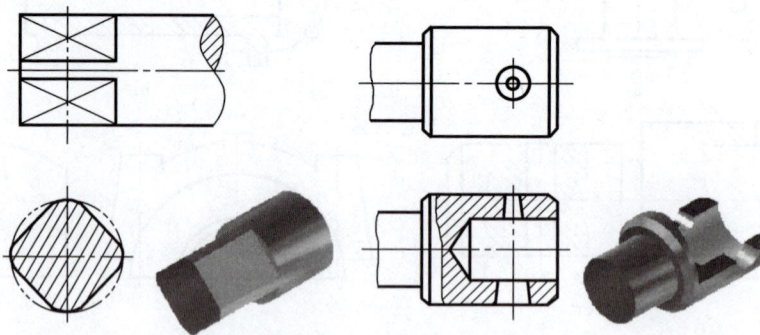

图4.7.11　小结构的简化表示

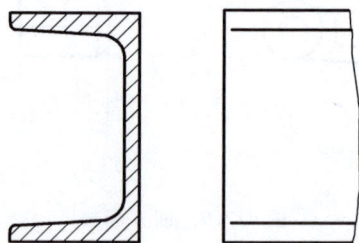

图4.7.12　小斜度的表示

6. 小圆角和小倒角

在不至于引起误解的前提下，零件图中的小圆角、锐边的小倒角或45°小倒角可省略不画，但必须注明尺寸或在技术要求中加以说明，如图4.7.13所示。

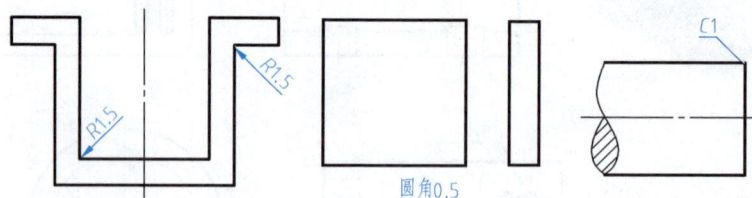

图4.7.13　小圆角

三、典型零件上常见结构要素的尺寸标注

各种孔和其他要素采用表4.7.1所列的尺寸标注方式。

零件上孔的标注

174

表 4.7.1　零件常见结构要素的尺寸标注

零件结构类型		标 注 方 法	说　　明
光孔	一般孔	$4\times\phi5\downarrow10$　　$4\times\phi5\downarrow10$　　$4\times\phi5$ 10	孔深可与孔径连注,也可分别注出
	精加工孔	$4\times\phi5^{+0.012}_{0}\downarrow10$ $\downarrow12$　　$4\times\phi5^{+0.012}_{0}\downarrow10$ $\downarrow12$　　$4\times\phi5^{+0.012}_{0}$ 10 12	光孔深度为 12mm,钻孔后需精加工至 $\phi5^{+0.012}_{0}$mm,深度为 10mm
	锥销孔	锥销孔$\phi5$ 配作　　锥销孔$\phi5$ 配作　　锥销孔$\phi5$ 配作	$\phi5$mm 为与锥销孔相配的圆锥销小头直径(公称直径)。销孔通常是两零件装在一起后加工的
沉孔	锥形沉孔	$4\times\phi10$ $\vee\phi16\times90°$　　$4\times\phi10$ $\vee\phi16\times90°$　　90° $\phi16$ $4\times\phi10$	$\vee$锥形沉孔符号
	柱形沉孔	$4\times\phi10$ $\sqcup\phi16\downarrow3$　　$4\times\phi10$ $\sqcup\phi16\downarrow3$　　$\phi16$ 3 $4\times\phi10$	$\sqcup$柱形沉孔符号,深度为 3mm
	锪平面	$4\times\phi10$ $\sqcup\phi16$　　$4\times\phi10$ $\sqcup\phi16$　　$\phi16$ $4\times\phi10$	锪平面一般不需要标注深度

（续）

零件结构类型		标 注 方 法	说　明
螺孔	通孔		表示有 3 个 M6-6H 的螺孔
	不通孔		螺孔深度为 10mm
			钻孔深度为 12mm, 螺孔深度为 10mm
滚花			有直纹和网纹两种。滚花前直径为 D, 滚花后直径为 $D+\Delta$, Δ 按模数查标准确定
平面			平面区域为 $a×a$ 的正方形

任务4.8　绘制电机安装座零件图

【4.8　任务工作单】

项目4　典型零件的识读和绘制		任务4.8　绘制电机安装座零件图	
姓名：_____	班级：_____	学号：_____	日期：_____

4.8.1　明确任务

任务描述：

电机安装座（图4.8.1）是箱体类零件，中间有一空腔可以容纳电机，前后孔槽便于安装电机，左右孔可用于在电机工作中散热。前后表面的小孔便于用螺栓将相关零部件固定连接。

请根据图4.8.1所示电机安装座立体图和技术要求，为其选择合适的表达方法、标注尺寸和技术要求。

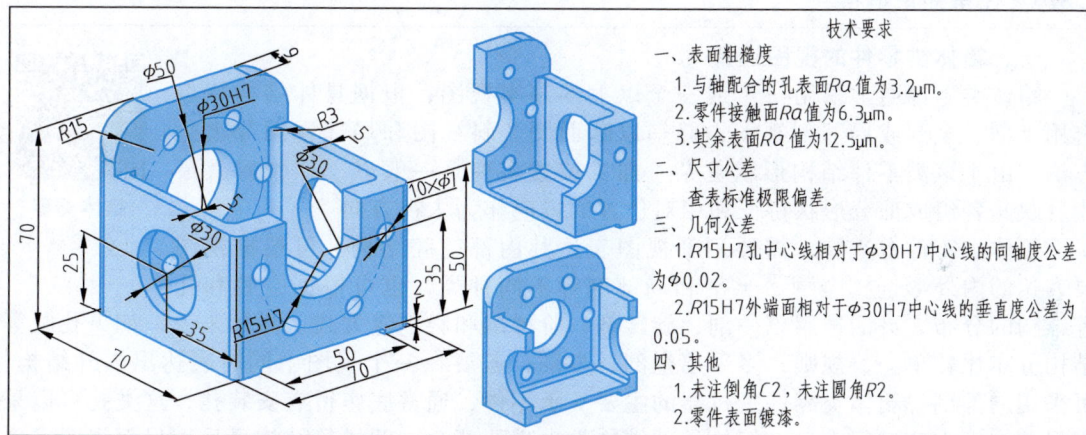

技术要求

一、表面粗糙度
　　1. 与轴配合的孔表面Ra值为3.2μm。
　　2. 零件接触面Ra值为6.3μm。
　　3. 其余表面Ra值为12.5μm。
二、尺寸公差
　　查表标准极限偏差。
三、几何公差
　　1. R15H7孔中心线相对于φ30H7中心线的同轴度公差为φ0.02。
　　2. R15H7外端面相对于φ30H7中心线的垂直度公差为0.05。
四、其他
　　1. 未注倒角C2，未注圆角R2。
　　2. 零件表面镀漆。

图4.8.1　电机安装座

任务目标：

（1）践行"具体问题具体分析"的科学思维，为零件选择表达方法和技术要求。

（2）能说出箱体类零件上常见的表达方法，能说出箱体类零件尺寸主基准的选择方法。

（3）能根据零件结构，讨论完成表达方案的选择，并能独立完成零件图的绘制。

4.8.2　分析任务

（1）讨论：图4.8.1所示电机安装座结构由哪几部分组成？各有什么特点？

（2）讨论：图4.8.1所示零件有几种孔？如何表达出这些孔的内部结构？

（3）讨论：图4.8.1所示零件底面有个50×2的槽，作用是什么？

（4）讨论：电机安装座哪些表面属于与其他零件配合的面？哪些属于与其他零件接触的面？

4.8.3　实施任务（完成后在右侧打"√"）

（1）讨论确定视图数量和表达方法。

（2）完成零件图视图的绘制。

（3）完成零件图的尺寸标注。

（4）完成零件图的技术要求标注。

（5）完成零件图标题栏填写。

4.8.4　评价任务

序号	评价指标	分值	自评	互评	师评	总评
1	零件表达方案合理，能全面表达零件	20				
2	零件视图对应正确，图线正确、规范	40				
3	零件图尺寸标注完整、正确、规范、清晰	10				
4	零件图技术要求标注全面、正确、规范	20				
5	标题栏填写正确	10				

4.8.5　任务知识链接

一、箱体类零件的视图选择

箱体类零件通常采用三个或三个以上的基本视图，根据具体结构特点选用半剖、全剖或局部剖视图，并辅以断面图、斜视图和局部视图等表达方法。由于该类零件结构形状复杂、加工位置多变，一般以工作位置及最能反映其各组成部分形状特征和相对位置的方向作为主视方向。

箱体类零件表达

箱体类零件有空腔，需要用剖视图表达其内部空腔结构。可根据视图要表达的内外形选全剖、半剖和局部剖等不同种类，也可根据空腔和孔等结构的分布，灵活选用单一剖、旋转剖、阶梯剖和斜剖等方式。具体来说，如果孔腔等结构分布比较单一、规则，多采用全剖、半剖；若要在一个视图中同时表达出内外结构，可采用局部剖。箱体类零件是机器的主要支承零件，通常底座留有安装孔，这类孔可以采用局部剖等方法进行表达，箱体外部结构常出现的凸台、凹槽等结构可采用局部视图、斜视图等表达。除此以外还有起加强支承作用的肋板之类的附件，可用重合断面图或者移出断面图表示。

【例】　为图4.8.2所示的阀体零件选择表达方案。

（1）分析形体组成　如图4.8.2所示，阀体主体结构由四棱柱顶法兰、圆柱阀体主体、大圆柱底法兰、右前方法兰和接管及左上方法兰和接管几部分组成，内部有竖直、左右及右前三个方向的孔贯通，另外形体上还有多个小孔。

零件视图选择方法

（2）选主视图　按照箱体类零件主视图的选择原则，将底法兰放平，并以图中箭头所示方向作为主视图的投影方向。

（3）确定视图数量和表达方法　主视图采用旋转剖全剖得到剖视图 $B—B$，表达阀体的内部结构及三孔相通的内部结构，同时将左、下部分小孔用规定画法表示（旋转到剖切平面）。

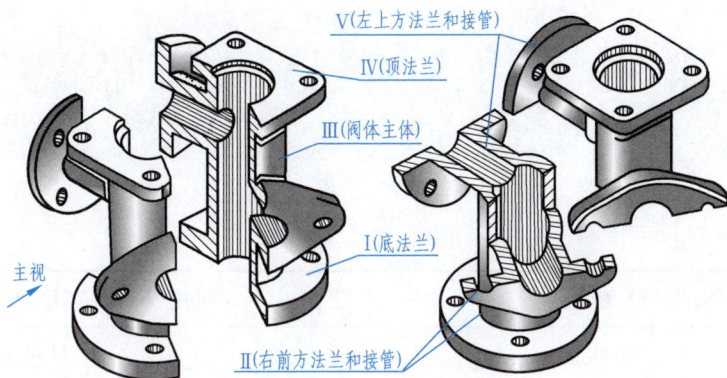

图 4.8.2　阀体零件立体

如图 4.8.3 所示，用阶梯剖全剖画出俯视图 $A—A$，表达左右和中间阀体不在一条轴线。用 $C—C$ 剖视图表达左上方法兰 V 的形状及其孔的位置，该图还表示出接管及法兰的直径。用 $E—E$ 斜剖视图表达法兰 Ⅱ 的形状、孔的位置及接管的直径。采用局部视图 D 表达阀体顶部法兰 Ⅳ 的形状及 4 个孔的分布位置。阀体顶部法兰 Ⅳ 上孔的结构采用局部剖视图 $F—F$ 表达。

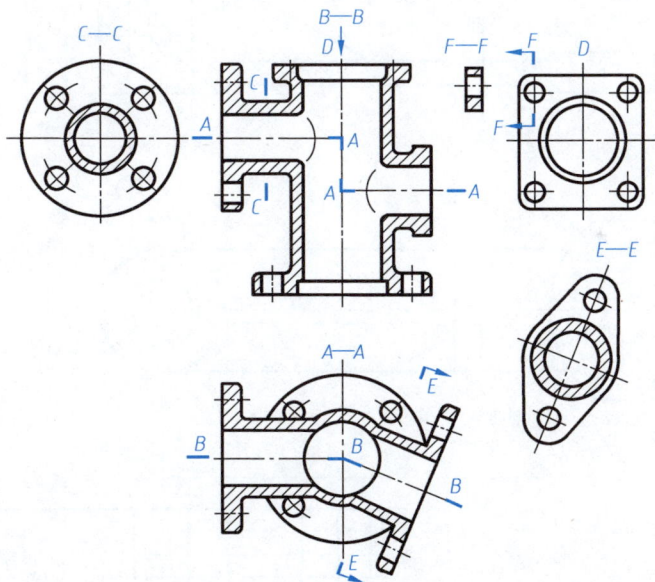

图 4.8.3　阀体零件的表达方案

二、箱体类零件的尺寸标注

箱体类零件的长度、宽度、高度方向的主基准是用腔体中心线、轴线、对称平面和较大的加工平面表示的。由于箱体类零件上有很多孔，它们的定位尺寸较多，各孔中心线（或轴线）间的距离一定要直接标注出来。标注尺寸时，仍按照定形尺寸、定位尺寸、总体尺寸的顺序进行标注。

任务 4.9　利用 AutoCAD 绘制拨叉零件图

【4.9　任务工作单】

项目4　典型零件的识读和绘制	任务4.9　利用 AutoCAD 绘制拨叉零件图
姓名：＿＿＿＿　　班级：＿＿＿＿	学号：＿＿＿＿　　日期：＿＿＿＿

4.9.1　明确任务

任务描述：

利用 AutoCAD 软件绘制零件图，也需要完成视图、尺寸、技术要求和标题栏四部分内容。

请利用 AutoCAD 软件绘制图 4.9.1 所示的拨叉零件图。

技术要求

1. 铸件不得有缩孔、裂纹及砂眼等缺陷。
2. 未注倒角为C1，表面粗糙度Ra 值为12.5μm。
3. 未注圆角为R2。

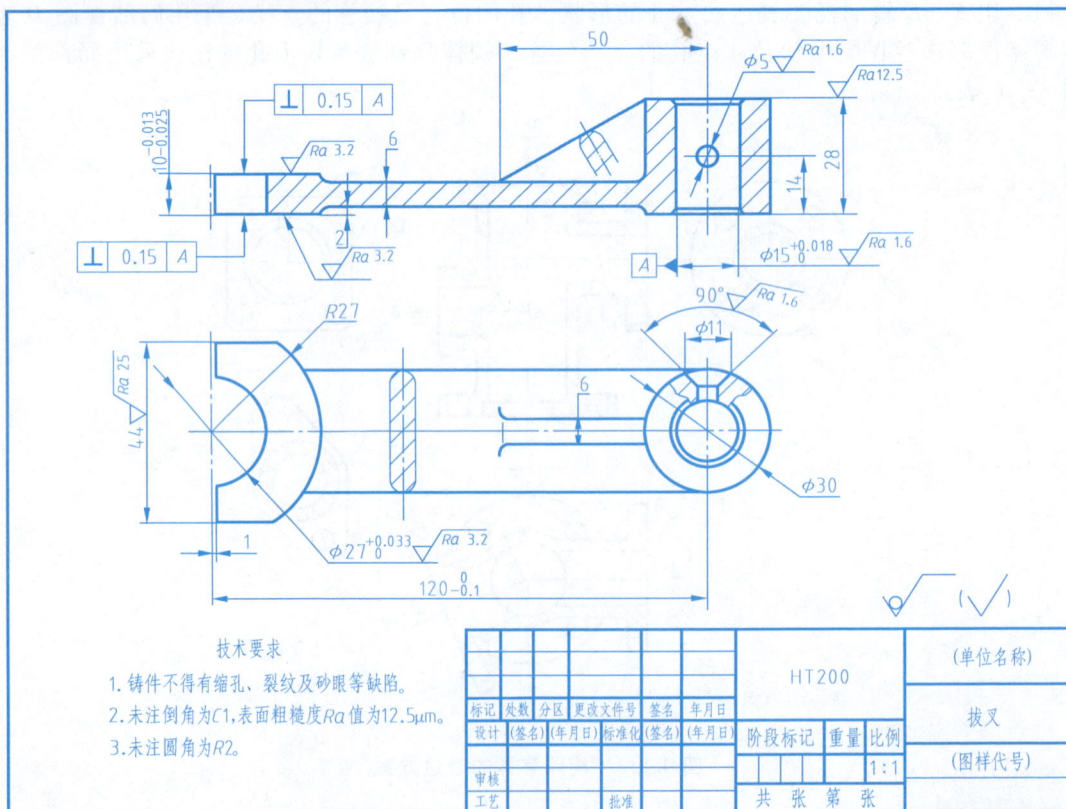

图 4.9.1　拨叉零件图

任务目标：

（1）提高 AutoCAD 软件的使用能力，熟练掌握软件绘图。

（2）能说出使用 AutoCAD 绘制零件图的基本方法；能正确绘制波浪线、填充剖面线、绘制倒角等，会根据情况选择阵列、缩放等图形编辑操作。

（3）会标注极限偏差，会定义属性、创建块、调用快，会标注几何公差。

（4）能使用 AutoCAD 软件完成零件图的绘制。

4.9.2　分析任务

（1）讨论：说一说图 4.9.1 所示拨叉的零件结构和表达方法。

（2）讨论：图 4.9.1 中倒角的尺寸为多少？如何用 AutoCAD 绘制？

（3）讨论：图 4.9.1 中尺寸的极限偏差如何标注？表面粗糙度如何标注？几何公差如何标注？

（4）讨论：主视图中重合断面图如何填充剖面线？

4.9.3　实施任务（完成后在右侧打"√"）

（1）完成零件图视图的绘制。

（2）完成尺寸标注。

（3）完成技术要求的标注。

（4）完成标题栏的填写。

4.9.4　评价任务

序号	评价指标	分值	自评	互评	师评	总评
1	零件视图对应正确，图线正确、规范	40				
2	零件图尺寸标注完整、正确、规范、清晰	20				
3	零件图技术要求标注全面、正确、规范	30				
4	标题栏填写正确	10				

4.9.5　任务知识链接

一、使用 AutoCAD 绘制零件图的基本方法

和绘制三视图一样，使用 AutoCAD 软件绘制零件图时，通常也需要激活状态栏中的"显示捕捉参照线"按钮 ◢ ，结合极轴追踪、正交等绘图辅助工具，保证视图之间的"三等"关系；灵活运用镜像、复制、阵列等编辑命令，可提高绘图的效率。基本绘图步骤可按照绘制零件图视图→标注尺寸→标注技术要求→填写标题栏的顺序进行。

在绘制零件图时，通常还需要绘制波浪线、填充剖面线、绘制零件倒角、多个对象均布阵列以及调整缩放图形等命令。

1. 绘制波浪线

在 AutoCAD 中，单击"绘图"工具栏中的"样条曲线"命令按钮，可 ⟨N⟩ 绘制波浪线。绘制时根据提示单击多个位置后按<Enter>键确认即可。用这种方式绘制波浪线，中

间的点的数量不受限，只需选择最后一个点之后按<Enter>键确认即可。在绘制波浪线时，要注意选择细实线图层，关闭"正交"选项。

2. 填充剖面线

零件图中常用剖视图、断面图等表达方法，在剖面上需要绘制剖面线。在 AutoCAD 中可以填充剖面线。在"绘图"工具栏中单击"图案填充"命令按钮 ，弹出对话框（图 4.9.2）。

剖面线填充

1）选择填充图案。

2）设置好填充角度（"0"为左下 45°剖面线，"90°"为右下 45°剖面线）和剖面线比例（>1 表示剖面线间距变大，<1 表示剖面线间距变小）。

3）在需要填充的封闭区域单击后按<Enter>键即可。可连续选择多个封闭区域再按<Enter>键。注意：填充剖面线的区域必须是封闭的。

图 4.9.2 剖面线填充对话框

3. 绘制零件倒角

倒角有外表面和内表面之分，在绘制倒角时均选择"修改"工具栏中的"倒角"命令（和"圆角"在同一个下拉列表中，图 4.9.3a），根据提示先进行参数设置（图 4.9.3b）。

倒角的画法

1）设置倒角距离：输入"D"或单击对应选项，需要输入 45°倒角距离，如 C2 就输入"2"，按两次<Enter>键（45°倒角两直角边距离相同），如图 4.9.3c 所示。根据提示选择需要倒角的两条线即可。

2）若倒角为 30°或 60°：输入"A"或单击对应选项，根据提示（图 4.9.3d）输入倒角距离和角度后再选择倒角的两条直线。此时要注意设置的参数为选择的第一条直线。

3）设置修剪方式：输入"T"或单击对应选项，出现"修剪"和"不修剪"选项（图 4.9.3d）。

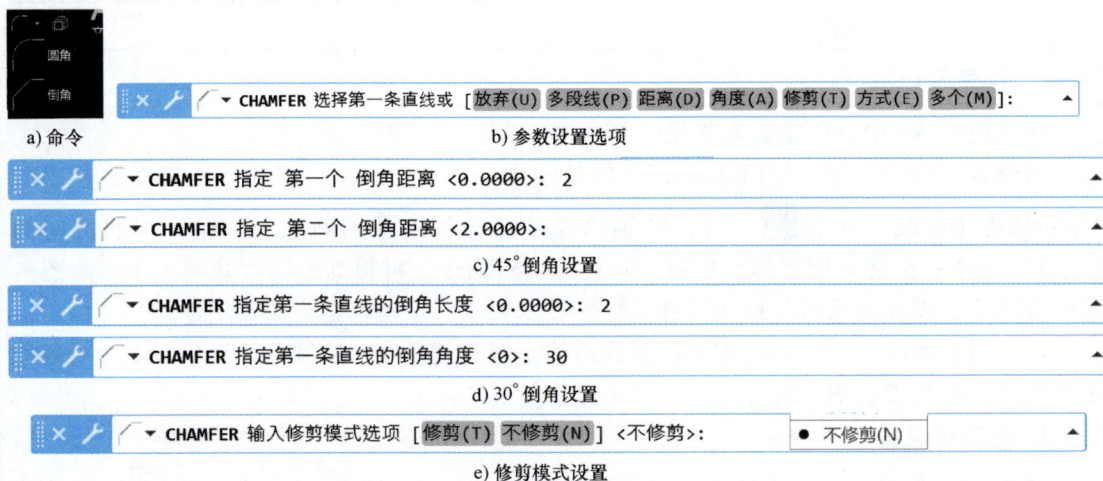

a) 命令　　　　　　　　　　b) 参数设置选项

CHAMFER 指定 第一个 倒角距离 <0.0000>: 2

CHAMFER 指定 第二个 倒角距离 <2.0000>:

c) 45°倒角设置

CHAMFER 指定第一条直线的倒角长度 <0.0000>: 2

CHAMFER 指定第一条直线的倒角角度 <0>: 30

d) 30°倒角设置

CHAMFER 输入修剪模式选项 [修剪(T) 不修剪(N)] <不修剪>: ● 不修剪(N)

e) 修剪模式设置

图 4.9.3 倒角

4. 均布图形阵列

零件图中常出现均匀分布相同的孔和肋板等结构，可利用"修改"工具栏中的"阵列"命令快速完成绘制。以图 4.9.4a 为例，先画出一个小圆孔和一处肋板，单击"环形阵列"按钮后，根据提示，选择绘制完成的小圆孔和肋板后按<Enter>键确认，选择环形阵列中心点为基点，此时绘图区显示默认的阵列数量为 6 的图形和对话框（图 4.9.4b）。若实际阵列数量为 6，可直接按<Enter>键确定；若不为 6，此时需要在命令行中输入"I"（项目），之后输入数量如"4"（图 4.9.4c），按<Enter>键确认即可。

环形阵列

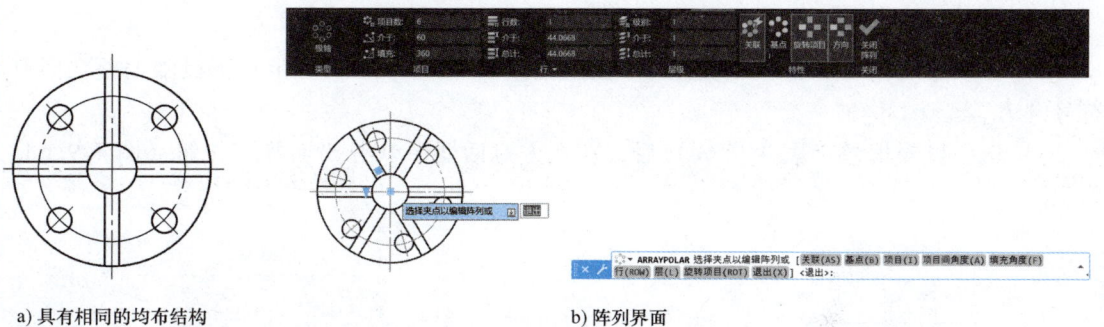

a) 具有相同的均布结构

b) 阵列界面

c) 修改阵列数量

图 4.9.4　阵列

5. 缩放调整图形大小

可利用"缩放"功能调整图形大小。单击"修改"工具栏中的"缩放"命令按钮，根据提示，选择要缩放的对象后确定（可选多个对象），再选择缩放的基点（缩放后不改变位置的点），跟随光标处出现可放大缩小的图形（图 4.9.5a），输入比例如"2"

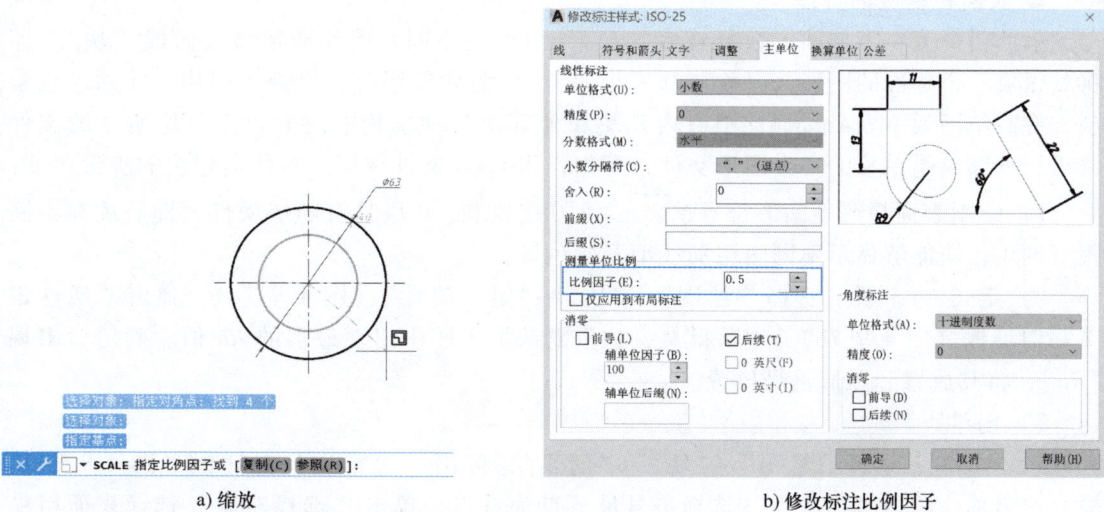

a) 缩放

b) 修改标注比例因子

图 4.9.5　缩放图形

后按<Enter>键，即将原图形放大了2倍。要注意的是，这种方式会把图形尺寸也进行了缩放。若要恢复到原尺寸，可在"标注样式"中修改"主单位"的比例因子（图4.9.5b），确保比例因子和图形缩放的比例乘积为1。

二、在 AutoCAD 中标注技术要求的方法

1. 尺寸公差标注

若尺寸公差用公差带代号表示，如 $\phi15H7$，只需在尺寸标注时利用文字修改（T），输入"％％c15H7"即可。若需要标注极限偏差，可按照以下步骤进行：

尺寸偏差标注

1）双击需要增加极限偏差的尺寸，进入尺寸编辑状态（图4.9.6a）。

2）在尺寸后输入"上极限偏差^下极限偏差"（图4.9.6b）；上、下极限偏差之间有符号"∧"。

3）选中极限偏差（图4.9.6c）后，在上方对话框中单击"堆叠"按钮（图4.9.6d）确认。

a）双击进入编辑状态

b）添加极限偏差

c）选中极限偏差

d）单击"堆叠"按钮

图 4.9.6　极限偏差标注

2. 表面粗糙度的标注

表面粗糙度在零件图上数量较多，且 Ra 值可能不同，因此通常将其做成"块"，即将其做成一个标准的图形（一个整体图形对象），需要使用时直接插入引用，无须反复绘制，提高绘图效率。AutoCAD 中有内部块和外部块两种。其中内部块仅限块所在的文件调用；外部块是单独的一个图形文件，可供任何 CAD 文件调用。具体创建块的步骤如下：

1）绘制表面粗糙度图形符号√：在0层绘制，0层具有随层属性，即后续在不同图层调用，块能够显示不同图层的线型及颜色等。

2）定义 Ra 属性：选择"绘图"→"块"→"定义属性"（图4.9.7a），弹出"属性定义"对话框（图4.9.7b），填写信息，这里默认填入图中出现最多的 Ra 值。确定后出现"Ra"，将其放置到图形符号位置。

3）创建块。

① 内部块：选择"绘图"→"块"→"创建"，弹出"块定义"对话框（图4.9.7c），输入块名称，单击"拾取点"选择符号最下点为基点，单击"选择对象"选择表面粗糙度符号和属性 Ra，按<Enter>键，单击"确定"按钮即完成内部块的创建。

② 外部块：在命令行中输入"W"（WBLOCK），弹出"写块"对话框（图 4.9.7d），可以设置外部块保存目录和名称，单击"拾取点"和"选择对象"后，按<Enter>键，单击"确定"按钮即完成外部块的创建。

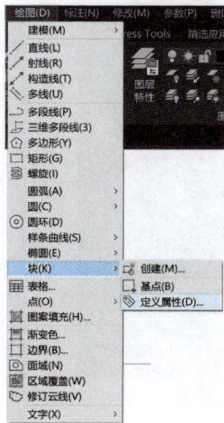

a) 定义属性路径

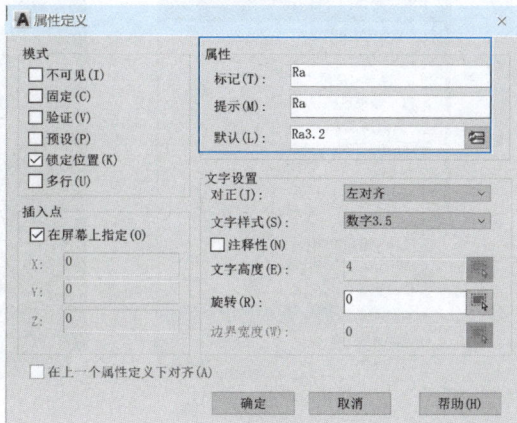

b) 定义属性设置

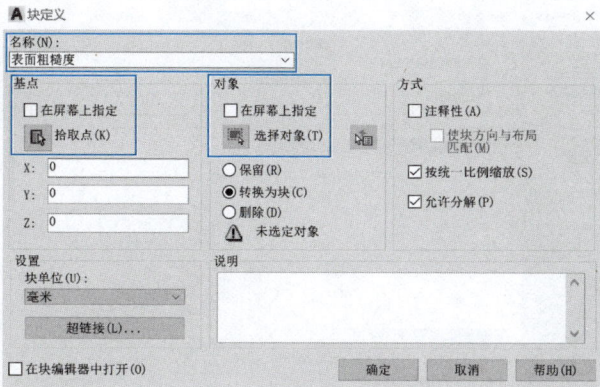

c) 内部块创建

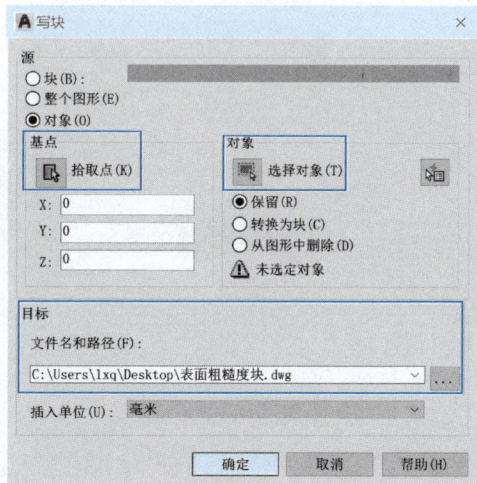

d) 外部块创建

图 4.9.7　创建块

4）调用块。

① 调用内部块：切换标注图层，选择"插入"→"块选项板"（图 4.9.8a），弹出对话框（图 4.9.8b），可看到刚刚创建的内部块，下方的选项可进行比例、角度的调整。单击块，并将其放置到零件图对应位置后单击，弹出"编辑属性"对话框（图 4.9.8c），可修改 Ra 值，单击"确定"按钮即完成利用内部块标注表面粗糙度。

② 调用外部块：切换标注图层，选择"插入"→"块选项板"（图 4.9.8a），弹出对话框（图 4.9.8b），单击"过滤器"后面圈中的图标，弹出"选择要插入的文件"对话框，找到表面粗糙度外部块，打开即可将外部块插入到 CAD 文件中（图 4.9.8d）。

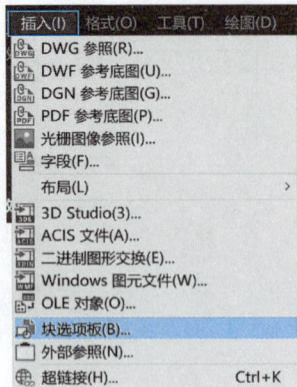

a) 调用块路径

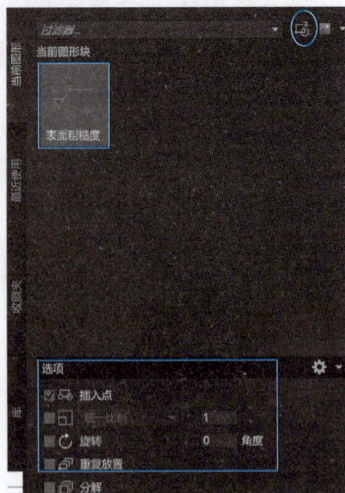

b) 插入块对话框

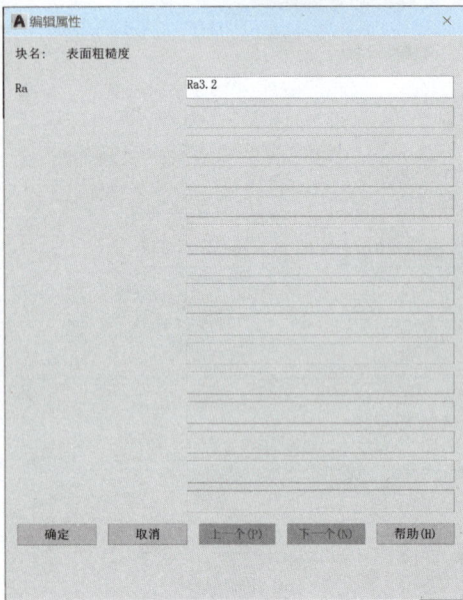

c)"编辑属性"对话框

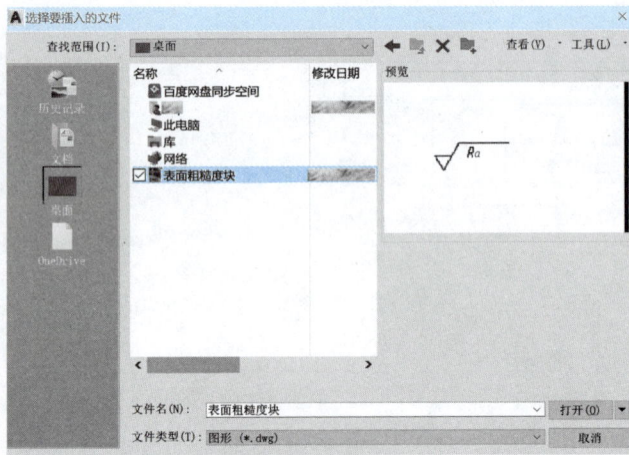

d) 调用外部块对话框

图 4.9.8　调用块

3. 几何公差的标注

几何公差的标注可用"引线"（QLEADER）。

1）在命令行中输入"le"，根据提示先输入"s"进行设置（图 4.9.9a），弹出对话框，选择"公差"单选项（图 4.9.9b）后单击"确定"按钮。

2）在被测要素处单击，出现带箭头的指引线，按<Enter>键后弹出"形位公差"对话框（图 4.9.9c），单击"符号"下方的黑框，弹出几何公差项目符号（图 4.9.9d），选择后返回对话框，在"公差 1"下输入数值，在"基准 1"下输入基准符号（无基准的无需输入），单击"确定"按钮即可。

几何公差
的标注

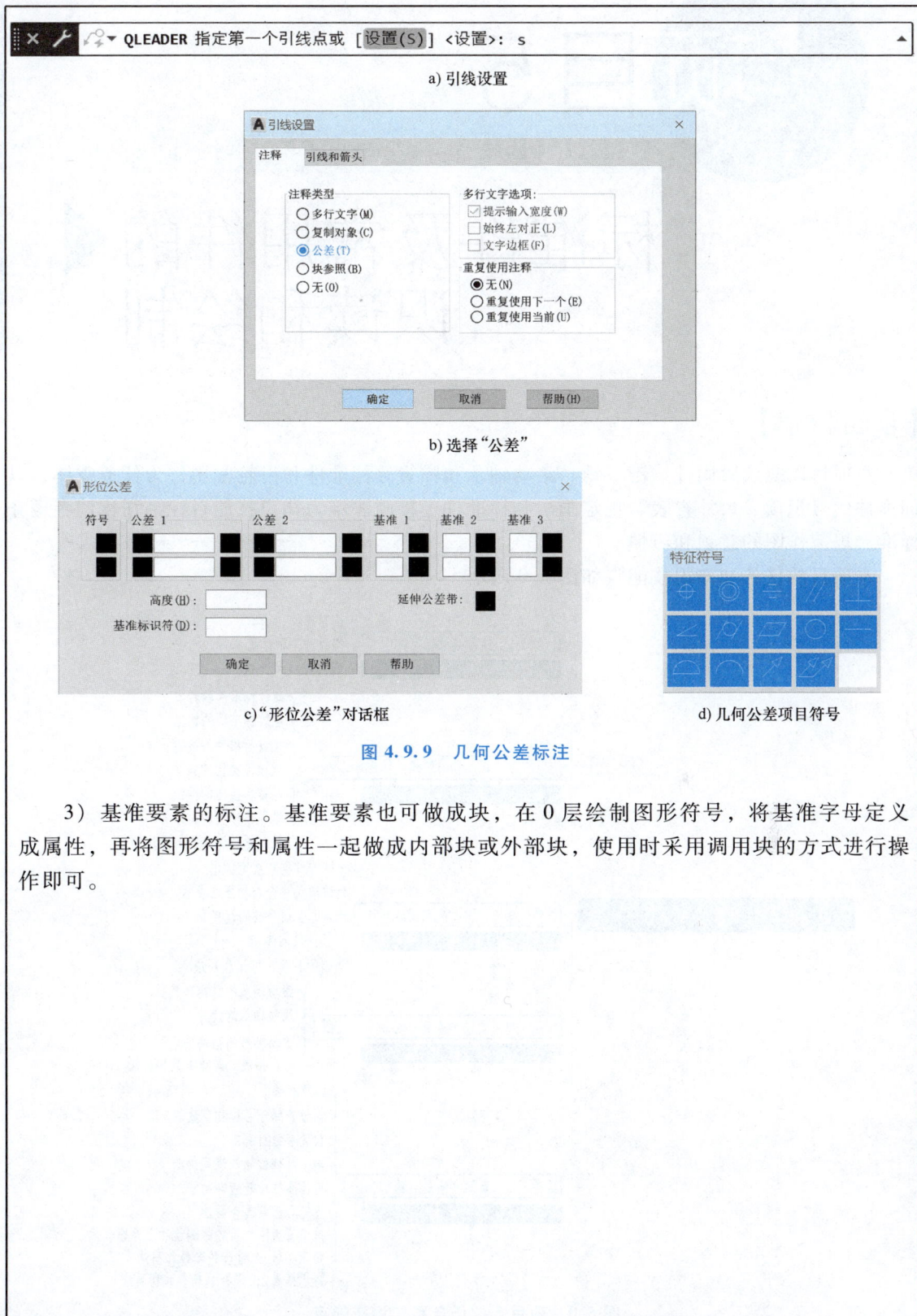

QLEADER 指定第一个引线点或 [设置(S)] <设置>: s

a) 引线设置

b) 选择"公差"

c)"形位公差"对话框

d) 几何公差项目符号

图 4.9.9　几何公差标注

3）基准要素的标注。基准要素也可做成块，在 0 层绘制图形符号，将基准字母定义成属性，再将图形符号和属性一起做成内部块或外部块，使用时采用调用块的方式进行操作即可。

项目 5
CHAPTER 5

标准件及常用件的识读和绘制

【项目概述】

　　本项目以螺纹紧固件、键、销、滚动轴承和弹簧等标准件和齿轮常用件为任务载体，以标准件代号识读、尺寸查表、规定画法和标准件连接画法等为知识技能目标，强化读者遵守标准、规范作图的意识和习惯。

　　本项目的任务和知识技能点如图 5.0 所示。

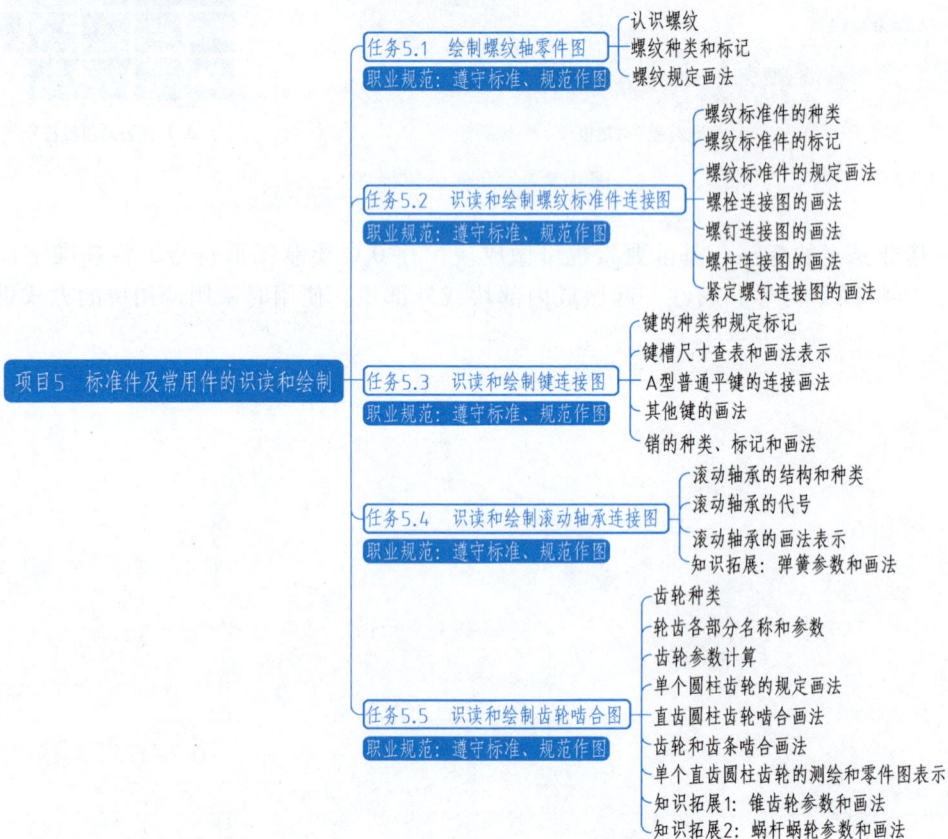

项目5　标准件及常用件的识读和绘制

- 任务5.1　绘制螺纹轴零件图
  - 职业规范：遵守标准、规范作图
    - 认识螺纹
    - 螺纹种类和标记
    - 螺纹规定画法

- 任务5.2　识读和绘制螺纹标准件连接图
  - 职业规范：遵守标准、规范作图
    - 螺纹标准件的种类
    - 螺纹标准件的标记
    - 螺纹标准件的规定画法
    - 螺栓连接图的画法
    - 螺钉连接图的画法
    - 螺柱连接图的画法
    - 紧定螺钉连接图的画法

- 任务5.3　识读和绘制键连接图
  - 职业规范：遵守标准、规范作图
    - 键的种类和规定标记
    - 键槽尺寸查表和画法表示
    - A型普通平键的连接画法
    - 其他键的画法
    - 销的种类、标记和画法

- 任务5.4　识读和绘制滚动轴承连接图
  - 职业规范：遵守标准、规范作图
    - 滚动轴承的结构和种类
    - 滚动轴承的代号
    - 滚动轴承的画法表示
    - 知识拓展：弹簧参数和画法

- 任务5.5　识读和绘制齿轮啮合图
  - 职业规范：遵守标准、规范作图
    - 齿轮种类
    - 轮齿各部分名称和参数
    - 齿轮参数计算
    - 单个圆柱齿轮的规定画法
    - 直齿圆柱齿轮啮合画法
    - 齿轮和齿条啮合画法
    - 单个直齿圆柱齿轮的测绘和零件图表示
    - 知识拓展1：锥齿轮参数和画法
    - 知识拓展2：蜗杆蜗轮参数和画法

图 5.0　项目 5 的任务和知识技能点

任务 5.1　绘制螺纹轴零件图

【5.1　任务工作单】

项目 5　标准件及常用件的识读和绘制			任务 5.1　绘制螺纹轴零件图	
姓名：_____	班级：_____		学号：_____	日期：_____

5.1.1　明确任务

任务描述：

在组成机器的万千零件中，有些零件被广泛使用，为便于制造、使用和降低成本，对它们的结构和尺寸做了全部或者部分标准化，称为标准件和常用件。标准件指的是结构和尺寸全部标准化的零件，如螺栓、螺钉、螺柱、螺母、垫圈、键、销、滚动轴承和弹簧等；常用件是部分结构和尺寸标准化的零件，如齿轮。为了提高绘图效率，标准件和常用件不按其真实结构绘制，而是采用国家标准规定的画法、代号和标记进行绘制和标注。

螺纹是人类历史中最实用的发明之一，由于具有易于装配和可拆卸更换的功能，螺纹连接和螺纹传动广泛应用于各行各业。最早的螺纹技术主要用于设备、武器和珠宝装饰等的连接。随着螺纹实现标准化，如今螺纹在工业和生活中更是不可或缺。

请绘制图 5.1.1 所示的螺纹轴零件图。

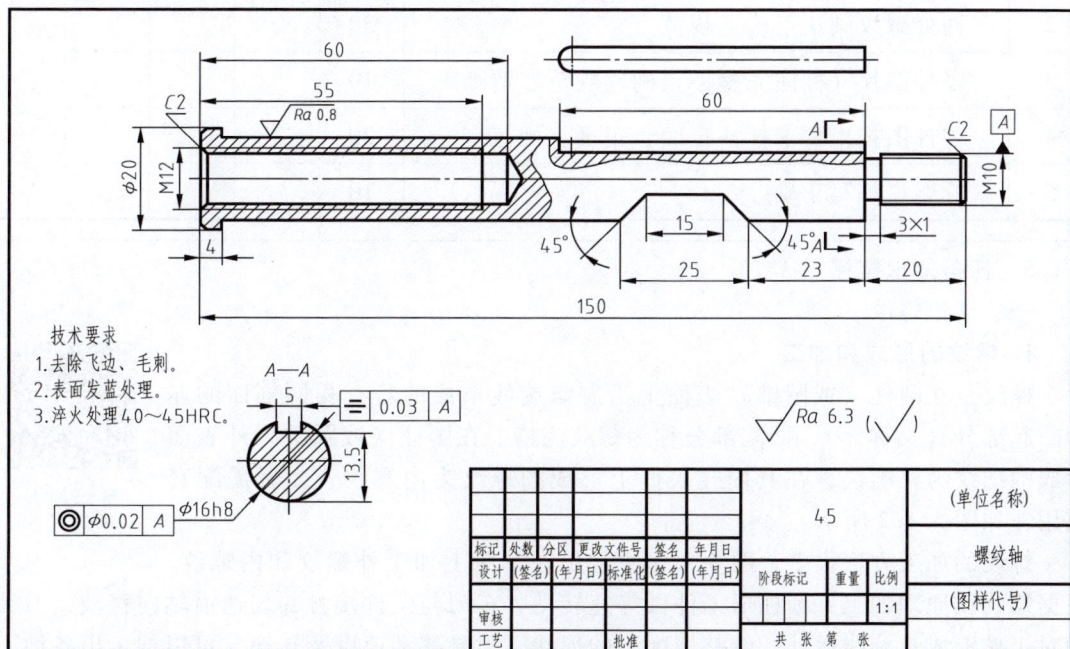

图 5.1.1　螺纹轴零件图

任务目标：

（1）了解螺纹的历史和标准，强化标准化认知，提高遵守标准化意识。

（2）能说出螺纹的基本要素和旋合条件，能说出螺纹的种类和特征代号。

（3）会查表得到螺纹螺距及大、中、小径等尺寸；会识读螺纹标记，能分辨螺纹种类；能按规定画法绘制外螺纹、内螺纹以及内外螺纹旋合。

（4）能独立完成螺纹轴零件图的绘制。

5.1.2　分析任务

（1）讨论：图5.1.1中有几处螺纹？分别是内螺纹还是外螺纹？是哪种类型的螺纹？

（2）讨论：绘制图5.1.1中的螺纹时，大径、小径分别按什么尺寸绘制？线型分别是什么？

5.1.3　实施任务（完成后在右侧打"√"）

（1）完成零件图视图的绘制。

（2）完成两处螺纹的绘制。

（3）完成零件图的尺寸标注。

（4）完成零件图技术要求的标注。

（5）完成零件图标题栏的填写。

5.1.4　评价任务

序号	评价指标	分值	自评	互评	师评	总评
1	零件视图对应正确，图线正确、规范	30				
2	两处螺纹画法正确、规范	30				
3	零件图尺寸标注完整、正确、规范、清晰	10				
4	零件图技术要求标注全面、正确、规范	20				
5	标题栏填写正确	10				

5.1.5　任务知识链接

一、认识螺纹

1. 螺纹的形成和加工

螺纹是在圆柱（或圆锥）表面上沿着螺旋线形成的具有相同剖面的连续凸起部分（又称牙），凹陷部分称为螺纹沟槽。在圆柱（或圆锥）外表面形成的螺纹为外螺纹，在其内孔表面上形成的螺纹为内螺纹，二者需配套使用，如图5.1.2所示。

螺纹加工和结构

螺纹的加工方法很多，图5.1.3所示是在车床上加工外螺纹和内螺纹。根据螺旋线原理加工：圆柱形工件做等速转动，车刀与工件接触并匀速沿轴向移动，刀具相对工件形成螺旋线运动。调整切削刃的形状、刀具移动速度及转速，可以加工出各种不同规格的螺纹。

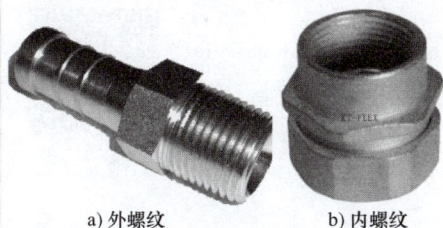

a) 外螺纹　　　　b) 内螺纹

图 5.1.2　外螺纹和内螺纹

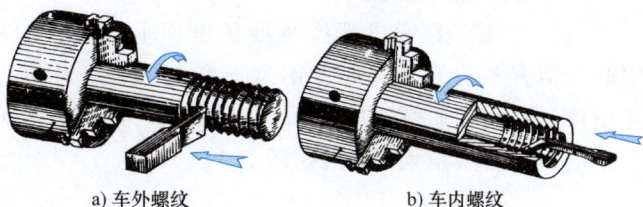

a) 车外螺纹　　　　b) 车内螺纹

图 5.1.3　用车刀加工螺纹

加工直径较小的内、外螺纹可用专用成形工具，如用板牙铰制外螺纹。对于较小的内螺纹，可先用钻头钻出光孔，再用丝锥攻出螺纹。板牙和丝锥都是有规格的，因此每一款板牙或者丝锥只能加工一种规格的螺纹，如图 5.1.4 所示。

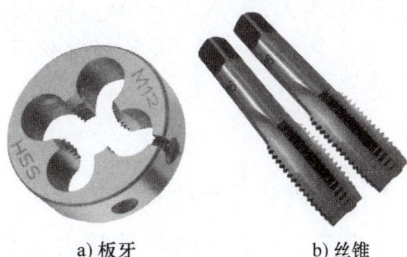

a) 板牙　　　　b) 丝锥

图 5.1.4　用成形工具加工螺纹

2. 螺纹的结构

（1）倒角和倒圆　为便于安装和防止螺纹端部损坏，一般在螺纹的起始处加工出倒角或者球面形的倒圆，如图 5.1.5a、b 所示。

（2）螺纹收尾　刀具快要到达螺纹终止处时要逐渐离开工件，导致螺纹终止处附近的牙型逐渐变浅，称为螺尾，如图 5.1.5c 所示。

（3）螺纹退刀槽　为了避免出现螺尾，可在螺纹终止处提前车出退刀槽，以便于刀具退出，如图 5.1.5d 所示。

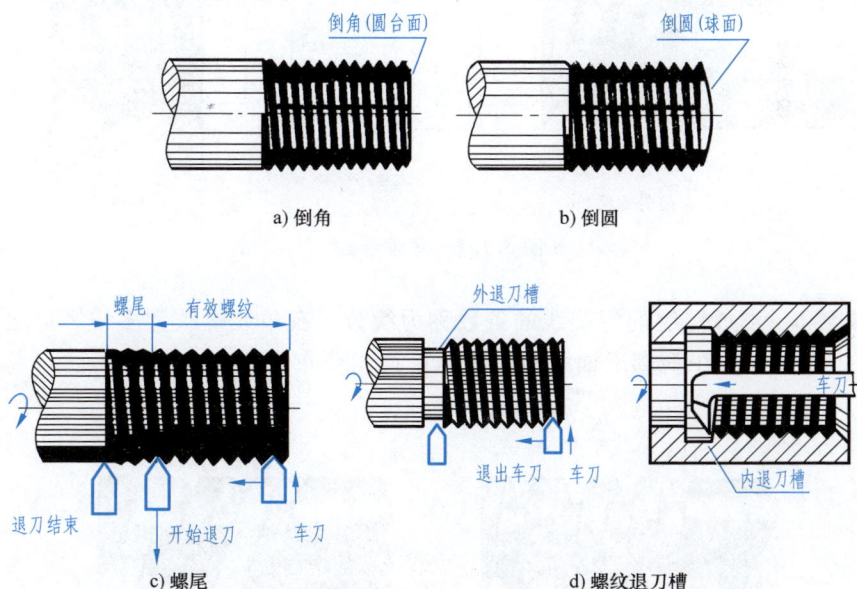

a) 倒角　　　　b) 倒圆

c) 螺尾　　　　d) 螺纹退刀槽

图 5.1.5　螺纹结构

3. 螺纹的基本要素

（1）牙型　在通过螺纹轴线的剖面上，螺纹的轮廓形状称为牙型。常用的牙型有三角形、梯形、锯齿形和矩形等。相邻两牙侧面间的夹角称为牙型角。常用普通螺纹的牙型为三角形，牙型角为 60°，管螺纹的牙型也是三角形，但牙型角是 55°，如图 5.1.6 所示。

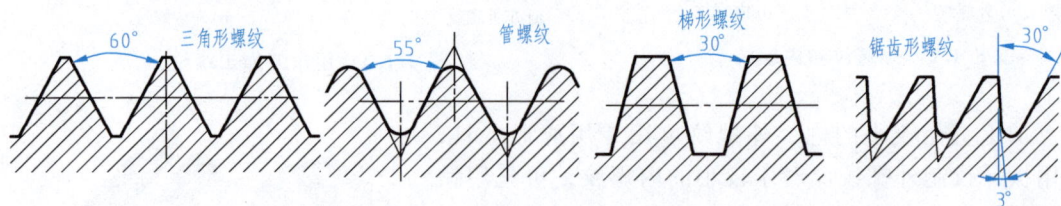

螺纹五要素

图 5.1.6　螺纹牙型和牙型角

（2）直径　螺纹有大径（d、D）、小径（d_1、D_1）和中径（d_2、D_2），外螺纹用小写 d 表示，内螺纹用大写 D 表示，如图 5.1.7 所示。大径是指和外螺纹的牙顶、内螺纹的牙底相重合的假想柱面或锥面的直径；小径是指和外螺纹的牙底、内螺纹的牙顶相重合的假想柱面或锥面的直径；在大径和小径之间，设想有一柱面（或锥面），在其轴平面内，素线上的牙宽和槽宽相等，则该假想柱面的直径称为中径。其中螺纹的公称直径指的均是大径。

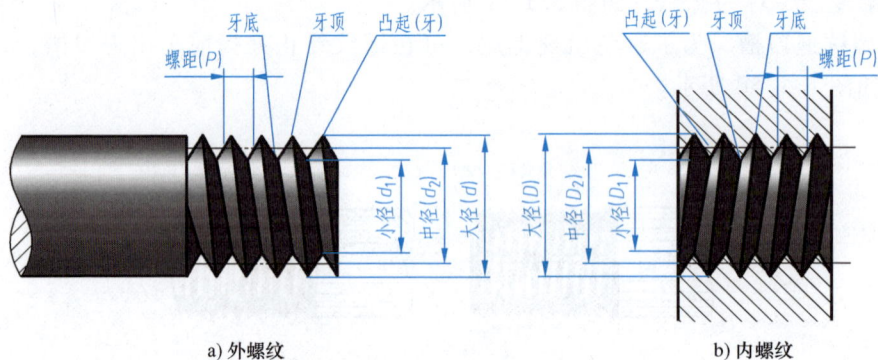

a）外螺纹　　　　b）内螺纹

图 5.1.7　螺纹参数

（3）线数 n　形成螺纹的螺旋线的条数称为线数。有单线螺纹和多线螺纹之分，如图 5.1.8 所示。多线螺纹在垂直于轴线的剖面内是均匀分布的。

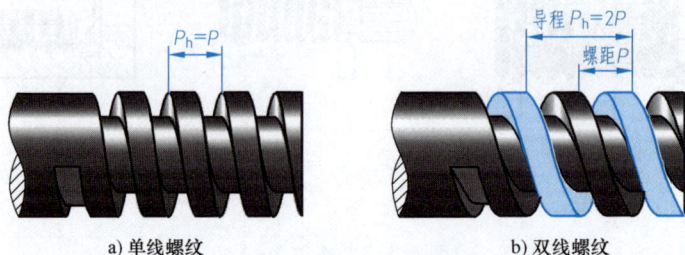

a）单线螺纹　　　　b）双线螺纹

图 5.1.8　线数、螺距、导程

（4）螺距 P 和导程 P_h　相邻两牙在中径线上对应两点轴向的距离称为螺距。同一条螺旋线上，相邻两牙在中径线上对应两点轴向的距离称为导程。线数 n、螺距 P、导程 P_h 之间的关系为 $P_h = nP$，如图 5.1.8 所示。

（5）旋向　螺纹有左旋和右旋之分。将外螺纹轴线铅垂放置，螺纹右上左下则为右旋，左上右下则为左旋，如图 5.1.9 所示。其中右旋螺纹更为常用。

螺纹的牙型、直径、螺距、线数和旋向称为螺纹五要素，只有五要素相同的内、外螺纹才能互相旋合。其中螺纹牙型、直径和螺距是最基本的要素，这三个要素符合标准的称为标准螺纹，在设计使用时，一般选用标准螺纹，可为加工和检验带来方便。

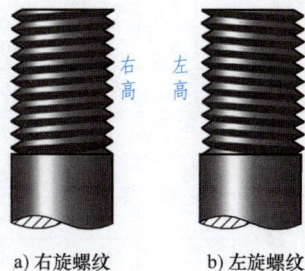

a）右旋螺纹　　b）左旋螺纹

图 5.1.9　旋向

4. 螺纹尺寸查表

国家标准对螺纹规格有规定，不同种类螺纹的基本尺寸见表 5.1.1～表 5.1.3。

表 5.1.1　普通螺纹基本尺寸（第一系列）（摘自 GB/T 196—2003、GB/T 193—2003）　　（单位：mm）

公称直径 D、d	螺距 P	中径 D_2 或 d_2	小径 D_1 或 d_1	公称直径 D、d	螺距 P	中径 D_2 或 d_2	小径 D_1 或 d_1	公称直径 D、d	螺距 P	中径 D_2 或 d_2	小径 D_1 或 d_1
3	0.5	2.675	2.459	12	1.25	11.188	10.647	30	1	29.350	28.917
3	0.35	2.773	2.621	12	1	11.350	10.917	36	4	33.402	31.670
4	0.7	3.545	3.242	16	2	14.701	13.835	36	3	34.051	32.752
4	0.5	3.675	3.459	16	1.5	15.026	14.376	36	2	34.701	33.835
5	0.8	4.480	4.134	16	1	15.350	14.917	36	1.5	35.026	34.376
5	0.5	4.675	4.459	20	2.5	18.376	17.294	42	4.5	39.077	37.129
6	1	5.350	4.917	20	2	18.701	17.835	42	4	39.402	37.670
6	0.75	5.513	5.188	20	1.5	19.026	18.376	42	3	40.015	38.752
8	1.25	7.188	6.647	20	1	19.350	18.917	42	2	40.701	39.835
8	1	7.350	6.917	24	3	22.051	20.752	42	1.5	41.026	40.376
8	0.75	7.513	7.188	24	2	22.701	21.835	48	5	44.752	42.587
10	1.5	9.026	8.376	24	1.5	23.026	22.376	48	4	45.402	43.670
10	1.25	9.188	8.647	24	1	23.350	22.917	48	3	46.051	44.752
10	1	9.350	8.917	30	3.5	27.727	26.211	48	2	46.701	45.835
10	0.75	9.513	9.188	30	3	28.051	26.752	48	1.5	47.026	46.376
12	1.75	10.863	10.106	30	2	28.701	27.835				
12	1.5	11.026	10.376	30	1.5	29.026	28.376				

表 5.1.2　梯形螺纹基本尺寸（第一系列）（摘自 GB/T 5796.3—2022）　　　　（单位：mm）

公称直径 d	螺距 P	中径 $d_2=D_2$	大径 D_4	小径 d_3	小径 D_1	公称直径 d	螺距 P	中径 $d_2=D_2$	大径 D_4	小径 d_3	小径 D_1
8	1.5	7.25	8.30	6.20	6.50	32	3	30.50	32.50	28.50	29.00
10	1.5	9.25	10.30	8.20	8.50		6	29.00	33.00	25.00	26.00
	2	9.00	10.50	7.50	8.00		10	27.00	33.00	21.00	22.00
12	2	11.00	12.50	9.50	10.00	36	3	34.50	36.50	32.50	33.00
	3	10.50	12.50	8.50	9.00		6	33.00	37.00	29.00	30.00
16	2	15.00	16.50	13.50	14.00		10	31.00	37.00	25.00	26.00
	4	14.00	16.50	11.50	12.00	40	3	38.50	40.50	36.50	37.00
20	2	19.00	20.50	17.50	18.00		7	36.50	41.00	32.00	33.00
	4	18.00	20.50	15.50	16.00		10	35.00	41.00	29.00	30.00
24	3	22.50	24.50	20.50	21.00	44	3	42.50	44.50	40.50	41.00
	5	21.50	24.50	18.50	19.00		7	40.50	45.00	36.00	37.00
	8	20.00	25.00	15.00	16.00		10	38.00	45.00	31.00	32.00
28	3	26.50	28.50	24.50	25.00	48	3	46.50	48.50	44.50	45.00
	5	25.50	28.50	22.50	23.00		8	44.00	49.00	39.00	40.00
	8	24.00	29.00	19.00	20.00		12	42.00	49.00	35.00	36.00

表 5.1.3　管螺纹基本尺寸　　　　　　　　　　　　　　　　　　（单位：mm）

55°非密封管螺纹（G）GB/T 7307—2001

55°密封管螺纹（圆柱内螺纹 Rp、与圆柱内螺纹相配合的圆锥外螺纹 R_1）GB/T 7306.1—2000

55°密封管螺纹（圆柱内螺纹 Rc、与圆锥内螺纹相配合的圆锥外螺纹 R_2）GB/T 7306.2—2000

加粗字体表示的尺寸仅 55°非密封管螺纹才有

尺寸代号	螺距 P	大径 $D=d$	中径 $D_2=d_2$	小径 $D_1=d_1$	尺寸代号	螺距 P	大径 $D=d$	中径 $D_2=d_2$	小径 $D_1=d_1$
1/16	0.907	7.723	7.142	6.561	$1\frac{1}{8}$	**2.309**	**37.897**	**36.418**	**34.939**
1/8	0.907	9.728	9.147	8.566	$1\frac{1}{4}$	2.309	41.910	40.431	38.952
1/4	1.337	13.157	12.301	11.445	$1\frac{1}{2}$	2.309	47.803	46.324	44.845
3/8	1.337	16.662	15.806	14.950	$1\frac{3}{4}$	**2.309**	**53.746**	**52.267**	**50.788**
1/2	1.814	20.955	19.793	18.631	2	2.309	59.614	58.135	56.656
5/8	**1.814**	**22.911**	**21.749**	**20.587**	$2\frac{1}{4}$	2.309	65.710	64.231	62.752
3/4	1.814	26.441	25.279	24.117	$2\frac{1}{2}$	2.309	75.184	73.705	72.226
7/8	**1.814**	**30.201**	**29.039**	**27.887**	$2\frac{3}{4}$	2.309	81.534	80.055	78.576
1	2.309	33.249	31.770	30.291	3	2.309	87.884	86.405	84.926

二、螺纹种类和标记

1. 螺纹的种类

螺纹按用途可分为连接螺纹和传动螺纹两种。

1）连接螺纹是指起连接作用的螺纹，常用的有四种：粗牙普通螺纹、细牙普通螺纹、非密封管螺纹和密封管螺纹。同一公称直径的普通螺纹，一般有几种螺距，螺距最大的称为粗牙普通螺纹，其余称为细牙普通螺纹。在标注细牙螺纹时，必须标注螺距。细牙螺纹多用于细小的精密零件和薄壁零件。管螺纹分为非密封管螺纹和密封管螺纹两类，为寸制螺纹，其内、外螺纹旋合后没有间隙，密封性好，主要用于管路连接。

螺纹的种类

2）传动螺纹是指用于传递动力和运动的螺纹，常用的有两种：梯形螺纹和锯齿形螺纹。梯形螺纹的牙型为等腰梯形，通常用来传递双向动力，如机床的丝杠。锯齿形螺纹牙型为不等腰梯形，只能传递单向动力，且是牙型角小的侧面承受载荷，如千斤顶中的螺杆。

2. 螺纹的标记

（1）普通螺纹的标记

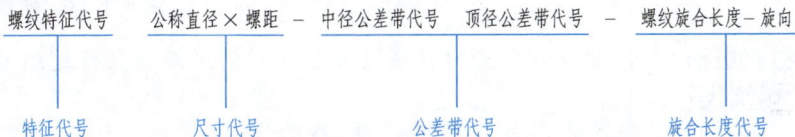

普通螺纹标记

$$\underbrace{\text{螺纹特征代号}}_{\text{特征代号}}\quad \underbrace{\text{公称直径×螺距}}_{\text{尺寸代号}}\ -\ \underbrace{\text{中径公差带代号}\quad \text{顶径公差带代号}}_{\text{公差带代号}}\ -\ \underbrace{\text{螺纹旋合长度–旋向}}_{\text{旋合长度代号}}$$

1）普通螺纹的特征代号为 M，公称直径为大径，粗牙螺纹的螺距省略不注，如 M16。细牙螺纹必须标注螺距，如 M16×1.5。

2）螺纹公差带代号包括中径公差带代号和顶径的公差带代号。公差带代号由表示大小的公差等级数字和表示位置的基本偏差的字母（内螺纹用大写字母，外螺纹用小写字母）组成，例如 6H、5g。如果中径和顶径的公差带代号不同，则中径公差带代号在前，顶径公差带代号在后，分别标注，如 M10-5g6g。若中径和顶径的公差带代号相同，则只标注一次，如 M10×1-6H。内、外螺纹旋合时，其配合公差带代号用斜线分开，左边表示内螺纹公差带代号，右边表示外螺纹公差带代号，如 M10-6H/5g。

3）国家标准对普通螺纹的旋合长度规定为短（S）、中（N）和长（L）3 组。螺纹的旋合长度不同，公差等级也不同。在一般情况下，旋合长度为中型（N）时不注，如 M16×1-LH。

4）右旋螺纹不注旋向代号，左旋螺纹的旋向代号为 LH。

普通螺纹的代号标注在大径的尺寸线上，空间太小时可引出标注，如图 5.1.10 所示。

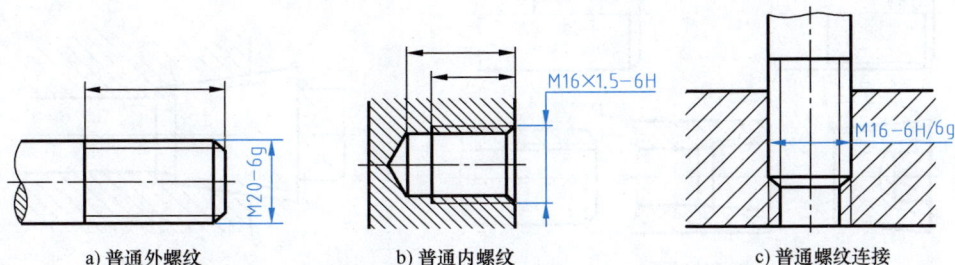

a）普通外螺纹	b）普通内螺纹	c）普通螺纹连接

图 5.1.10　普通螺纹标注

（2）梯形螺纹的标记　梯形螺纹的完整标记格式按照单线和多线分为下列两种情况：

单线梯形螺纹：

特征代号 公称直径 ×螺距−中径公差带代号−旋合长度代号−旋向

多线梯形螺纹：

特征代号　公称直径 × 导程值 P 螺距值−中径公差带代号−旋合长度代号−旋向

1）梯形螺纹的特征代号为"Tr"。左旋螺纹的旋向代号为 LH，需标注；右旋螺纹不标旋向。例如 Tr32×6-LH，Tr32×6。

2）梯形螺纹的公差带为中径公差带，也是由数字+字母表示，大写表示内螺纹，小写表示外螺纹，如 Tr32×6-5g、Tr12×3-6H、Tr40×7-7H/7e。

3）梯形螺纹旋合长度分为中（N）和长（L）两组，精度规定为中等、粗糙两种。当旋合长度为中（N）时，不标注代号"N"。例如，Tr32×12（P6）-7e-LH 为梯形螺纹的完整标记。

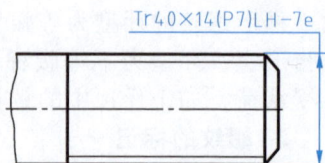

梯形螺纹的标注方式和普通螺纹的标注方式一致，如图 5.1.11 所示。

Tr40×14(P7)LH−7e

图 5.1.11　梯形螺纹标注

（3）管螺纹的标记　管螺纹分为密封管螺纹和非密封管螺纹，其标记组成如下：

非密封管螺纹代号：

特征代号 尺寸代号 公差等级代号−旋向代号

密封管螺纹代号：

特征代号 尺寸代号−旋向代号

其中，非密封管螺纹的特征代号为 G。密封管螺纹特征代号：Rp 表示圆柱内管螺纹，Rc 表示圆锥内管螺纹，R_1 表示与 Rp 配合的圆锥外管螺纹，R_2 表示与 Rc 配合的圆锥外管螺纹。管螺纹的尺寸代号用寸制尺寸表示，如 G1/4、Rc1/2。只有非密封管螺纹才有公差等级，有 A、B 两个等级。外螺纹必须标注公差等级，内螺纹则不标，如 G1A（外螺纹）、G1（内螺纹）。右旋螺纹不标注，左旋螺纹标注 LH。内、外螺纹装配在一起时，内、外螺纹的标记用斜线分开，左边表示内螺纹，右边表示外螺纹，如 G1/G1B。

管螺纹采用引出标注，即用指引线指在大径线上，引出到水平方向（图 5.1.12）。

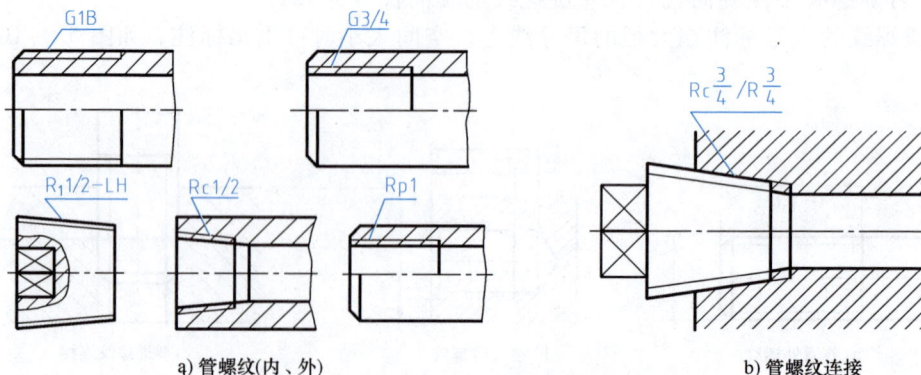

a) 管螺纹(内、外)　　　　b) 管螺纹连接

图 5.1.12　管螺纹标注

梯形螺纹标记

管螺纹标记

（4）锯齿形螺纹　锯齿形螺纹的标记与普通螺纹类似，特征代号为 B。其标注与普通螺纹一致（图 5.1.13）。

（5）特殊螺纹和非标准螺纹（矩形螺纹）　特殊螺纹在标注时应在特征代号前加注"特"字（图 5.1.14a），如特 Tr50×5。非标准螺纹应画出螺纹的牙型，并注出所需要的尺寸及有关要求（图 5.1.14b）。

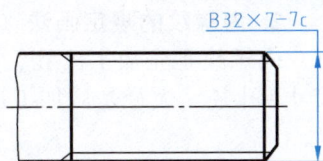

图 5.1.13　锯齿形螺纹标注

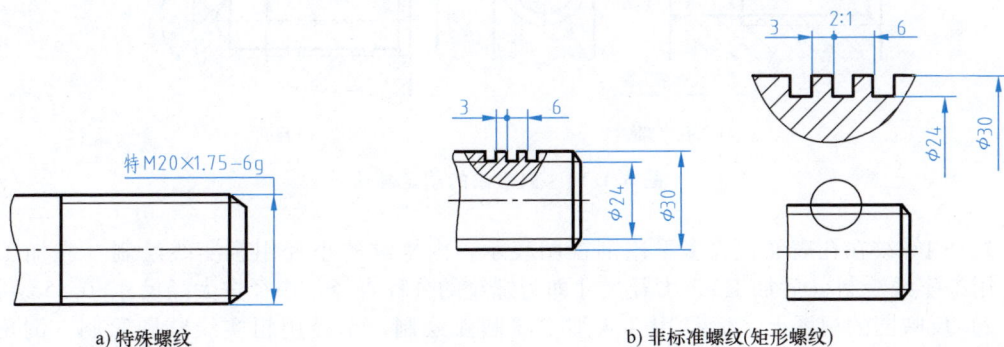

a) 特殊螺纹

b) 非标准螺纹(矩形螺纹)

图 5.1.14　特殊螺纹和非标准螺纹

三、螺纹规定画法（GB/T 4459.1—1995）

国家标准规定：螺纹的螺旋线部分用大径、小径表示。

1. 外螺纹的规定画法（图 5.1.15）

外螺纹是先加工出轴，然后在轴表面加工出螺纹，因此外螺纹的大径尺寸等于轴径，小径是后加工出来的，尺寸小于轴径。

外螺纹规定画法

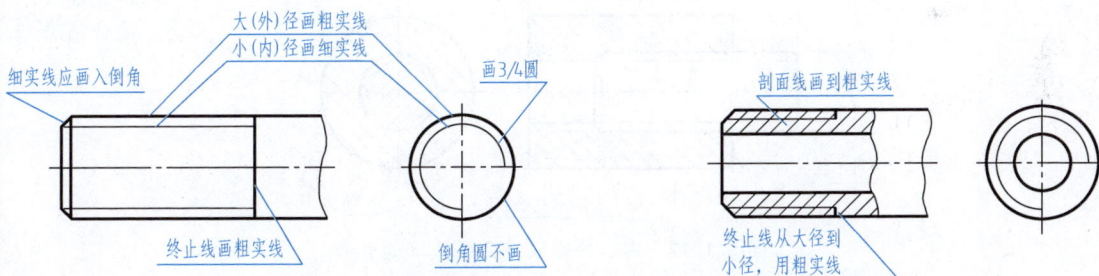

图 5.1.15　外螺纹的规定画法

1）外螺纹的大径用粗实线表示（先加工），小径用细实线表示（后加工）。

2）螺纹的小径尺寸可按大径尺寸×0.85 绘制。

3）非圆的视图上，倒角应画出，小径线应画入倒角，表示螺纹是从轴端开始的。

4）螺纹终止线用粗实线表示，连接两条大径线，螺尾部分不必画出。

5）反映圆的视图上，小径用 3/4 细实线圆弧表示，倒角圆不画，大径圆为整圆，用粗实线绘制。

6）在剖视图中，剖面线必须画到大径的粗实线处。

2. 内螺纹的规定画法（图 5.1.16）

内螺纹是先加工出孔，然后在孔表面加工出螺纹。因此，内螺纹小径尺寸=孔径，大径是后加工出来的，尺寸大于孔径。

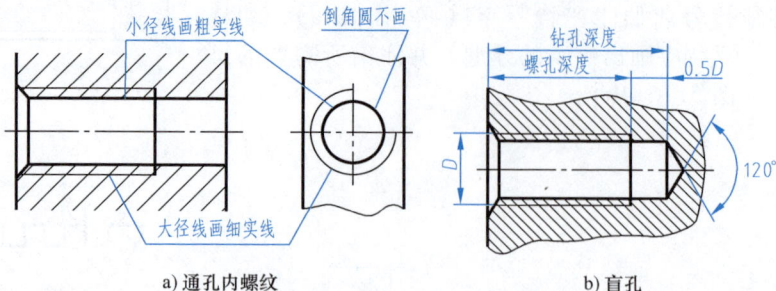

内螺纹规定画法

a) 通孔内螺纹　　　　　　　　　　　b) 盲孔

图 5.1.16　内螺纹的规定画法

1）内螺纹在孔表面，大多采用剖视图表示，内螺纹的小径用粗实线绘制（先加工），大径用细实线绘制（后加工），大径尺寸即为螺纹的公称直径，小径按大径尺寸×0.85绘制。

2）反映圆的视图上，大径用3/4细实线圆弧绘制，小径用粗实线整圆绘制，倒角圆不画。

3）若为不通孔，终止线到孔的末端的距离可按 0.5D（D 为螺纹大径）绘制（不必标注）。钻孔时，在末端形成的锥面的锥角按120°绘制。

4）剖面线应画到粗实线。

3. 内、外螺纹连接的规定画法（图 5.1.17 和图 5.1.18）

内、外螺纹连接分为三个部分：外螺纹部分，内螺纹部分和内、外螺纹旋合部分。

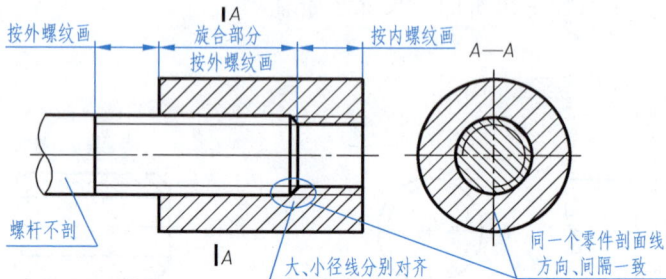

内外螺纹旋合画法

图 5.1.17　内、外螺纹旋合画法（通孔）

1）采用剖视图绘制螺杆穿过螺孔，实心杆件螺杆不剖。

2）内、外螺纹直径相同才可以旋合，所以内、外螺纹的大径线、小径线要分别对齐。

3）外螺纹的部分按外螺纹规定画法绘制，内螺纹部分按内螺纹规定画法绘制，内、外螺纹旋合部分按照外螺纹绘制，即大径线为粗实线，小径线为细实线。

4）若内螺纹为不通孔，则旋合终止线与内螺纹终止线之间留 0.5D 的距离，内螺纹终

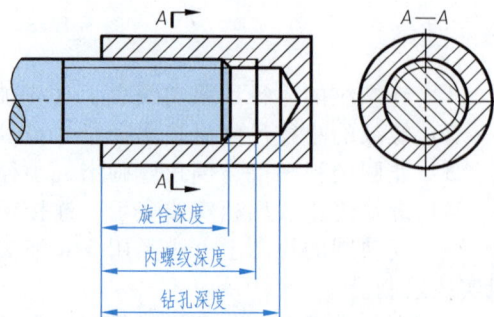

图 5.1.18　内、外螺纹旋合画法（不通孔）

止线与孔终止线也留出 $0.5D$ 的距离。

5）剖面线画到粗实线。

4. 螺纹牙型的表示（图 5.1.19）

需要表示螺纹牙型时，可用局部剖视图或局部放大图表示几个牙型的结构。

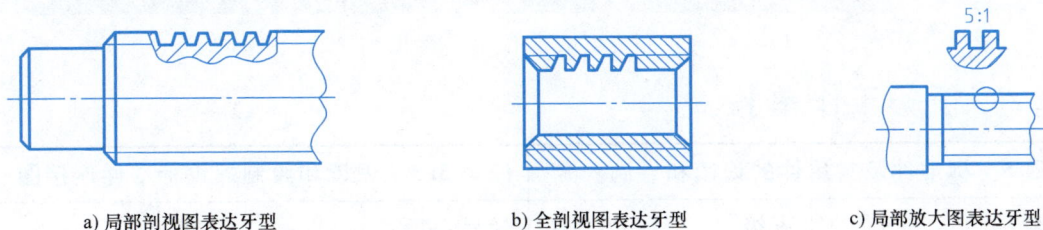

a) 局部剖视图表达牙型　　　　　b) 全剖视图表达牙型　　　　　c) 局部放大图表达牙型

图 5.1.19　螺纹牙型的表示

5. 锥面上的螺纹画法（图 5.1.20）

左视图上按螺纹的大端绘制，右视图上按螺纹的小端绘制。

图 5.1.20　锥面上的螺纹画法

6. 螺孔相贯的画法（图 5.1.21）

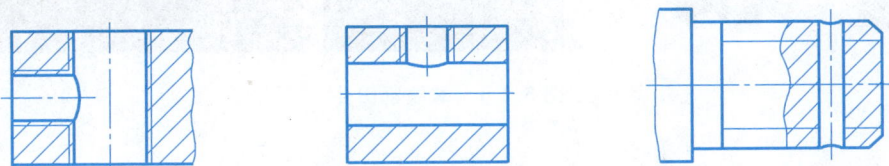

图 5.1.21　螺孔相贯的画法

任务 5.2 识读和绘制螺纹标准件连接图

【5.2 任务工作单】

项目 5 标准件及常用件的识读和绘制	任务 5.2 识读和绘制螺纹标准件连接图

姓名：_____	班级：_____	学号：_____	日期：_____

5.2.1 明确任务

任务描述：

通过螺纹起连接作用的零件称为螺纹紧固件，常见的有螺栓、螺柱、螺钉、螺母和垫圈等（图 5.2.1），在机器、设备中不可或缺。国家标准对螺纹紧固件的结构、种类、尺寸和标记都做了规定，因而又称为螺纹标准件。

图 5.2.1 螺纹紧固件

请根据图 5.2.2 中的要求，选择合适的螺纹标准件，并绘制连接图。

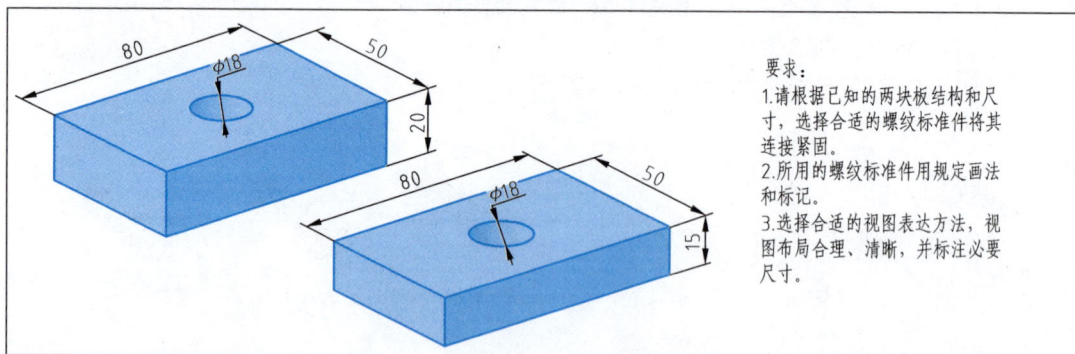

要求：
1. 请根据已知的两块板结构和尺寸，选择合适的螺纹标准件将其连接紧固。
2. 所用的螺纹标准件用规定画法和标记。
3. 选择合适的视图表达方法，视图布局合理、清晰，并标注必要尺寸。

图 5.2.2 用螺纹标准件连接两块板

任务目标：

（1）了解螺纹标准件的查表和规定画法，进一步增强标准意识，形成按标准规定实践的意识。

（2）能分辨常见螺纹标准件的名称、标记和画法，能说出螺栓连接、螺柱连接和螺钉连接分别适用的场合。

（3）能按规定画法正确绘制螺纹标准件，能画出螺栓连接图、螺钉连接图，会查表计算。

（4）能小组讨论确定利用螺纹标准件连接图5.2.2，并能正确绘制。

5.2.2　分析任务

（1）讨论：图5.2.2所示两块板的连接应选用哪些螺纹标准件？为什么？

（2）讨论：螺纹标准件的公称直径应根据什么确定？选取的螺纹标准件规格为多少？

（3）讨论：应采用几个视图表达图5.2.2？分别用什么表达方法？

5.2.3　实施任务（完成后在右侧打"√"）

（1）讨论确定选用螺纹标准件的种类。

（2）计算查表确定螺纹标准件的规格。

（3）完成螺纹标准件连接图的绘制。

（4）完成尺寸标注及标题栏的填写。

5.2.4　评价任务

序号	评价指标	分值	自评	互评	师评	总评
1	螺纹标准件种类选择合适	20				
2	螺纹标准件规格合适	20				
3	螺纹标准件连接图绘制正确、规范	50				
4	尺寸标注正确规范，标题栏填写正确	10				

5.2.5　任务知识链接

一、螺纹标准件的标记和规定画法

1. 螺纹标准件的种类和标记

常见螺纹标准件的类型和结构型式如图5.2.3所示。

认识螺纹标准件

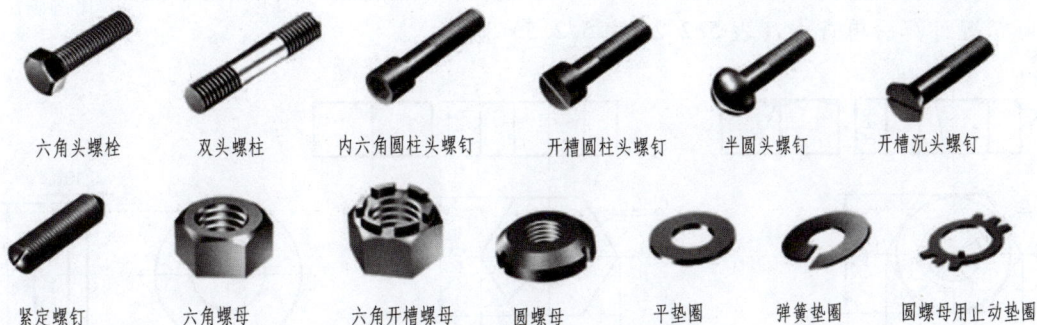

| 六角头螺栓 | 双头螺柱 | 内六角圆柱头螺钉 | 开槽圆柱头螺钉 | 半圆头螺钉 | 开槽沉头螺钉 |

| 紧定螺钉 | 六角螺母 | 六角开槽螺母 | 圆螺母 | 平垫圈 | 弹簧垫圈 | 圆螺母用止动垫圈 |

图5.2.3　常见螺纹标准件的类型和结构型式

常见螺纹标准件的图例和规定标记见表5.2.1。

表 5.2.1　常见螺纹标准件的图例和规定标记

图例	规定标记	图例	规定标记
六角头螺栓 	螺栓　GB/T 5782 M12×50	双头螺柱 	螺柱　GB/T 899 M12×50
开槽圆柱头螺钉 	螺钉　GB/T 65 M10×45	开槽沉头螺钉 	螺钉　GB/T 68 M10×45
开槽锥端紧定螺钉 	螺钉　GB/T 71 M12×40	I型六角头螺母 	螺母　GB/T 6170 M16
平垫圈 	垫圈　GB/T 97.1 16	弹簧垫圈 	垫圈　GB/T 93— 87　20

2. 螺纹标准件的规定画法

螺纹紧固件为标准件，不需要画零件图，但在连接装配图中需要画出。标准件各部分尺寸可以从国家标准中查出，但在绘图时为了简便和提高效率，可采用比例画法，即以螺纹的公称直径为基准，其余部分的结构尺寸按与公称直径的比例关系绘制（图 5.2.4）。但是螺栓、螺钉等长度需根据实际情况计算后再查表（表 5.2.2～表 5.2.5）确定。

螺纹标准件
比例画法

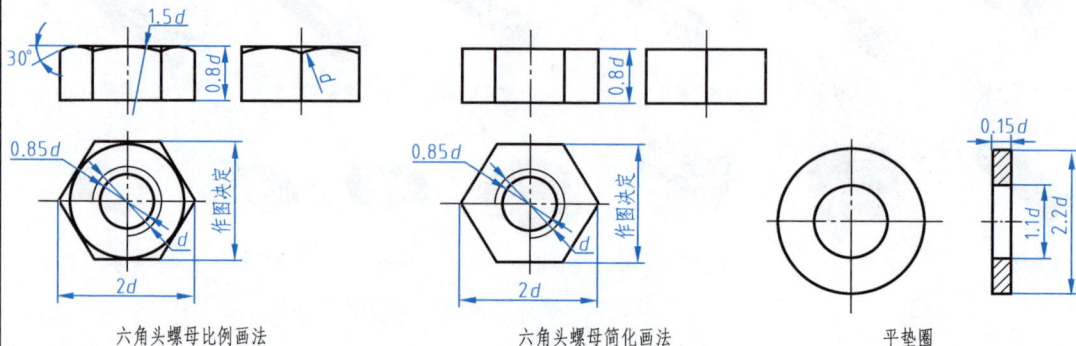

六角头螺母比例画法　　　　六角头螺母简化画法　　　　平垫圈

图 5.2.4　常用螺纹紧固件比例画法

弹簧垫圈　　　　　　　　紧定螺钉　　　　　　　　双头螺柱

六角头螺栓　　　　　　开槽圆柱头螺钉　　　　　　开槽沉头螺钉

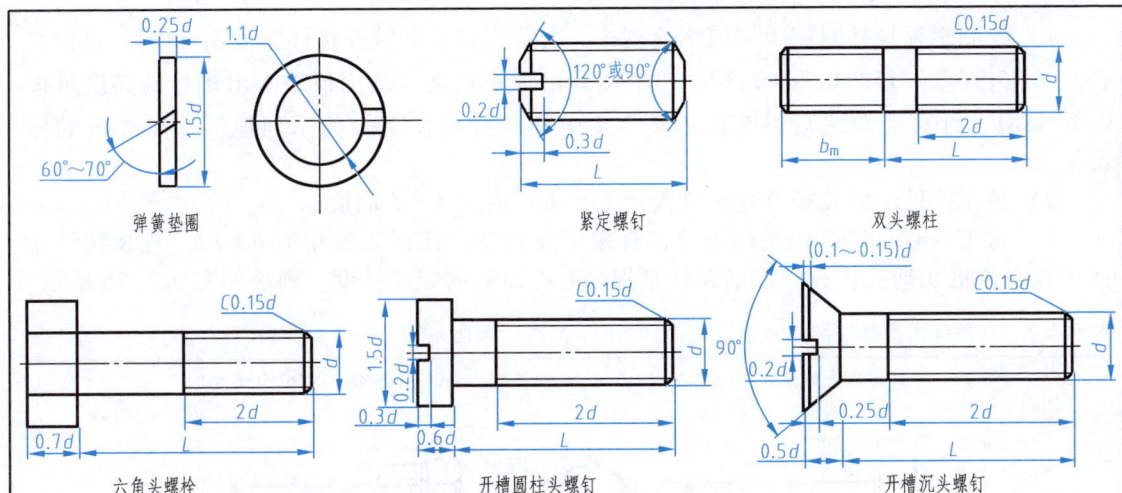

图 5.2.4　常用螺纹紧固件比例画法（续）

二、螺纹标准件连接图的规定画法

螺纹标准件连接通常有三类：螺栓连接、双头螺柱连接和螺钉连接。应遵守以下基本规定：①两零件接触表面画一条线，不接触表面画两条线；②两邻接零件的剖面线方向应相反，或者方向一致，间隔不等，各视图上同一零件的剖面线方向和间隔应保持一致；③对于标准件和实心零件（如螺钉、螺栓、螺母、垫圈、键、销、球和轴等），剖切平面通过基本轴线时，零件均按不剖绘制，画外形，必要时可采用局部剖视。

1. 螺栓连接图

螺栓连接需要用螺栓、螺母和垫圈三种标准件，用于连接两个可以钻通孔的零件连接。连接时，将螺栓穿过被连接件上的通孔，套上垫圈，用螺母拧紧，如图 5.2.5a 所示。

螺栓连接
图画法

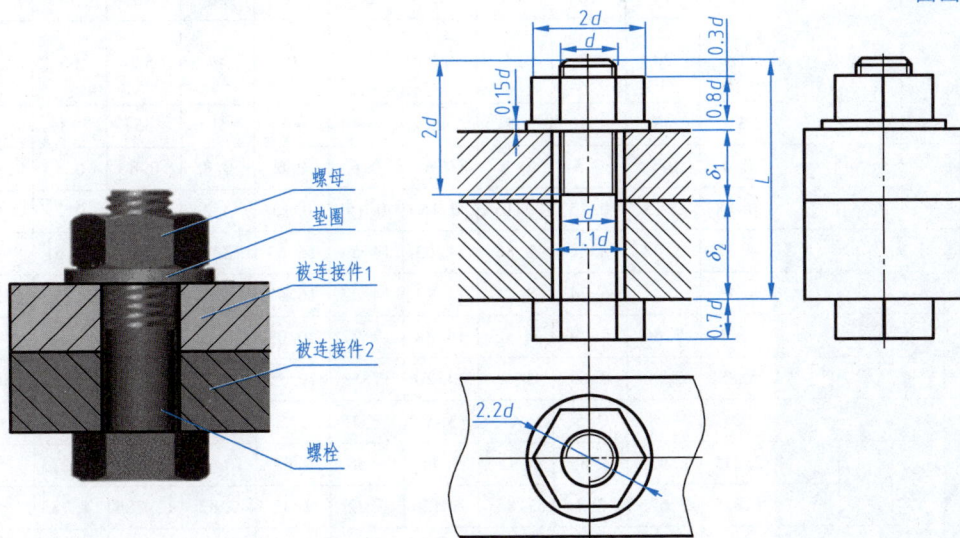

a) 螺栓连接　　　　　　　　　　b) 螺栓连接比例画法

图 5.2.5　螺栓连接图

　　1）绘制螺栓连接时需要知道螺栓型式、公称直径 d 和被连接件厚度 δ_1 和 δ_2，再按照公式 $L=\delta_1+\delta_2+0.15d+0.8d+0.3d$，初步计算出螺栓长度。螺栓顶端露出螺母的高度可按 $0.3d$ 估算。计算出 L 之后需查阅表 5.2.2 中螺栓有效长度 L 的系列值，选取相近的标准值。

　　2）被连接件上的孔径总比螺纹大径大，画图时按 $1.1d$ 取值。

　　3）对于 GB/T 5782 类型的螺栓，有效螺纹长度在比例画法中取 $b=2d$，且螺纹终止线位置必须低于通孔顶面，以确保拧紧螺母时有足够的螺纹长度。画法如图 5.2.5b 所示。

表 5.2.2　六角头螺栓标准结构和参数（摘自 GB/T 5782—2016 和 GB/T 5783—2016）（单位：mm）

六角头螺栓 GB/T 5782—2016　　六角头螺栓　GB/T 5783—2016（全螺纹）

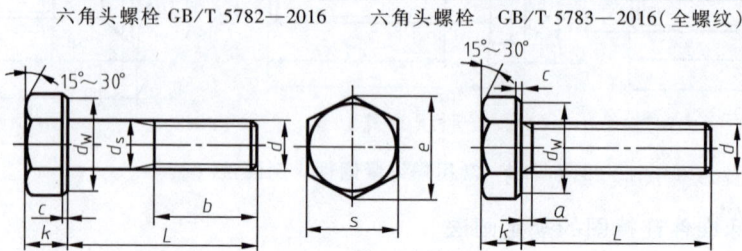

标注示例：

螺纹规格 $d=12$，长度 $L=80$，性能等级为 8.8 级，表面氧化，A 级的六角头螺栓，标记为：螺栓 GB/T 5782 M12×80

螺纹规格 $d=12$，长度 $L=80$，性能等级为 4.8 级，表面氧化，全螺纹，A 级的六角头螺栓，标记为：螺栓 GB/T 5783 M12×80

螺纹规格 d			M3	M4	M5	M6	M8	M10	M12	M16	M20	M24	M30
螺距 P			0.5	0.7	0.6	1	1.25	1.5	1.75	2	2.5	3	3.5
GB/T 5783 a		max	1.5	2.1	2.4	3	4	4.5	5.3	6	7.5	9	10.5
		min	0.5	0.7	0.8	1	1.25	1.5	1.75	2	2.5	3	3.5
GB/T 5782 $b_{参考}$		$L\leqslant125$	12	14	16	18	22	26	30	38	46	54	66
		$125<L\leqslant200$	18	20	22	24	28	32	36	44	52	60	72
		$L>200$	31	33	35	37	41	45	49	57	65	73	85
c		max	0.4	0.4	0.5	0.5	0.6	0.6	0.6	0.8	0.8	0.8	0.8
		min	0.15	0.15	0.15	0.15	0.15	0.15	0.15	0.2	0.2	0.2	0.2
$d_{W\ min}$	产品等级	A	4.57	5.88	6.88	8.88	11.63	14.63	16.63	22.49	28.19	33.61	—
		B	4.45	5.74	6.74	8.74	11.47	14.47	16.47	22	27.7	33.25	42.75
e_{min}	产品等级	A	6.01	7.66	8.79	11.05	14.38	17.77	20.03	26.75	33.53	39.98	—
		B	5.88	7.50	8.63	10.89	14.20	17.59	19.85	26.17	32.95	39.55	50.85
k	公称		2	2.8	3.5	4	5.3	6.4	7.5	10	12.5	15	18.7
	产品等级	A max	2.215	2.925	3.65	4.15	5.45	6.58	7.68	10.18	12.715	15.215	—
		A min	1.875	2.675	3.3	3.85	5.15	6.22	7.32	9.82	12.285	14.785	—
		B max	2.2	3.0	3.74	4.24	5.54	6.69	7.79	10.29	12.85	15.35	19.12
		B min	1.8	2.6	3.26	3.76	5.06	6.11	7.21	9.71	12.15	14.65	18.28

標準件及常用件的識讀和繪製 項目5

（续）

s			公称＝max	5.50	7.00	8.00	10.00	13.00	16.00	18.00	24.00	30.00	36.00	46
	min	产品等级	A	5.32	6.78	7.78	9.78	12.73	15.73	17.73	23.67	29.67	35.58	—
			B	5.20	6.64	7.64	9.64	12.57	15.57	17.57	23.16	29.16	35.00	45
L			公称	12	16	20	25	30	35	40	45	50	55	60
	产品等级	A	min	11.65	15.65	19.58	24.58	29.58	34.5	39.5	44.5	49.5	54.4	59.4
			max	12.35	16.35	20.42	25.42	30.42	35.5	40.5	45.5	50.5	55.6	60.6
		B	min	—	—	18.95	23.95	28.95	33.75	38.75	43.75	48.75	53.5	58.5
			max	—	—	21.05	26.05	31.05	36.25	41.25	46.25	51.25	56.5	61.5

注：1. L 的系列：2，3，4，5，6，8，10，12，16，20，25，30，35，40，45，50，55，60，65，70～160（10 进位），160～500（20 进位）。

2. 材料为钢的螺栓性能等级有 5.6，8.8，9.8，10.9 四个等级，其中 8.8 级最为常用。

2. 双头螺柱连接图

双头螺柱常用于被连接件之一太厚、不宜钻成通孔的场合。连接时，在一个较厚的被连接件上制有螺孔，将双头螺柱的一端（旋入端）旋紧在螺孔里，而另一端（紧固端）则穿过另一被连接件的通孔，套上垫圈，拧上螺母。在拆卸时只需拧下螺母、取出垫圈，而不必拧出螺柱，不会损坏被连接件上的螺孔。双头螺柱用于被连接件需经常拆卸的场合，如图 5.2.6a 所示。

螺柱连接图画法

1）双头螺柱在结构上分为 A、B 两种型式（表 5.2.3）。绘制双头螺柱连接图时，需要知道双头螺柱的型式、公称直径 d、螺母、垫圈以及被连接件的厚度，再按照公式 $L=\delta+0.15d+0.8d+0.3d$，初步计算出双头螺柱的长度。计算出 L 之后查表 5.2.3 中双头螺柱有效长度 L 的系列值，选取接近的标准值。双头螺柱旋入端长度 b_m 要根据被连接件的材料而定（钢：$b_m=d$；铸铁：$b_m=1.25d$），如图 5.2.6b 所示。

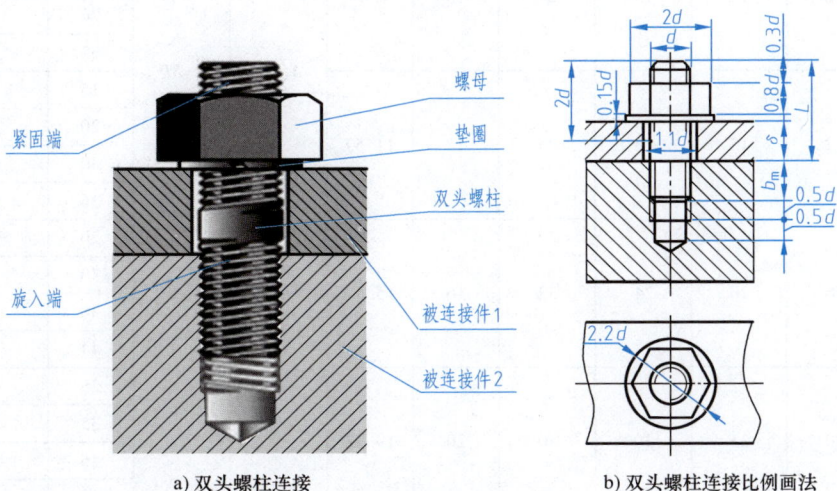

a) 双头螺柱连接　　　b) 双头螺柱连接比例画法

图 5.2.6　双头螺柱连接画法

表 5.2.3　双头螺柱标准结构和参数（摘自 GB/T 897—1988、GB/T 898—1988、GB/T 899—1988、GB/T 900—1988）

　　　　　　　　　　　　　　　　　　　　　　　　　　　　　　　　　　　　　　　（单位：mm）

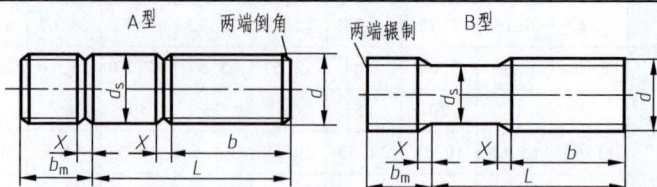

GB 897—1988($b_m = 1d$)；GB 898—1988($b_m = 1.25d$)；GB 899—1988($b_m = 1.5d$)；GB 900—1988($b_m = 2d$)

标记示例：

　　两端均为粗牙普通螺纹，$d = 10$，$L = 50$，性能等级 4.8 级，不经热处理及表面处理，B 型，$b_m = d$ 的双头螺柱，标记为：螺柱　GB/T 897　M10×50

　　旋入端为粗牙普通螺纹，紧固端为螺距 $P = 1$ 的细牙螺纹，$d = 10$，$L = 50$，性能等级 4.8 级，不经表面处理，A 型，$b_m = d$ 的双头螺柱，标记为：螺柱　GB/T 897 A　M10×50

　　两端均为粗牙普通螺纹，$d = 10$，$L = 50$，性能等级 4.8 级，不经表面处理，B 型，$b_m = 1.25d$ 的双头螺柱，标记为：螺柱　GB/T 898　M10×50

螺纹规格 d	b_m 公称				d_s		X_{max}		b	L 公称
	GB/T 897	GB/T 898	GB/T 898	GB/T 898	max	min	GB/T 897	GB/T 898 GB/T 899 GB/T 900		
M5	5	6	8	10	5	4.7			10	16～(22)
									16	25～50
M6	6	8	10	12	6	5.7			10	20,(22)
									14	25,(28),30
									18	(32)～(75)
M8	8	10	12	16	8	7.64			12	20,(22)
									16	25,(28)30
									22	(32)～90
M10	10	12	15	20	10	9.64			14	25,(28)
									16	30～(38)
									26	40～120
									32	130
M12	12	15	18	24	12	11.57	1.5P	2.5P	16	25～30
									20	(32)～40
									30	45～120
									36	130～180
M16	16	20	24	32	16	15.57			20	30～(38)
									30	4050
									38	60～120
									44	130～200
M20	20	25	30	40	20	19.48			25	35～40
									35	45～60
									46	(65)～120
									52	130～200

注：L 长度系列：16，(18)，20，(22)，25，(28)，30，(32)，35，(38)，40，45，50，(55)，60，(65)，70，(75)，80，(85)，90，(95)，100～200（10 进位）。括号内尽量不用。

2）双头螺柱旋入端的螺纹终止线应画成与被连接件的接触表面平齐，表示旋入端已全部拧入，双头螺柱已拧紧在连接板上。为确保旋入端全部旋入，螺柱旋入端终止线与螺孔螺纹终止线之间留出 $0.5d$ 的距离，钻孔与螺孔螺纹终止线之间也留出 $0.5d$ 的距离。

3. 螺钉连接图

螺钉按用途可分为连接螺钉（表 5.2.4）和紧定螺钉（表 5.2.5）。前者用来连接零件，后者主要用来固定零件。连接螺钉通常用于被连接件之一较厚，不易钻成通孔且连接不经常拆卸、受力不大的场合。紧定螺钉用来固定两个零件的相对位置，使它们不产生相对运动。

螺钉连接图画法

表 5.2.4　螺钉标准结构和参数（摘自 GB/T 65—2016、GB/T 67—2016 和 GB/T 68—2016）

（单位：mm）

开槽圆柱头螺钉（GB/T 65—2016）　　开槽盘头螺钉（GB/T 67—2016）　　开槽沉头螺钉（GB/T 68—2016）

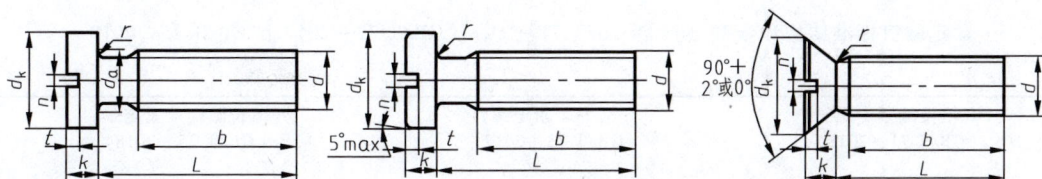

标记示例：

螺纹规格 d＝M5，公称长度 L＝20，性能等级 4.8 级，不经表面处理的开槽圆柱头螺钉，标记为：螺钉　GB/T 65 M5×20

螺纹规格 d			M1.6	M2	M2.5	M3	M4	M5	M6	M8	M10
螺距 P			0.35	0.4	0.45	0.5	0.7	0.8	1	1.25	1.5
a_{max}			0.7	0.8	0.9	1	1.4	1.6	2	2.5	3
d_{amax}			2	2.6	3.1	3.6	4.7	5.7	6.8	9.2	11.2
n		公称	0.4	0.5	0.6	0.8	1.2	1.2	1.6	2	2.5
		max	0.60	0.70	0.80	1.00	1.51	1.51	1.91	2.31	2.81
		min	0.46	0.56	0.66	0.86	1.26	1.26	1.66	2.06	2.56
b_{min}			25				38				
GB/T 65	d_k	max	3.00	3.80	4.50	5.50	7.00	8.50	10.00	13.00	16.00
		min	2.86	3.62	4.32	5.32	6.78	8.28	9.78	12.73	15.73
	k	max	1.10	1.40	1.80	2.00	2.60	3.30	3.9	5.0	6.0
		min	0.96	1.26	1.66	1.86	2.46	3.12	3.6	4.7	5.7
	t_{min}		0.45	0.6	0.7	0.85	1.1	1.3	1.6	2	2.4
	r_{min}		0.1				0.2		0.25		0.4
GB/T 67	d_k	max	3.2	4.0	5.0	5.6	8.00	9.50	12.00	16.00	20.00
		min	2.9	3.7	4.7	5.3	7.64	9.14	11.57	15.57	19.48
	k	max	1.00	1.30	1.50	1.80	2.40	3.00	3.6	4.8	6.0
		min	0.86	1.16	1.36	1.66	2.26	2.86	3.3	4.5	5.7
	t_{min}		0.35	0.5	0.6	0.7	1	1.2	1.4	1.9	2.4
	r_{min}		0.1				0.2		0.25		0.4

（续）

GB/T 68	d_k 理论值	max	3.6	4.4	5.5	6.3	9.4	10.4	12.6	17.3	20
	d_k 实际值	max	3.0	3.8	4.7	5.5	8.40	9.30	11.30	15.80	18.30
		min	2.7	3.5	4.4	5.2	8.04	8.94	10.87	15.37	17.78
	k_{max}		1	1.2	1.5	1.65	2.7	2.7	3.3	4.65	5
	r_{max}		0.4	0.5	0.6	0.8	1	1.3	1.5	2	2.5
	t	max	0.50	0.6	0.75	0.85	1.3	1.4	1.6	2.3	2.6
		min	0.32	0.4	0.50	0.60	1.0	1.1	1.2	1.8	2.0

注：L系列：4、5、6、8、10、12、(14)、(16)、20、25、30、35、40、45、50、(55)、60、(65)、70、(75)、80。括号内尽量不用。

表 5.2.5 紧定螺钉标准结构和参数（摘自 GB/T 71—2018、GB/T 73—2017 和 GB/T 75—2018）

（单位：mm）

开槽锥端紧定螺钉（GB/T 71—2018）　　开槽平端紧定螺钉（GB/T 73—2017）　　开槽长圆柱端紧定螺钉（GB/T 75—2018）

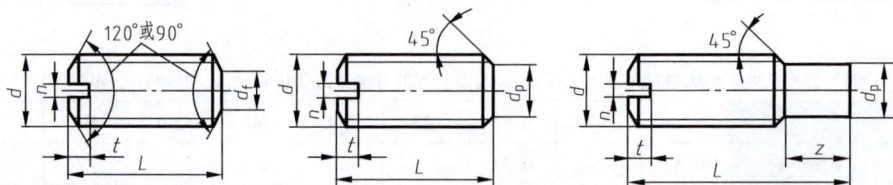

标记示例：
螺纹规格 d＝M5，公称长度 L＝12，性能等级 12H 级，表面氧化的开槽锥端紧定螺钉，标记为：螺钉　GB/T 71　M5×12

螺纹规格 d			M2	M2.5	M3	M4	M5	M6	M8	M10	M12
螺距 P			0.4	0.45	0.5	0.7	0.8	1	1.25	1.5	1.75
n		公称	0.25	0.4	0.4	0.6	0.8	1	1.2	1.6	2
		min	0.31	0.46	0.46	0.66	0.86	1.06	1.26	1.66	2.06
		max	0.45	0.6	0.6	0.8	1	1.2	1.51	1.91	2.31
t		min	0.64	0.72	0.8	1.12	1.28	1.6	2	2.4	2.8
		max	0.84	0.95	1.05	1.42	1.63	2	2.5	3	3.6
GB/T 71	d_f	min	—	—	—	—	—	—	—	—	—
		max	0.2	0.25	0.3	0.4	0.5	1.5	2	2.5	3
	L		3~10	3~12	4~16	6~20	8~25	8~30	10~40	12~50	(14)~60
GB/T 73 GB/T 75	d_p	min	0.75	1.25	1.75	2.25	3.2	3.7	5.2	6.64	8.14
		max	1	1.5	2	2.5	3.5	4	5.5	7	8.5
GB/T 73	L	120°	2~2.5	2.5~3	3	4	5	6	—	—	—
		90°	3~10	4~12	4~16	5~20	6~25	8~30	8~40	10~50	12~60
GB/T 75	z	min	1	1.25	1.5	2	2.5	3	4	5	6
		max	1.25	1.5	1.75	2.25	2.75	3.25	4.3	5.3	6.3
	L	120°	3	4	5	6	8	8~10	10~(14)	12~16	(14)~20
		90°	4~10	5~12	6~16	8~20	10~25	12~30	16~40	20~50	25~60

注：括号中的数值尽量不采用。

连接螺钉的一端为螺纹，另一端为头部。常见的连接螺钉有开槽圆柱头螺钉、开槽沉头螺钉和开槽盘头螺钉等。螺钉连接图画法如图5.2.7所示。

注意：在绘制螺钉连接图时，螺纹终止线要高于两连接件的结合面，表示螺纹连接部分足够。螺钉头部的一字槽和十字槽的投影可用涂黑表示。在投影为圆的视图上，螺钉头部的槽应画成与中心线成45°方向。若螺钉头部与沉孔间有间隙，应画两条轮廓线。

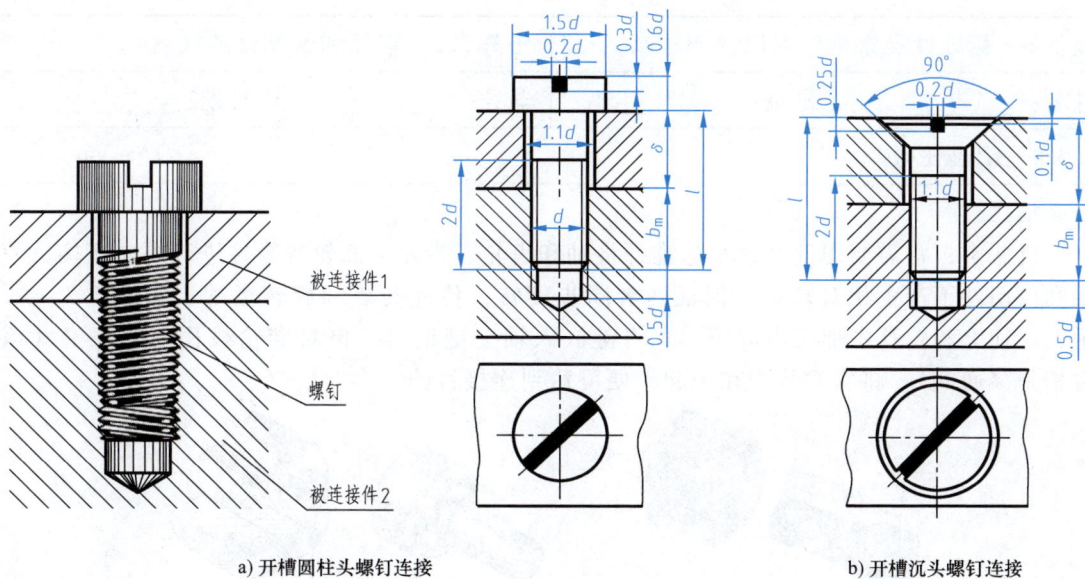

被连接件1
螺钉
被连接件2

a) 开槽圆柱头螺钉连接　　　　　　　　　　b) 开槽沉头螺钉连接

图 5.2.7　螺钉连接画法

紧定螺钉分为柱端、锥端和平端三种，图5.2.8所示是紧定螺钉连接的比例画法。

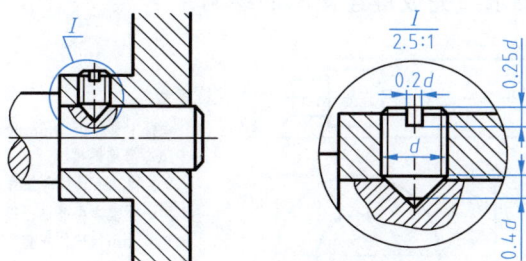

图 5.2.8　紧定螺钉连接的比例画法

任务 5.3 识读和绘制键连接图

【5.3 任务工作单】

项目 5 标准件及常用件的识读和绘制		任务 5.3 识读和绘制键连接图	
姓名：_____	班级：_____	学号：_____	日期：_____

5.3.1 明确任务

任务描述：

　　机器中，常需要用键这种小标准件将轴和齿轮、带轮、凸轮等零件进行周向连接，使轴和传动件不产生相对转动，保证两者同步旋转，传递转矩和旋转运动。如图 5.3.1 所示，在轴上和轮孔中加工出键槽，先将键嵌入轴上键槽内，再对准轮毂孔中的键槽（该键槽是穿通的），将它们装配在一起，便可达到连接目的。

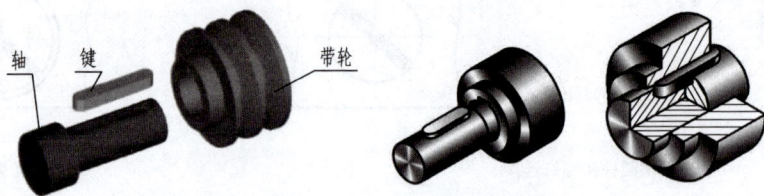

轴　键　带轮

图 5.3.1　键连接

　　请根据图 5.3.2 中要求，完成键连接图的绘制。

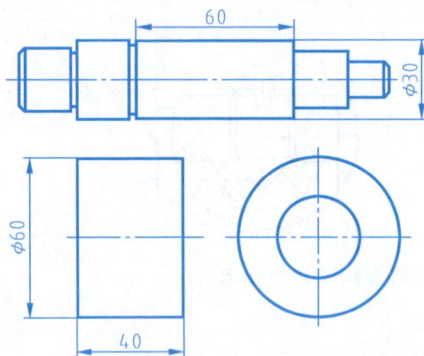

要求：

1.在轴上直径 $\phi 30$mm 段中间位置设计一个 A 型普通键槽。

2.在套筒孔内设计 A 型普通平键键槽。

3.用一标准 A 型普通平键将套筒连接到轴 $\phi 30$mm 段中间位置。

图 5.3.2　键连接要求

任务目标：

　　（1）学习键、销标准件的知识，强化标准化意识，增强按标准规范绘图的自觉性。

　　（2）能根据图或者标记辨识出键的种类，能说出常用键的基本用途和使用区别，能说出几种常用销的种类，能根据图辨识出销的种类。

（3）会查表确定普通平键尺寸、键槽尺寸，会查表确定销和销孔尺寸，能按规定绘制键、键槽、键连接图、销、销孔和销连接图。

（4）能通过小组合作选择合适的平键，并完成键槽尺寸设计和键连接图的绘制。

5.3.2　分析任务

（1）讨论：图 5.3.2 所示零件的连接应该选择哪种类型的键？键、键槽的尺寸如何确定？键长 L 如何确定？

（2）讨论：键、键槽的尺寸 b、L、h、t、t_1 之间有哪些关系？

（3）讨论：绘制键连接图时有哪些要注意的地方？

5.3.3　实施任务（完成后在右侧打"√"）

（1）选择好键的类型，查表确定键、键槽的尺寸。

（2）绘制轴和轴上键槽。

（3）绘制套筒和套筒内的键槽。

（4）完成键连接图的绘制。

5.3.4　评价任务

序号	评价指标	分值	自评	互评	师评	总评
1	键类型选择合理、键和键槽尺寸查表正确	30				
2	轴和轴上键槽绘制正确、规范	20				
3	套筒和套筒内键槽绘制正确、规范	20				
4	键在两个连接视图中绘制正确、规范	30				

5.3.5　任务知识链接

一、键

1. 键的规定标记和画法

常用的键有普通平键、半圆键和钩头型楔键（表 5.3.1），其中普通平键应用最广。按头部形状分类，普通平键可分为 A、B、C 三种类型，见表 5.3.2。

认识键和键槽

表 5.3.1　常用键的型式和规定标记　　　　　　　　　　　　　　　　　　　　（单位：mm）

名称	普通平键	半圆键	钩头型楔键
图例			
规定标记	GB/T 1096　键 18×11×100 表示：$b=18,h=11,L=100$	GB/T 1099.1　键 6×10×25 表示：$b=6,h=10$, $D=25,s=0.25\sim0.4$	GB/T 1565　键 18×100 表示：$b=18,h=11,L=100$

表 5.3.2 普通平键的类型和应用 （单位：mm）

名称	图例	规定标记	应用
A 型（圆头）		GB/T 1096 键 16×10×100 含义：$b=16, h=10, L=100$	用于轴的中部。轴上键槽用面铣刀铣出，键槽端部截面突变，应力集中较明显。键槽长度＝键的长度，轴向定位好
B 型（平头）		GB/T 1096 键 B16×10×100 含义：B 型普通平键，$b=16$，$h=10, L=100$	用于轴的中部。轴上键槽用盘铣刀铣出，键槽长＞键长，端部截面渐变，应力集中较小，但轴向固定不好
C 型（半圆头）		GB/T 1096 键 C16×10×100 含义：C 型普通平键，$b=16$，$h=10, L=100$	用于轴端连接

普通平键的两边侧面为工作表面，工作时受挤压传递运动和动力。键是标准件，其主要尺寸为键宽 b、键高 h 和键长 L，需按 GB/T 1096—2003 规定数值选用。

2. 键、键槽的尺寸查表和画法表示

键是用来将轴和轴上轮毂类零件连接在一起的，需要在轴和轮毂孔表面加工出键槽（图 5.3.3）。键为标准件，其形状和尺寸均为标准值，因此轴和孔表面的键槽尺寸要根据选用的键的尺寸进行设计与加工。普通平键用轴、孔键槽尺寸和平键尺寸可查表 5.3.3 确定。

键槽画法和
尺寸查表

查表时，根据键槽所在轴径或者孔径确定平键宽 b 和高 h 的尺寸，再根据轮毂孔宽度和 L 系列确定平键长度 L；轴键槽宽＝孔键槽宽＝平键键宽 b，键高 h、轴键槽深 t 和轮毂键槽深 t_1 三者之间的关系为 $t+t_1>h$。平键、轮毂键槽、轴键槽的表示方法和尺寸标注如图 5.3.4 所示。

图 5.3.3 轴和轮毂的键槽

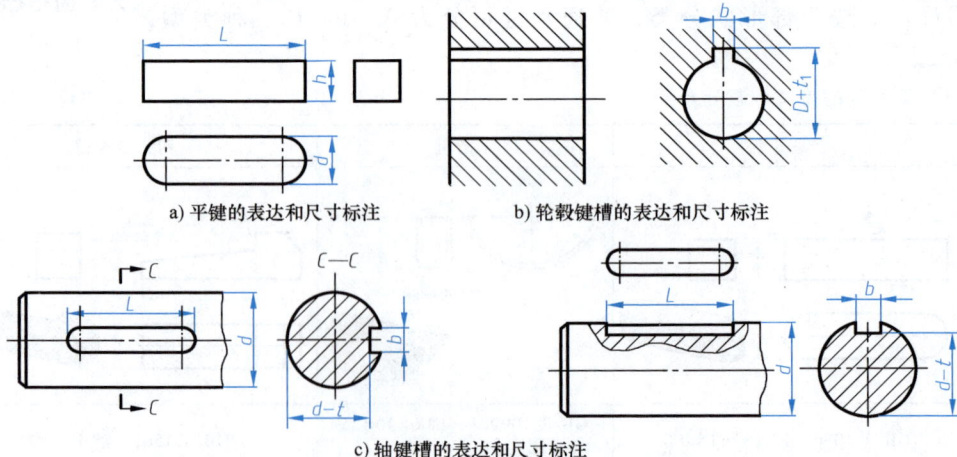

a) 平键的表达和尺寸标注　　　　b) 轮毂键槽的表达和尺寸标注

c) 轴键槽的表达和尺寸标注

图 5.3.4 平键、轴键槽、轮毂键槽的表示方法和尺寸标注

表 5.3.3　键槽（摘自 GB/T 1095—2003）、平键（摘自 GB/T 1096—2003）标准尺寸参数

（单位：mm）

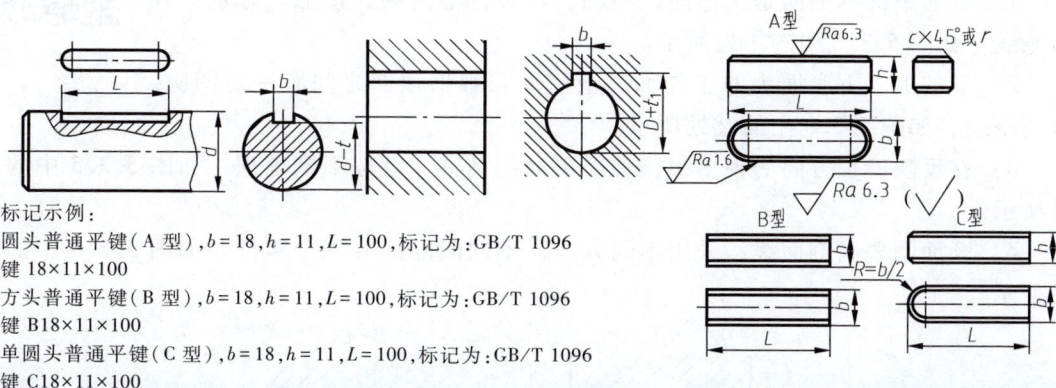

标记示例：

圆头普通平键（A 型），$b=18$，$h=11$，$L=100$，标记为：GB/T 1096 键 18×11×100

方头普通平键（B 型），$b=18$，$h=11$，$L=100$，标记为：GB/T 1096 键 B18×11×100

单圆头普通平键（C 型），$b=18$，$h=11$，$L=100$，标记为：GB/T 1096 键 C18×11×100

轴径 d		键的公称尺寸				键槽尺寸				
						轴槽深 t		毂槽深 t_1		r
大于	至	b（h9）	h（11）	L（h14）	c 或 r	公称	偏差	公称	偏差	
6	8	2	2	6~20	0.16~ 0.25	1.2	+0.1 0	1.0	+0.1 0	0.08~0.16
8	10	3	3	6~36		1.8		1.4		
10	12	4	4	8~45		2.5		1.8		
12	17	5	5	10~56		3.0		2.3		0.16~0.25
17	22	6	6	14~70	0.25~0.4	3.5		2.8		
22	30	8	7	18~90		4.0		3.3		
30	38	10	8	22~110		5.0	+0.2 0	3.3	+0.2 0	0.25~0.4
38	44	12	8	28~140		5.0		3.3		
44	50	14	9	36~160	0.4~0.6	5.5		3.8		
50	58	16	10	45~180		6.0		4.3		
58	65	18	11	50~200		7.0		4.4		
65	75	20	12	56~220		7.5		4.9		0.4~0.6
75	85	22	14	63~250		9.0		5.4		
85	95	25	14	70~280	0.6~0.8	9.0		5.4		
95	110	28	16	80~320		10.0		6.4		
110	130	32	18	90~360		11.0		7.4		
130	150	36	20	100~400		12.2		8.4		0.7~1.0
150	170	40	22	100~400	1~1.2	13.0		9.4		
170	200	45	25	110~450		15.0		10.4		
200	230	50	28	125~500		17.0		11.4		
230	260	56	32	140~500		20.0	+0.3 0	12.4	+0.3 0	1.2~1.6
260	290	63	32	160~500	1.6~2.0	20.0		12.4		
290	330	70	36	180~500		22.0		14.4		
330	380	80	40	200~500		25.0		15.4		2~2.5
380	440	90	45	220~500	2.5~3	28.0		17.4		
440	500	100	50	250~500		31.0		19.5		
L 的系列		6、8、10、12、14、16、18、20、22、25、28、32、36、40、45、50、56、63、70、80、90、100、125、140、160、180、 200、220、250、280、320、360、400、450、500								

3. A 型普通平键的连接画法

绘制 A 型普通平键连接图的画法如图 5.3.5 所示，应注意以下几点：

1）普通平键两侧面是工作面，与轴、轮毂键槽两侧面接触，分别只画一条线，如图 5.3.5 中的①处所示。

2）键的上、下底面为非工作面，上底面与毂槽顶面之间有一定间隙，画两条线，如图 5.3.5 中的②处所示。

3）在反映键长方向的视图中，轴采用局部剖视，键按不剖处理，如图 5.3.5 中的③处所示。

4）断面图要画剖面线，采用不同方向、不同间隔区分三个零件，如图 5.3.5 中的④处所示。

普通平键连接图画法

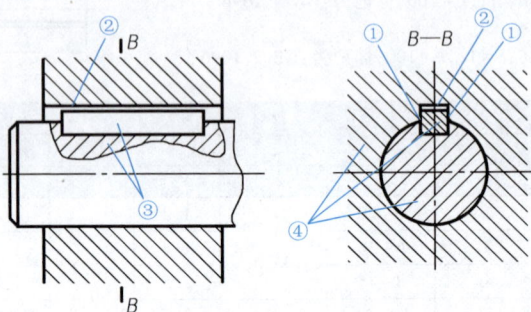

图 5.3.5　普通平键连接

4. 其他键的画法

半圆键常用于载荷不大的传动轴。其基本尺寸有键宽 b、高 h 和直径 D，轴上键槽的深度 t_1 可查 GB/T 1099.1—2003 和 GB/T 1098—2003。连接画法和尺寸标注如图 5.3.6 所示。

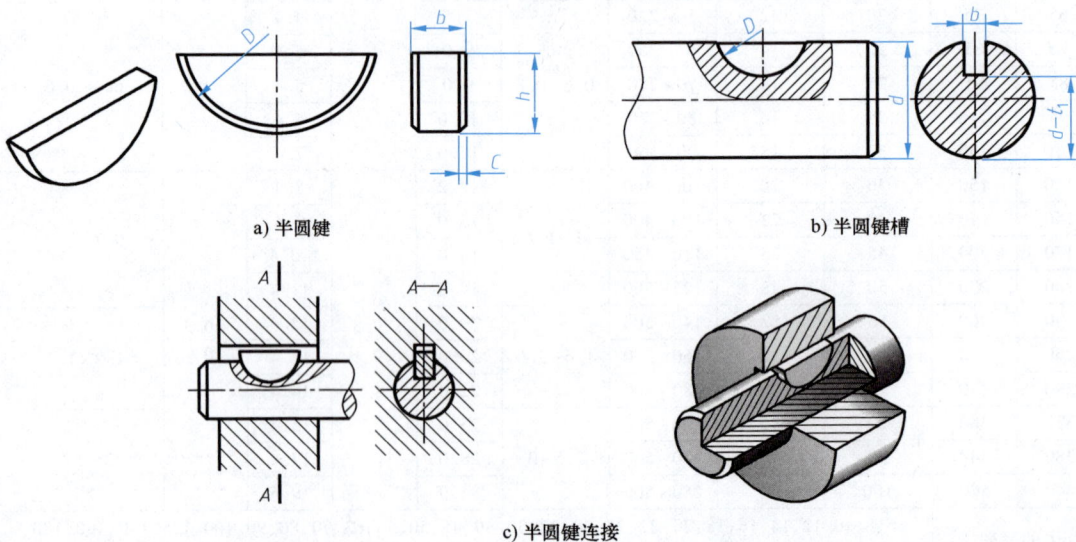

a) 半圆键

b) 半圆键槽

c) 半圆键连接

图 5.3.6　半圆键的连接画法和尺寸标注

当需要传递的力矩很大时，可采用花键连接。常用的花键有矩形、三角形和渐开线形等。图 5.3.7 所示是最常见的矩形外花键和内花键的画法。

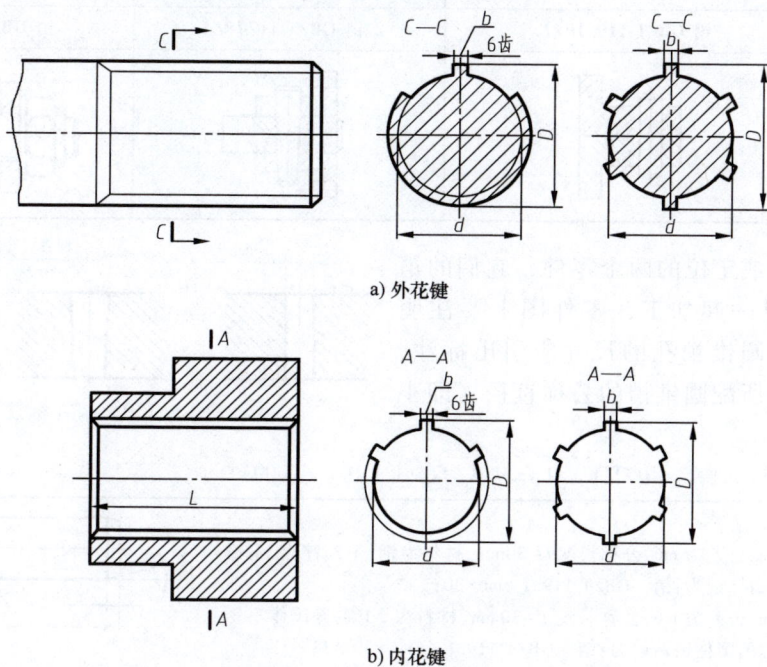

a) 外花键

b) 内花键

图 5.3.7　矩形花键的画法

二、销连接

销常用于零件间的定位、连接，开口销可用来防止连接螺母松动或固定其他零件。图 5.3.8 所示为铰链和链条中的销。

销钉连接图画法

图 5.3.8　销的应用

销也是标准件，其规格、尺寸可查标准得到。常用的销有圆柱销、圆锥销和开口销等，其标记和连接画法见表 5.3.4。圆柱销和圆锥销的主要尺寸可分别查表 5.3.5 和表 5.3.6。

表 5.3.4　销的种类、型式、标记和连接画法

名称	圆柱销	圆锥销	开口销
图例			

（续）

名称	圆柱销	圆锥销	开口销
标记	销 GB/T 119.1$d×L$	销 GB/T 117$d×L$	销 GB/T 91$d×L$
连接画法			

用销连接或定位的两个零件，它们的销孔应在装配时一起加工，零件图上要注明（图 5.3.9），圆锥销孔的尺寸应引出标注，标注的孔径是所配圆锥销的公称直径（即小端直径）。

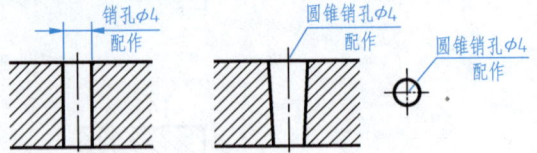

图 5.3.9　销孔标注

表 5.3.5　圆柱销（摘自 GB/T 119.1—2000、GB/T 119.2—2000）　　　　（单位：mm）

标记示例：

公称直径 $d=6$mm、公差为 m6、公称长度 $l=30$mm、材料为钢、不经淬火、不经表面处理的圆柱销标记为：销　GB/T 119.1 6m6×30；

公称直径 $d=6$mm、公差为 m6、公称长度 $l=30$mm、材料为 A1 组奥氏体不锈钢、表面简单处理的圆柱销标记为：销　GB/T 119.1　6m6×30-A1；

公称直径 $d=6$mm、公差为 m6、公称长度 $l=30$mm、材料为钢、普通淬火（A型）、表面氧化处理的圆柱销标记为：销　GB/T 119.2　6×30；

公称直径 $d=6$mm、公差为 m6、公称长度 $l=30$mm、材料为 C1 组马氏体不锈钢、表面简单处理的圆柱销标记为：销 GB/T 119.2　6×30-C1；

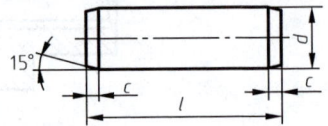

d		2	3	4	5	6	8	10	12	16	20	25	30
$c≈$		0.35	0.5	0.63	0.8	1.2	1.6	2.0	2.5	3.0	3.5	4.0	5.0
长度 l	GB/T 119.1	6~20	8~30	8~40	10~50	12~60	14~80	18~95	22~140	26~180	35~200	50~200	60~200
	GB/T 119.2	5~20	8~30	10~40	12~50	14~60	18~80	22~100	26~100	40~100	50~100	—	—
l(系列)			6、8、10、12、14、16、18、20、22、24、26、28、30、32、35、40、45、50、55、60、65、70、75、80、85、90、95、100、120、140、160、180、200										

表 5.3.6　圆锥销（摘自 GB/T 117—2000）　　　　（单位：mm）

标记示例：

公称直径 $d=6$mm、公称长度 $l=30$mm、材料为 35 钢、热处理硬度 28~38HRC、表面氧化处理的 A 型圆锥销标记为：销　GB/T 117　6×30

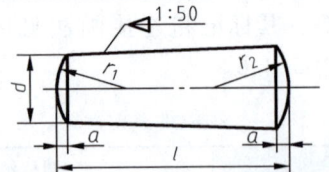

d	2	3	4	5	6	8	10	12	16	20	25	30	40	50
$a≈$	0.25	0.4	0.5	0.63	0.8	1.0	1.2	1.6	2.0	2.5	3.0	4.0	5.0	6.3
长度 l	10~35	12~45	14~55	18~60	22~90	22~120	26~160	32~180	40~200	45~200	50~200	55~200	60~200	65~200
l(系列)	10、12、14、16、18、20、22、24、26、28、30、32、35、40、45、50、55、60、65、70、75、80、85、90、95、100、120、140、160、180、200													

任务 5.4 识读和绘制滚动轴承连接图

【5.4 任务工作单】

项目 5 标准件及常用件的识读和绘制	任务 5.4 识读和绘制滚动轴承连接图

姓名：_____	班级：_____	学号：_____	日期：_____

5.4.1 明确任务

任务描述：

　　在机器中，滚动轴承是用来支承轴的标准组件。使用时，轴与轴承内圈配合，座孔与轴承外圈配合（图 5.4.1）。滚动轴承内、外圈之间有不同类型的滚动体，将内、外圈之间的摩擦转变为滚动摩擦，可大大减小轴与孔相对旋转时的摩擦力。

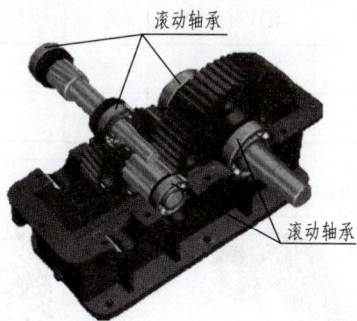

图 5.4.1　滚动轴承

请根据图 5.4.2 中的要求完成轴承连接图的绘制。

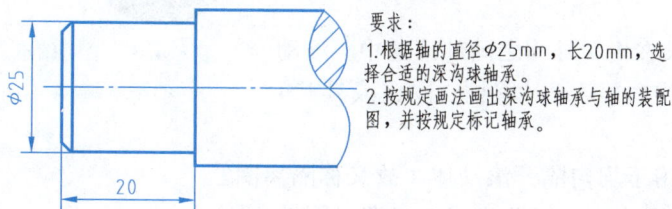

要求：
1.根据轴的直径 φ25mm，长 20mm，选择合适的深沟球轴承。
2.按规定画法画出深沟球轴承与轴的装配图，并按规定标记轴承。

图 5.4.2　绘制轴承连接图

任务目标：

　　（1）认识和了解滚动轴承，丰富标准件认知，进一步强化标准化思维，形成规范作图的习惯。

　　（2）能根据滚动轴承代号查标准，得到滚动轴承的尺寸，能根据代号判断滚动轴承的类型。

　　（3）能按规定画法绘制深沟球轴承、圆锥滚子轴承和推力球轴承。

5.4.2 分析任务

（1）讨论：根据图5.4.2所给的轴的尺寸，应该选择的深沟球轴承的内径是多少？深沟球轴承的尺寸代号是什么？

（2）讨论：查表比较6205和6305的深沟球轴承尺寸有哪些不同？

（3）讨论：在图5.4.2所示轴上绘制深沟球轴承时，如何确定深沟球轴承在轴上的位置？

5.4.3 实施任务（完成后在右侧打"√"）

（1）识读完标题栏。

（2）识读完视图，判断出表达方法，想象出形体。

（3）识读完尺寸，判断出定形尺寸、定位尺寸和总体尺寸。

（4）识读完技术要求，能说出技术要求的含义。

5.4.4 评价任务

序号	评价指标	分值	自评	互评	师评	总评
1	零件名称、比例和材料等识读正确	10				
2	表达方法判断正确，形体想象正确	40				
3	尺寸种类判断正确	20				
4	技术要求识读判断正确	30				

5.4.5 任务知识链接

一、滚动轴承的结构和种类

各类滚动轴承的结构一般由以下四部分组成（图5.4.3）：

1）内圈：套在轴上，随轴一起转动。

2）外圈：装在机座孔中，一般固定不动或偶尔做少许转动。

3）滚动体：装在内、外圈之间的滚道中。滚动体可做成滚珠（球）或滚子（圆柱、圆锥或针状）形状。

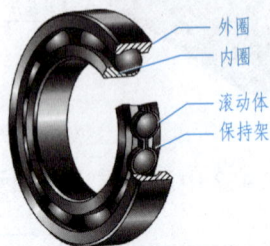

外圈
内圈
滚动体
保持架

认识滚动轴承

图5.4.3 滚动轴承的基本结构

4）保持架：用于均匀隔开滚动体，故又称隔离圈。

滚动轴承按其受力方向可分为以下三类（图5.4.4）：

a）深沟球轴承　　　b）推力球轴承　　　c）圆锥滚子轴承

图5.4.4 滚动轴承的类型

1）向心轴承：主要受径向力，如深沟球轴承。

2）推力轴承：只受轴向力，如推力球轴承。

3）向心推力轴承：同时承受径向力和轴向力，如圆锥滚子轴承。

二、滚动轴承的代号（GB/T 272—2017）

滚动轴承由四部分组成，其结构和标记由国家标准规定，属于标准部件。滚动轴承代号由前置代号、基本代号和后置代号构成。前置、后置代号是轴承在结构形状、尺寸、公差、技术要求等有改变时，在基本代号左、右添加的补充代号。

基本代号表示轴承的基本类型、结构和尺寸，是轴承代号的基础。轴承基本代号由轴承类型代号、尺寸系列代号和内径代号构成。

1. 滚动轴承类型代号

滚动轴承的类型代号用数字或字母表示，见表5.4.1。

表 5.4.1　滚动轴承的类型代号

代号	轴承类型	代号	轴承类型
0	双列角接触球轴承	6	深沟球轴承
1	调心球轴承	7	角接触球轴承
2	调心滚子轴承和推力调心滚子轴承	8	推力圆柱滚子轴承
3	圆锥滚子轴承	N	圆柱滚子轴承，双列或多列用 NN 表示
4	双列深沟球轴承	U	外球面球轴承
5	推力球轴承	QJ	四点接触球轴承

2. 尺寸系列代号

轴承的尺寸系列代号由轴承的宽（高）度系列代号（一位数字）和直径系列代号（一位数字）左右排列组成。它反映了同种轴承在内圈孔径相同时内、外圈的宽度和厚度不同以及滚动体大小不同。因此，尺寸系列代号不同的轴承其外轮廓尺寸不同，承载能力也不同。向心轴承、推力轴承的尺寸系列代号见表5.4.2。

尺寸系列代号有时可以省略：除圆锥滚子轴承外，其余各类轴承宽度系列代号"0"均省略；深沟球轴承的10尺寸系列代号中的"1"可以省略；双列深沟球轴承的宽度系列代号"2"可以省略。

3. 轴承的内径代号

内径代号表示滚动轴承内圈的孔径，用数字表示，见表5.4.3。内圈孔径称为轴承公称内径，与轴产生配合，是一个重要参数。

4. 轴承代号识读

轴承代号6204：6是类型代号，为深沟球轴承；2是尺寸系列代号，表示02系列（0省略）；04是内径代号，内径尺寸 = 04×5mm = 20mm。

轴承代号51202：5是类型代号，为推力球轴承；12是尺寸系列代号，表示12系列；02是内径代号，内径尺寸为15mm。

表 5.4.2 向心轴承、推力轴承尺寸系列代号

直径系列代号	向心轴承								推力轴承			
	宽度系列代号								高度系列代号			
	8	0	1	2	3	4	5	6	7	9	1	2
	尺寸系列代号											
7	—	—	17	—	37	—	—	—	—	—	—	—
8	—	08	18	28	38	48	58	68	—	—	—	—
9	—	09	19	29	39	49	59	69	—	—	—	—
0	—	00	10	20	30	40	50	60	70	90	10	—
1	—	01	11	21	31	41	51	61	71	91	11	—
2	82	02	12	22	32	42	52	62	72	92	12	22
3	83	03	13	23	33	—	—	—	73	93	13	23
4	—	04	—	24	—	—	—	—	74	94	14	24
5	—	—	—	—	—	—	—	—	—	95		

表 5.4.3 滚动轴承内径代号及其示例

轴承公称内径/mm		内径代号	示例
0.6~10(非整数)		用公称内径毫米数直接表示,在其与尺寸系列代号之间用"/"分开	深沟球轴承 618/2.5 d = 2.5mm
1~9(整数)		用公称内径毫米数直接表示;深沟球轴承及角接触球轴承 7、8、9 直径系列,内径代号与尺寸系列代号之间用"/"分开	深沟球轴承 625 和 618/5 二者 d = 5mm
10~17	10	00	6200 d = 10mm
	12	01	6201 d = 12mm
	15	02	6202 d = 15mm
	17	03	6203 d = 17mm
20~480(22、28、32除外)		公称内径除以 5 的商,若商为个位数,需在商的左边加"0",如 08	23208 d = 5×8mm = 40mm
≥500 及 22、28、32		用公称内径毫米数直接表示,在其与尺寸系列代号之间用"/"分开	230/500　d = 500mm 62/22　d = 22mm

三、滚动轴承的画法表示 (GB/T 4459.7—2017)

滚动轴承由标准件厂家生产,使用时根据轴承型号选购即可,不需要画出其零件图。但在装配图中,滚动轴承要用通用画法、特征画法或规定画法表示,绘制时需要用到的尺寸参数可查阅表 5.4.4～表 5.4.6。

滚动轴承的画法

1. 通用画法

在剖视图中,当不需要确切地表示滚动轴承的外形轮廓、载荷特性和结构特征时,可用矩形线框及位于线框中央正立的十字形符号表示,十字符号不应与剖面轮廓线接触。矩形线框和十字形符号均用粗实线绘制,如图 5.4.5 所示。

表 5.4.4　深沟球轴承（摘自 GB/T 276—2013）**02 系列和 03 系列**（部分）　　　　　　（单位：mm）

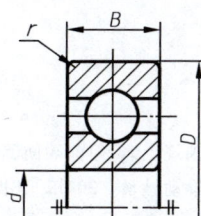

6000型标准外形

标记示例:滚动轴承　6210　GB/T 276—2013

轴承代号	尺寸/mm				轴承代号	尺寸/mm			
	d	D	B	r_{smin}		d	D	B	r_{smin}
02 系列					03 系列				
6200	10	30	9	0.6	6300	10	35	11	0.6
6201	12	32	10	0.6	6301	12	37	12	1
6202	15	35	11	0.6	6302	15	42	13	1
6203	17	40	12	0.6	6303	17	47	14	1
6204	20	47	14	1	6304	20	52	15	1.1
62/22	22	50	14	1	63/22	22	56	16	1.1
6205	25	52	15	1	6305	25	62	17	1.1
62/28	28	58	16	1	63/28	28	68	18	1.1
6206	30	62	16	1	6306	30	72	19	1.1
62/32	32	65	17	1	63/32	32	75	20	1.1
6207	35	72	17	1.1	6307	35	80	21	1.5
6208	40	80	18	1.1	6308	40	90	23	1.5
6209	45	85	19	1.1	6309	45	100	25	1.5
6210	50	90	20	1.1	6310	50	110	27	2
6211	55	100	21	1.5	6311	55	120	29	2
6212	60	110	22	1.5	6312	60	130	31	2.1
6213	65	120	23	1.5	6313	65	140	33	2.1
6214	70	125	24	1.5	6314	70	150	35	2.1
6215	75	130	25	1.5	6315	75	160	37	2.1
6216	80	140	26	2	6316	80	170	39	2.1
6217	85	150	28	2	6317	85	180	41	3
6218	90	160	30	2	6318	90	190	43	3
6219	95	170	32	2.1	6319	95	200	45	3
6220	100	180	34	2.1	6320	100	215	47	3
6221	105	190	36	2.1	6321	105	225	49	3
6222	110	200	38	2.1	6322	110	240	50	3
6224	120	215	40	2.1	6324	120	260	55	3
6226	130	230	40	3	6326	130	280	58	4
6228	140	250	42	3	6328	140	300	62	4

表 **5.4.5**　圆锥滚子轴承（摘自 **GB/T 297—2015**）**02** 系列和 **03** 系列（部分）　　　　　（单位：mm）

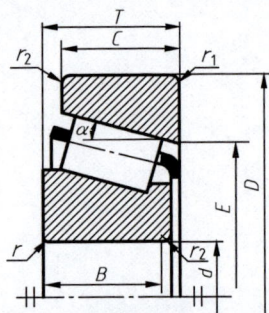

注:本标准未规定 r_2，但前端面倒角不应为锐角。
标记示例:滚动轴承　30312　GB/T 297—2015

3000型标准外形

02 系列									
轴承代号	d	D	T	B	r_{smin}	C	r_{1smin}	α	E
30202	15	35	11.75	11	0.6	10	0.6	—	—
30203	17	40	13.25	12	1	11	1	12°57′10″	31.408
30204	20	47	15.25	14	1	12	1	12°57′10″	37.304
30205	25	52	16.25	15	1	13	1	14°02′10″	41.135
30206	30	62	17.25	16	1	14	1	14°02′ 10″	49.990
302/32	32	65	18.25	17	1	15	1	14°	52.500
30207	35	72	18.25	17	1.5	15	1.5	14°02′10″	58.844
30208	40	80	19.75	18	1.5	16	1.5	14°02′ 10″	65.730
30209	45	85	20.75	19	1.5	16	1.5	15°06′34″	70.440
30210	50	90	21.75	20	1.5	17	1.5	15°38′32″	75.078
30211	55	100	22.75	21	2	18	1.5	15°06′ 34″	84.197
30212	60	110	23.75	22	2	19	1.5	15°06′ 34″	91.876
30213	65	120	24.75	23	2	20	1.5	15°06′ 34″	101.934
30214	70	125	26.25	24	2	21	1.5	15°38′32″	105.748
30215	75	130	27.25	25	2	22	1.5	16°10′20″	110.408
30216	80	140	28.25	26	2.5	22	2	15°38′32″	119.169
30217	85	150	30.5	28	2.5	24	2	15°38′32″	126.685
30218	90	160	32.5	30	2.5	26	2	15°38′32″	134.901
30219	95	170	34.5	32	3	27	2.5	15°38′32″	143.385
30220	100	180	37	34	3	29	2.5	15°38′32″	151.310
03 系列									
轴承代号	d	D	T	B	r_{smin}	C	r_{1smin}	α	E
30302	15	42	14.25	13	1	11	1	10°45′29″	33.272
30303	17	47	15.25	14	1	12	1	10°45′29″	37.420
30304	20	52	16.25	15	1.5	13	1.5	11°18′36″	41.318

（续）

03 系列									
轴承代号	d	D	T	B	r_{smin}	C	r_{1smin}	α	E
30305	25	62	18.25	17	1.5	15	1.5	11°18′36″	50.637
30306	30	72	20.75	19	1.5	16	1.5	11°51′35″	58.287
30307	35	80	22.75	21	2	18	1.5	11°51′35″	65.769
30308	40	90	25.25	23	2	20	1.5	12°57′10″	72.703
30309	45	100	27.25	25	2	22	1.5	12°57′10″	81.780
30310	50	110	29.25	27	2.5	23	2	12°57′10″	90.633
30311	55	120	31.5	29	2.5	25	2	12°57′10″	99.146
30312	60	130	33.5	31	3	26	2.5	12°57′10″	107.769
30313	65	140	36	33	3	28	2.5	12°57′10″	116.846
30314	70	150	38	35	3	30	2.5	12°57′10″	125.244
30315	75	160	40	37	3	31	2.5	12°57′10″	134.097
30316	80	170	42.5	39	3	33	2.5	12°57′10″	143.174
30317	85	180	44.5	41	4	34	3	12°57′10″	150.433
30318	90	190	46.5	43	4	36	3	12°57′10″	159.061
30319	95	200	49.5	45	4	38	3	12°57′10″	165.861
30320	100	215	51.5	47	4	39	3	12°57′10″	178.578

表 5.4.6　推力球轴承（摘自 GB/T 301—2015）（部分）　　　　　　（单位：mm）

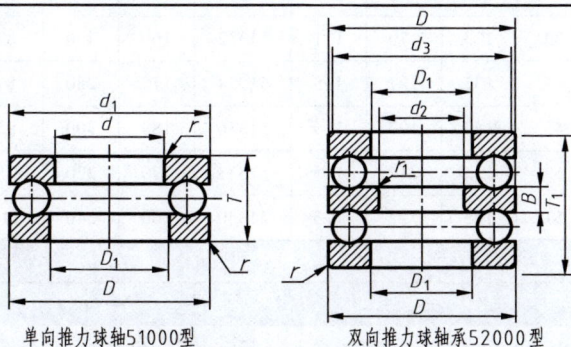

单向推力球轴承51000型　　　双向推力球轴承52000型

标记示例：滚动轴承　51214　GB/T 301—2015

单向推力球轴承（51000 型 12 系列和 13 系列部分）											
轴承代号	d	D	T	D_{1smin}	d_{1smin}	r_{min}	轴承代号	d	D	T	D_{1smin}	d_{1smin}	r_{min}
12 系列							13 系列						
51200	10	26	11	12	26	0.6	51304	20	47	18	22	47	1
51201	12	28	11	14	28	0.6	51305	25	52	18	27	52	1
51202	15	32	12	17	32	0.6	51306	30	60	21	32	60	1
51203	17	35	12	19	35	0.6	51307	35	68	24	37	68	1
51204	20	40	14	22	40	0.6	51308	40	78	26	42	78	1

（续）

	单向推力球轴承（51000型12系列和13系列部分）											
轴承代号	d	D	T	D_{1smin}	d_{1smin}	r_{min}	轴承代号	d	D	T	D_{1smin}	d_{1smin}	r_{min}
12系列							13系列						
51205	25	47	15	27	47	0.6	51309	45	85	28	47	85	1
51206	30	52	16	32	52	0.6	51310	50	95	31	52	95	1.1
51207	35	62	18	37	62	1	51311	55	105	35	57	105	1.1
51208	40	68	19	42	68	1	51312	60	110	35	62	110	1.1
51209	45	73	20	47	73	1	51313	65	115	36	67	115	1.1
51210	50	78	22	52	78	1	51314	70	125	40	72	125	1.1
51211	55	90	25	57	90	1	51315	75	135	44	77	135	1.5
51212	60	95	26	62	95	1	51316	80	140	44	82	140	1.5
51213	65	100	27	67	100	1	51317	85	150	49	88	150	1.5
51214	70	105	27	72	105	1	51318	90	155	50	93	155	1.5
51215	75	110	27	77	110	1	51320	100	170	55	103	170	1.5
51216	80	115	28	82	115	1	51322	110	190	63	113	187	2
51217	85	125	31	88	125	1	51324	120	210	70	123	205	2.1
51218	90	135	35	93	135	1.1	51326	130	225	75	134	220	2.1
51220	100	150	38	103	150	1.1	51328	140	240	80	144	235	2.1
51222	110	160	38	113	160	1.1	51330	150	250	80	154	245	2.1
51224	120	170	39	123	170	1.1	51332	160	270	87	164	265	3
51226	130	190	45	133	187	1.5	51334	170	280	87	174	275	3
51228	140	200	46	143	197	1.5	51336	180	300	95	184	295	3
51230	150	215	50	153	212	1.5	51338	190	320	105	195	315	4
51232	160	225	51	163	222	1.5	51340	200	340	110	205	335	4

	双向推力球轴承（52000型22系列部分）								
轴承代号	d	d_2	D	T_1	D_{1smin}	d_{3smax}	B	r_{smin}	r_{1smin}
52202	15	10	32	22	17	32	5	0.6	0.3
52204	20	15	40	26	22	40	6	0.6	0.3
52205	25	20	47	28	27	47	7	0.6	0.3
52206	30	25	52	29	32	52	7	0.6	0.3
52207	35	30	62	34	37	62	8	1	0.3
52208	40	30	68	36	42	68	9	1	0.6
52209	45	35	73	37	47	73	9	1	0.6
52210	50	40	78	39	52	78	9	1	0.6
52211	55	45	90	45	57	90	10	1	0.6

（续）

双向推力球轴承（52000 型 22 系列部分）									
轴承代号	d	d_2	D	T_1	D_{1smin}	d_{3smax}	B	r_{smin}	r_{1smin}
52212	60	50	95	46	62	95	10	1	0.6
52213	65	55	100	47	67	100	10	1	0.6
52214	70	55	105	47	72	105	10	1	1
52215	75	60	110	47	77	110	10	1	1
52216	80	65	115	48	82	115	10	1	1
52217	85	70	125	55	88	125	12	1	1
52218	90	75	135	62	93	135	14	1.1	1
52220	100	85	150	67	103	150	15	1.1	1
52222	110	95	160	67	113	160	15	1.1	1
52224	120	100	170	68	123	170	15	1.1	1.1
52226	130	110	190	80	133	189.5	18	1.5	1.1
52228	140	120	200	81	143	199.5	18	1.5	1.1
52230	150	130	215	89	153	214.5	20	1.5	1.1
双向推刀球轴承（52000 型 23 系列部分）									
轴承代号	d	d_2	D	T_1	D_{1smin}	d_{3smax}	B	r_{smin}	r_{1smin}
52305	25	20	52	34	27	52	8	1	0.3
52306	30	25	60	38	32	60	9	1	0.3
52307	35	30	68	44	37	68	10	1	0.3
52308	40	30	78	49	42	78	12	1	0.6
52309	45	35	85	52	47	85	12	1	0.6
52310	50	40	95	58	52	95	14	1.1	0.6
52311	55	45	105	64	57	105	15	1.1	0.6
52312	60	50	110	64	62	110	15	1.1	0.6
52313	65	55	115	65	67	115	15	1.1	0.6
52314	70	55	125	72	72	125	16	1.1	1
52315	75	60	135	79	77	135	18	1.5	1
52316	80	65	140	79	82	140	18	1.5	1
52317	85	70	150	87	88	150	19	1.5	1
52318	90	75	155	88	93	155	19	1.5	1
52320	100	85	170	97	103	170	21	1.5	1
52322	110	95	190	110	113	189.5	24	2	1
52324	120	100	210	123	123	209.5	27	2.1	1.1

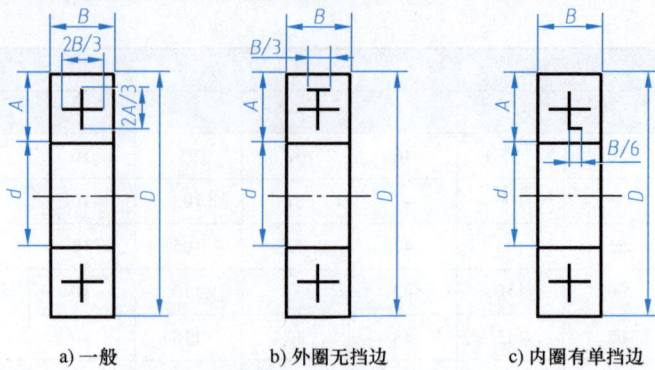

a) 一般　　　　b) 外圈无挡边　　　　c) 内圈有单挡边

图 5.4.5　滚动轴承的通用画法

2. 特征画法

在剖视图中，如需较形象地表示滚动轴承的结构特征时，可采用在矩形线框内画出其结构要素符号的方法表示。常用滚动轴承的特征画法如图 5.4.6 所示。

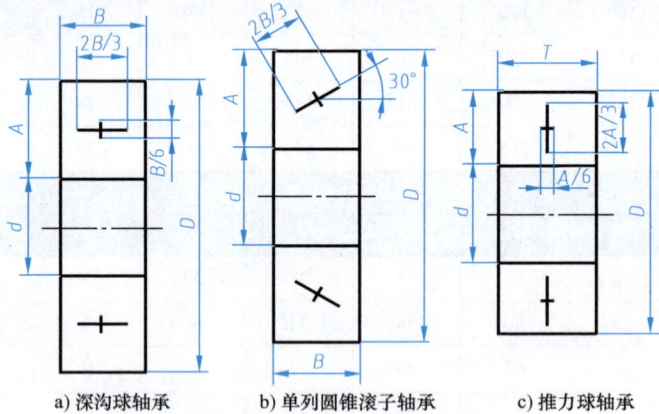

a) 深沟球轴承　　　　b) 单列圆锥滚子轴承　　　　c) 推力球轴承

图 5.4.6　滚动轴承的特征画法

3. 规定画法

轴承一侧绘制剖视图，另一侧按通用画法绘制。在剖视图部分，轴承的滚动体不画剖面线，其内、外圈画成方向相同、间隔相同的剖面线，如图 5.4.7 所示。

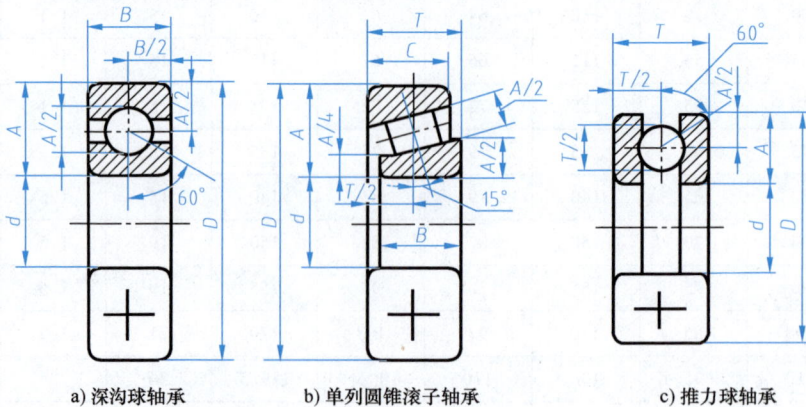

a) 深沟球轴承　　　　b) 单列圆锥滚子轴承　　　　c) 推力球轴承

图 5.4.7　滚动轴承的规定画法

4. 滚动轴承在装配图中的画法

在装配图中，滚动轴承的保持架、倒角等可省略不画。安装滚动轴承的轴及外壳等，为了保证轴承端面与挡肩接触，轴和外壳孔的最大圆角半径应小于轴承圆角半径。挡肩的高度不要过大，考虑安装和拆卸的方便，应留有余量 Δ，如图 5.4.8 所示。

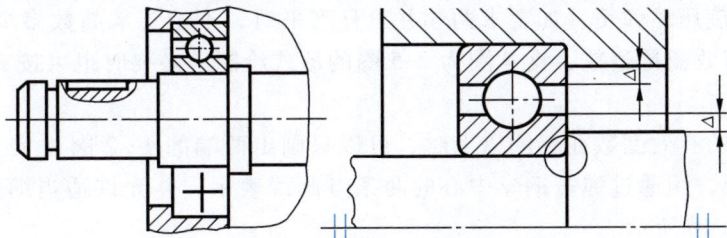

图 5.4.8　滚动轴承在装配图中的画法

【知识拓展】　弹簧

弹簧可用来储藏能量、减振以及测力等。在电器中，弹簧常用来保证导电零件的良好接触或脱离接触。弹簧的种类很多，有螺旋弹簧、涡卷弹簧、板弹簧和片弹簧等，如图 5.4.9 所示。

认识弹簧

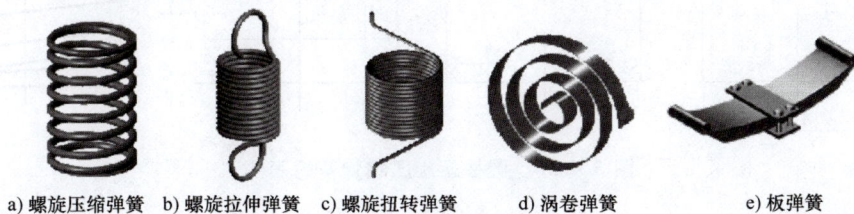

a) 螺旋压缩弹簧　b) 螺旋拉伸弹簧　c) 螺旋扭转弹簧　d) 涡卷弹簧　e) 板弹簧

图 5.4.9　常用的弹簧

一、圆柱螺旋压缩弹簧各部分名称及尺寸（GB/T 1973.3—2005）

在各种弹簧中，以普通圆柱螺旋弹簧最为常见。表 5.4.7 所列为圆柱螺旋压缩弹簧的各部分名称、基本参数及其相互关系。

表 5.4.7　圆柱螺旋压缩弹簧的各部分名称、基本参数及其相互关系

名称	符号	说明
型材直径	d	制造弹簧用的材料直径
弹簧的外径	D	弹簧的最大直径
弹簧的内径	D_1	弹簧的最小直径
弹簧的中径	D_2	$D_2 = D - d' = D_1 + d$
有效圈数	n	为了工作平稳，n 一般不小于 3
支承圈数	n_0	弹簧两端并紧和磨平（或锻平），仅起支承或固定作用的圈（一般取 1.5、2 或 2.5 圈）
总圈数	n_1	$n_1 = n + n_0$
节距	t	相邻两有效圈上对应点的轴向距离
自由高度	H_0	未受负荷时的弹簧高度 $H_0 = nt + (n_0 - 0.5)d$
展开长度	L	制造弹簧所需钢丝的长度 $L \approx \pi D n_1$

二、圆柱螺旋压缩弹簧的规定画法（GB/T 4459.4—2003）

1）在平行于螺旋弹簧轴线的投影面视图中，各圈的外轮廓线应画成直线。

2）螺旋弹簧均可画成右旋，但左旋螺旋弹簧不论画成左旋或右旋，必须加写"左"字。

3）对于螺旋压缩弹簧，如要求两端并紧且磨平时，不论支承圈数多少和末端贴紧情况如何，均按有效圈是整数、支承圈为2.5圈的形式绘制。必要时也可按支承圈的实际结构绘制。

4）当弹簧的有效圈数在4圈以上时，可以只画出两端的1~2圈（支承圈除外），中间部分省略不画，用通过弹簧钢丝中心的两条点画线表示，并允许适当缩短图形的长度。其画法如图5.4.10所示。

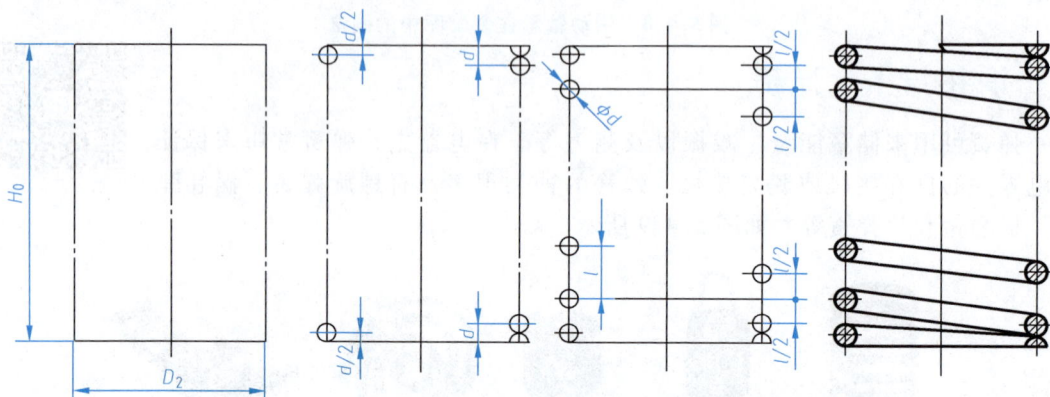

图5.4.10　圆柱螺旋压缩弹簧的画法

5）在装配图中，型材直径或厚度在图形上等于或小于1mm的螺旋弹簧，允许用示意图绘制，如图5.4.11a所示。当弹簧被剖切时，剖面直径或厚度在图形上小于或等于2mm时，也可用涂黑表示，且各圈的轮廓线不画，如图5.4.11b所示。

6）在装配图中，被弹簧挡住的结构一般不画出，可见部分应从弹簧的外轮廓线或从弹簧钢丝剖面的中心线画起，如图5.4.11c所示。

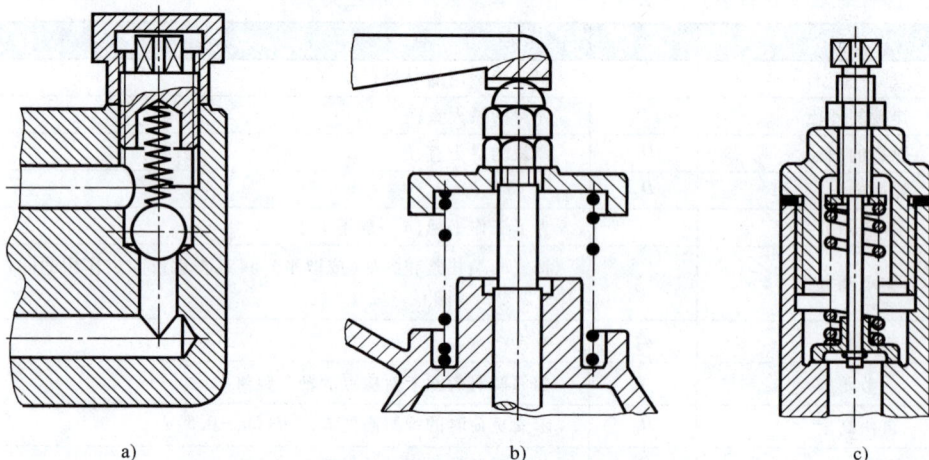

a)　　　　　　　　　　　b)　　　　　　　　　　　c)

图5.4.11　装配图中弹簧的画法

任务 5.5　识读和绘制齿轮啮合图

【5.5　任务工作单】

项目 5　标准件及常用件的识读和绘制	任务 5.5　识读和绘制齿轮啮合图		
姓名：_____	班级：_____	学号：_____	日期：_____

5.5.1　明确任务

任务描述：

　　齿轮广泛应用于机器或部件中，它可以将一个轴的转动传递给另一个轴，实现减速、增速、变向和换向等动作（图 5.5.1）。齿轮只有轮齿部分结构和尺寸参数标准化，是常用件。

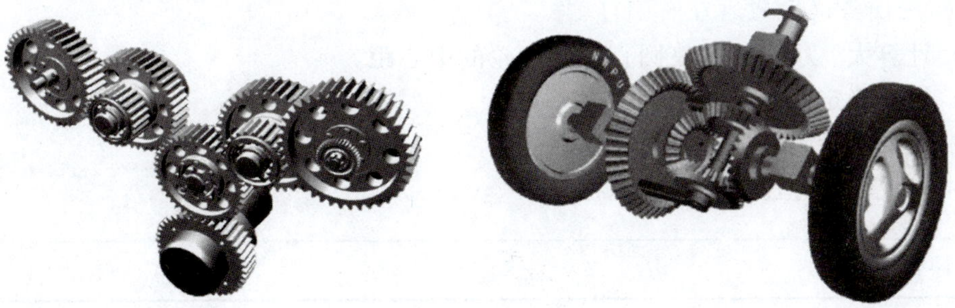

图 5.5.1　齿轮应用

　　请根据图 5.5.2 中的已知条件和要求，完成齿轮啮合图的绘制。

已知：

　　1. 小齿轮为主动轮，齿数为 10，模数为 3mm，轮齿齿宽 30mm，齿轮右端面凸台圆柱直径为 ϕ15mm，高度为 2mm，孔径为 ϕ10mm。

　　2. 大齿轮为从动轮，齿数为 20mm，模数为 3mm，轮齿齿宽 30mm，齿轮右端面凸台圆柱直径为 ϕ30mm，高度为 4mm，孔径为 ϕ20mm。

　　3. 大、小齿轮正常啮合。

要求：

　　1. 计算出大、小齿轮的参数和中心距。

　　2. 根据大、小齿轮孔径查表确定两个键槽的尺寸。

　　3. 按照齿轮和键槽规定画法绘制两个齿轮的啮合图。

图 5.5.2　齿轮啮合图条件和要求

任务目标：

（1）了解常用件与标准件的区别，丰富机械零件类型知识储备，践行遵守标准、规范作图。

（2）能说出齿轮的轮齿各部分名称，会计算齿顶圆、分度圆和齿根圆的尺寸，能说出齿轮的轮齿部分如何表示。

（3）能正确计算齿轮的三圆直径，能正确绘制单个圆柱齿轮的零件图和圆柱齿轮啮合图。

5.5.2 分析任务

（1）讨论：图5.5.2所示大、小齿轮的三圆直径分别为多少？两齿轮的中心距为多少？

（2）讨论：圆柱齿轮啮合时，啮合区如何表示？齿顶圆、齿根圆和分度圆的线型分别是什么？

（3）讨论：绘制齿轮啮合图时，剖面线该如何绘制？

5.5.3 实施任务（完成后在右侧打"√"）

（1）计算大、小齿轮的三圆直径和两轮的中心距。
（2）查表确定两轮孔键槽尺寸。
（3）完成两轮啮合图的绘制。
（4）完成尺寸标注，填写标题栏。

5.5.4 评价任务

序号	评价指标	分值	自评	互评	师评	总评
1	大、小齿轮尺寸计算正确，中心距正确	25				
2	两轮孔键槽尺寸查表正确	10				
3	两轮啮合图正确、规范	50				
4	尺寸标注正确、规范，标题栏填写正确	15				

5.5.5 任务知识链接

一、齿轮种类

用于传动的齿轮通常有三种类型：圆柱齿轮传动用于两平行轴之间的传动（图5.5.3a），锥齿轮传动用于两相交轴之间的传动（图5.5.3b），蜗杆传动用于两交错轴之间的传动（图5.5.3c）。

齿轮的齿廓曲线有多种，应用最广的是渐开线。圆柱齿轮按照轮齿方向的不同又分为直齿、斜齿和人字齿三种，如图5.5.4所示。直齿圆柱齿轮结构简单，斜齿齿轮传动平稳，人字齿齿轮可以传递较大的动力，在实际应用中可根据需要选用。

认识齿轮

a) 圆柱齿轮传动　　　　b) 锥齿轮传动　　　　c) 蜗杆传动

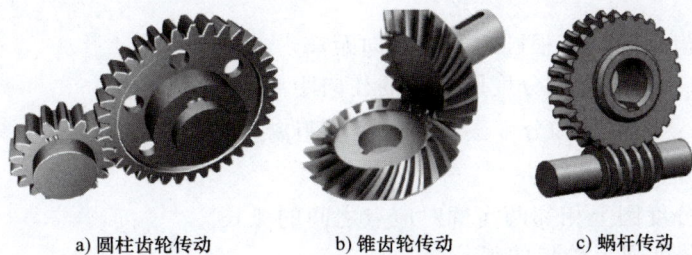

图 5.5.3　齿轮传动的三种类型

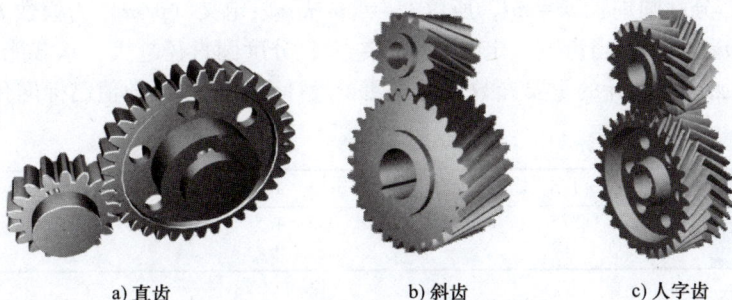

a) 直齿　　　　　　　b) 斜齿　　　　　　　c) 人字齿

图 5.5.4　圆柱齿轮的轮齿

二、渐开线直齿圆柱齿轮的轮齿部分名称和参数（GB/T 3374.1—2010）

单个齿轮结构和各部分名称如图 5.5.5 所示。

1. 直径方向

1）齿顶圆直径 d_a：通过齿顶的圆柱面直径。

2）齿根圆直径 d_f：通过齿根的圆柱面直径。

3）分度圆直径 d：在垂直于齿向的截面内，用一个假想圆柱面切割轮齿，使齿隙弧长 e 和齿厚弧长 s 相等，这个假想的圆柱面称为分度圆，其直径称为分度圆直径。

齿轮参数

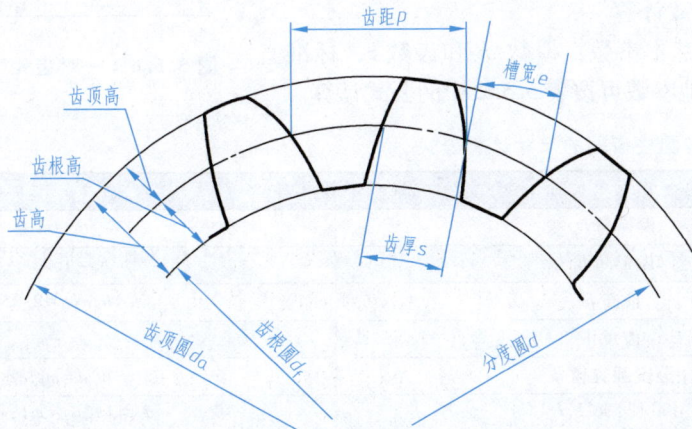

图 5.5.5　单个齿轮结构和各部分名称

2. 齿高方向

1）齿高 h：齿顶圆和齿根圆之间的径向距离。

2）齿顶高 h_a：齿顶圆和分度圆之间的径向距离。

3）齿根高 h_f：齿根圆和分度圆之间的径向距离。

3. 齿距方向

1）齿距 p：分度圆上相邻两齿廓对应点之间的弧长。

2）齿厚 s：分度圆上轮齿的弧长。

4. 其他参数

1）齿数 z：齿轮上轮齿的个数，为整数。

2）模数 m：分度圆周长 $pz = \pi d$，所以，$d = (p/\pi)z$，定义（p/π）为模数 m，模数的单位是 mm。根据 $d = mz$ 可知，当齿数一定时，模数越大，分度圆直径越大，承载能力越大。

模数是齿轮加工、设计的重要参数，为了便于设计和制造，模数值已标准化（表5.5.1）。

表 5.5.1　渐开线圆柱齿轮模数系列（GB/T 1357—2008）

第一系列	1　1.25　1.5　2　2.5　3　4　5　6　8　10　12　16　20　25　32　40　50
第二系列	1.125　1.375　1.75　2.25　2.75　3.5　4.5　5.5　(6.5)　7　9　11　14　18　22　28　36　45

注：优先采用第一系列。

3）压力角 α：一对齿轮啮合时，在分度圆上啮合点的法线方向与该点的瞬时速度方向所夹的锐角（图5.5.6）。根据国家标准规定，我国采用的标准齿轮的压力角为20°。

4）中心距 a：两齿轮轴线之间的距离 O_1O_2（图5.5.6）。

5）节圆直径 d_w：两齿轮啮合时，在连心线上啮合点所在的圆称为节圆。正确安装的标准齿轮的节圆和分度圆重合（图5.5.6）。

三、齿轮参数计算

已知齿轮的基本参数：模数 m 和齿数 z，标准直齿圆柱齿轮的其他参数可按表5.5.2中的公式计算。

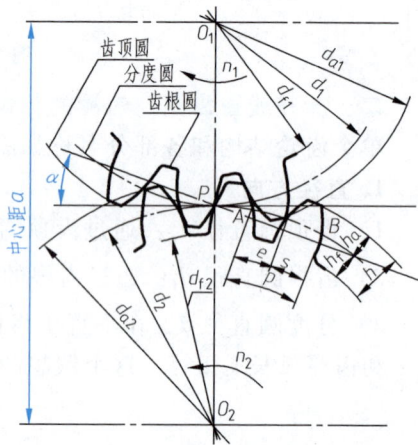

图 5.5.6　一对齿轮啮合时各部分名称

表 5.5.2　标准直齿圆柱齿轮的尺寸计算公式

名称及代号	计算公式
齿顶高 h_a	$h_a = m$
齿根高 h_f	$h_f = 1.25m$
齿高 h	$h = h_a + h_f = 2.25m$
齿距 p	$p = \pi m$
分度圆直径 d	$d = mz$
齿顶圆直径 d_a	$d_a = d + 2h_a = m(z+2)$
齿根圆直径 d_f	$d_f = d - 2h_f = m(z-2.5)$
中心距 a	$a = \dfrac{m}{2}(z_1 + z_2)$

四、单个圆柱齿轮的规定画法

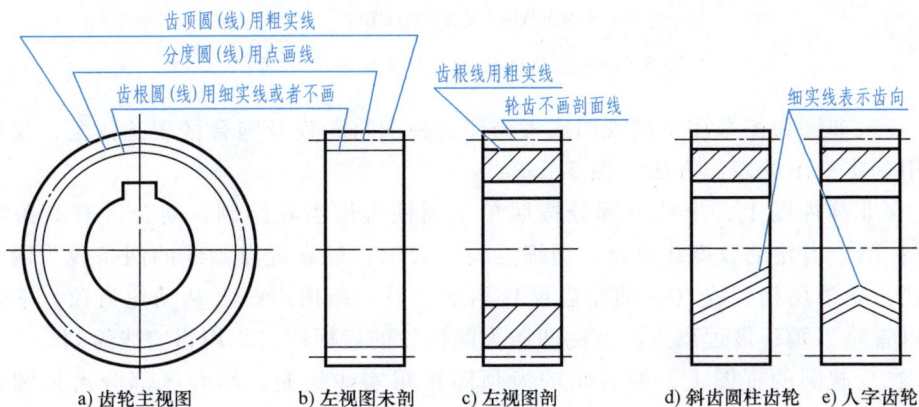

1. 线型表示

齿顶圆和齿顶线用粗实线绘制；分度圆和分度线用点画线绘制；在未剖视图中，齿根圆和齿根线用细实线绘制（也可省略不画），如图5.5.7a、b所示；在剖视图中，齿根圆和齿根线用粗实线绘制，如图5.5.7c所示。轮齿一律按不剖绘制，即剖面线画到齿根线部分，齿顶到齿根线之间不画剖面线，其他部分结构均按真实投影绘制。

单个圆柱
齿轮画法

图 5.5.7　单个圆柱齿轮的画法

2. 特殊表示

若轮齿为斜齿或人字齿，则按图5.5.7d、e所示绘制。

五、直齿圆柱齿轮的啮合画法

两齿轮类型相同，模数相同、压力角相同才能相互啮合。标准齿轮啮合时，两轮分度圆处于相切的位置，此时分度圆又称为节圆。两齿轮啮合的画法关键是啮合区的画法，其他部分仍按照单个齿轮的规定画法绘制（图5.5.8）。

齿轮啮合
图画法

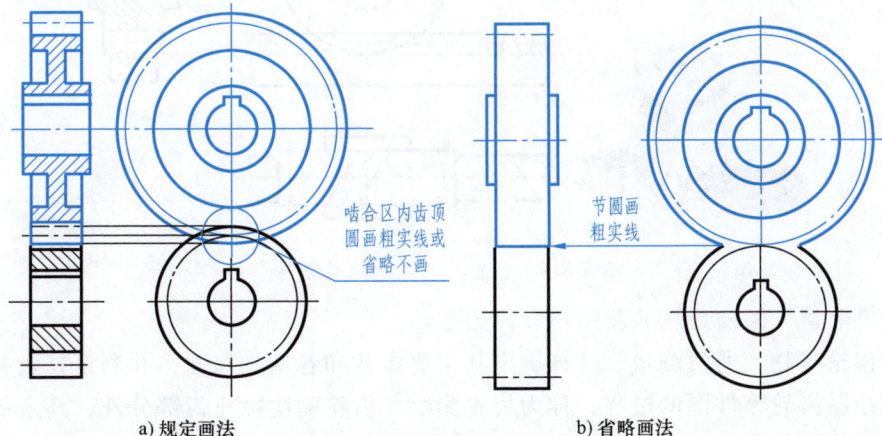

图 5.5.8　直齿圆柱齿轮的啮合画法

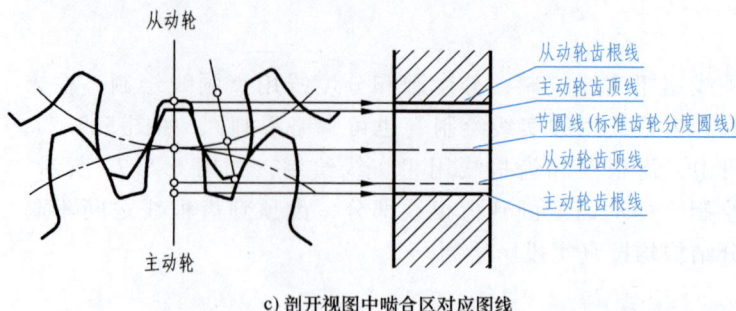

c) 剖开视图中啮合区对应图线

图 5.5.8　直齿圆柱齿轮的啮合画法（续）

1）一般非圆视图采用全剖视图或者局部剖视图将轮齿及啮合区表达清楚，反映圆的视图采用基本视图的表达方法（图 5.5.8a）。

2）在非圆视图上，未啮合部分按照单一圆柱直齿齿轮绘制，啮合区有五条线（图 5.5.8c）：两个齿轮的分度线重合，用细点画线表示；最靠近点画线的两条线为两个齿轮的齿顶线，一条用粗实线（主动轮齿顶）表示，另一条用虚线（从动轮齿顶）表示，虚线也可以省略不画；最远离点画线的两条为两齿轮的齿根线，均用粗实线绘制。

3）在反映圆的视图上，两齿轮的齿顶圆用粗实线绘制，啮合区部分齿顶圆可不画（图 5.5.8b）；两齿轮分度圆要相切，用点画线绘制；齿根圆可以不画，也可以用细实线绘制。外形视图中可将重合的节线画成粗实线（图 5.5.8b）。

六、齿轮和齿条的啮合画法

当齿轮直径无限大时，齿轮就成为齿条，此时，齿顶圆、分度圆、齿根圆均为直线。绘制齿轮与齿条啮合图时，在齿轮表达为圆的外形图上，齿轮的节圆与齿条的节线相切。在剖视图上，啮合区的齿顶线画为粗实线，另一轮齿被遮部分画虚线或省略（图 5.5.9）。

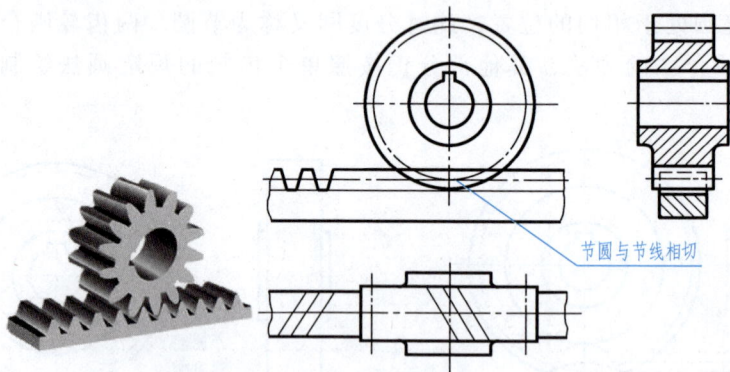

节圆与节线相切

图 5.5.9　齿轮与齿条的啮合画法

七、单个直齿圆柱齿轮的测绘和零件图表示

根据齿轮实物，通过测量、计算确定其主要参数和各基本尺寸，并测量其余各部分尺寸，然后绘制齿轮零件图的过程，称为齿轮测绘。齿轮测绘除轮齿部分外，其余部分均按实形绘制，轮齿部分主要在于确定齿数 z 和模数 m 这两个基本参数。

直齿圆柱齿轮测绘的一般步骤如下：

1）数出齿数 z。

2）测量齿顶圆直径 d_a：若齿数为偶数，可以直接测出齿顶圆直径 d_a（图5.5.10a）；若齿数为奇数，分别测量 D 和 H（图5.5.10b），$d_a = D + 2H$。

3）确定模数 m：根据 $d_a = m(z+2)$，计算 $m = d_a / (z+2)$。按照表5.5.1取最接近的模数标准值。

4）计算各基本尺寸：$d = mz$，$d_a = m(z+2)$，$d_f = m(z-2.5)$。

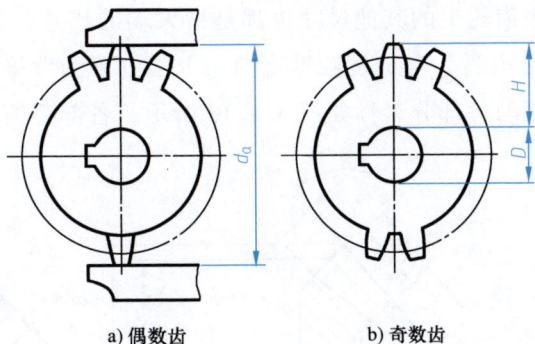

a) 偶数齿   b) 奇数齿

图5.5.10 齿顶圆的测量

5）测量齿轮其他各部分尺寸（如齿宽、孔径等），绘制齿轮零件图。齿轮零件图需要在图样右上角标注出齿数、模数和压力角等参数（图5.5.11）。

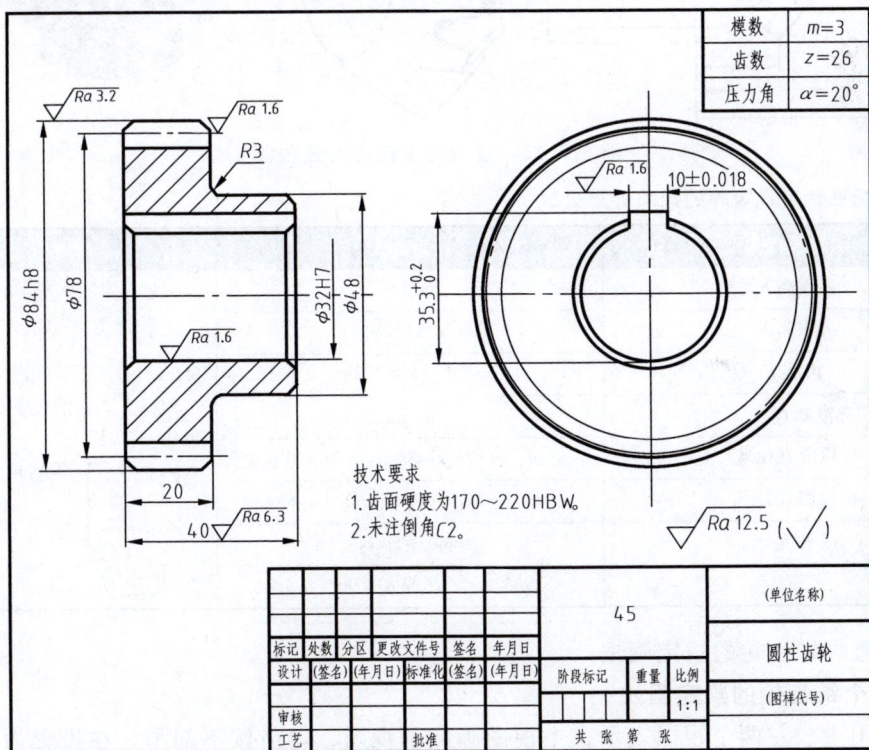

模数	$m=3$
齿数	$z=26$
压力角	$\alpha=20°$

图5.5.11 齿轮零件图

【知识拓展1】 锥齿轮

一、直齿锥齿轮各部分的尺寸关系

锥齿轮通常用于垂直相交两轴之间的传动。轮齿位于圆锥面上，轮齿一端大，另一端小，齿厚逐渐变化，直径和模数也随着齿厚的变化而变化。为了计算和制造方便，规定以大端的模数为标准值，用它决定轮齿的有关尺寸。一对锥齿轮啮合也必须有相同的模数。锥齿轮上的其他尺寸也都是指大端的尺寸，如分度圆直径 d、齿顶圆直径 d_a 和齿根圆直径 d_f 等。与分度圆垂直的一个圆锥称为背锥，齿顶高和齿根高从背锥上量取。直齿锥齿轮的各部分名称如图 5.5.12 所示，各部分的尺寸计算公式见表 5.5.3。

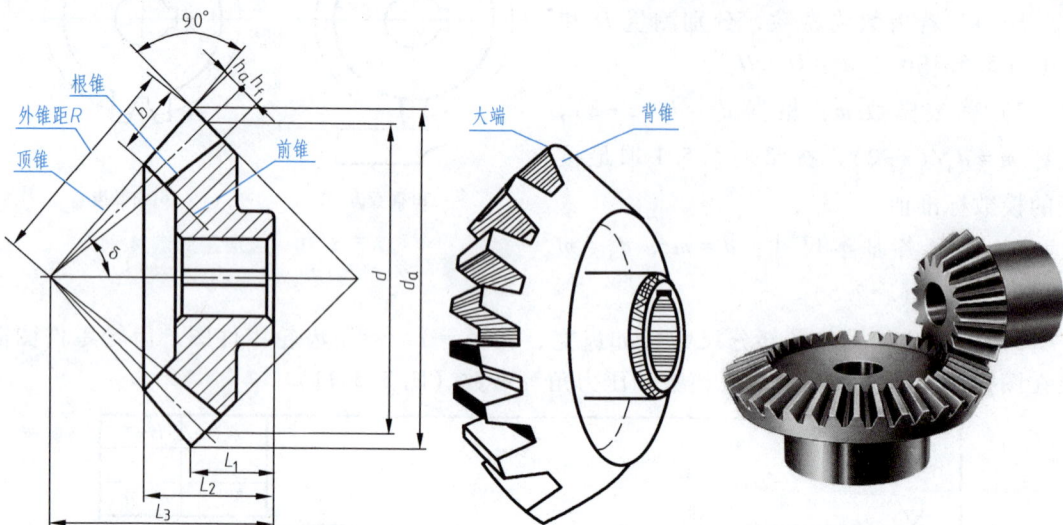

图 5.5.12　直齿锥齿轮各部分名称

表 5.5.3　标准直齿锥齿轮的尺寸计算公式

名称及代号	计算公式	说明
齿顶高 h_a	$h_a = m$	
齿根高 h_f	$h_f = 1.2m$	
齿高 h	$h = h_a + h_f = 2.2m$	
分度圆直径 d	$d = mz$	角标 1、2 分别代表小齿轮和大齿轮
齿顶圆直径 d_a	$d_a = d + 2h_a\cos\delta = m(z + 2\cos\delta)$	m、d_a、h_a、h_f 等均指大端
齿根圆直径 d_f	$d_f = d - 2h_f\cos\delta = m(z - 2.4\cos\delta)$	
分锥角 δ	$\tan\delta_1 = z_1/z_2$	
	$\tan\delta_2 = z_2/z_1$（或 $\delta_2 = 90° - \delta_1$）	

二、直齿锥齿轮的规定画法

1. 单个锥齿轮的规定画法

一般用主、左两个视图表示，主视图画成剖视图，轮齿按不剖画。在投影为圆的左视图中，用粗实线表示齿轮大端和小端的齿顶圆，用点画线表示大端的分度圆，大、小端齿根圆和小端分度圆不画，其他部分按投影画出，如图 5.5.13 所示。

2. 锥齿轮啮合的画法

锥齿轮啮合的画法如图 5.5.14 所示，主视图画成剖视图，节线重合，画成点画线；在啮合区内，将其中一个齿轮的齿顶线画成粗实线，另一个齿轮的齿顶线画成虚线或省略不画。左视图画成外形视图。对于标准齿轮来说，节圆锥面和分度圆锥面、节圆和分度圆是一致的。

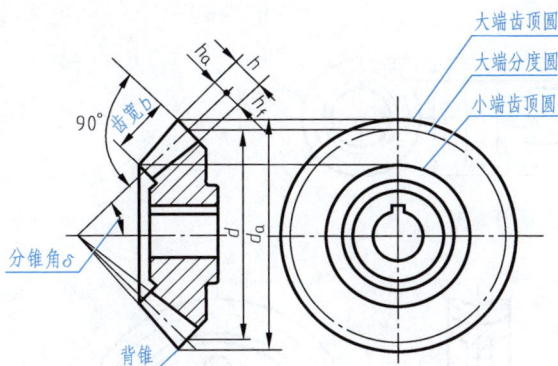

图 5.5.13　单个锥齿轮的画法

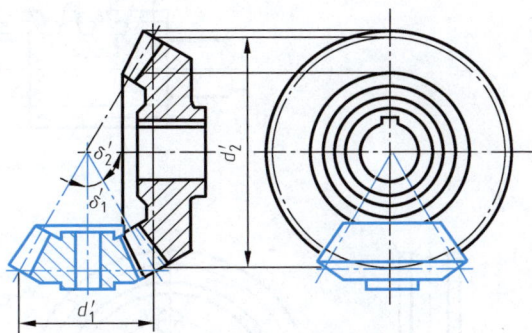

图 5.5.14　锥齿轮啮合的画法

【知识拓展2】　蜗杆蜗轮

蜗杆和蜗轮用于空间交错两轴之间的传动，最常见的是两轴垂直交错。工作时，蜗杆是主动的，蜗轮是从动的。蜗杆、蜗轮的传动比大，结构紧凑，但效率低。对圆柱齿轮或锥齿轮来说，一般传动比越大，齿轮所占的空间也越大。相对而言，蜗杆蜗轮结构更为紧凑，广泛用于传动比大的机械传动中，其主要缺点是效率低。

蜗轮和蜗杆的轮齿是螺旋形的，蜗轮的齿顶面和齿根面常制成圆环面。啮合的蜗轮和蜗杆必须有相同的模数和齿形角。国家标准规定，在通过蜗杆轴线并垂直于蜗轮轴线的主平面内，模数、齿形角为标准值，其啮合关系相当于齿轮和齿条的啮合。因此，蜗杆和蜗轮画法与圆柱齿轮的基本相同，但是在蜗轮投影为圆的视图中，只画出分度圆和最外圆，不画齿顶圆与齿根圆。在外形视图中，蜗杆的齿根圆和齿根线用细实线绘制或省略不画。蜗轮和蜗杆各部分名称和规定画法如图 5.5.15 和图 5.5.16 所示。

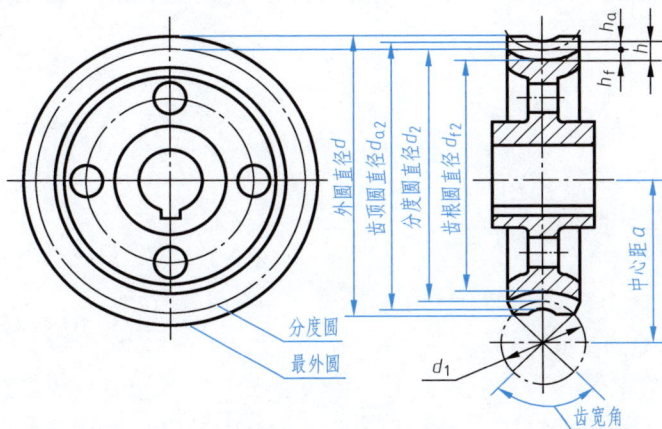

图 5.5.15　蜗轮结构

蜗轮和蜗杆的啮合画法如图 5.5.17 所示。在蜗杆投影为圆的视图中，啮合区只画蜗杆，蜗轮被蜗杆遮住的部分不必画出；在左视图中，蜗轮的分度圆和蜗杆的分度线相切，蜗轮外圆与蜗杆齿顶线相交（图 5.5.17a）。若采用剖视图，蜗杆齿顶线与蜗轮外圆、齿顶圆相交的部分均不画出（图 5.5.17b）。

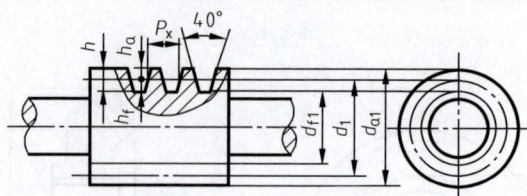

图 5.5.16 蜗杆结构

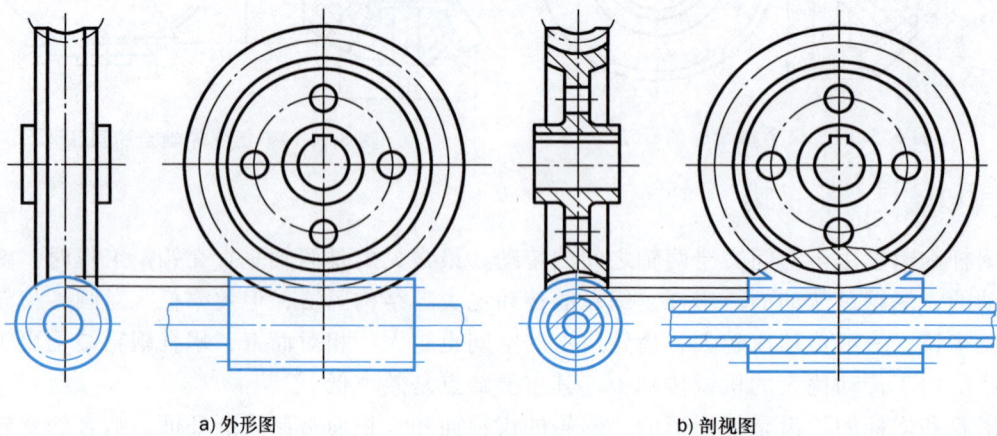

a) 外形图

b) 剖视图

图 5.5.17 蜗轮蜗杆啮合的画法

项目6
CHAPTER 6

设备装配图的识读和绘制 ◄

【项目概述】

本项目以智能制造装备常见的设备为任务载体，以正确识读装配图表达方案、零件组成装配关系、设备工作原理等内容，以及绘制装配图等为知识技能目标，进一步帮助读者强化专业认知，增强和践行全面考虑问题、正确处理个人与集体关系等全局观的科学思维。

本项目的任务和知识技能点如图 6.0 所示。

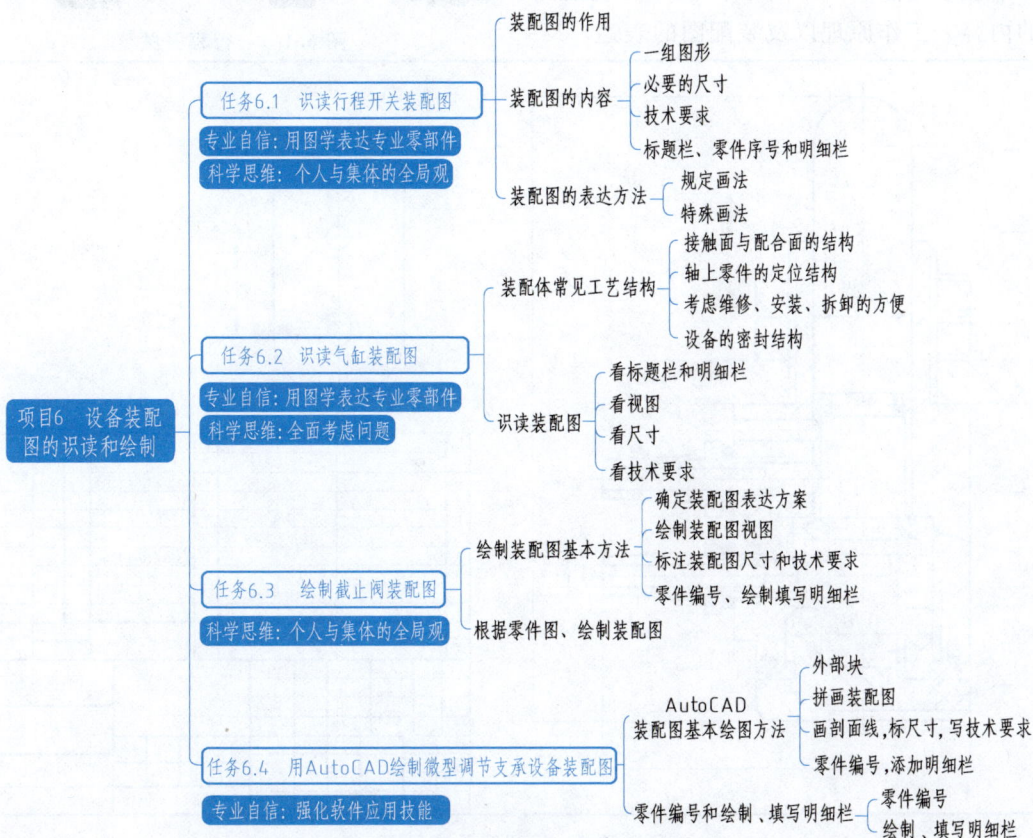

图 6.0　项目 6 的任务和知识技能点

任务 6.1 识读行程开关装配图

【6.1 任务工作单】

项目6 设备装配图的识读和绘制		任务 6.1 识读行程开关装配图	
姓名：＿＿＿＿	班级：＿＿＿＿	学号：＿＿＿＿	日期：＿＿＿＿

6.1.1 明确任务

任务描述：

行程开关（图6.1.1）常用来控制机械设备的行程及限位保护。将行程开关安装在适当的位置，利用生产机械运动部件的碰撞使其触点位置发生改变，从而实现接通或断开控制电路。

请识读出图6.1.2所示行程开关装配图中的内容、工作原理以及装配图的表达。

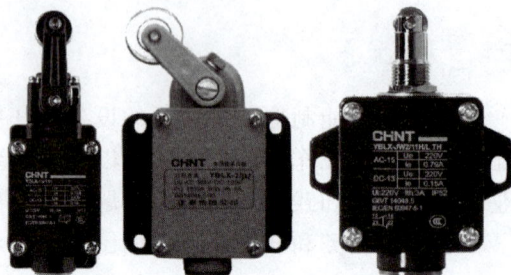

图 6.1.1 行程开关

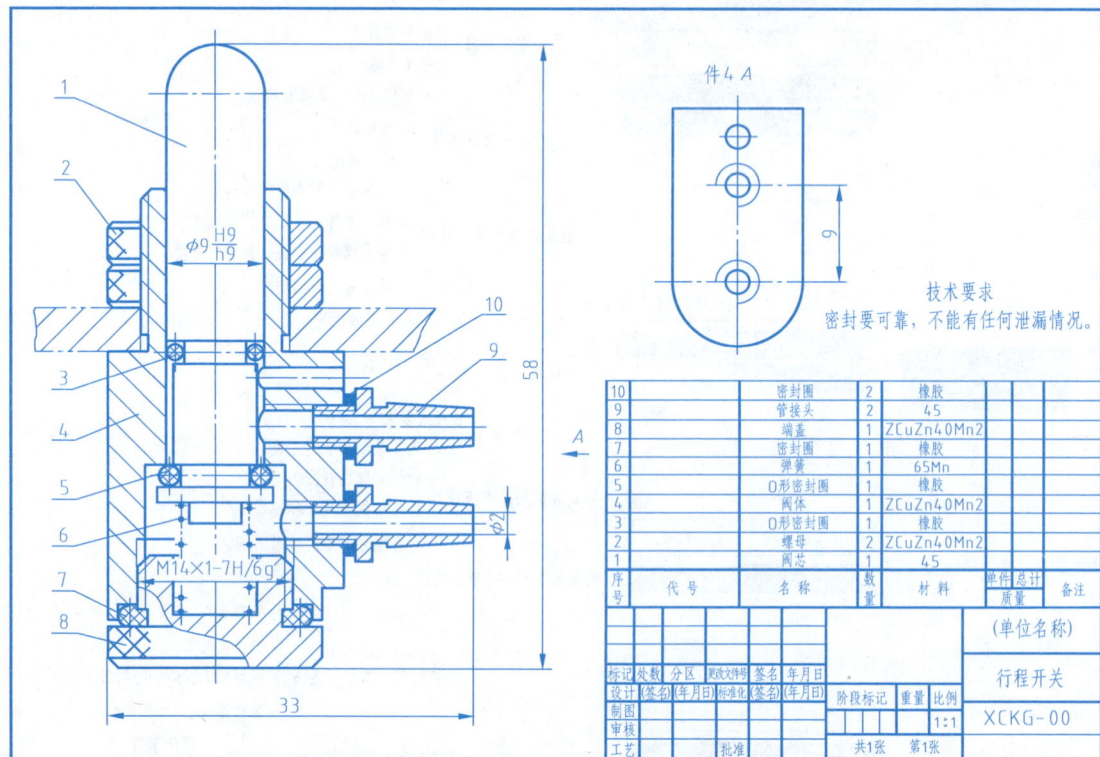

件4 A

技术要求
密封要可靠，不能有任何泄漏情况。

10		密封圈	2	橡胶		
9		管接头	2	45		
8		端盖	1	ZCuZn40Mn2		
7		密封圈	1	橡胶		
6		弹簧	1	65Mn		
5		O形密封圈	1	橡胶		
4		阀体	1	ZCuZn40Mn2		
3		O形密封圈	1	橡胶		
2		螺母	2	ZCuZn40Mn2		
1		阀芯	1	45		
序号	代 号	名 称	数量	材 料	单件 总计 质量	备注

				(单位名称)		
标记	处数	分区	更改文件号	签名 年月日		行程开关
设计	(签名)	(年月日)	标准化	(签名) (年月日)	阶段标记 重量 比例	
制图					1:1	XCKG-00
审核						
工艺		批准		共1张 第1张		

图 6.1.2 行程开关装配图

任务目标：

（1）了解行程开关，进一步认识专业常用零部件，强化专业认知；理解个人与集体的关系，树立全局观的科学思维。

（2）能说出装配图与零件图的区别，能说出装配图的作用和四部分内容，能举例说出装配图的规定画法和特殊画法。

（3）能结合装配图，说出视图表达方法和表达内容，能举例找出装配图的五类尺寸，能按名称或者序号找到对应零件及零件信息，能在图中找到装配图的规定画法或特殊画法。

6.1.2 分析任务

（1）讨论：图6.1.2所示装配图采用了哪些表达方法、规定画法和特殊画法？

（2）讨论：图6.1.2所示行程开关由多少种零件组成？分别是什么？指出它们在装配图中的位置。

（3）讨论：图6.1.2中哪些零件之间有配合关系，是哪种基准制及哪种配合种类？

（4）讨论：根据图6.1.2说一说行程开关的工作原理。

（5）讨论：请举例找出图6.1.2中的性能尺寸、装配尺寸、安装尺寸及总体尺寸。

6.1.3 实施任务（完成后在右侧打"√"）

（1）找到行程开关组成零件的数量、名称和位置等信息。

（2）认出视图中采用的表达方法、规定画法和特殊画法。

（3）辨识出装配图中尺寸的种类和作用。

（4）说出行程开关的工作原理。

6.1.4 评价任务

序号	评价指标	分值	自评	互评	师评	总评
1	组成零件的数量、名称和位置等信息正确	20				
2	表达方法、规定画法和特殊画法辨识正确	30				
3	装配图中尺寸的种类和作用辨识正确	30				
4	行程开关的工作原理表述正确	20				

6.1.5 任务知识链接

一、装配图的作用和内容

1. 装配图的作用

表达一台机器或设备的基本结构、各零件相对位置、装配关系和工作原理的图样称为装配图，它是设计、装配、调整、检验、安装、使用和维修时的重要技术文件。

2. 装配图的内容

装配图一般包含四部分内容。

装配图作用和内容

（1）一组图形 用各种表达方法，正确、完整、清晰和简洁地表达出装配体的组成（零部件的种类、数量及其在装配体中的位置）、机器的工作原理以及主要零件的结构形状等。

从图 6.1.3 中可以看出，该设备名称为阀门，共由 6 种零件组成，各零件的位置关系如主视图所示。主视图采用单一剖全剖和局部剖的表达方法，其中局部剖表达了阀杆 6 下方圆台处有通孔，可与阀体 1 左右通孔相通，由此可看出阀门的工作原理：旋动阀杆 6 转过 90°，其下方圆台堵住阀体 1 左右两边通孔，此时阀门关闭，气体或液体无法通过；再次旋动阀杆 6 转过 90°，其下方圆台孔与阀体 1 左右通孔相通，此时阀门打开，气体或液体可以通过。左视图采用半剖视图表达其外形和内部结构对称。俯视图表达了填料压盖 4 的外形、螺钉 5 的分布等。

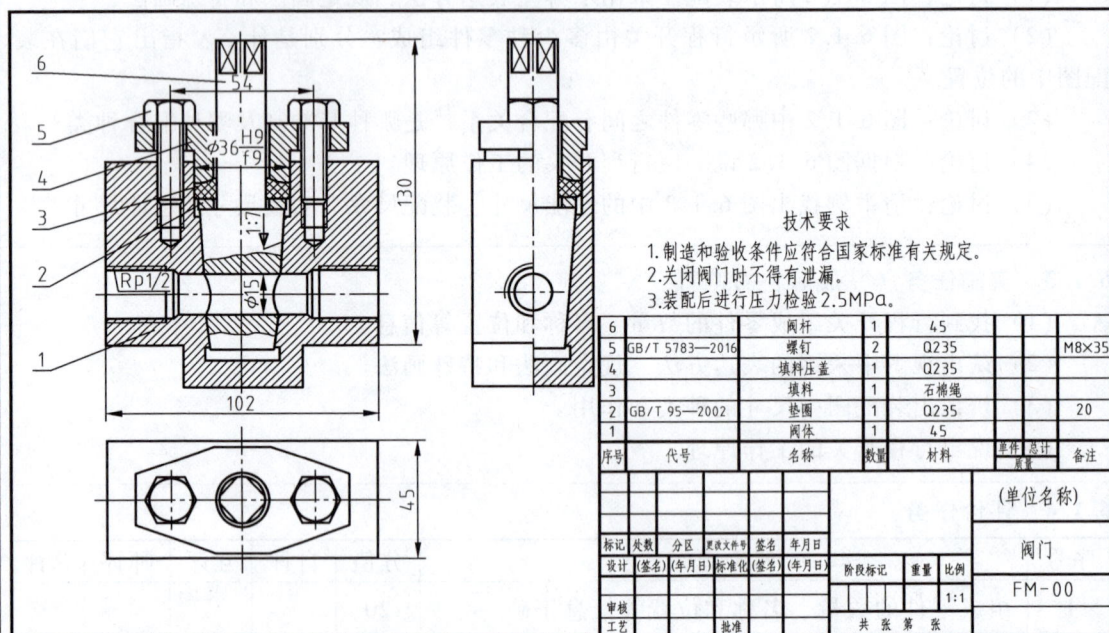

6		阀杆	1	45		
5	GB/T 5783—2016	螺钉	2	Q235		M8×35
4		填料压盖	1	Q235		
3		填料	1	石棉绳		
2	GB/T 95—2002	垫圈	1	Q235		20
1		阀体	1	45		

图 6.1.3 阀门装配图

（2）必要的尺寸 装配图中必须标注反映装配体的规格、性能，装配、安装情况的尺寸和总体尺寸等。

1）性能（规格）尺寸：表示设备规格或性能的尺寸，也是了解和选用该装配体的依据。如图 6.1.3 所示阀杆圆台通孔直径"$\phi15$"，该孔的大小决定了阀门的通流能力。

装配图尺寸
标注类型

2）装配尺寸：用来保证装配体精度和正确装配的尺寸，包含配合尺寸和相对位置尺寸。配合尺寸是表示零件间配合性质的尺寸，在装配图中标注公称尺寸与配合代号。标注的通式如：公称尺寸$\dfrac{\text{孔的公差带代号}}{\text{轴的公差带代号}}$，通常分子中含有"H"的为基孔制，分母中含有"h"的为基轴制。具体标注形式如图 6.1.4 所示。相对位置尺寸是表示装配

时需要保证的零件间相互位置的尺寸。图 6.1.3 中的"54"表示螺钉之间的相对位置尺寸。

图 6.1.4 配合尺寸标注形式

3）安装尺寸：表示装配体安装到其他零部件或基座上所需要的尺寸。图 6.1.3 中的"Rp1/2"表示需要用 R_1 圆锥外螺纹的油管或气管相连接，以确保密封性。

4）外形尺寸：表示装配体外形的总体尺寸，即总长、总宽和总高。它反映了装配体的大小，提供了装配体在包装、运输和安装过程中所占的空间尺寸。如图 6.1.3 中的尺寸"102"（长）、"45"（宽）、"130"（高）。

5）其他重要尺寸：在设计中确定的，而又未包括在上述几类尺寸中的主要尺寸，如运动件的极限尺寸、主体零件的重要尺寸等。

在一张装配图中，并不一定需要全部注出上述五类尺寸，而是要根据具体情况和要求来确定。如果是设计装配图，所注的尺寸应全面些；如果是装配工作图，则只需把与装配有关的尺寸注出即可。

（3）技术要求　技术要求是用文字注写在明细栏上方或图样下方的空白处，说明装配体的工作性能、装配要求、试验或使用等方面的条件或要求（图 6.1.3 中技术要求）。不同装配体的性能、要求各不相同，其技术要求也不同。拟订技术要求时，一般可从以下几个方面来考虑：

1）装配要求：装配体在装配过程中需要注意的事项及装配后必须达到的要求，如准确度、装配间隙、润滑和密封要求等。

2）检验要求：装配体基本性能的检验、试验及操作时的要求。

3）使用要求：对装配体的规格、参数及维护、保养、使用时的注意事项及要求。

（4）标题栏、零件序号和明细栏　装配图中需按一定的格式将零件进行编号，并填写明细栏和标题栏。明细栏中的序号和图中零件编号一一对应，用于说明装配体及其各组成零件的名称、数量和材料等概况。

零件编号和明细栏

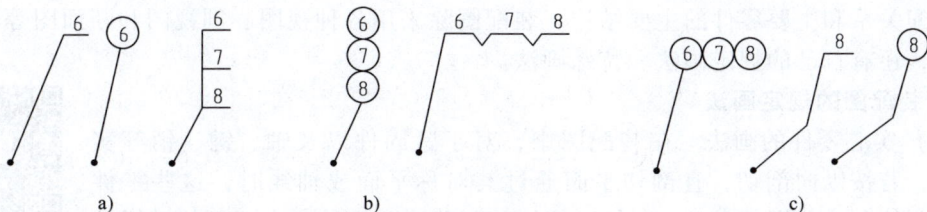

1）装配图中所有零件都必须编写序号。相同零件只编一个序号。如图 6.1.3 中，螺钉有 2 个，但只编一个序号 5。如果是一组紧固件或装配关系清楚的零件组，可采用公共指引线（图 6.1.5 中 6、7、8）。

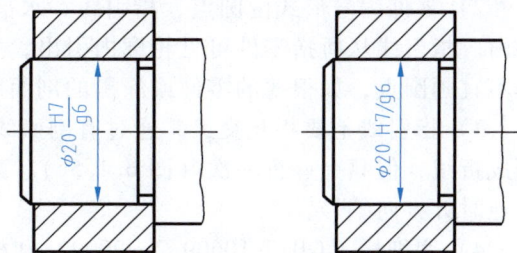

a)　　　　　　　　b)　　　　　　　　c)

图 6.1.5 零件序号编排

2）零件编号形式由圆点、指引线、水平线或圆及数字组成，序号写在水平线上或小圆内。指引线从所指零件可见轮廓内引出，并在其末端画一圆点（图6.1.5a）。若所指部分不宜画圆点，如很薄的零件或涂黑的剖面等，可用箭头代替。

3）指引线不要相互交叉，通过有剖面线的区域时，尽量不与剖面线平行，必要时可画成折线，但只允许折一次（图6.1.5c）。数字按水平或垂直方向排列整齐，并按顺时针或逆时针方向编号。

4）明细栏（GB/T 10609.2—2009）和标题栏。明细栏中填写装配图中零件的序号、名称、材料和数量等内容。明细栏位于标题栏的上方，并和标题栏紧连在一起，其左、右边与标题栏左、右边对齐（图6.1.6）。位置不够时，可移至标题栏的左边继续编写，如图6.1.7所示。

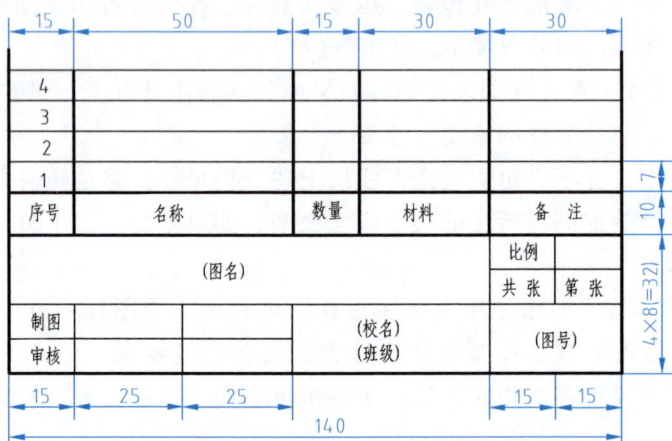

图 6.1.6 明细栏格式

图 6.1.7 明细栏续写格式

二、装配图的表达方法

零件图侧重表达零件的内外详细结构，而装配图侧重表达机器设备的组成、工作原理、装配关系和主要零件的主要结构。装配图除采用各种视图、剖视图和断面图等表达方法之外，还有自己的规定画法和特殊画法。

1. 装配图的规定画法

（1）实心零件的画法 在装配图中，对于紧固件以及轴、键、销等实心零件，若按纵向剖切，且剖切平面通过其对称平面或轴线时，这些零件均按不剖绘制，如图6.1.8中的轴、螺钉等。若这些零件上有凹槽、键槽及销孔等结构，可用局部剖视表示，如图6.1.8中的轴。

装配图规定画法

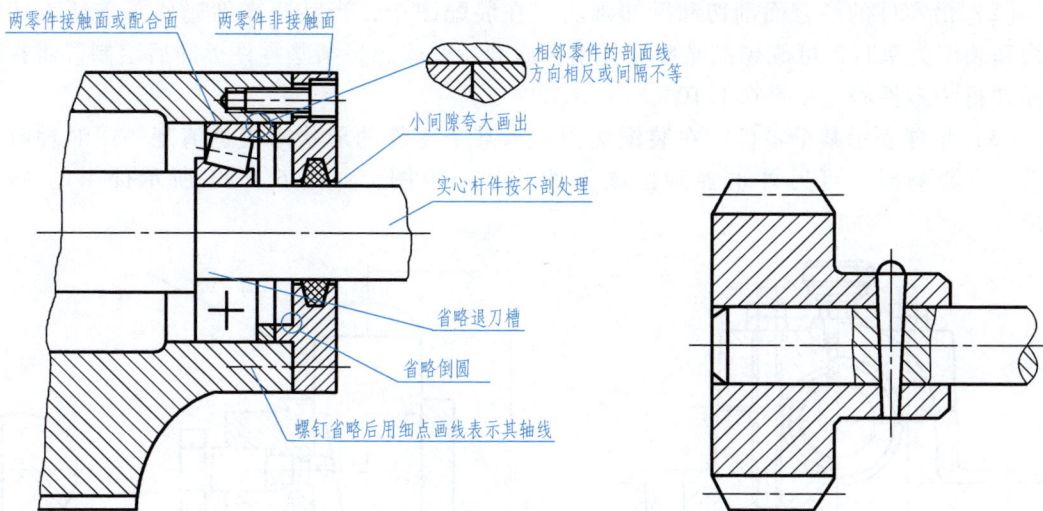

图 6.1.8　装配图的规定画法和简化画法

（2）相邻零件的轮廓线画法　对于两相邻零件的接触面或配合面，只画一条共有的轮廓线，如图 6.1.8 中的轴与滚动轴承内圈、座体与滚动轴承外圈、轴承盖左端面与座体右端面；非接触面和非配合面分别画出两条各自的轮廓线，如图 6.1.8 中螺钉头部与沉孔处。

（3）相邻零件的剖面线画法　相邻两个（或两个以上）金属零件，剖面线的倾斜方向应相反，或者方向一致而间隔不等以示区别。当装配图中零件的厚度小于 2mm 时，允许将剖面涂黑以代替剖面线，如图 6.1.9 中的垫片。

2. 装配图的特殊画法

（1）简化零件工艺结构　在装配图中，零件的工艺结构如倒角、圆角和退刀槽等允许省略不画（图 6.1.8）；装配图中，规格相同的零件组（如螺钉连接）可详细地画出一处，其余用细点画线表示其装配位置（图 6.1.9）。

装配图特殊画法

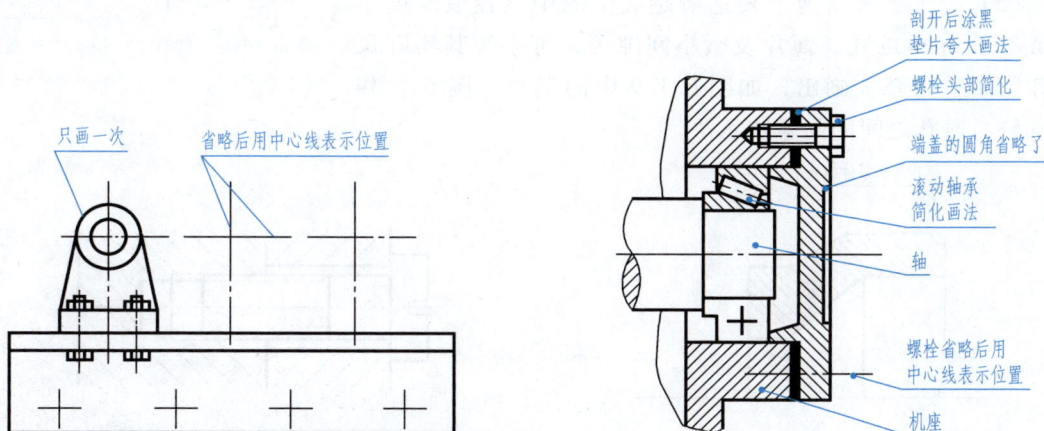

图 6.1.9　装配图的简化画法

（2）沿零件的结合面剖切和拆卸画法　在装配图中，当某些零件遮住了需要表达的结构和装配关系时，可假想沿某些零件结合面剖切或假想将某些零件拆卸后绘制，需在图上注"拆去零件××"（图 6.1.10）。

（3）单独表示某个零件　在装配图中，当某个零件的形状未表达清楚，或对理解装配关系有影响时，可另外单独画出该零件的某一视图。如图 6.1.11 所示件 1 的 *A*—*A* 视图。

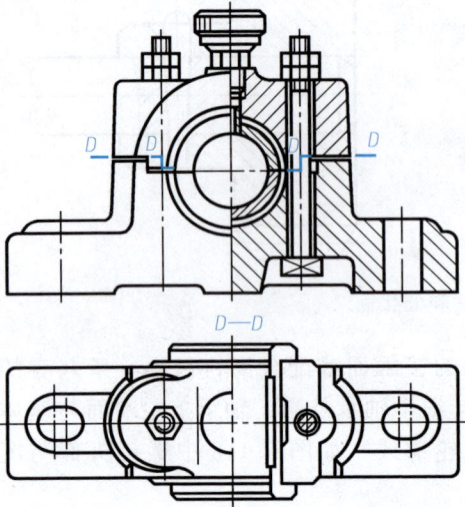

图 6.1.10　沿结合面剖切的画法

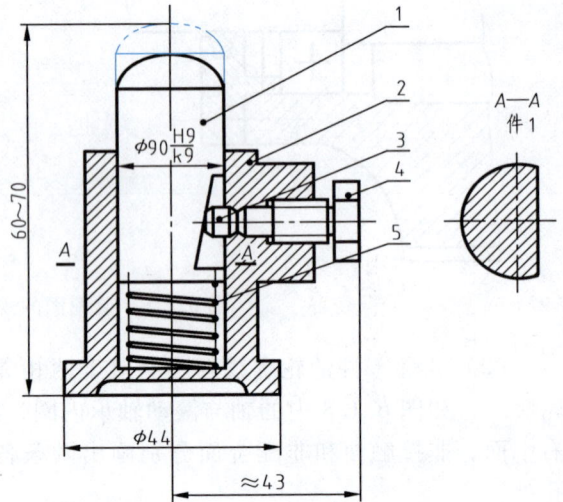

图 6.1.11　单独表示一个零件和假想画法

（4）假想画法　当需要表达运动零件的运动范围和极限位置时，可在一个极限位置上画出该零件，在另一个极限位置用双点画线表示，如图 6.1.11 中对件 1 最高位置和图 6.1.12 中手柄另一位置的表示法。为了表明本部件与其他相邻部件或零件的装配关系，可用双点画线画出该件的轮廓线，如图 6.1.13 中辅助相邻零件的轮廓表示法。

（5）夸大画法　为了表达清楚装配图中直径或厚度小于或等于 2mm 的孔、薄片及微小间隙等，可不按其实际尺寸作图而适当夸大画出，如图 6.1.9 中的垫片、图 6.1.14 中螺钉与通孔之间的间隙表示法。

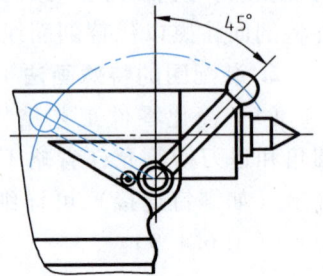

图 6.1.12　极限位置假想画法

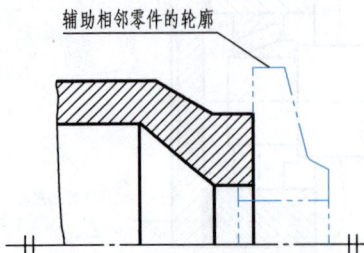

图 6.1.13　辅助相邻零件假想画法

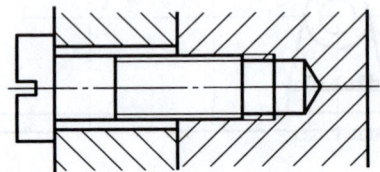

图 6.1.14　夸大画法的表示

任务 6.2 识读气缸装配图

【6.2 任务工作单】

项目 6　设备装配图的识读和绘制		任务 6.2　识读气缸装配图	
姓名：________	班级：________	学号：________	日期：________

6.2.1 明确任务

任务描述：

气缸是利用压缩气体推动气缸内部活塞块，进而带动连接在活塞块上的活塞杆做往复移动或摆动的一种气动执行元件。双作用气缸（图 6.2.1）是一种常见的做往复移动的气缸，其两端有两个气口，通过管路连接将压缩气体交替送入和排出，使活塞杆伸出或缩回。

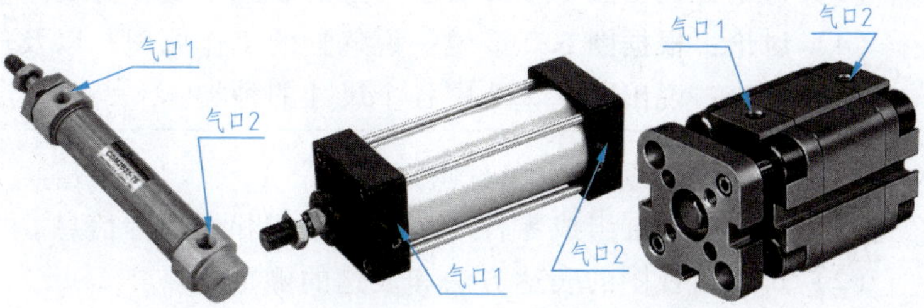

图 6.2.1　双作用气缸

请按照识读装配图的基本方法，识读图 6.2.2 所示气缸装配图。

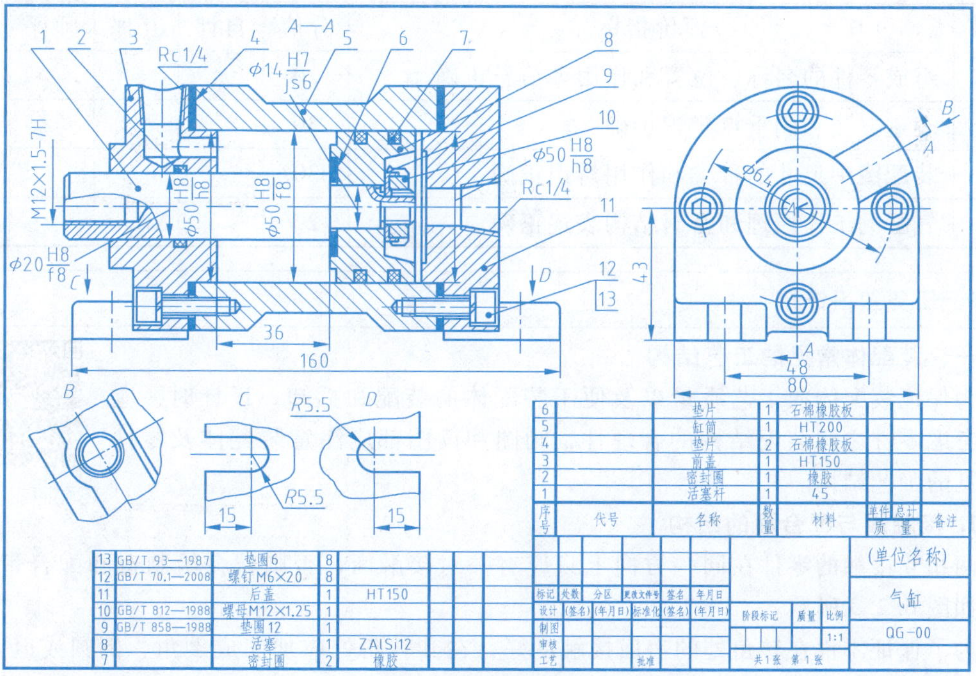

序号	代号	名称	数量	材料	单件质量	总计质量	备注
13	GB/T 93—1987	垫圈6	8				
12	GB/T 70.1—2008	螺钉M6×20	8				
11		后盖	1	HT150			
10	GB/T 812—1988	螺母M12×1.25	1				
9	GB/T 858—1988	垫圈12	1				
8		活塞	1	ZAlSi12			
7		密封圈	2	橡胶			
6		垫片	1	石棉橡胶板			
5		缸筒	1	HT200			
4		垫片	2	石棉橡胶板			
3		前盖	1	HT150			
2		密封圈	1	橡胶			
1		活塞杆	1	45			

标记	处数	分区	更改文件号	签名	年月日			(单位名称)
设计	(签名)	(年月日)	标准化	(签名)	(年月日)	阶段标记	质量 比例	气缸
制图							1:1	QG-00
审核								
工艺			批准			共1张 第1张		

图 6.2.2　气缸装配图

任务目标：

（1）进一步认识专业常用的零部件，增强专业认可；学会全面解读装配图中的内容。

（2）能举例说出装配体常见的工艺结构，能在图中辨认；能说出识读装配图的内容和顺序。

（3）能正确按照顺序识读装配图，能根据装配图说出零件的组成信息和作用、设备的工作原理以及装配体的大致结构，能辨识出装配图中的尺寸类型和作用。

6.2.2 分析任务

（1）讨论：图6.2.2所示气缸由多少种零件组成？举例说出3~5个零件的信息和作用。

（2）讨论：说出图6.2.2中各个视图的表达方法和表达的内容。

（3）讨论：找出图6.2.2所示气缸的装配干线和拆装路线。

（4）讨论：根据图6.2.2说一说气缸的工作原理，以及气缸是如何实现密封的。

（5）讨论：说出图6.2.2中各个尺寸的种类。

6.2.3 实施任务（完成后在右侧打"√"）

（1）识读出气缸组成零件的名称、位置和作用等信息。

（2）辨识出视图的表达方法和表达的侧重点。

（3）辨识出装配图中尺寸的种类和作用。

（4）说出气缸的工作原理和密封结构。

6.2.4 评价任务

序号	评价指标	分值	自评	互评	师评	总评
1	组成零件的名称、位置和作用等信息正确	20				
2	表达方法和侧重点辨识正确	30				
3	装配图中尺寸的种类和作用辨识正确	30				
4	气缸的工作原理和密封结构表述正确	20				

6.2.5 任务知识链接

一、装配体常见的工艺结构

为保证装配体的工艺质量以及便于装配体的装配和拆卸，设计时，应充分考虑零件之间装配结构的合理性，画图和读图都应注意装配体及零件上常见的工艺结构。

装配图工艺结构

1. 接触面与配合面的结构

两相互接触的零件在同一方向上只应有一对接触面，否则就会给制造和配合带来困难，如图6.2.3所示。

为了保证零件在转角处的表面接触良好，在其转角处应加工成倒角、倒圆或退刀槽，但尺寸不应相同，否则既影响接触面之间的良好接触，又不易加工，如图6.2.4所示。

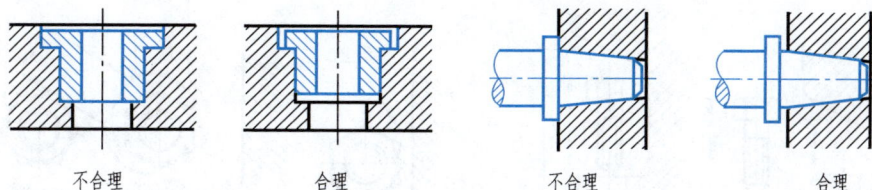

图 6.2.3　装配接触面结构

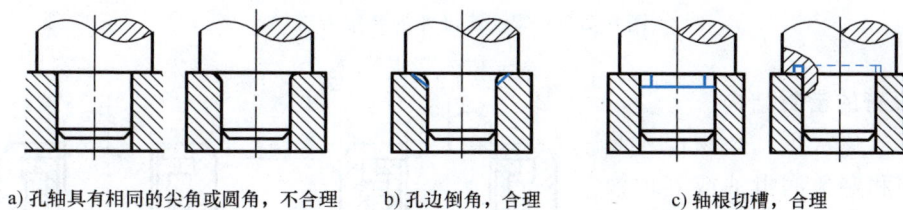

a) 孔轴具有相同的尖角或圆角，不合理　　b) 孔边倒角，合理　　c) 轴根切槽，合理

图 6.2.4　接触面转角处的结构

2. 轴上零件的定位结构

装在轴上的滚动轴承及齿轮等一般要有轴向定位结构，以保证能在轴线方向不移动。如图 6.2.5 所示，轴上的滚动轴承及齿轮是靠轴肩来定位的，齿轮的另一端用螺母、垫圈来压紧，垫圈与轴肩的台阶面间应留有间隙，以便压紧。

3. 考虑维修、安装、拆卸的方便

1）安装滚动轴承时要考虑到拆卸方便。图 6.2.6 中三组图的右图合理，若设计成左图那样，将无法拆卸。

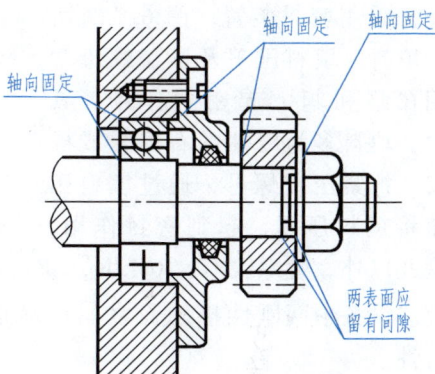

图 6.2.5　轴向定位结构

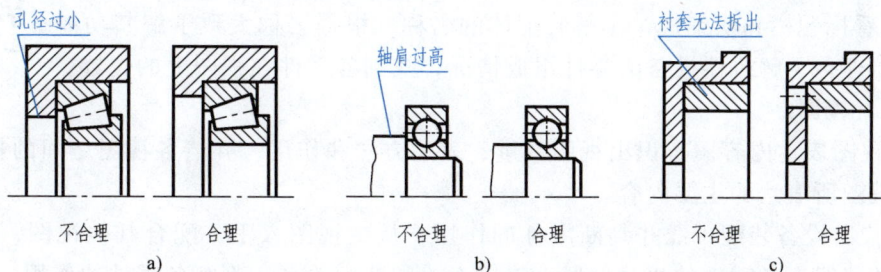

图 6.2.6　滚动轴承和衬套的定位结构

2）安排螺钉、螺栓等连接件位置时，应考虑螺钉、螺栓和扳手等的空间活动范围。图 6.2.7a、c 所示结构中所留空间太小，扳手无法使用，图 6.2.7b、d 所示是正确的结构型式。

a) 不合理　　b) 合理　　　　　c) 不合理　　　d) 合理

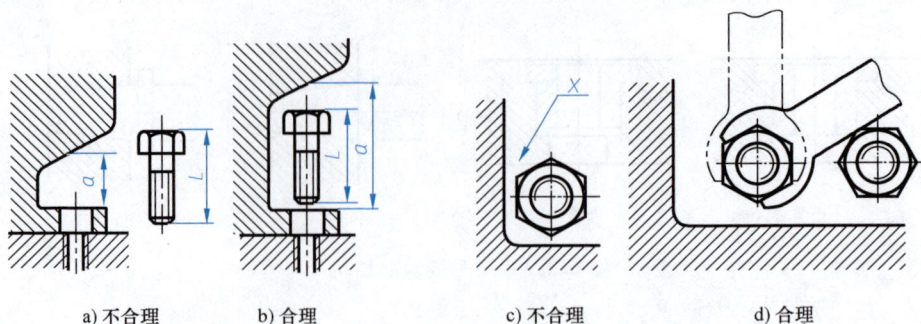

图 6.2.7　螺纹连接件的装配合理性

4. 设备的密封结构

为了避免灰尘、杂物侵入装配体内部和避免润滑油或其他液体的外泄，一般装配体上外露的旋转轴或活动杆以及管路接口等处常采用密封装置。图 6.2.8 所示填料、填料压盖及压盖螺母常用在泵和阀上起密封作用。其中，填料多为浸油的石棉绳或橡胶，拧紧压盖螺母，通过填料压盖将填料压紧，起到密封作用。

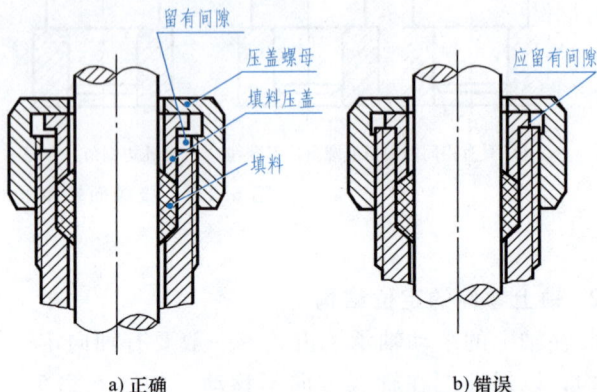

a) 正确　　　　　　　b) 错误

图 6.2.8　填料与密封装置

除此以外，管螺纹 G、Rc、Rp、R_1、R_2 等本身具有较好密封性的螺纹也起到密封连接作用。设备中两刚性接触面之间可增加垫片等零件提高表面之间的贴合性，从而提高密封性。

二、识读装配图

一般按照顺序识读装配图的四部分内容：

1）看标题栏和明细栏。了解装配体的名称，根据名称大致了解其功能和工作原理；了解机器设备的零件组成情况，找到各零件在视图上的位置。

2）看视图。

① 视图表达内容。辨识出视图数量、表达方法和作用，弄清各视图之间的投影关系，明确各视图所表达的主要内容。

② 找出设备装配干线并判断零件的作用。从主视图入手，配合其他视图，分析装配体沿传动路线上各零件的相对位置、连接方式和装配关系，判断各零件的作用。

③ 找出设备定位、润滑和密封等结构。

④ 构想设备整体与主要零件的结构形状。

3）看尺寸。辨识出装配图上的尺寸类型和作用，确定有装配关系的零件。

4）了解技术要求中的各项内容。

【例】　识读减速器装配图（图 6.2.9）。

技术要求

1. 装配前，所有零件用煤油清洗，轴承用汽油清洗，箱体内壁涂耐油油漆。抽不允许有任何杂物，箱体内壁涂耐油油漆。
2. 减速器内装 N90 工业齿轮油，油量达到规定深度。
3. 减速器外表面涂油漆。
4. 按试验规程进行试验。

图6.2.9　减速器装配图

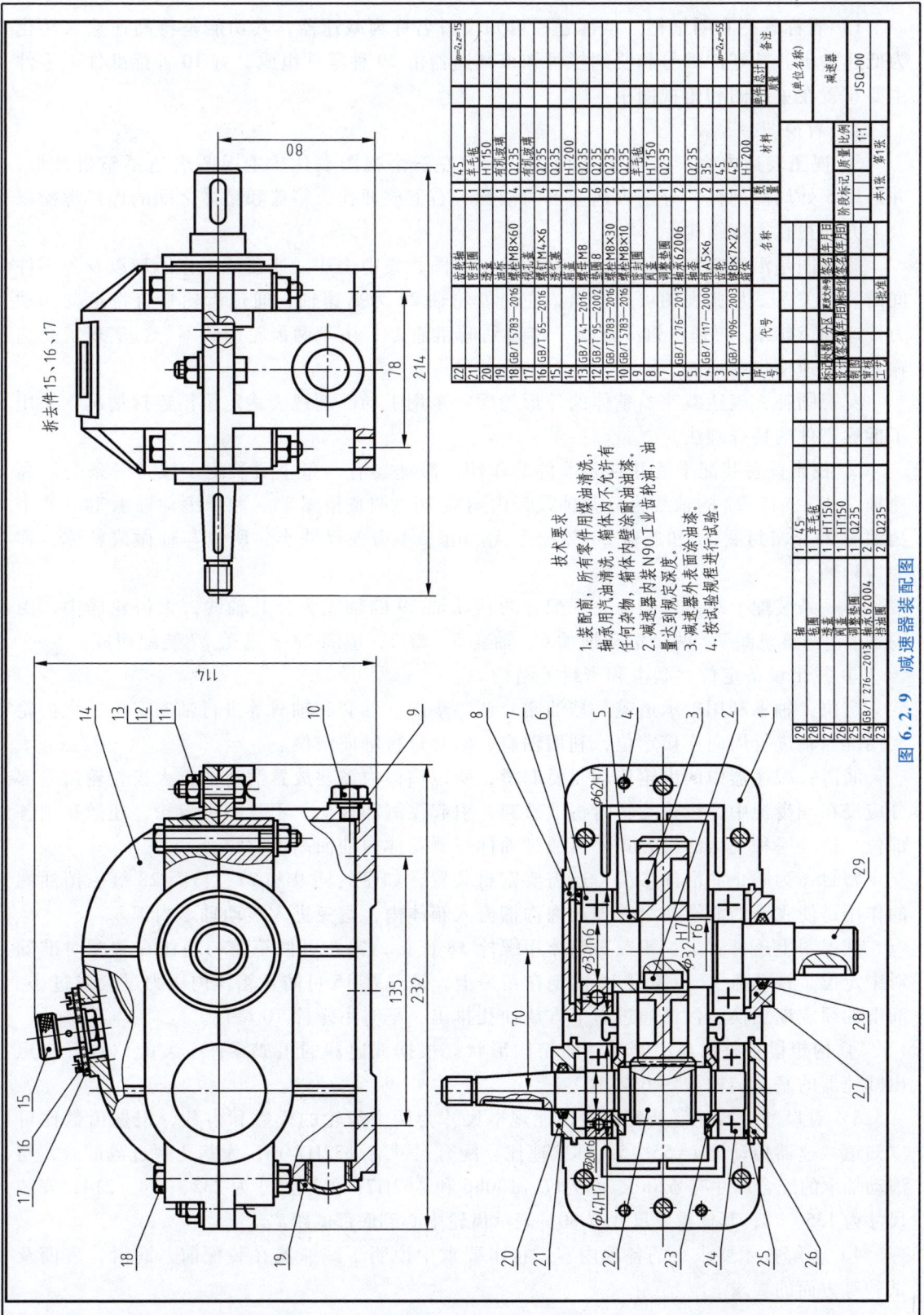

序号	代号	名称	数量	材料	备注
22		齿轮轴	1	45	m=2,z=15
21		密封圈	1	羊毛毡	
20		窥视孔盖	1	有机玻璃	
19		通气塞	1	Q235	
18	GB/T 5783—2016	螺栓M8×60	4	Q235	
17	GB/T 65—2016	螺钉M4×6	4	Q235	
16		视孔盖	1	Q235	
15		透气塞	1	HT200	
14		箱盖	1	HT200	
13	GB/T 41—2016	螺母M8	6	Q235	
12	GB/T 95—2002	垫圈8	6	Q235	
11	GB/T 5783—2016	螺栓M8×30	2	Q235	
10	GB/T 5783—2016	螺栓M8×10	1	Q235	
9		密封盖	1	羊毛毡	
8		端盖	1	HT150	
7		调整垫圈	2		
6	GB/T 276—2013	轴承62006	2		
5		键A×6	1	Q235	
4	GB/T 117—2000	销A×6	2	35	
3		齿轮	1	45	
2	GB/T 1096—2003	键B×7×22	1	45	
1		箱座	1	HT200	

29		箱盖	1	45	
28		密封圈	1	羊毛毡	
27		端盖	1	HT150	
26		调整垫圈	1	HT150	
25		滤油塞圈	2	Q235	
24	GB/T 276—2013	轴承62004	2		
23		挡油圈	2	Q235	

				减速器		
标记 处数 分区	更改文件号 签名 年月日		(单位名称)		
设计	签名 年月日 标准化	签名 年月日			阶段标记	质量	比例
				JSQ—00			1:1
审核					
工艺	批准		共 张	第 张

拆去件15、16、17

08

78
214

114
135
232
70

14
13
12
11
10
9
8
7
6
5
4
3
2
1

18
19
20
21
22
23
24
25
26
27
28
29

15
16
17

φ62H7
φ30n6
φ32 r6
φ30r6
φ47H7

　　1）看标题栏和明细栏。从标题栏可知设备名称为减速器，其功能是将高速输入转化为低速输出。从零件编号和明细栏可知该减速器由29种零件组成，有10种标准件。零件主要布置在主视图和俯视图中。

　　2）看视图。

　　① 视图表达内容。装配图选用主、俯、左三个视图表达。主视图表达了整机外形，并采用5处局部剖视，分别表达左下的油标、右下放油孔、箱盖和箱体之间的连接螺栓以及上方的视孔盖等结构。

　　俯视图是沿箱盖与箱体结合面剖切的剖视图，集中表达减速器的工作原理以及各零件间的装配关系。从俯视图可以看出，左边齿轮轴22为高速轴，通过齿轮啮合将运动和动力传递到齿轮3，再通过键2连接，传递到低速轴29，由于两齿轮齿数不等，实现了高速输入、低速输出的功能。

　　左视图补充表达减速器整体的外形轮廓。采用了局部剖视表达定位销连接情况，采用了拆除零件的特殊画法。

　　② 找出设备装配干线并判断零件的作用。减速器有两条主要装配干线。一条是以高速轴（齿轮轴）22的轴线为公共轴线，由闷盖26、调整垫圈25、两个滚动轴承24、两个挡油圈23、密封圈21和透盖20装配而成。由于小齿轮尺寸小，所以与轴做成整体，称为齿轮轴。

　　另一条装配干线是以与齿轮3配合的从动轴29的轴线为公共轴线，大齿轮居中，由闷盖8、调整垫圈7、两个滚动轴承6、轴套5、键2、毡圈28和透盖27装配而成。

　　③ 找出设备定位、润滑和密封等结构。

　　定位：轴承利用轴承透盖、挡油圈、调整垫圈、轴套和轴肩等进行轴向定位，大齿轮利用键与轴进行周向连接定位，利用轴肩、轴套进行轴向定位。

　　润滑：减速器中的齿轮传动需要润滑，所以箱体内需要放置润滑油，大齿轮轮齿一部分应浸在润滑油中，齿轮旋转时将油带起，引起飞溅和雾化，不仅润滑齿轮，还散布到各部位，这是一种飞溅润滑方式，可通过油标观测箱体内油面高度。

　　密封：为防止润滑油渗漏，还需要密封装置，如密封圈9和21、毡圈28等。挡油圈的作用是使飞溅的润滑油沿着挡油圈沟槽流入箱体内，避免进入滚动轴承内部。

　　从视图上还可看出：箱盖与箱体用螺栓18连接，销4可使箱盖与箱体在装配时准确对中定位。视孔盖17由螺钉16固定在箱盖上，透气塞15可防止箱体内压力过大或过小。润滑油须定期更换，污油通过右下方放油孔排出，平时由螺栓10堵住。

　　④ 构想设备整体与主要零件的结构形状。根据减速器的组成零件、装配位置等构想出减速器的基本结构（图6.2.10）。

　　3）看尺寸。减速器装配图中性能规格尺寸为两个齿轮的模数和齿数，根据齿数比可以知道减速器传动比$i=55/15$，即减速比。配合尺寸有$\phi 32H7/r6$，为基孔制过盈配合，与滚动轴承的配合尺寸有$\phi 20r6$、$\phi 47H7$、$\phi 30h6$和$\phi 62H7$；外形尺寸为232、174、214；安装尺寸为135、78；其他重要尺寸有80，表示齿轮中心到底部的距离。

　　4）了解技术要求中的各项内容。技术要求中说明了减速器在装配前、润滑、表面及试验等方面的要求。

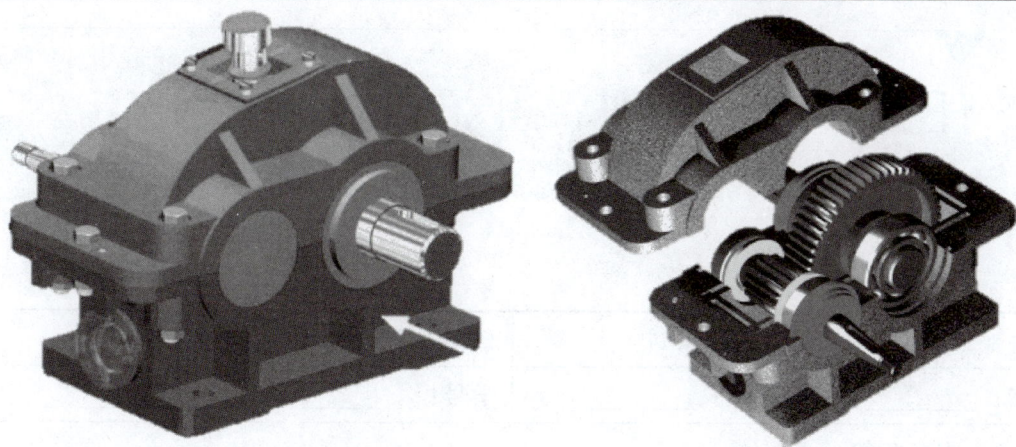

图 6.2.10 减速器的基本结构

任务6.3 绘制截止阀装配图

【6.3 任务工作单】

项目6 设备装配图的识读和绘制		任务6.3 绘制截止阀装配图	
姓名：_____	班级：_____	学号：_____	日期：_____

6.3.1 明确任务

任务描述：

  对于一台机器，常需要将各个零件组装在一起用装配图进行表示，因此根据零件图绘制装配图也是常用技术之一。

  请根据图6.3.1所示的截止阀装配示意图和零件图，完成截止阀装配图的绘制。

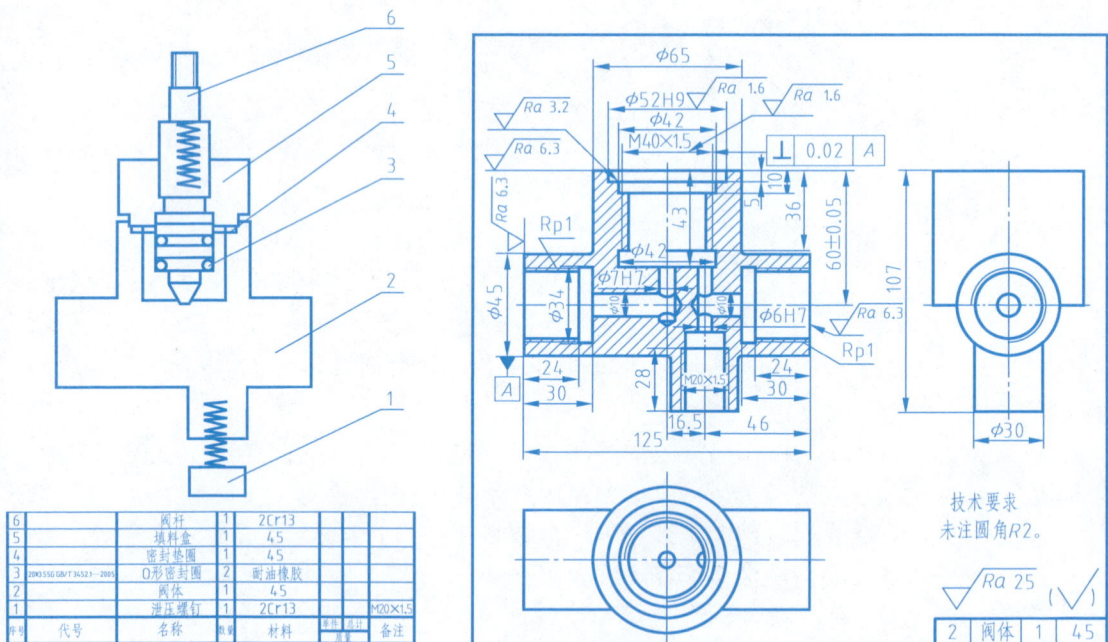

图6.3.1 截止阀装配示意图和零件图

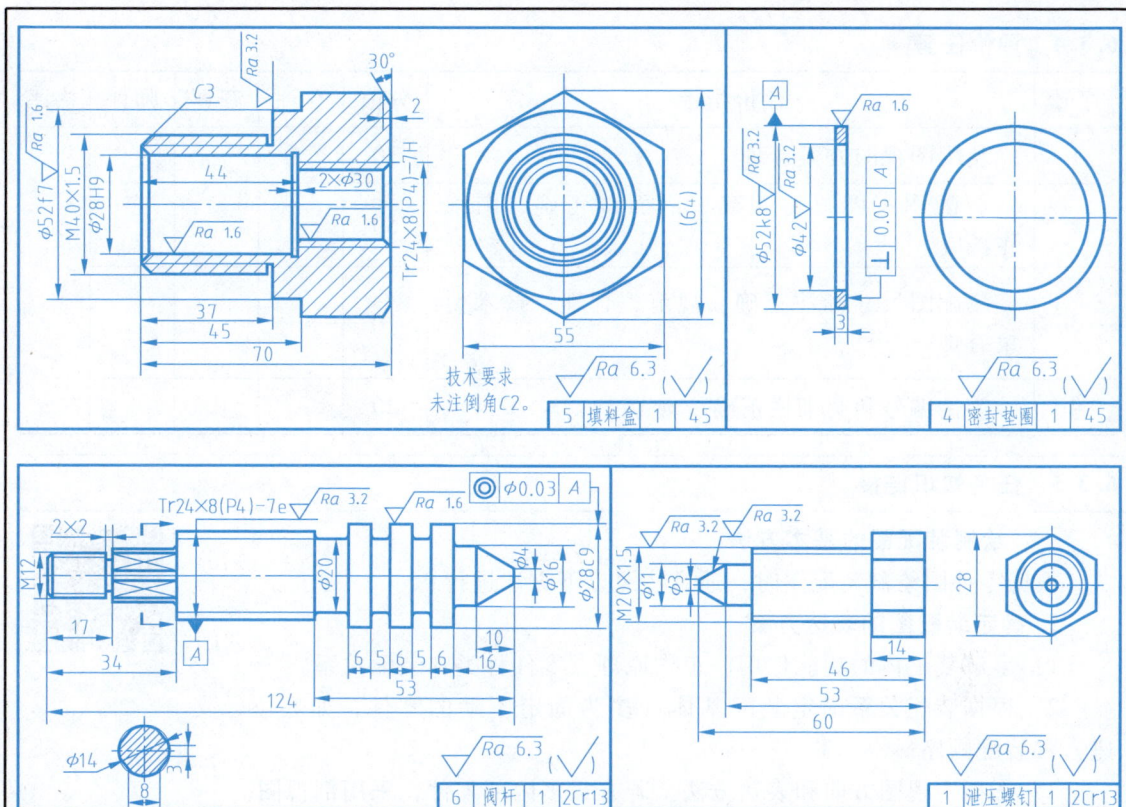

图 6.3.1　截止阀装配示意图和零件图（续）

任务目标：

（1）从装配图中的零件尺寸和装配关系中理解个人与集体的关系，践行全局观科学思维。

（2）能说出绘制装配图的基本方法和基本内容。

（3）能够查阅确定装配体中的标准件，能够根据零件图完成装配图的绘制。

6.3.2　分析任务

（1）讨论：图 6.3.1 所示截止阀共由几种零件组成？有几种标准件？如何确定其结构和尺寸？

（2）讨论：截止阀装配图的主视图如何选择？用什么表达方法？能表达出几种零件？

（3）讨论：除了主视图，还需要哪些视图？用什么表达方法？

（4）讨论：在截止阀装配图主视图中，最先画的是哪个零件？为什么？

（5）讨论：截止阀装配图需要标注哪些尺寸？

6.3.3　实施任务（完成后在右侧打"√"）

（1）确定截止阀装配图的表达方案、图纸和比例。

（2）完成装配图视图的绘制。

（3）完成尺寸标注和技术要求的注写。

（4）完成零件编号、明细栏填写。

6.3.4 评价任务

序号	评价指标	分值	自评	互评	师评	总评
1	装配图视图方案合理	20				
2	装配图视图投影正确、剖面线正确、图线正确	50				
3	装配图尺寸标注正确、规范、合理，技术要求合理	10				
4	零件编号和明细栏正确、规范	20				

6.3.5 任务知识链接

一、绘制装配图的基本方法

根据零件图绘制装配图时，通常按照以下方法进行：

装配图绘制方法

1. 确定装配图的表达方案

1）了解装配体的功能作用、工作原理、零件种类和装配关系。

2）根据装配关系确定装配基体（多为固定不动的零件，如底座、支座）和装配顺序。

3）选择主视图方向和表达方法。若有很多内部零件，采用剖视图。

4）根据主视图表达零件种类完整性、装配体外部结构以及一些特殊结构等，增加其他视图，并且根据需要选择表达方法。

2. 绘制装配图视图

1）绘制基准线。根据选择的视图数量、图纸和比例，绘制出各个视图的基准线，确定各个视图位置。

2）绘制装配图主视图。

① 从装配基体开始，抄画该零件图中对应装配图的主视图部分。

② 找到其相邻零件，确定二者之间的配合面或接触面，根据零件图，将对应主视图画出。要注意判断新增加的零件是否会对前面已画出的零件图线产生遮挡，若有，需要擦除被遮挡的线。

③ 重复第②步，直至主视图上所有零件对应视图都画出，并且遮挡的图线也擦除。

3）绘制装配图其他视图。根据需要，结合各个零件图，画出其他所需视图。

4）加粗粗实线，画剖面线。装配图中表示同一个零件的图形的剖面线方向、间隔一致，相邻零件用方向相反的剖面线表示。

3. 标注装配图尺寸和技术要求

装配图上需要标注性能规格尺寸、装配尺寸、安装尺寸、外形尺寸和其他重要尺寸。

1）标注性能规格尺寸：根据装配体的功能和零件图，标注出反映设备工作能力的尺寸。

2）标注装配尺寸：找到零件图中标注了公差带代号或者极限偏差的尺寸，在装配图中标注为配合尺寸。

3）标注安装尺寸：通常是表示基座等零件上用于安装的孔大小、孔中心线位置等的尺寸。

4）标注外形尺寸：主要是设备总长、总高和总宽。

5）标注其他重要尺寸：涉及工具使用空间、与其他零部件相邻或者不属于前四类但又非常重要且会影响设备使用性能的尺寸。

装配图中的技术要求主要是涉及使用前、安装、维修和保养等方面的内容。根据设备需要选择注写。

4. 零件编号、绘制填写明细栏

1）按照顺时针或者逆时针方向对零件进行编号，指引线一端指在零件上，另一端转到水平方向，所有零件编号在水平或垂直方向要对齐。编号不可跳号。

2）明细栏根据国家标准规定的尺寸绘制，序号从下往上填，要和零件编号一一对应。

二、根据零件图，绘制千斤顶装配图

案例：千斤顶
装配图绘制

1. 确定表达方案

1）了解装配体的功能作用、工作原理、零件种类和装配关系。图6.3.2所示的千斤顶是机械安装或汽车修理时用来起重或顶压的工具，它利用螺旋传动顶举重物，由除绞杆之外的底座、螺杆和顶垫等8种零件组成，其中有3种标准件，分别是紧定螺钉5、7和螺钉4。根据画法规定，标准件不需要单独绘出零件图。图6.3.3所示为其余5种非标准件的零件图。

图 6.3.2 千斤顶组成和工作原理

1—螺杆 2—螺母 3—挡圈 4—螺钉 5、7—紧定螺钉 6—底座 8—顶垫 9—绞杆

2）根据装配关系确定装配基体（多为固定不动的零件，如底座、支座）和装配顺序。安装时，固定底座6，螺母2与底座6用紧定螺钉固定，挡圈3和螺杆1用螺钉4连接，顶垫8与螺杆头部用紧定螺钉7固定。该千斤顶的工作原理是：用绞杆穿入螺杆1上部的孔（通孔）中，转动绞杆，带动螺杆1转动，通过螺杆1与螺母2之间的螺纹传动使螺杆上升而顶起重物。

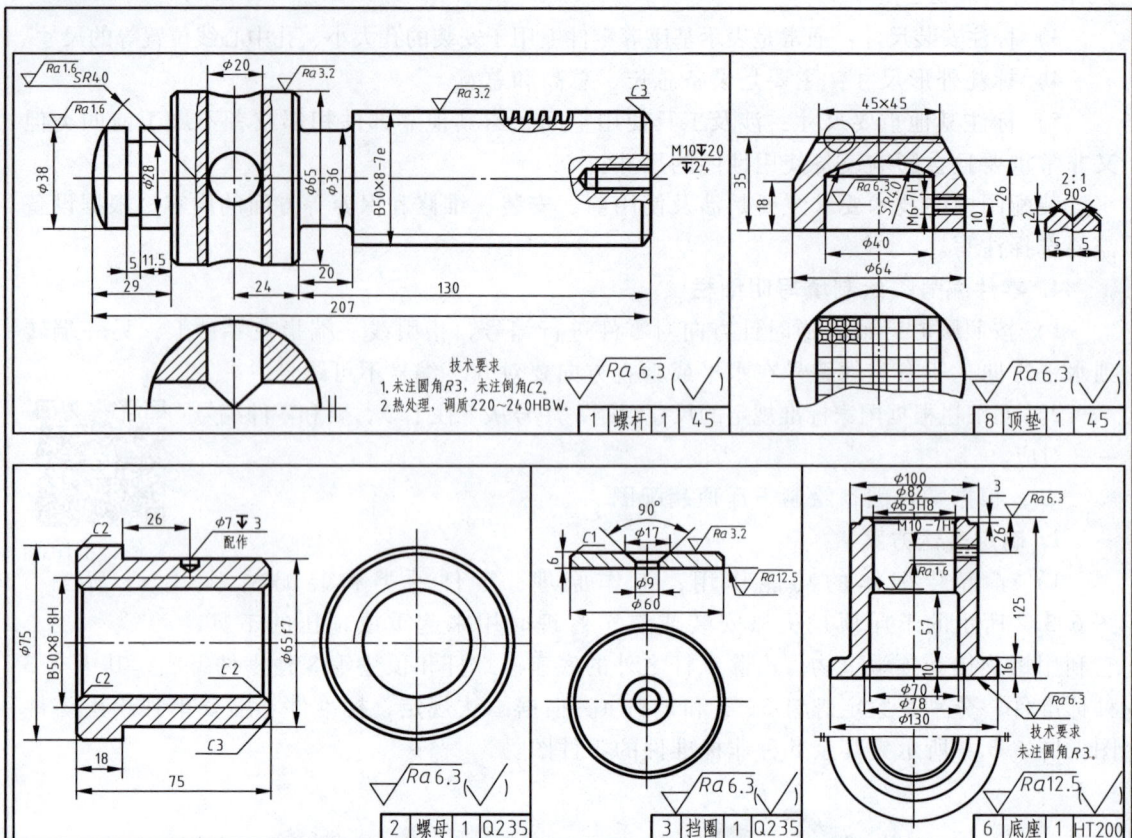

图 6.3.3　千斤顶非标准零件图

3）选择主视图方向和表达方法，若有很多内部零件，采用剖视图。主视图通常按工作位置画出，并要能反映部件的装配关系、工作原理和主要零件的结构特点。因此，选择千斤顶工作位置（图 6.3.2）为主视图方向。主视图采用单一剖全剖，可以表达出所有零件。为表示出传动螺纹的牙型为锯齿型，可以在螺纹传动部分用局部剖表示出牙型，螺杆和挡圈之间的螺钉连接也可以用局部剖将螺钉完整表达出来。

4）根据主视图表达零件种类完整性、装配体外部结构以及一些特殊结构等，增加其他视图，并且根据需要选择表达方法。增加俯视图表达出旋转体特征。增加顶垫上表面视图表达出表面有凹槽，用于增大提升时的摩擦力。增加螺杆断面图表达有十字交叉的通孔。

2. 绘制装配图视图

1）绘制基准线：根据选择的视图数量、图纸和比例，绘制出各个视图的基准线，确定各个视图的位置，根据零件数量预留出明细栏位置（图 6.3.4a）。

2）绘制装配图主视图。

① 从底座 6 开始，抄画该零件图中对应装配图的主视图部分（图 6.3.4b）。

② 找到其相邻零件螺母 2，二者接触面为螺母 2 上大圆柱的下端面与底座 6 的上表面，画出螺母。新增了螺母之后，底座被遮挡的线要擦掉（图 6.3.4c）。

③ 用同样的方法添加其余零件并处理遮挡图线（图 6.3.4d）。

④ 根据标准件规格和规定画法，将 3 个标准件添加到对应位置（图 6.3.4e）。

3）绘制装配图其他视图。绘制俯视图外形和十字通孔断面图（图 6.3.4f）。

4）加粗粗实线，画剖面线（图 6.3.4g）。

3. 标注尺寸和技术要求

性能规格尺寸为 B50×8 和 229~330，装配尺寸为 B50×8-8H/7e 和 ϕ65H8/f7，安装尺寸为 ϕ20，外形尺寸为 229~330 和 ϕ130。

4. 零件编号、绘制、填写明细栏（图 6.3.4h）

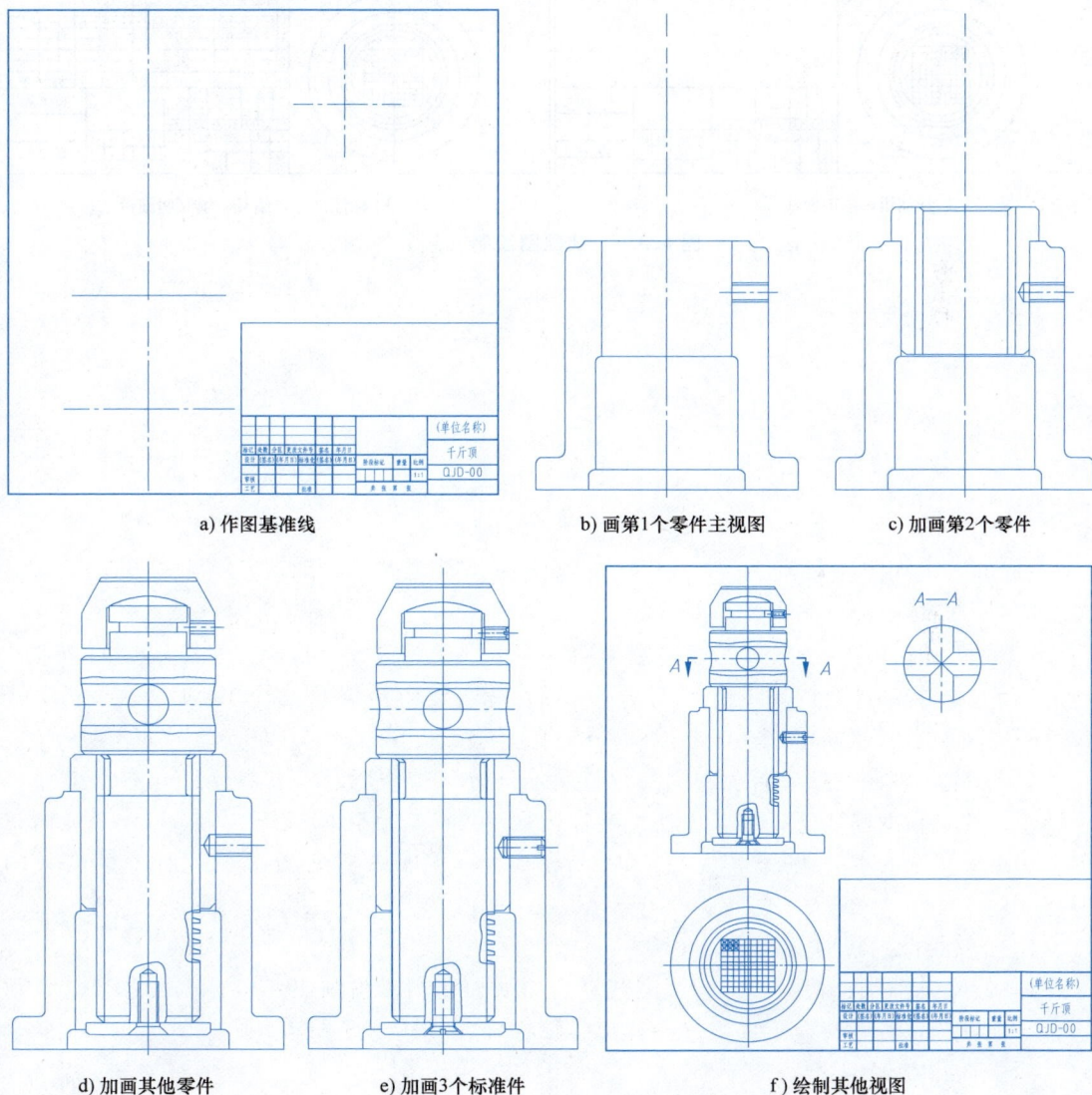

a) 作图基准线

b) 画第1个零件主视图

c) 加画第2个零件

d) 加画其他零件

e) 加画3个标准件

f) 绘制其他视图

图 6.3.4　装配图绘制

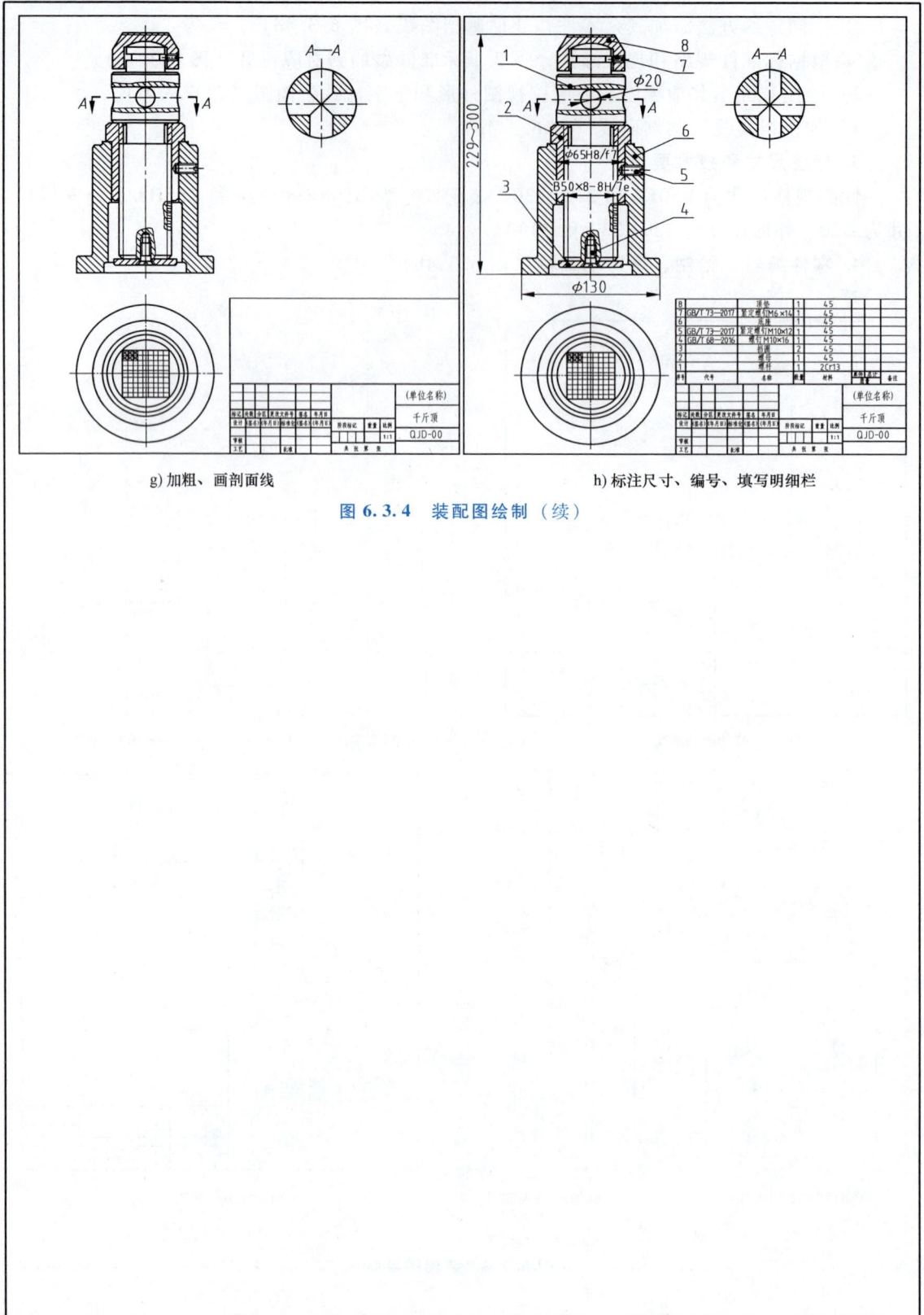

g) 加粗、画剖面线

h) 标注尺寸、编号、填写明细栏

图 6.3.4　装配图绘制（续）

任务 6.4 用 AutoCAD 绘制微型调节支承设备装配图

【6.4 任务工作单】

项目 6 设备装配图的识读和绘制	任务 6.4 用 AutoCAD 绘制微型调节支承设备装配图

姓名：_____	班级：_____	学号：_____	日期：_____

6.4.1 明确任务

任务描述：

　　利用 AutoCAD 绘制机械图样中的装配图，可灵活应用软件块、移动、修剪和表格等功能，大大提高绘制装配图的效率，具有速度快、修改方便、精度高、图面美观等优势。

　　请根据图 6.4.1 所示装配示意图和零件图，用 AutoCAD 绘制微型调节支承设备的装配图。

5		底座	1	HT150			
4		套筒	1	45			
3	GB/T 75—2018	紧定螺钉M8×30	2	45			
2		调节螺母	1	45			
1		支承杆	1	2Cr13			
序号	代号	名称	数量	材料	单件质量	总计质量	备注

4	套筒	1	45

5	底座	1	HT150

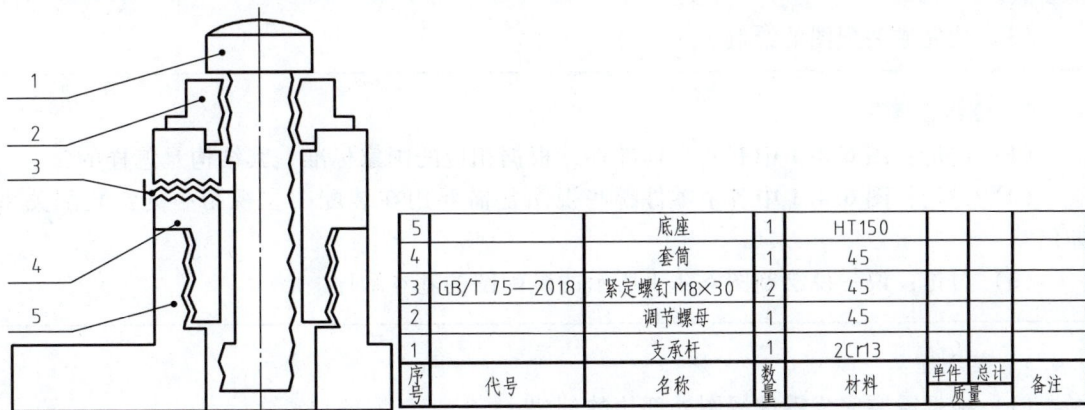

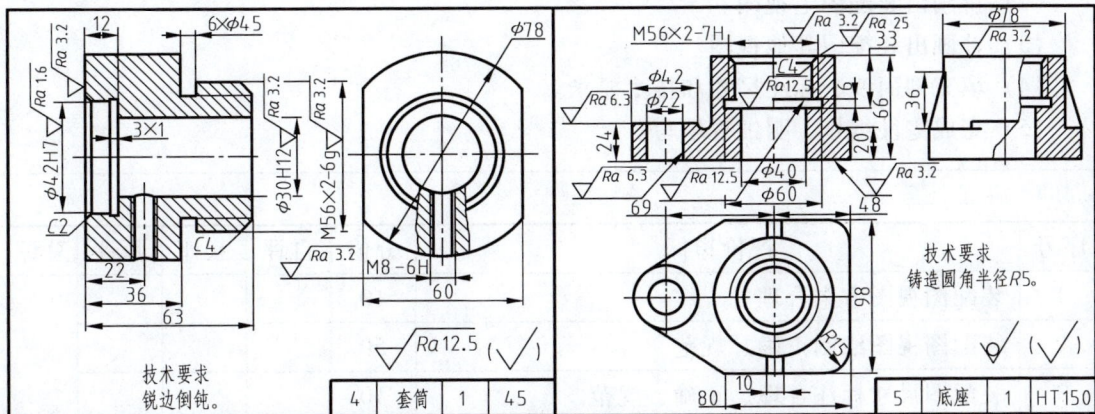

图 6.4.1 微型调节支承设备装配示意图和零件图

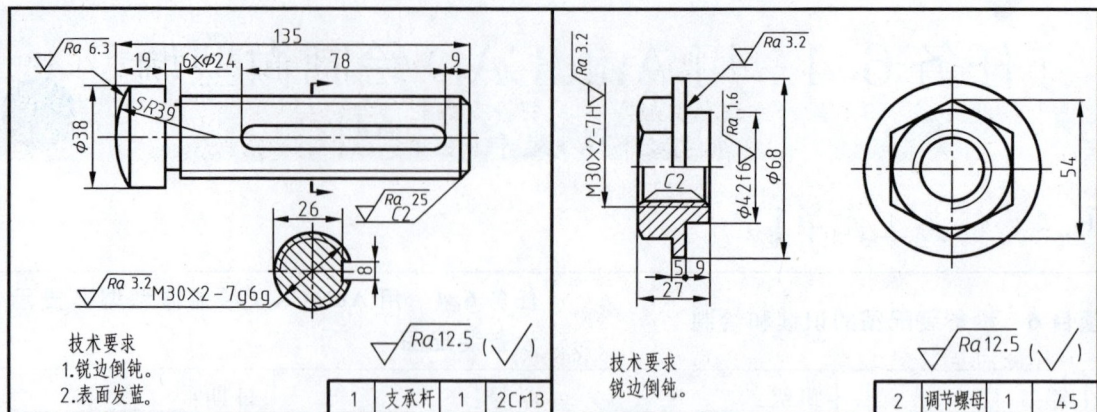

图 6.4.1 微型调节支承设备装配示意图和零件图（续）

任务目标：

（1）进一步实践软件绘图，强化职业技能。

（2）能说出 AutoCAD 软件绘制装配图的基本方法，说出零件编号和明细栏绘制的基本要点。

（3）能完成装配图的绘制。

6.4.2 分析任务

（1）讨论：图 6.4.1 中有几个标准件，根据相应的国家标准，其结构是怎样的？

（2）讨论：图 6.4.1 中各个零件哪些视图是需要用在装配图主视图中的？装配关系如何？

（3）讨论：说一说绘制图 6.4.1 所示的装配图的基本顺序。

6.4.3 实施任务（完成后在右侧打"√"）

（1）根据需要完成零件视图外部块的创建。

（2）拼画出装配图主视图。

（3）补画出装配图其他视图。

（4）填充剖面线、标注尺寸和技术要求。

（5）完成零件编号、明细栏填写。

6.4.4 评价任务

序号	评价指标	分值	自评	互评	师评	总评
1	装配图视图方案合理	10				
2	装配图视图绘制正确、规范	50				
3	装配图尺寸标注合理、正确、规范	10				
4	零件编号正确、规范，明细栏规范、正确	30				

6.4.5　任务知识链接

一、用 AutoCAD 绘制装配图的基本方法

利用 AutoCAD 软件绘制装配图时，可直接按照装配图的绘制顺序逐一绘制出主视图上各个零件，也可以利用外部块的方式进行绘制，即将零件图中需要用到的各个视图分别做成外部块，再将其插入装配图中的对应位置，通过移动、旋转和修剪等操作，拼画出装配图。完成装配图视图绘制后，再标注尺寸、零件编号，插入明细栏等。

1. 做零件各个视图外部块

在命令行中输入"WBLOCK"，选择零件某个视图，选择该视图的基点，将其保存路径和名称设置好，就可以将零件某个视图做成一个外部块（图 6.4.2）。将所有零件的各个视图全部做成外部块，方便绘制装配图时调用插入。

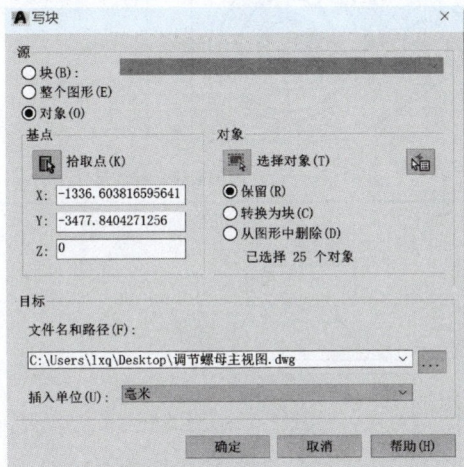

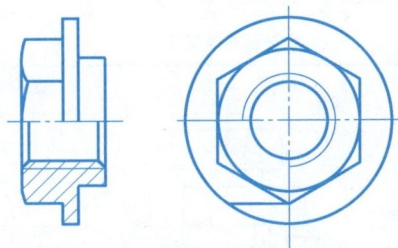

图 6.4.2　将调节螺母主视图做成外部块

2. 根据装配图表达方案，拼画装配图

1）打开 A3 样板文件，将其另存为"微型调节支承设备装配图.dwg"，选择菜单栏中的"插入"→"块选项板"，找到底座主视图作为第 1 个零件插入（图 6.4.3a）。

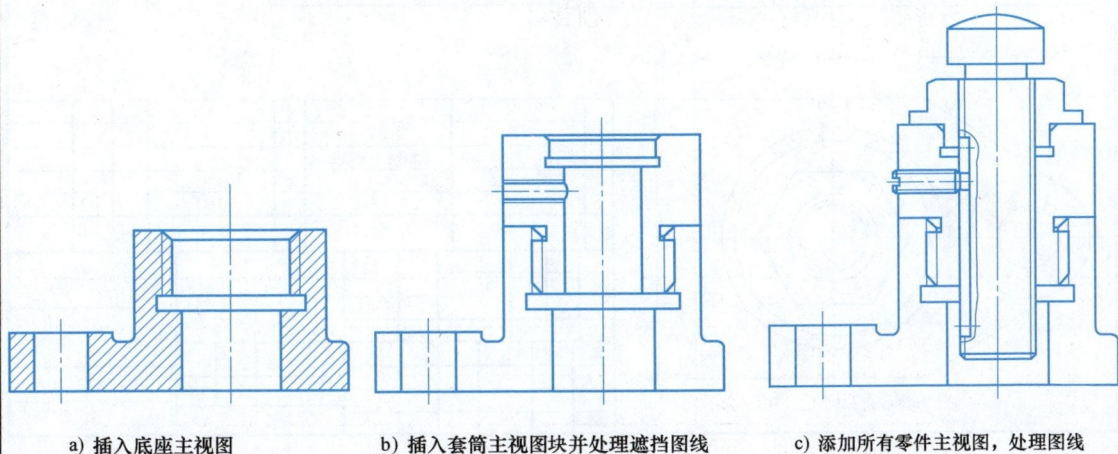

a) 插入底座主视图　　　　b) 插入套筒主视图块并处理遮挡图线　　　　c) 添加所有零件主视图，处理图线

图 6.4.3　装配图的绘制过程

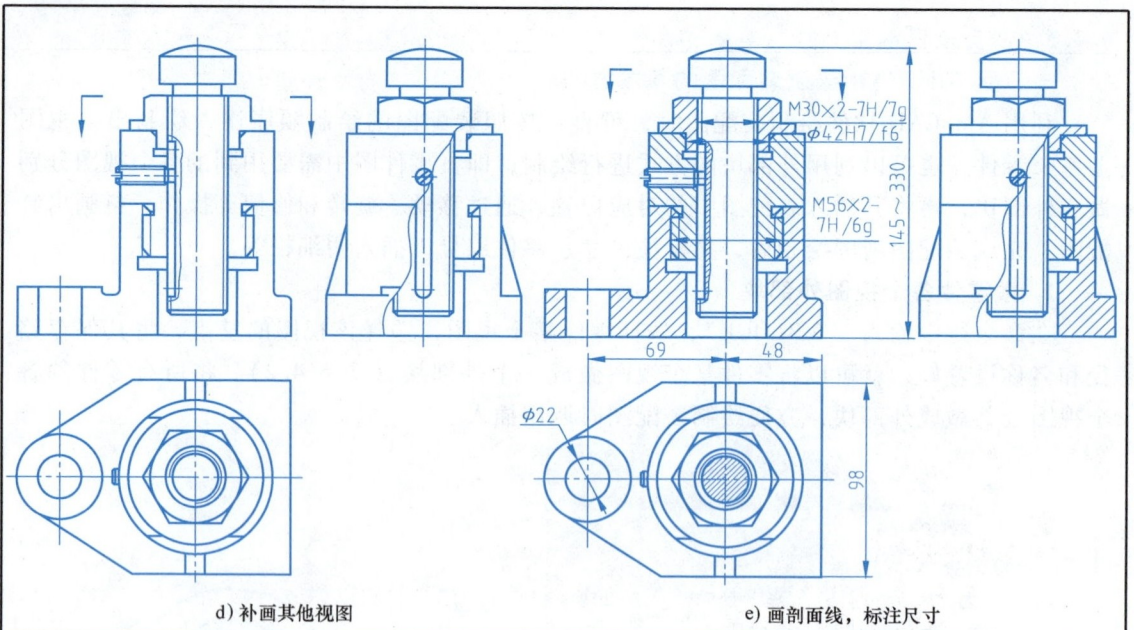

d) 补画其他视图

e) 画剖面线，标注尺寸

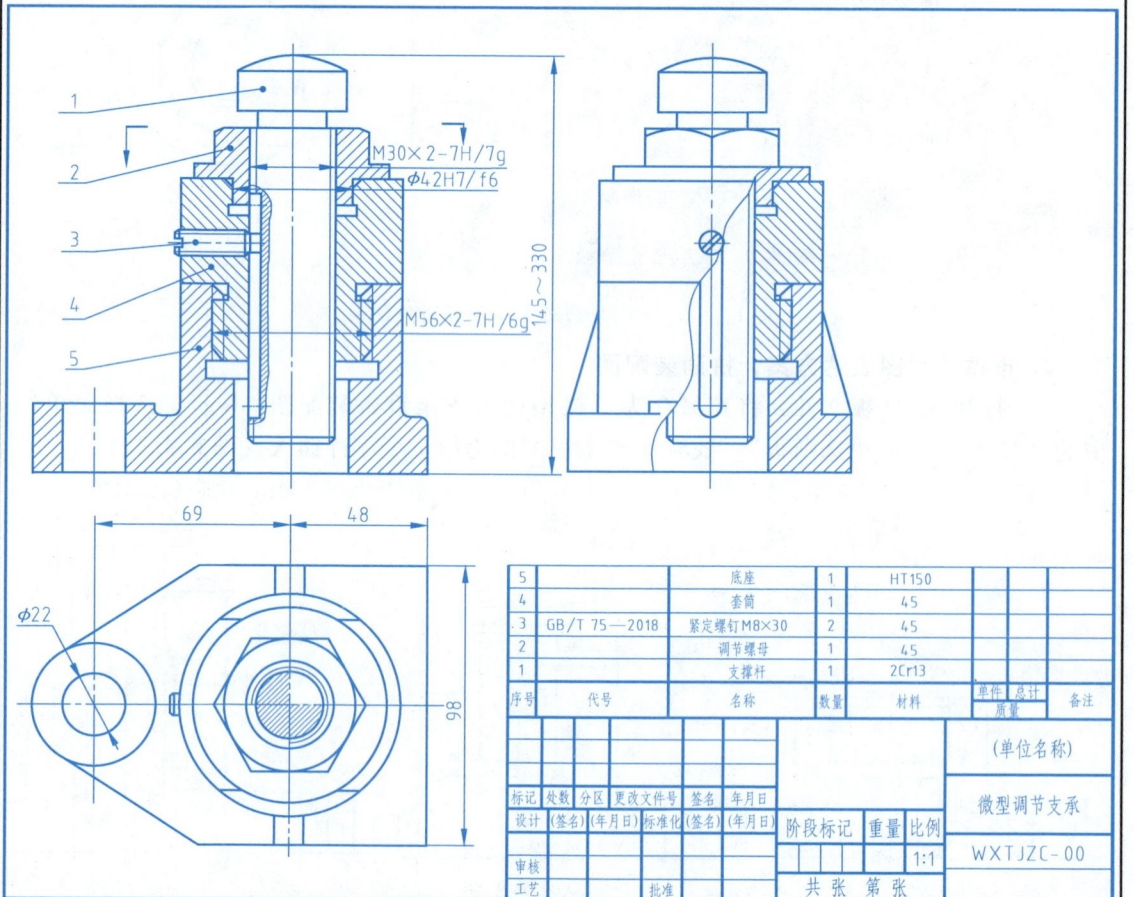

5		底座	1	HT150		
4		套筒	1	45		
3	GB/T 75—2018	紧定螺钉M8×30	2	45		
2		调节螺母	1	45		
1		支撑杆	1	2Cr13		
序号	代号	名称	数量	材料	单件 总计 质量	备注

					(单位名称)
标记	处数	分区	更改文件号	签名	年月日		微型调节支承
设计	(签名)	(年月日)	标准化	(签名)	(年月日)	阶段标记	重量	比例	
审核								1:1	WXTJZC-00
工艺			批准			共 张 第 张	

f) 零件编号、添加明细栏，完成装配图

图 6.4.3 装配图的绘制过程（续）

2）插入套筒主视图块，需要在插入时设置旋转角度或者插入之后利用"旋转"工具调节其角度，同时要选择套筒和底座接触面中点作为基点，将二者拼在一起。作为块插入的对象是一个整体，因此，需要单击"分解"按钮 将需要编辑的对象分解后，才能修剪删除被遮挡的图线、调整螺纹处线条粗细等（图6.4.3b）。

3）用同样的方式添加其他零件主视图和标准件，修剪被遮挡的图线。其中，因为主视图其他零件均采用单一剖全剖，所以将调节螺母也改画成全剖。

支承杆零件图中键槽在正前方，但在装配图中，键槽应在左侧，与紧定螺钉末端卡在一起，需要用局部剖表达支承杆键槽部分（图6.4.3c）。

4）补画其他视图（图6.4.3d）。

5）按照零件顺序画上剖面线，标注必要的尺寸和技术要求（图6.4.3e）

6）零件编号，添加明细栏，并填写零件信息（图6.4.3f）

二、零件编号和绘制、填写明细栏

1. 零件编号

1）在命令行中输入"LE"，根据提示输入"S"，进行引线格式设置，在"引线设备"对话框的"引线和箭头"选项卡中将"箭头"选为"点"的样式，单击"确定"按钮即可（图6.4.4a）。

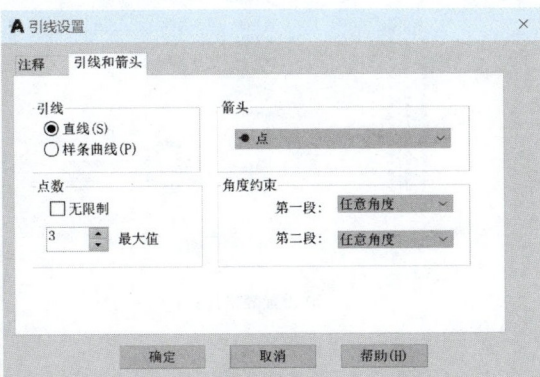

a) 设置引线样式

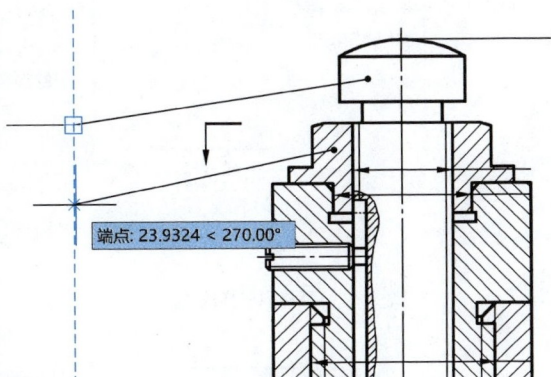

b) 利用极轴追踪功能确保指引线对齐

图 6.4.4　零件编号

2）在零件图形内部单击后引出至合适位置再单击，利用极轴追踪捕捉或正交功能绘制水平线，完成一个零件编号的指引线绘制。用同样的方法绘制其余指引线。注意：在绘制过程中要充分应用极轴追踪功能，让水平线确保在同一垂直或水平位置（图6.4.4b）。

3）完成所有零件指引线之后，单击"文字"按钮 、注写零件序号，零件序号不可跳号。

2. 明细栏

1）由表格生成明细栏。设置明细栏表格样式：选择菜单栏中的"格式"→"表格样式"，在弹出的对话框中单击"新建"按钮，并将表格样式命名为"明细栏"（图6.4.5a）；将表格方向改为"向上"，对齐方式选择"正中"（图6.4.5b）；将"数据"边框设为外框粗实线（图6.4.5c）。

2）插入明细栏表格。

① 在菜单栏中选择"绘图"→"表格"，弹出对话框。选择明细栏样式，"列数"设为"8"，"行数"设为"4"（明细栏总行数-2）；将"第一行单元样式"和"第二行单元样式"均设置为"数据"，单击"确定"按钮后插入表格（图 6.4.5d）。

② 调整行高和列宽。单击表格其中一格，右击弹出快捷菜单，选择"特性"，将"单元宽度"和"单元高度"按照国标要求分别设为"8"和"14"（图 6.4.5e）；重新选择第一列其他表格，将"单元高度"设为"7"，完成表格第一列行高与列宽修改。用同样的方法修改其余 7 列的列宽。选中表格所有单元格，在上方"编辑边框"对话框中将单元格之间竖线设为粗实线（图 6.4.5f）。

3）填写明细栏信息。双击单元格，可输入相关文字并调节文字大小，完成填写后，利用"移动"工具将明细栏移动至标题栏上方（图 6.4.5g）。

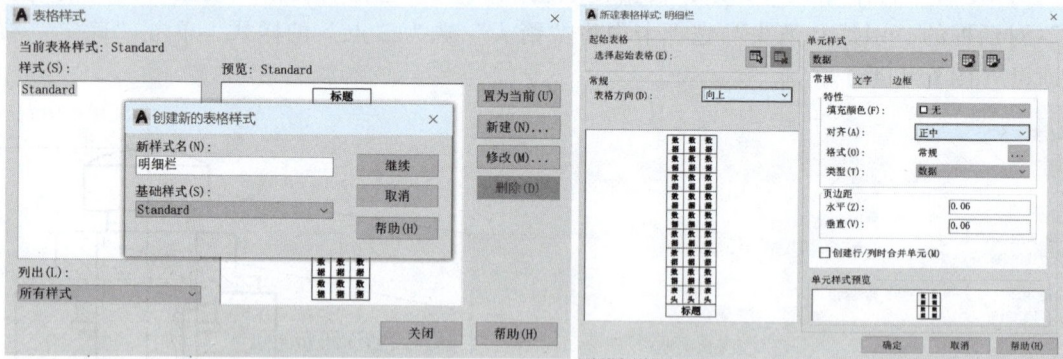

a) 新建表格样式

b) 设置表格样式1

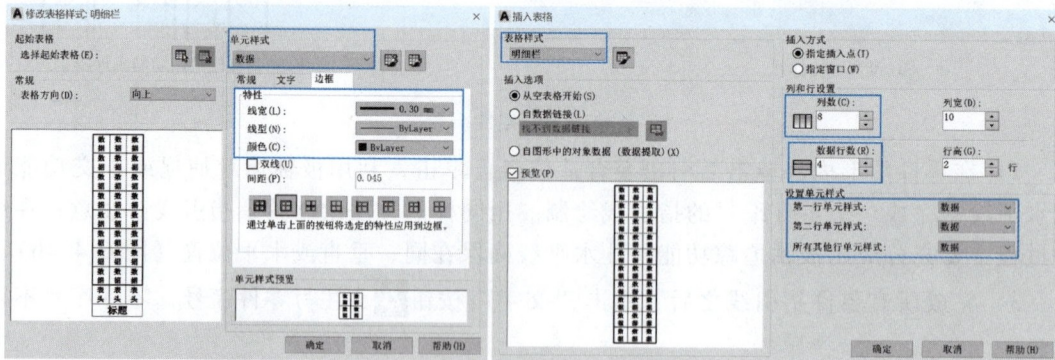

c) 设置表格样式2

d) 插入表格设置

图 6.4.5 明细栏

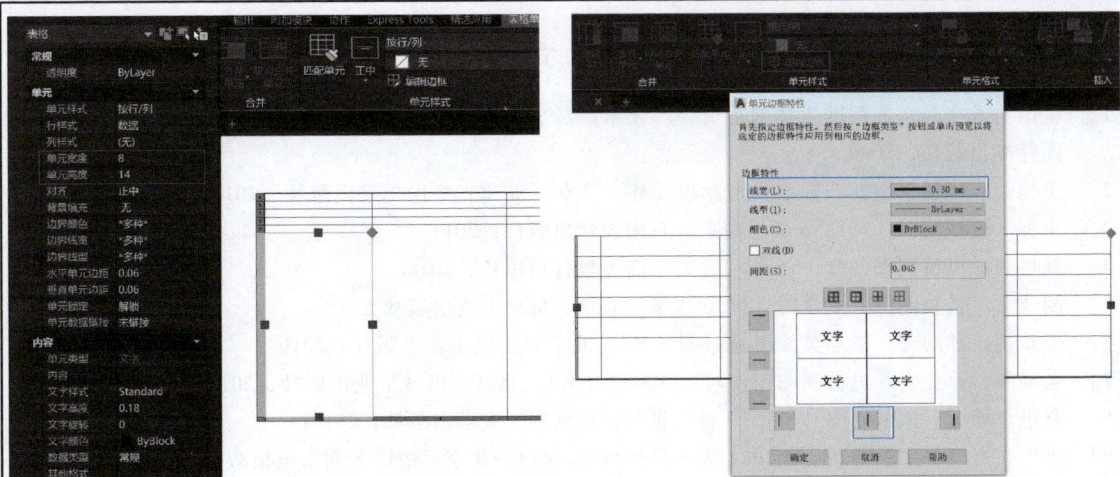

e) 调整表格行高和列宽

f) 修改表格中竖线线宽

5		底座	1	HT150			
4		套筒	1	45			
3	GB/T 75—2018	紧定螺钉M8×30	2	45			
2		调节螺母	1	45			
1		支承杆	1	2Cr13			
序号	代号	名称	数量	材料	单件 总计 质量		备注

标记	处数	分区	更改文件号	签名	年月日		(单位名称)	
设计	(签名)	(年月日)	标准化	(签名)	(年月日)	阶段标记　重量　比例	微型调节支承	
审核						1:1	WXTJZC-00	
工艺		批准				共 张第 张		

g) 填写明细栏信息并移动到标题栏上方

图 6.4.5　明细栏（续）

参 考 文 献

[1]   全国技术产品文件标准化技术委员会. 技术产品文件标准汇编：机械制图卷 ［M］. 2 版. 北京：中国标准出版社，2009.

[2]   王槐德. 机械制图新旧标准代换教程 ［M］. 3 版. 北京：中国标准出版社，2017.

[3]   于梅. 机械制图 ［M］. 3 版. 南京：东南大学出版社，2017.

[4]   钱可强. 机械制图 ［M］. 5 版. 北京：高等教育出版社，2018.

[5]   胡建生. 机械制图：多学时 ［M］. 4 版. 北京：机械工业出版社，2020.

[6]   于景福，孙丽云，王彩英. 机械制图 ［M］. 北京：机械工业出版社，2016.

[7]   余晓琴，尹业宏. 机械制图正误对比 300 例 ［M］. 北京：机械工业出版社，2011.

[8]   胥进，周玉. 机械制图 ［M］. 3 版. 北京：北京理工大学出版社，2016.

[9]   天工在线. 中文版 AutoCAD2022 从入门到精通 ［M］. 北京：中国水利水电出版社，2021.

[10]   CAD/CAM/CAE 技术联盟. AutoCAD 2022 中文版入门与提高：标准教程 ［M］. 北京：清华大学出版社，2022.

[11]   邵立康. 全国大学生先进成图技术与产品信息建模创新大赛命题解答汇编：1-11 届 ［M］. 北京：中国农业大学出版社，2019.

[12]   邵立康，陶冶，樊宁，等. 全国大学生先进成图技术与产品信息建模创新大赛第 12、13 届命题解答汇编 ［M］. 北京：中国农业大学出版社，2021.

[13]   陶冶，邵立康，王静，等. 全国学生先进成图技术与产品信息建模创新大赛第 14、15 届命题解答汇编 ［M］. 北京：中国农业大学出版社，2023.

[14]   王静. 新标准机械图图集 ［M］. 北京：机械工业出版社，2014.